• 建筑工程施工监理人员岗位丛书 •

# 主体结构与防水工程监理

## （第二版）

杨效中　主　编

王培祥　副主编

U0376226

中国建筑工业出版社

**图书在版编目（CIP）数据**

主体结构与防水工程监理/杨效中主编. —2 版. —北京：
中国建筑工业出版社，2012.12
（建筑工程施工监理人员岗位丛书）
ISBN 978-7-112-14933-9

Ⅰ.①主… Ⅱ.①杨… Ⅲ.①结构工程—监管制度—技
术培训—教材②建筑防水—工程施工—监管制度—技术培
训—教材 Ⅳ.①TU712

中国版本图书馆 CIP 数据核字（2012）第 284734 号

本书修订的基本思路是以主体结构工程若干分项工程为对象，论述其
成熟的技术或工艺的监理工作要点，包括原材料的要求、工艺要点、巡视
工作的技术要求，以及相关的试验检测技术与验收规范对于该分项工程的
验收要求。本次修订体现在两个方面：一是以 2003 年以来国家行业修订或
新颁布的标准、规范为依据，修改相关内容。二是根据建筑工程近年来的
新发展，增删了部分内容。

责任编辑：郦锁林　赵晓菲
责任设计：李志立
责任校对：姜小莲　王雪竹

建筑工程施工监理人员岗位丛书
**主体结构与防水工程监理**
（第二版）
杨效中　主　编
王培祥　副主编

＊

中国建筑工业出版社出版、发行（北京西郊百万庄）
各地新华书店、建筑书店经销
北京永铮有限责任公司制版
北京圣夫亚美印刷有限公司印刷

＊

开本：787×1092 毫米　1/16　印张：22¼　字数：550 千字
2013 年 9 月第二版　2013 年 9 月第三次印刷
定价：**49.00** 元
ISBN 978-7-112-14933-9
（22996）

# 建筑工程施工监理人员岗位丛书编委会

主　　编　杨效中

副 主 编　徐　钊　徐　霞

编　　委　蒋惠明　杨卫东　谭跃虎　何蛟蛟

　　　　　梅　钰　桑林华　段建立　郑章清

　　　　　卢本兴　卢希红　关洪军　杨庆恒

# 丛书第二版前言

随着我国城镇化进程的加快推进，固定资产投资继续较快增长，工程建设任务将呈现出量大、面广、点多、线长的特征，工程监理任务更加繁重。与此同时，工程项目的技术难度越来越大，标准规范越来越严，施工工艺越来越精，质量要求越来越高，对工程监理企业能力和工程监理人员素质提出了更高要求。

本丛书自 2003 年出版以来，我国的建设监理工作也有了很大的发展，在 2005 年和 2010 年两次召开了全国建设监理工作会议。2004 年国务院颁布了《建设工程安全生产管理条例》，住房和城乡建设部也修订出台了《注册监理工程师管理规定》和《工程监理企业资质管理规定》，住房和城乡建设部与国家发改委共同出台了《建设工程监理与相关服务收费标准》，住房和城乡建设部与国家工商行政管理总局联合发布《建设工程监理合同（示范文本）》GF-2012-0202，《建设工程监理规范》GB/T 50319—2013 的修订完成，促进了工程监理制度的不断完善，对规范工程监理行为，提高工程监理水平，起到了重要的促进作用。

2003 年以来，建筑工程的技术也有了很大的发展，国家先后出台了与建筑工程相关的材料、设计、施工、试验、验收等各类标准有数百项之多，与建筑工程监理直接相关的标准有近两百项，广大监理人员也必须适应建筑技术的发展和工程建设的需要。

2004 年以来国务院多次发布了节能方面的政策与文件，全国人大于 2007 年新修订的《节约能源法》进一步突出了节能在我国经济社会发展中的战略地位，明确了节能管理和监督主体，增强了法律的针对性和可操作性，为节能工作提供了法律保障。工程监理单位也应承担相应的节能监理工作。

上述三大方面的发展与变化使得本套丛书第一版的内容已不能满足当前监理工作的需要。因此，我们对本套丛书进行了全面的修订。

本套丛书基本框架维持不变，增加了《建筑节能工程监理》一书。本丛书修订工作主要突出三方面的工作：一是以现行国家与行业的法规政策为依据对丛书的内容进行全面的修订；二是以 2003 年以来国家行业修订或新颁布的材料标准、技术规范或验收规定为依据，修改相关内容和充实相关内容；三是根据建筑工程近年来的新发展，增加了新技术方面的内容，同时删去了一些不太常见的内容以减少篇幅。

本书的修订由解放军理工大学、上海同济工程项目管理咨询有限公司、江苏建科监理有限公司、江苏安厦项目管理有限公司和苏州工业园区监理公司等具有丰富监理工作经验的人员共同完成。

随着我国监理事业的不断向纵深发展，对监理工作手段与方法的探讨也在不断深入。尽管我们具有一定的监理工作经验，编写过程中也尽了最大的努力，但是由于学识水平有限、编写时间仓促，书中难免有不当之处，敬请读者给予批评指正。

丛书主编　杨效中
2013 年 6 月

# 第二版前言

近几年来，我国城市建设不断加快，建筑业蓬勃发展，高层建筑、特殊建筑日益增多，其平面布局、结构类型复杂多样，各种新型建筑材料的广泛应用，使得建筑设计和施工技术有了很大的进步，这要求我们监理人员更新知识与时俱进。同时，第一版以来的九年间，一百多项新的设计规范、施工技术规范、施工质量验收规范和标准等颁布执行，使得第一版的内容已不能满足当前监理工作的需要。因此，我们对本书进行了全面的修订。

本书主体框架保持不变，仍分为十一章。本书修订的基本思路是以主体结构工程若干分项工程为对象，论述其成熟的技术或工艺的监理工作要点，包括原材料要求、工艺要点、巡视工作的技术要求，以及相关的试验检测技术与验收规范对于该分项工程的验收要求。

修订工作主要突出两方面的工作，一是以2003年以来国家地方行业修订或新颁布的材料标准、技术规范或验收规范为依据，修改相关内容和充实相关内容。二是根据建筑工程近年来的新发展，增删了部分内容，如模板工程中增加了滑模施工监理、爬模施工监理；混凝土工程中增加了清水混凝土的施工监理；防水工程中增加了喷涂聚脲防水层施工监理、建筑室内防水工程和建筑外墙防水工程等内容，同时删去了一些不太常见的内容以减少篇幅。

本书的修订由解放军理工大学及江苏安厦工程项目管理有限公司具有丰富监理工作经验的人员完成。全书由杨效中主编，王培祥副主编。各章的作者如下：第一章和第四章由杨效中编写，第二章由潘光宏编写，第三章由濮仕坤编写，第五章和第七章由王凤霞编写，第六章和第十一章由王培祥编写，第八、九、十章由杨旭东编写。

随着我国监理事业不断向纵深发展，对监理工作手段与方法的探讨也在不断深入。尽管作者具有一定的监理工作经验，但是由于学识水平有限、编写时间仓促，书中难免有不当之处，敬请读者给予批评指正。

# 目　　录

# 第一章　主体结构质量监理概述

建筑工程产品的特性，是建筑物的适用性、安全可靠性和耐久性的总和，它体现在以下四个方面：

（1）建筑物在合理的使用年限内具有良好的使用性能，指建筑物要满足使用者对使用条件、舒适感和美观方面的需要；

（2）建筑结构能承受正常施工和正常使用时可能出现的各种作用，指建筑物中的各种结构构件要有足够的承载力和可靠度；

（3）建筑材料和构件在正常维护条件下具有足够的耐久性，指建筑物的寿命和对环境因素长期作用的抵御能力；

（4）建筑物在偶然事件发生时及发生后，仍能保持必需的整体稳定性，不致完全失效、甚至倒塌，指建筑物对使用者生命财产的安全保障。

主体结构的质量密切关系到工程的安全可靠与使用功能。主体结构的质量控制是建筑行业所有监理工程师永恒的主题。

监理工作已成为建筑产品交易过程中一个非常重要的环节，我国最新修订的建筑工程质量验收系列标准比以往更加强调了建筑工程施工质量的监理验收。

主体结构是建筑工程中十个分部工程中最重要的分部工程之一，它与地基与基础分部工程一起是其他分部工程施工的载体。不论是装饰工程、还是建筑设备的安装，均要在主体结构等基础上方可继续进行施工。因此主体结构是建筑工程的若干个分部工程中涉及工程结构安全的一个分部。它的质量好坏直接关系到工程本身的安全。从事主体结构监理的监理工程师应更多地从结构安全这个角度来认识质量监理工作。

## 第一节　砌体结构质量控制

### 一、砌体结构工程的特点

从事砌体结构质量控制，首先要认识它在砌体材料、构件、结构、施工砌筑方面的特点：

（1）砌体结构的砌体材料，是由砖、混凝土砌块等地方性块材和砂浆粘结叠合而成的复合材料，具有强度低、品种多的特征。

（2）砌体结构适宜于做成墙、柱、过梁、拱等受压构件，但它们在地震时还要承受水平地震剪力，所以砌体构件主要处于受压、受剪状态；由于砌体强度低，故构件的截面面积大。

（3）砌体结构除具有承重作用外，多兼有建筑隔断、隔声、隔热、装饰等使用和美学功能；砌体结构的受力状态又与构件间的空间工作性能有关，为了保证砌体结构的抗震等要求，往往在砌体结构中设置圈梁和构造柱。

（4）砌体结构的施工基本上是由瓦工在施工现场用手工进行的，其质量受瓦工技术水平、熟练程度、质量责任心和施工现场的气候、环境因素的影响较大。

各种砌体结构缺陷的共同缘由，是砌体由小块块材和砂浆粘结叠合所组成。它是砌体结构构件承载力低、刚度差，并在较大程度上受施工时砌筑质量影响的根本。

**二、砌体工程质量控制措施**

确保砌体结构质量，也先要从块材和砂浆的材料控制，以及砌体工程砌筑的质量控制做起。

1. 对砌体结构原材料进行质量验收

验收时一要检查出厂质量保证文件，包括合格证书、产品性能检测报告、型式检验报告等；二要检查产品的出厂时间是否符合要求，如水泥要求出厂时间在 3 个月以内，而小砌块的龄期则要在 28d 以上；三要见证取样对原材料进行复试。

2. 控制砂浆的质量

监理工程师要审查砂浆配合比的确定过程及其结果，必要时要进行试配确认，并对砂浆的拌制质量进行检查，按规范规定的标准对砂浆的强度进行见证取样试验。

3. 巡视施工现场

砌体结构的施工主要靠人工作业，监理工程师要不断巡视施工现场，确保施工人员按图纸施工，按规范施工。特别要注意检查洞口处、管道沟槽处、拐角处、±0.000 以下处、构造柱处等部位的砌筑质量。非常重要或经常出现问题的工序或部位，监理工程师要视情况进行一定时间的旁站。

4. 加强强度方面的检测

砌体结构的关键要求是砌体的强度，而不仅仅是块材的强度或砂浆的强度。因此监理工程师要注意检测砂浆试块的强度或块材的强度，必要时还要采取现场检测措施，检测墙体上的强度或砌体的强度。

# 第二节 钢筋混凝土质量控制

## 一、钢筋混凝土工程的特点

钢筋混凝土结构包括预应力钢筋混凝土结构是建筑工程主体结构最常见的结构形式。作为监理工程师必须掌握它的特点，并针对它的特点采取质量控制方法实施有效的质量监理。钢筋混凝土工程的特点有：

（1）钢筋混凝土工程的材料，是由混凝土和钢筋两种材料特性互补并能够协同受力的材料粘结而成的；它既受到水泥、骨料、钢材的化学性能影响，也受到混凝土、钢筋以及它们间粘结的物理性能影响。

（2）钢筋混凝土工程的施工成型，是一个包含混凝土的拌制、钢筋的加工和安装、模板的制作和支设、混凝土运输灌筑和养护、预应力施工与放张锚固等按前后顺序又多边交叉的复杂过程；工种、成型方法和工序繁多。

（3）钢筋混凝土工程的施工质量受时间制约很大。水泥有出厂时间的限制，混凝土的搅拌有时间要求，浇注有初凝时间、终凝时间的限制，强度随时间增长，拆模有时间限制，养护有时间要求、预应力张拉与锚固有时间限制，强度的验收也有时间的规定。

（4）钢筋混凝土工程的施工质量受气候和环境的影响显著。因为混凝土在自然环境中施工，雨水、地下水、气温、湿度等对混凝土均产生不可忽视的影响。

（5）钢筋混凝土的种类繁多，设计文件对钢筋混凝土包括预应力钢筋混凝土的选择变化很大。

（6）钢筋混凝土工程具有可模性好但构件截面尺寸较大，整体性强但容易因次应力引起裂缝，刚度较大但对约束变形敏感，耐久耐火性好但对侵蚀性介质抵抗力弱等优缺点。这些优缺点主要和混凝土的性能有关。

因此，钢筋混凝土工程的质量控制，涉及对材料、构件和结构性能、施工方法等多方面的控制。

## 二、模板工程的监理措施

模板工程包括模板和支撑系统两大部分。

混凝土在浇捣时呈可塑状态，模板与混凝土直接接触，使混凝土具有设计所要求的形状；支撑系统则支撑模板，保持其位置正确并承受模板、混凝土以及施工荷载。模板质量的好坏，直接影响到混凝土成型后的质量。

监理工程师对此分项工程的监理，应从审核施工组织设计的模板工程开始，即根据主体工程的结构体系、荷载大小、合同工期及模板的周转等情况，综合考虑承包单位所选择的模板和支撑系统是否合理，提出审核意见。对模板及支撑系统应掌握下述原则：

（1）能够保证结构或构件各部分的形态、尺寸和相互位置的正确性。

（2）模板本身必须具有工程施工所需要的足够的刚度、承载力和稳定性。能够可靠地承受所浇捣混凝土的重量和侧压力，以及施工过程中所产生的荷载。

（3）工程的模板及其支撑系统应便于装拆，以方便施工和满足工程进度的需要。

（4）模板的接缝不漏浆。尽可能增加模板的周转使用次数，以减少摊销成本。

为了达到上述目标，监理工程师应经常检查承包单位正在施工或已经完成的模板，重点检查以下各项技术控制措施：

（1）承包人向工人进行技术交底，并把有关质量标准交待给工人，以便于他们自检与互检。

（2）模板及其支撑系统应符合设计要求与规范规定，必须保证浇筑混凝土时不会发生标高与轴线及垂度的偏移，防止出现墙体鼓胀、柱身扭曲歪斜或梁板变形。

（3）为防止柱模变形，造成断面尺寸鼓出、漏浆、混凝土不密实或蜂窝麻面，柱模卡箍间距应适当，不得松扣；梁的侧模支撑应牢固；墙模板的对拉螺栓间距、横箍间距要适当，阴角及阳角处模箍应交圈，不得松扣。

（4）梁、板底模应按规范要求起拱。预埋件、预留孔洞的位置、标高、尺寸应复核；预埋件固定应可靠，防止其移位。

（5）模板接缝的宽度应符合规范要求，不得漏浆。模板表面应清理干净并涂刷隔离剂。

（6）模板内不得落入砂石、木屑等杂物，已经完工的模板内必须清理干净并予以保持，墙与柱模板下口的缝隙必须堵实。

（7）当模板支承在软土、湿陷性土或冻胀土上时，应采取妥善措施防止下沉变形。

（8）拆除模板时混凝土强度应符合规定，对于底模，必要时应根据混凝土试块试验确定，方可拆除。拆除模板的方法必须不得损伤混凝土结构的外观与内部强度。防止承包单位为加速模板周转，过早拆除底模，造成质量事故。

（9）某些特殊形式的模板（如滑模），应遵守有关技术规范的规定。

### 三、钢筋工程的监理措施

钢筋工程是钢筋混凝土结构的重要组成部分。对钢筋工程的监理，就是要监督承包单位用于所建工程的钢筋从材料质量、钢筋加工到绑扎均要符合设计图纸和施工规范要求。钢筋工程由于钢筋总是被包裹在混凝土之中，这种隐蔽性使得对其质量的要求更加严格。监理工程师对钢筋材料的质量控制要点是：

（1）熟悉结构施工图，明确设计钢筋的品种、规格、绑扎要求以及结构中某些部位配筋的特殊处理。有关配筋变化的图纸会审记录和设计变更通知单，应及时在相应的结构图上标明，避免遗忘，造成失误。掌握《混凝土结构设计规范》GB 50010—2010、《建筑抗震设计规范》GB 50011—2010 和《高层建筑混凝土结构技术规程》JGJ 3—2010 有关钢筋构造措施的规定。

（2）钢筋的品种要符合设计要求，进场的钢筋应有出厂质量证明书或试验报告单，钢筋表面或每捆（盘）钢筋均应有标志。钢筋的性能要符合规范要求。进场的钢筋应按炉罐（批）号及直径分批检验。检验内容包括对标志、外观的检查，并按有关标准的规定取试样，做物理力学性能试验。

（3）进口钢筋在焊接前必须进行化学成分检验的焊接试验。只有化学成分、机械性能和可焊性都符合标准的钢筋才可用于工程施工。

（4）钢筋的表面必须清洁。带有油污、漆迹或腐蚀的钢筋不准用于工程，或颗粒状锈斑经除锈后仍留有麻点的钢筋不得按原规格使用。

（5）钢筋的接头形式应符合设计要求。焊接钢筋所采用的工艺、焊条的质量以及接头的外观力学指标必须符合有关规定。

（6）督促承包单位及时将验收合格的钢材运进钢筋堆场，堆放整齐，挂上标签，并采取有效措施，避免钢筋锈蚀或油污。

一切钢筋工程，在其就位并完成调整后，必须经承包单位验收合格，填写隐检、预检报告，并经现场监理工程师审查确认后，才能浇筑混凝土。审查确认钢筋工程是否合格的主要技术措施如下：

（1）钢筋的品种、规格、数量、形态、尺寸、间距、锚固长度和接头位置、同一断面上的接头率必须符合设计要求和施工规范的规定。

（2）焊接骨架不能有漏焊、开焊。钢筋网片的漏焊、开焊不能超过焊点数的2%，且不能集中。电弧焊焊缝不应有裂纹和较大的凹陷、焊瘤和气孔。

（3）钢筋在混凝土中的位置应准确。特别是各种负筋、弯起钢筋的位置应更加可靠固定。施工中禁止踏踩钢筋。

（4）弯钩尺寸及转向应正确。钢筋的保护层应符合设计要求并支垫牢固。

（5）各种预埋件应设置齐全、位置正确。洞口处结构的受力钢筋不能任意截断。

（6）施工缝处的钢筋应采取固定措施使其不移位。

（7）此外，还应着重检查某些构造措施：

1）框架节点箍筋加密区的箍筋及梁上有集中荷载作用处的附加吊筋或箍筋，不得漏放。

2）具有双层配筋的厚板和墙板，应要求设置撑筋和拉钩。

3）控制钢筋保护层的垫块强度、厚度、位置应符合规范要求。

4）预埋件、预留孔洞的位置应正确，固定可靠，孔洞周边钢筋加固，应符合设计要求。

钢筋不得任意代用，若要代用，必须经设计单位同意，办理变更手续，监理工程师据此验收钢筋。在浇筑混凝土时，监理工程师应督促承包单位派专人负责整理钢筋。

### 四、混凝土工程的监理措施

混凝土是由水、水泥、砂石、外加剂等组成的复合材料，经过水泥水化凝结硬化逐渐产生强度。混凝土的材性不仅与其组成的原材料性能有关，而且还与配合比，特别是水灰比、外加剂的种类和掺量，混凝土的搅拌、运输、成型、养护工艺以及龄期等因素有关。在监理混凝土工程质量时，监理工程师的任务就是要全面考虑上述影响混凝土性能的诸多因素或环节，从组织上、技术上采取措施，确保混凝土工程的质量。

监理工程师对结构用混凝土的质量控制，主要由生产与运输、浇筑与养护等环节组成，每个环节都与混凝土的最终质量有密切关系。

1. 混凝土的生产与运输

钢筋混凝土结构的建筑工程应采用由专业部门生产的商品混凝土，以利质量的稳定。承包单位需验收和使用运至施工现场的混凝土。控制措施是：

（1）混凝土的品种、数量、强度等级、运到时间及运输车辆号码应核对无误；

（2）运至现场的混凝土应保持匀质性和合适的坍落度，运输过程中不应出现分层、离析、漏浆等现象；

（3）冲洗料斗或罐车的水不得注入混凝土中；

（4）施工现场对商品混凝土应按照规定留置试块。

2. 混凝土浇筑与养护

混凝土浇筑前，监理工程师应审查承包单位制定的施工方案，并根据结构特点和现场条件，检查以下项目：

（1）机具准备是否齐全，运输机具以及料斗、串筒、振动器等设备应按需要准备充足，并考虑发生故障时应急修理或采用备用机具；

（2）浇筑期间的水电供应及照明不应中断；

（3）应了解天气情况并考虑防雨、防寒或抽水等措施；

（4）检查模板支架、钢筋和预埋件，办妥隐检、预检手续；

（5）浇筑混凝土的架子及通道已搭设完毕并检查合格；

（6）施工组织者已将施工方案向班组操作人员进行技术交底。

当以上各项条件具备后，监理工程师可下达混凝土浇筑指令。浇筑时监理工程师应在施工现场巡视检查。浇筑过程中的质量控制要点如下：

（1）混凝土入模时的自由倾落高度不应超过2m。

（2）混凝土应连续浇筑。如必须间歇浇筑，间歇时间应尽量缩短，并应在下层混凝土初凝之前将上层混凝土浇筑完毕。

（3）浇筑应分段分层连续进行。每层浇筑厚度可根据结构特点和钢筋密度决定。

（4）施工缝按设计要求留置并应符合规范规定。施工缝表面一般应与梁柱轴线或板面垂直，不得留斜槎。从施工缝处继续施工时，应按规范规定对施工缝作妥善处理。

（5）混凝土振捣应按工艺要求进行。模板内的混凝土应分布均匀，振捣密实。

（6）浇筑混凝土时应经常观察模板、钢筋、预埋件等有无变形或错位，发现问题应及时加以补救。

（7）必须按规定认真制作试块。

混凝土浇筑完毕，并非是混凝土工程的终结，监理工程师应继续检查混凝土的养护与拆模是否符合规定。检查要点是：

（1）对浇筑完的混凝土及时加以覆盖并浇水湿润。在正常气温下，一般塑性混凝土约在浇筑后10～12h覆盖浇水。覆盖材料一般是麻袋、芦席、草帘、锯末或砂。浇水次数以保持混凝土具有足够湿润状况为准。

（2）混凝土浇水养护日期对普通水泥或硅酸盐水泥拌制的混凝土一般为7昼夜。对使用矿渣水泥、火山灰水泥、粉煤灰水泥的混凝土以及抗渗混凝土应延长至14昼夜。如果环境干燥，上述养护日期应延长。

（3）除上述自然养护外，尚有蓄水养护、蒸汽养护、薄膜养护等方法，都需按照工程需要采用，并应遵守有关规定。冬期施工的混凝土其养护另有专门规定。

混凝土拆模应注意以下技术控制要点：

（1）不承重的侧模，当混凝土强度增长到能保证其表面及棱角不因拆模而受损坏时，可以拆除。

（2）承重的模板应在混凝土达到下列强度后方可拆除：

1）跨度2m以下的板达到设计强度的50%；

2）跨度8m以下的梁或2m以上8m以下的板达到设计强度的70%；

3）跨度8m以上的梁承重结构达到设计强度的100%；

4）所有的悬臂构件达到设计强度的100%。

（3）提前拆模承重的钢筋混凝土结构，应通过计算确定。重要结构应通过现场同条件养护的试块试验，来判断混凝土的强度增加情况。

（4）已拆模的结构，应在混凝土达到设计强度后，才允许承受全部计算荷载。施工中不得超载使用，严禁堆放过量的建筑材料。

## 第三节 钢结构工程质量控制

### 一、钢结构工程的特点

1. 钢结构的重量轻

钢材的密度虽然较大，但与其他建筑材料相比，它的强度却高得多，因而当承受的荷载和条件相同时，钢结构要比其他结构轻，便于运输和安装，并可跨越更大的跨度。

2. 钢材的塑性和韧性好

塑性好，使钢结构一般不会因偶然超载或局部超载而突然断裂破坏。韧性好，则使钢结构对动力荷载的适应性较强。钢材的这些性能对钢结构的安全可靠提供了充分保证。

3. 钢材更接近于匀质和各向同性体

钢材的内部组织比较均匀，非常接近于匀质和各向同性体，在一定的应力幅度内几乎是完全弹性的。这些性能和力学计算中的假定比较符合，所以钢结构的计算结果较符合实际的受力情况。

4. 钢结构制造简便，易于采用工业化生产，施工安装周期短

钢结构由各种型材组成，制作简便。大量的钢结构都在专业化的金属结构制造厂中制造，精确度高。制成的构件运到现场拼装，采用螺栓连接，且结构较轻，故施工方便，施工周期短。此外，已建成的钢结构也易于拆卸、加固或改造。

5. 钢结构的密封性好

钢结构的气密性和水密性较好，因此一些要求密闭的高压容器、大型油库、气柜、管道等板壳结构，大多采用钢结构。

6. 钢结构的耐热性好，但防火性差

众所周知，钢材耐热而不耐高温。随着温度的升高，强度就降低。当周围存在着辐射热，温度在150℃以上时，就应采取遮挡措施。如果一旦发生火灾，结构温度达到500℃以上时，就可能全部瞬时崩溃。为了提高钢结构的耐火等级，通常都用混凝土或砖把它包裹起来。

7. 钢材易于锈蚀，应采取防护措施

钢材在潮湿环境中，特别是处于有腐蚀介质的环境中容易锈蚀，必须刷涂料或镀锌，而且在使用期间还应定期维护。这就使钢结构经常性维护费用比钢筋混凝土结构高。

另外，钢结构价格比较昂贵，钢材又是国民经济各个部门必需的重要材料。从全局观点来看，建筑中钢结构的应用就受到一定限制，并且设计时要尽量节约钢材。但若采用其他建筑材料不能满足要求或不经济时，则可考虑采用钢结构。

### 二、钢结构工程的监理措施

（一）选好钢结构制作及安装单位

钢结构工程的施工要经过工厂制作和现场安装两个阶段，这两个阶段可由一个施工单位完成，但有时也可能由两个单位分别完成（分包）。切实做好钢结构制作单位和安装单位的考察与选择工作，对于确保钢结构工程质量及进度，具有重要意义。钢结构制作、安

装单位的考察内容主要有：企业资质，生产规模，技术人员数量、职称及履历，技术工人数量及资格证，机械设备情况，以及业绩情况等。其中企业资质按照住房和城乡建设部《建筑业企业资质等级标准》规定，钢结构工程专业承包企业资质等级分为：一级、二级、三级。机械设备包括钢结构制作安装全过程涉及切割、边缘与端部加工、弯制、制孔、组立、焊接、矫正、热处理、除锈、焊缝无损检测、彩色钢板压型、剪板、弯板、夹芯板成型、测量、运输、吊装、涂装等各工序的相关设备，这些设备是钢结构施工企业的必备设备，其规格型号、性能优劣、档次高低对钢结构施工质量及进度有着重要的影响。另外，对于人员资质证件要注意检查原件，对工程业绩要进行实地考察。总之，这些工作要做到认真考察，择优选用，这是搞好钢结构工程施工监理的第一项重要的基础工作。

（二）严格审查钢结构制作工艺及安装施工组织设计

施工组织设计是承包单位编制的指导工程施工全过程各项活动的重要综合性技术文件，认真审查施工组织设计是监理工作事前控制和主动控制的重要内容。钢结构工程要针对制作阶段和安装阶段分别编制制作工艺和安装施工组织设计，其中制作工艺内容应包括制作阶段各工序、各分项的质量标准和技术要求，以及为保证产品质量而制定的各项具体措施，如关键零件的加工方法，主要构件的工艺流程、工艺措施，所采用的加工设备、工艺装备等。安装施工组织设计内容应包括吊装机械的选择、流水作业程序、吊装方法、平面布置、进度计划、劳动组织、质量标准及安全措施等。监理工程师的审查重点是对于保证钢结构制作及安装质量是否有可靠、可行的技术组织措施。监理工程师认真做好制作工艺及安装施工组织设计的审查工作是搞好钢结构工程施工监理的重要基础。

（三）要充分重视制作阶段的监理工作

钢结构工程均要经过工厂制作和现场安装两个阶段，而制作和安装一般是由钢结构工程公司下属的两个基层单位（制作车间和安装项目部）分别负责，有时还可能由制造厂和安装公司两个单位分别完成（分包）。监理工程师要充分重视制作阶段的监理工作，要像其他类型工程监理工作一样，切实搞好事前控制和事中控制，对各工序、各分项都要做到检查认真、及时、严格而到位。要避免放松监理工厂制作过程，仅靠构件完成后进场验收的错误工作方法。这一点在制作单位距工程所在地路程较远的情况下，尤其要注意。另外，在制作阶段进度控制方面，还要注意制作进度与基础施工进度、钢结构安装进度的衔接与协调问题。总之，制作阶段监理是钢结构工程施工监理的重要内容，也是安装阶段监理的基础和前提。

（四）安装阶段的监理工作

钢结构安装阶段监理的工作内容主要是监督承包单位内部管理体系和质保体系的运行情况，督促落实施工组织设计的各项技术、组织措施，严格按照国家现行钢结构有关规范、标准进行施工。钢结构安装阶段的监理工作应重点抓好以下几个环节：安装方案的合理性和落实情况、安装测量、高强度螺栓的连接、安装焊接质量、安装尺寸偏差的实测、涂装等。监理工作要加强现场巡视检查、平行检验和旁站监督，尤其是在目前部分钢结构施工单位素质偏低、施工仍欠规范的情况下，切实做好现场巡视和旁站，对于确保钢结构工程的施工质量，更有现实意义。

焊接工程是钢结构制作和安装工程中最重要的分项之一，监理工程师必须从事前准备到施焊过程和成品检验各个环节进行监督，切实做好焊接工程的质量控制工作。目前，南京市钢结构施工单位绝大部分都具备自动埋弧焊机，部分具备半自动气体保护焊机，仅在个别部位采用手工施焊。焊接质量问题较多存在于手工焊缝，这些问题有：焊瘤、夹渣、气孔、没焊透、咬边、错边、焊缝尺寸偏差大、不用引弧板、焊接变形不矫正、飞溅物清理不净等。鉴于这种情况，监理工程师必须做好以下各项工作：

（1）检查焊接原材料出厂质量证明书；

（2）检查焊工上岗证；

（3）督促进行必要的焊接工艺试验；

（4）施焊过程中加强巡视检查，监督落实各项技术措施；

（5）严格进行焊缝质量外观检查和焊缝尺寸实测。

高强度螺栓连接工程也是钢结构工程最重要的分项之一，也是目前施工质量的薄弱环节之一，主要表现在：（1）高强度螺栓有以次充好现象（用普通精制螺栓代替高强度螺栓）；（2）高强度螺栓连接面处理达不到规范规定要求，包括表面处理情况、平整密贴情况、螺栓孔质量情况等；（3）高强度螺栓施拧不按规范规定进行，如不分初拧、终拧而一次完成，不用扭矩扳手、全凭主观估计等。为保证高强度螺栓连接工程的施工质量，监理工程师必须以高度的责任心，在督促承包单位提高质量意识、加强质量管理、落实质量保证措施的同时，积极采用旁站监督、平行检验等工作方法，只有这样才能使高强度螺栓连接工程的施工质量处于严格的控制之下。

钢结构高强度螺栓连接时质量控制要点有：

（1）高强度螺栓的形式、规格和技术条件必须符合设计要求和有关标准规定。高强度螺栓必须经试验确定扭矩系数或复验螺栓预拉力，当结果符合钢结构用高强度螺栓的专门规定时，方准使用。

（2）构件的高强度螺栓连接面摩擦系数必须符合设计要求。表面严禁有氧化铁皮、毛刺、焊疤、油漆和油污。监理工程师要检查高强度螺栓连接件摩擦面的抗滑移系数试验和复验。

（3）高强度螺栓必须分两次拧紧，初拧、终拧质量必须符合施工规范和钢结构用高强度螺栓的专门规定。

（4）高强度螺栓接头外观要求符合规范规定。

（五）做好钢结构工程的试验检测工作

钢结构工程制作及安装施工的多项试验检测工作是一般土建工程所没有的，这些试验检测项目主要有：钢材原材有关项目的检测（必要时），焊接工艺评定试验（必要时），焊缝无损检测（超声波、X射线、磁粉等）、高强度螺栓扭矩系数或预拉力试验、高强度螺栓连接面抗滑移系数检测、钢网架节点承载力试验、钢结构防火涂料性能试验等。做好这些试验、检测工作要注意以下几点：（1）要监督委托有相应资质的检测机构进行；（2）要坚持取样、送检的见证制度，避免试件与工程不一致现象；（3）对于部分检测项目，具有相应资质的检测机构较少、路程较远、且费用较高，在这种情况下，监理工程师必须坚持原则，态度明确，立场坚定，及时督促承包单位落实这些工作，这是确保钢结构制作与安装质量及施工进度的必要措施，也是国家现行钢结构工程施工质量验收规范规定的"主控项目"。

（六）钢结构除锈及涂装工程

　　钢结构除锈和涂装是目前钢结构承包单位较易忽视的一项工作，也是钢结构工程施工的薄弱环节。这种现象不纠正，对钢结构的施工质量影响甚大，因为除锈和涂装质量的合格与否直接影响钢结构今后使用期间的维护费用，还影响钢结构工程的使用寿命、结构安全及发生火灾时的耐火时间（防火涂装）。造成这种现象的思想根源在于承包单位有关人员对涂装工作的重要性认识不足，再加上缺乏质量责任心，甚至唯利是图，最终导致涂装工程质量经常出现问题。故监理工程师必须对除锈和涂装工作给予高度重视，对各个工序进行严格的检查验收，这是确保钢结构涂装质量的基础和保障。

　　关于钢结构工程的涂装质量，应抓好以下工作：（1）对钢构件的除锈质量按照设计要求的等级进行严格验收；（2）检查涂装原材料的出厂质量证明书，防火涂料还要检查消防部门的认可证明；（3）涂装前彻底清除构件表面的泥土、油污等杂物；（4）涂装施工应在无尘、干燥的环境中进行，且温度、湿度符合规范要求；（5）涂刷遍数及涂层厚度要符合设计要求；（6）对涂层损坏处要做细致处理，保证该处涂装质量；（7）认真检查涂层附着力；（8）严格进行外观检查验收，保证涂装质量符合规范及标准要求。

　　（七）压型金属板工程

　　压型金属板工程主要为彩色钢板围护结构，是较新兴的建筑围护结构形式。目前，工程实际中出现的问题主要有：施工单位不制定彩板（夹芯板）施工方案，彩板接缝、板檩之间的连接、彩板配件制作安装等节点构造处理不细或不可靠，围护结构渗漏，彩板分项工程观感质量存在不平整、不顺直、不严密、变形、划伤、污染现象等。监理人员要注意采取相应的监理措施来解决此类问题。

## 第四节　防水工程质量控制

　　每栋建筑都和水有密切联系。雨水、地下水、地面水、冷凝水、生活给排水……无不对建筑有重大影响。防水，关系到人们居住的环境和卫生条件，是建筑物的主要使用功能之一，也对建筑物的耐久性和使用寿命起重要作用。

　　防水工程中的缺陷是渗漏，它是渗水和漏水的总称。渗水，指建筑物某一部位在水压作用下一定面积范围内被水渗透并扩散，出现水印，或处于潮湿状态。漏水，指建筑物某一部位在水压作用下一定面积范围内或局部区域内被较多水量渗入，并从孔、缝中漏出甚至出现冒水、涌水现象。1991年原建设部对全国100个大中城市1988年后竣工的2072栋房屋进行抽查，结果表明，屋面不同程度渗漏的有725栋（占35%，其中采用卷材防水、涂膜防水、刚性防水的各占1/3左右），浴厕间不同程度渗漏的有708栋（占34.2%，其中材料原因占20%，设计原因占26%，施工原因占48%，管理原因占6%）。可见，我国房屋渗漏问题是比较严重的。

　　防水工程可按设防部位、设防材料性能和设防材料品种分类。按设防部位不同，可分为屋面防水、地下室防水、厕浴室室内防水和外墙防水。按设防材料性能不同，可分为柔性防水和刚性防水。按设防材料品种不同，可分为卷材防水、涂膜防水、密封材料防水、混凝土或砂浆防水、粉状憎水材料防水、渗透剂防水等。

　　防水工程是一项系统工程，它涉及防水材料、防水工程设计、施工技术、使用维护等各个方面，它的质量和缺陷因而也和这些方面密切相关。

## 一、从材料看，产生防水工程缺陷的因素

（1）材料品种做法种类繁多：品种有沥青类、合成高分子类、改性沥青类、粉状材料类、防水混凝土砂浆类等；做法有卷材、涂膜、刚性层以及与之配套的接缝密封、止水堵漏等，它们的类别和规格很是繁杂，但产品质量各异，标准化的质量保证体系和认证制度又不甚严格。

（2）检测的手段和方法较为落后，难以准确地检查各品种材料的性能和它们的可靠性、耐久性。

（3）各品种材料的运输、保管，尚缺乏规范化的制度。

## 二、从设计看，产生防水工程缺陷的因素

（1）设计部门比较重视建筑造型、平面布置和结构设计计算，对防水设计往往重视不够，对建筑所处环境对防水工程的影响往往考虑不周。

（2）设计人员的防水专业知识不足，对新型防水材料的性能、使用条件、适用范围了解不多。

（3）防水层做法往往层次众多、工序复杂，导致容易产生质量缺陷；此外，在做法上往往因循守旧，积习难改，缺乏研究防治渗漏通病的新措施。

（4）对防水材料的耐久性考虑得较少。

## 三、从施工看，产生防水工程缺陷的因素

（1）防水工程的施工专业队伍缺乏丰富的防水施工经验。

（2）防水施工的技术设备较为简陋，且不完备。

（3）施工作业中经常出现的问题有违作业程序：不顾气候条件赶进度；只重视面层不重视基体、垫层、隔离层；只重视大面积的质量，不重视节点、接口处的质量等。

## 四、防水工程的监理措施

防水工程监理也是一项复杂的系统工程。一旦出现问题会对使用功能产生很大的影响。监理工程师要高度重视，从材料、人员、检测和施工管理等方面采取措施加强管理，把防水工程的质量控制好。

（1）当前，市场上防水材料生产质量较为混乱，监理工程师首先要检查材料的各种性能指标，并进行见证抽样试验，必要时先试用。同时，监理工程师也要搜集防水材料的品种及其质量信息，避免使用劣质防水材料。

（2）严格审查或选择质量信誉较好的施工队伍，检查施工人员的施工操作水平。同时在施工时要强化防水施工的交底制度。

（3）对防水施工的过程进行巡视。重点部位或可能出现质量问题的部位采取旁站措施。

（4）加强对防水工程的质量检测与检查。卷材防水材料、涂膜防水材料和防水砂浆对温度变化较为敏感，其防水工程质量要适应使用温度的变化。因此对防水工程监理工程师应采取措施，使它在施工验收时能经过最不利温度变化极限的检验。

（5）监理工程师要避免防水施工发生抢工期的现象。

# 第二章　砌体结构

砌体结构是由块体和砂浆砌筑而成的墙、柱作为建筑物主要受力构件的结构，是砖砌体、砌块砌体和石砌体结构的统称。块体包括砌体所用的各种砖、石、小型砌块。砂浆包括水泥砂浆、水泥混合砂浆等。配筋砌体是指由配置钢筋的砌体作为建筑物主要受力构件的结构。

## 第一节　砌筑砂浆

根据《砌体结构工程施工质量验收规范》GB 50203—2011 要求，分述如下。

### 一、砌筑砂浆原材料

（一）水泥

（1）水泥的强度等级应根据相关设计要求进行选择，其强度等级不宜小于42.5级。

（2）选用水泥时，应注意水泥品种的性能及其适用的范围，对不同厂家、品种、强度等级的水泥应分别贮存，不得混合使用。

（3）水泥进入施工现场应有出厂质量保证书，且品种和强度等级等应符合设计要求。对进场水泥的质量应按有关规定进行复试，尤其强度等级和安定性，并经复试合格后方可使用。

（4）出厂日期超过90d的水泥（快硬硅酸盐水泥超过30d）应进行复试，复试达不到质量标准的不得使用。严禁使用安定性不合格的水泥。

（5）砌筑砂浆用水泥应符合《通用硅酸盐水泥》GB 175—2007国家标准要求。

（二）砂

（1）砂宜选用中砂，其中毛石砌体应选用粗砂。使用前应过筛。

（2）砂的含泥量要求：对水泥砂浆强度等级不小于M5的水泥混合砂浆不应超过5%；强度等级小于M5的水泥混合砂浆，不应超过10%。

（3）砂中不应混有草根、树叶、树枝、塑料、煤块、炉渣等杂物。砂中含泥量、泥块含量、石粉含量、云母、轻物质、有机物、硫化物、硫酸盐及氯盐含量应符合相关标准要求。

（4）采用细砂的地区，砂的允许含泥量可经试验后确定。

（5）砂中有害物质含量应符合《普通混凝土用砂、石质量及检验方法标准》JGJ 52—2006行业标准要求。

（6）人工砂、山砂及特细砂应经试配并满足要求后方可使用。

（7）砂的粗细程度按细度模数 $\mu_f$ 分为粗、中、细、特细四级，其范围应符合下列规定：

粗砂：$\mu_f = 3.7 \sim 3.1$；中砂：$\mu_f = 3.0 \sim 2.3$；细砂：$\mu_f = 2.2 \sim 1.6$；特细砂：$\mu_f = 1.5 \sim 0.7$。

(8) 砌筑砂浆用砂应符合《普通混凝土用砂、石质量及检验方法标准》JGJ 52—2006 行业标准要求。

**（三）生石灰**

(1) 生石灰应熟化后方可使用。

(2) 根据《建筑生石灰》JC/T 479—1992 要求，建筑生石灰分为钙质生石灰和镁质生石灰，按其 CaO + MgO 含量、未消化残渣含量、$CO_2$ 含量、产浆量等，可分为优等品、一等品、合格品。

(3) 砌筑砂浆用生石灰应符合《建筑生石灰》JC/T 479—1992 行业标准要求。

**（四）生石灰粉**

(1) 生石灰粉分为钙质生石灰粉、镁质生石灰粉，按 CaO + MgO 含量、$CO_2$ 含量、细度等可分为优等品、一等品、合格品。

(2) 砌筑砂浆用生石灰粉应符合《建筑生石灰粉》JC/T 480—1992 行业标准要求。

**（五）石灰膏**

(1) 块状生石灰熟化成石灰膏时，应用孔洞不大于 3mm × 3mm 的网过滤，熟化时间不得少于 7d；对于磨细生石灰粉，其熟化时间不得少于 2d。

(2) 沉淀池中贮存的石灰膏，应采取防止干燥、冻结和污染措施。配制水泥石灰砂浆时，不得采用脱水硬化的石灰膏。

(3) 生石灰和生石灰粉不得代替石灰膏配制水泥石灰砂浆。

**（六）粉煤灰**

(1) 粉煤灰分为 F 类和 C 类粉煤灰。

(2) 拌制混凝土和砂浆用粉煤灰分为三个等级：Ⅰ级、Ⅱ级、Ⅲ级。

(3) 根据《用于水泥和混凝土中的粉煤灰》GB/T 1596—2005 要求，粉煤灰的技术指标包括细度、需水量比、烧失量、三氧化硫、游离氧化钙、安定性、强度活性指数。此外放射性、碱含量、均匀性应满足要求。

(4) 砌筑砂浆用粉煤灰应符合《用于水泥和混凝土中的粉煤灰》GB/T 1596—2005 标准要求。

**（七）水**

(1) 宜采用饮用水。

(2) 当采用其他来源水时，水质必须符合《混凝土用水标准》JGJ 63—2006 行业标准要求。

**（八）外加剂**

(1) 有机塑化剂、引气剂、早强剂、缓凝剂及防冻剂应符合国家质量标准或施工合同确定的标准，并应具有法定检测机构出具的该产品砌体强度型式检验报告，还应经砂浆性能试验合格后方可使用。

(2) 其用量应通过试验确定。

**（九）预拌砂浆**

(1) 预拌砂浆系指由专业生产厂家生产的，用于一般工业与民用建筑工程的砂浆，包括干混砂浆和湿拌砂浆。普通预拌砂浆系预拌砌筑砂浆、预拌抹灰砂浆和预拌地面砂浆的统称,可以是干混砂浆,也可以是湿拌砂浆。特种预拌砂浆系指具抗渗、抗裂、高粘结和装饰等特殊功能的预拌砂浆,包括预拌防水砂浆、预拌耐磨砂浆、预拌自流平砂浆、预拌保温砂浆等。

(2)湿拌砂浆分类、代号和性能,见表 2-1。

湿拌砂浆分类、代号和性能                                表 2-1

| 品　种 | 湿拌砌筑砂浆 | 湿拌抹灰砂浆 | 湿拌地面砂浆 | 湿拌防水砂浆 |
|---|---|---|---|---|
| 代　号 | WM | WP | WS | WW |
| 强度等级 | M5、M7.5、M10、M15、M20、M25、M30 | M5、M10、M15、M20 | M15、M20、M25 | M10、M15、M20 |
| 抗渗等级 | — | — | — | P6、P8、P10 |
| 稠度/mm | 50、70、90 | 70、90、110 | 50 | 50、70、90 |
| 凝结时间/h | ≥8、≥12、≥24 | ≥8、≥12、≥24 | ≥4、≥8 | ≥8、≥12、≥24 |

(3)干混砂浆分类、代号和性能,见表 2-2。

干混砂浆分类、代号和性能                                表 2-2

| 品　种 | 干混砌筑砂浆 | 干混抹灰砂浆 | 干混地面砂浆 | 干混普通防水砂浆 | 干混陶瓷砖粘结砂浆 | 干混界面砂浆 |
|---|---|---|---|---|---|---|
| 代　号 | DM | DP | DS | DW | DTA | DIT |
| 品　种 | 干混保温板粘结砂浆 | 干混保温板抹面砂浆 | 干混聚合物水泥防水砂浆 | 干混自流平砂浆 | 干混耐磨地坪砂浆 | 干混饰面砂浆 |
| 代　号 | DEA | DBI | DWS | DSL | DFH | DDR |
| 项　目 | 干混砌筑砂浆 | | 干混抹灰砂浆 | | 干混地面砂浆 | 干混普通防水砂浆 |
| | 普通砌筑砂浆 | 薄层砌筑砂浆 | 普通抹灰砂浆 | 薄层抹灰砂浆 | | |
| 强度等级 | M5、M7.5、M10、M15、M20、M25、M30 | M5、M10 | M5、M10、M15、M20 | M5、M10 | M15、M20、M25 | M10、M15、M20 |
| 抗渗等级 | — | — | — | — | — | P6、P8、P10 |

(4)预拌砂浆与传统砂浆对应关系,见表 2-3。

(5)预拌砂浆应符合《预拌砂浆》GB/T 25181—2010 标准要求。

**二、砌筑砂浆拌制**

(一)砂浆强度等级

(1)根据《建筑砂浆基本性能试验方法标准》JGJ/T 70—2009 要求,砂浆强度等级是以标准养护,即温度 20±2℃、相对湿度为 90% 以上的条件下,龄期为 28d 的试块抗压强度为准。

预拌砂浆与传统砂浆对应关系

表 2-3

| 种　　类 | 预　拌　砂　浆 | 传　统　砂　浆 |
|---|---|---|
| 砌筑砂浆 | DM M5、WM M5<br>DM M7.5、WM M7.5<br>DM M10、WM M10 | M5 混合砂浆、M5 水泥砂浆<br>M7.5 混合砂浆、M7.5 水泥砂浆<br>M10 混合砂浆、M10 水泥砂浆 |
| 抹灰砂浆 | DP M5、WP M5<br>DP M10、WP M10<br>DP M15、WP M15 | 1:1:6 混合砂浆<br>1:1:4 混合砂浆<br>1:3 水泥砂浆 |
| 地面砂浆 | DS M20、WS M20 | 1:2 水泥砂浆 |

（2）确定砂浆强度等级时，应采用同类块体为砂浆强度试块底模。

（3）根据《砌筑砂浆配合比设计规程》JGJ/T 98—2010 要求，砂浆强度等级分为 7 个等级：M30、M25、M20、M15、M10、M7.5、M5。各强度等级相应的抗压强度值应符合有关标准的规定。

（二）砌筑砂浆拌制

（1）砂浆应采用机械搅拌，搅拌时间自投料完起算：水泥砂浆、水泥混合砂浆不得少于 2min；预拌砌筑砂浆和掺有粉煤灰、外加剂、保水增稠材料的砂浆不得少于 3min；掺用有机塑化剂的砂浆应为 3~5min。

（2）拌制水泥砂浆，应先将砂与水泥干拌均匀，再加水拌合均匀；拌制水泥混合砂浆，应先将砂与水泥干拌均匀，再加掺加料和水拌合均匀；拌制水泥粉煤灰砂浆，应先将水泥、粉煤灰、砂干拌均匀，再加水拌合均匀。

（3）掺用外加剂时，应先将外加剂按规定浓度溶水中，在拌合水时投入外加剂溶液，外加剂不得直接投入拌制的砂浆中。

（4）砂浆拌成后和使用时，均应盛入贮灰器中。如砂浆出现泌水现象，应在砌筑前再次拌合。

（5）实在受到条件限制采用人工拌和时，应有保证配合比精度和拌合均匀性的措施。

（6）砂浆应随拌随用。水泥砂浆和水泥混合砂浆必须分别在拌成后 3h 和 4h 内使用完毕；当施工期间最高气温超过 30℃时，必须分别在拌成后 2h 和 3h 内使用完毕。

（7）砂浆配合比应根据现场材料经试验确定，施工过程中如果砂浆的组成材料有变更时，应调整配合比。

（8）拌制砂浆的计量要求：

1）砂浆配合比应采用重量比。

2）水泥及外加剂的配料精度应控制在 ±2% 以内；砂、石灰膏等配料精度应控制在 ±5% 以内。

### 三、砂浆拌制中的巡视

（1）在砌筑砂浆拌制地点应张挂砂浆配合比牌，所用水泥、砂、石灰膏、掺加料等的品种、强度等应符合施工配合比要求，水泥砂浆不应掺加石灰或黏土等。特殊砂浆，如防水砂浆应掺加防水剂，防冻砂浆应掺加防冻剂等。

（2）察看水泥、砂及其他主要材料是否有不正常的情况，如水泥结块、砂的粗细度、砂中的杂物与含泥量等。如与已经过试验合格的材料或样品的外观有明显的差异，应要求施工单位进行见证取样试验。

（3）在砂浆出料口检查砂浆的稠度，如不满足要求，应要求施工单位按要求处理。

（4）检查砂浆是否具有良好的和易性，其分层度不宜大于 30mm。砂浆拌成后和使用时，均应盛入贮灰器内。如砂浆出现泌水现象，应在砌筑前再次拌和。

（5）砂浆应随拌随用，应注意砂浆的拌和速度与使用消耗速度是否协调。如砂浆存放时间超过规定时间，应要求施工单位弃用超过上述时间限制的砂浆。

### 四、砌筑砂浆的见证取样与试验

（一）见证取样或试验的项目

项目包括：水泥的取样、砂的取样、其他规范规定的掺加料的取样，砂浆的试块制作与养护。

（二）水泥的常规检测指标

（1）凝结时间：硅酸盐水泥初凝时间不小于 45min，终凝时间不大于 390min；普通硅酸盐水泥、矿渣硅酸盐水泥、火山灰质硅酸盐水泥、粉煤灰硅酸盐水泥和复合硅酸盐水泥初凝时间不小于 45min，终凝时间不大于 600min。

（2）安定性：沸煮法合格。

（3）强度（非选择性指标）。

（4）细度（选择性指标）。

（三）砂浆试块制作办法

（1）将内壁事先涂一层薄机油的 70.7mm×70.7mm×70.7mm 的带底金属试模，放在平整的地面上。

（2）砂浆拌制后一次注满试模内，用直径 10mm，长 350mm 的钢制捣棒（其一端呈半球形）由外向内按螺旋方向均匀插捣 25 次，然后在四侧用油灰刀沿试模壁插捣数下，并用手将试模一边抬高 5～10mm 各振动 5 次，砂浆应高出试模顶面 6～8mm。

（3）当砂浆表面开始出现麻斑时（约 15～30min），将高出部分的砂浆沿试模顶面削平。

（四）砂浆试块养护要求

（1）试块制作后，一般应在温度为 20±5℃ 的环境中静置 24±2h，当气温较低时，可适当延长时间，但不应超过 48h，然后对试块进行编号并拆模。

（2）试块拆模后，应在标准养护条件下继续养护至 28d，然后进行试压。

（3）标准养护条件

1）砂浆应在温度为 20±2℃，相对湿度 90% 以上的条件下养护，详见《建筑砂浆基本性能试验方法标准》JGJ/T 70—2009。

2）养护期间，试块彼此间隔不得小于 10mm。

（4）混合砂浆试块不得浸入水中养护。

（五）试块抗压强度取值

（1）每组试块为 3 块，取其 3 个试块试验结果的算术平均值（计算精度为 0.1MPa）作为该组砂浆试块的抗压强度。

（2）当 3 个试件的最大值或最小值中有一个与中间值的差值超过中间值的 15% 时，以中间值作为该组试件的抗压强度值，具体详见《建筑砂浆基本性能试验方法标准》JGJ/T 70—2009。

### 五、砌筑砂浆的监理验收

1. 砌筑砂浆试块强度验收对其强度合格标准必须符合的规定

（1）同一验收批砂浆试块强度平均值应大于或等于设计强度等级值的 1.1 倍；同一验收批砂浆试块抗压强度的最小一组平均值应大于或等于设计强度等级值的 85%。

注：①砌筑砂浆的验收批，同一类型、强度等级的砂浆试块不应少于 3 组；同一验收批砂浆只有 1 组或 2 组试块时，每组试块抗压强度平均值应大于或等于设计强度等级值的 1.1 倍；对于建筑结构的安全等级为一级或设计使用年限为 50 年及以上的房屋，同一验收批砂浆试块的数量不得少于 3 组；

②砂浆强度应以标准养护，28d 龄期的试块抗压强度为准；

③制作砂浆试块的砂浆稠度应与配合比设计一致。

（2）抽检数量：每一检验批且不超过 250m³ 砌体的各类、各强度等级的普通砌筑砂浆，每台搅拌机应至少抽检一次。验收批的预拌砂浆、蒸压加气混凝土砌块专用砂浆，抽检可为 3 组。

（3）检验方法：在砂浆搅拌机出料口或在湿拌砂浆的储存容器出料口随机取样制作砂浆试块（现场拌制的砂浆，同盘砂浆只应作 1 组试块），试块标养 28d 后作强度试验。预拌砂浆中的湿拌砂浆稠度应在进场时取样检验。

2. 当施工中或验收时出现下列情况，可采用现场检验方法对砂浆或砌体强度进行实体检测，并判定其强度

（1）砂浆试块缺乏代表性或试块数量不足。

（2）对砂浆试块的试验结果有怀疑或有争议。

（3）砂浆试块的试验结果，不能满足设计要求。

（4）发生工程事故，需要进一步分析事故原因。

3. 砌体工程现场检测方法

原位轴压法、扁顶法、原位单剪法、原位双剪法、推出法、筒压法、砂浆片剪切法、砂浆回弹法、点荷法、射钉法与贯入法等。具体内容与要求请参见《砌体工程现场检测技术标准》GB/T 50315—2011 与《贯入法检测砌筑砂浆抗压强度技术规程》JGJ/T 136—2001。

## 第二节　砖砌体工程

### 一、砖砌体用原材料要求

除砂浆外，砖砌体的主要材料包括烧结普通砖（包括黏土砖 N、页岩砖 Y、煤矸石砖

M、粉煤灰砖 F）、烧结多孔砖（包括黏土砖 N、页岩砖 Y、煤矸石砖 M、粉煤灰砖 F、淤泥砖 U、固体废弃物砖 G）、混凝土砖等。

（一）烧结普通砖

（1）烧结普通砖根据抗压强度分为 MU30、MU25、MU20、MU15、MU10 五个强度等级。强度、抗风化性能和放射性物质合格的砖，根据尺寸偏差、外观质量、泛霜和石灰爆裂分为优等品（A）、一等品（B）、合格品（C）三个质量等级。优等品适用于清水墙和装饰墙，一等品和合格品可用于混水墙。中等泛霜的砖不能用于潮湿部位。

（2）烧结普通砖的强度应符合表 2-4 的规定。

烧结普通砖强度（MPa）　　　　　表 2-4

| 强度等级 | 抗压强度平均值 $f \geqslant$ | 变异系数 $\delta \leqslant 0.21$ | 变异系数 $\delta > 0.21$ |
|---|---|---|---|
| | | 强度标准值 $f_k \geqslant$ | 单块最小抗压强度值 $f_{min} \geqslant$ |
| MU30 | 30.0 | 22.0 | 25.0 |
| MU25 | 25.0 | 18.0 | 22.0 |
| MU20 | 20.0 | 14.0 | 16.0 |
| MU15 | 15.0 | 10.0 | 12.0 |
| MU10 | 10.0 | 6.5 | 7.5 |

（3）烧结普通砖的尺寸偏差应符合表 2-5 的规定。

烧结普通砖尺寸允许偏差（mm）　　　　　表 2-5

| 公称尺寸 | 优 等 品 | | 一 等 品 | | 合 格 品 | |
|---|---|---|---|---|---|---|
| | 样本平均偏差 | 样本极差 $\leqslant$ | 样本平均偏差 | 样本极差 $\leqslant$ | 样本平均偏差 | 样本极差 $\leqslant$ |
| 240 | ±2.0 | 6 | ±2.5 | 7 | ±3.0 | 8 |
| 115 | ±1.5 | 5 | ±2.0 | 6 | ±2.5 | 7 |
| 53 | ±1.5 | 4 | ±1.6 | 5 | ±2.0 | 6 |

（4）砖砌体用烧结普通砖必须符合《烧结普通砖》GB 5101—2003 国家标准要求。

（二）烧结多孔砖

（1）烧结多孔砖根据抗压强度分为 MU30、MU25、MU20、MU15、MU10 五个强度等级。

（2）烧结多孔砖的强度应符合表 2-6 的规定。

（3）烧结多孔砖的尺寸偏差应符合表 2-7 的规定。

（4）砖砌体用烧结多孔砖必须符合《烧结多孔砖和多孔砌块》GB 13544—2011 标准要求。

（三）混凝土实心砖

（1）混凝土实心砖根据抗压强度分为 MU40、MU35、MU30、MU25、MU20、MU15 六

个等级，按其自身密度，等级分为 A 级（≥2 100kg/m³）、B 级（1 681kg/m³~2 099kg/m³）、C 级（≤1 680kg/m³）。

<table>
<tr><td colspan="3">烧结多孔砖强度（MPa）　　　表 2-6</td></tr>
<tr><td>强度等级</td><td>抗压强度平均值 $f$≥</td><td>强度标准值 $f_k$≥</td></tr>
<tr><td>MU30</td><td>30.0</td><td>22.0</td></tr>
<tr><td>MU25</td><td>25.0</td><td>18.0</td></tr>
<tr><td>MU20</td><td>20.0</td><td>14.0</td></tr>
<tr><td>MU15</td><td>15.0</td><td>10.0</td></tr>
<tr><td>MU10</td><td>10.0</td><td>6.5</td></tr>
</table>

| 烧结多孔砖尺寸允许偏差（mm）　　　表 2-7 | | |
| --- | --- | --- |
| 尺 寸 | 样本平均偏差 | 样本极差≤ |
| >400 | ±3.0 | 10.0 |
| 300~400 | ±2.5 | 9.0 |
| 200~300 | ±2.5 | 8.0 |
| 100~200 | ±2.0 | 7.0 |
| <100 | ±1.5 | 6.0 |

（2）混凝土实心砖的抗压强度应符合表 2-8 的规定。

| 混凝土实心砖抗压强度（MPa）　　　　　　　　　　　　　　　表 2-8 | | | | | |
| --- | --- | --- | --- | --- | --- |
| 强度等级 | 抗 压 强 度 | | 强度等级 | 抗 压 强 度 | |
| | 平 均 值≥ | 单块最小值≥ | | 平 均 值≥ | 单块最小值≥ |
| MU40 | 40.0 | 35.0 | MU25 | 25.0 | 21.0 |
| MU35 | 35.0 | 30.0 | MU20 | 20.0 | 16.0 |
| MU30 | 30.0 | 26.0 | MU15 | 15.0 | 12.0 |

（3）混凝土实心砖的密度等级应符合表 2-9 的规定。

| 混凝土实心砖密度等级（kg/m³）　　　　　　　　　　表 2-9 | |
| --- | --- |
| 密 度 等 级 | 3 块 平 均 值 |
| A 级 | ≥2 100 |
| B 级 | 1 681~2 099 |
| C 级 | ≤1 680 |

（4）砖砌体用混凝土实心砖必须符合《混凝土实心砖》GB/T 21144—2007 标准要求。

（四）粉煤灰砖

（1）粉煤灰砖根据抗压强度分为 MU30、MU25、MU20、MU15、MU10 五个等级，按其尺寸偏差、外观质量、强度等级、干燥收缩等分为优等品（A）、一等品（B）、合格品（C）三个等级。

（2）粉煤灰砖的强度应符合表 2-10 的规定。

（3）砖砌体用粉煤灰砖应符合《粉煤灰砖》JC 239—2001 标准要求。

粉煤灰砖强度指标（MPa） 表2-10

| 强度等级 | 抗 压 强 度 | | 抗 折 强 度 | |
|---|---|---|---|---|
| | 10块平均值≥ | 单块值≥ | 10块平均值≥ | 单块值≥ |
| MU30 | 30.0 | 24.0 | 6.2 | 5.0 |
| MU25 | 25.0 | 20.0 | 5.0 | 4.0 |
| MU20 | 20.0 | 16.0 | 4.0 | 3.2 |
| MU15 | 15.0 | 12.0 | 3.3 | 2.6 |
| MU10 | 10.0 | 8.0 | 2.5 | 2.0 |

（五）蒸压灰砂砖

（1）蒸压灰砂砖根据抗压强度分为 MU25、MU20、MU15、MU10 四个等级，按其尺寸偏差、外观质量、强度等级、抗冻性等分为优等品（A）、一等品（B）、合格品（C）三个等级。

（2）蒸压灰砂砖的强度应符合表2-11的规定。

蒸压灰砂砖强度指标（MPa） 表2-11

| 强度等级 | 抗 压 强 度 | | 抗 折 强 度 | |
|---|---|---|---|---|
| | 平均值≥ | 单块值≥ | 平均值≥ | 单块值≥ |
| MU25 | 25.0 | 20.0 | 5.0 | 4.0 |
| MU20 | 20.0 | 16.0 | 4.0 | 3.2 |
| MU15 | 15.0 | 12.0 | 3.3 | 2.6 |
| MU10 | 10.0 | 8.0 | 2.5 | 2.0 |

注：优等品的强度级别不得小于 MU15

（3）砖砌体用蒸压灰砂砖应符合《蒸压灰砂砖》GB 11945—1999 标准要求。

## 二、砖砌体砌筑工艺

（一）砖砌体的一般工艺流程（图2-1）

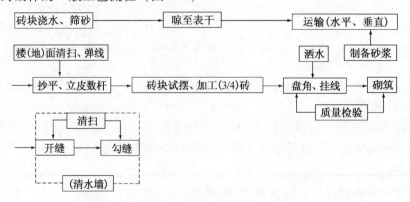

图2-1 砖砌体的一般工艺流程

（二）砖砌体的一般砌筑要求

（1）砖墙砌筑前，必须清除基础面上的杂物，校核轴线，弹出墙身边线，按施工图标高尺寸分出门窗洞口、附墙垛、构造柱等位置。烧结砖应浇水润湿后方可砌筑。

（2）砌体施工时应正确设置皮数杆。一般设在房屋大角处、拐角处及交接处。皮数杆间距不宜大于15m，皮数杆上应标明皮数及竖向构造的变化部位。

（3）砌筑墙体时应先盘角，每次高度不得超过320mm，并随时吊线找正。

（4）砌筑墙体应挂线，砌一砖厚及其以下的砖应单面挂线，砌一砖厚以上的砖墙应双面挂线。线长大于15m时，中间应加支线点。在砌筑砖墙时，每块砖应上跟线、下跟棱、揉平压实。

（5）砌筑方法应采用"三一"砌筑法，即一铲灰、一块砖、一揉压。当采用铺浆法砌筑时，铺浆长度不得超过750mm，施工期间气温超30℃时，铺浆长度不得超过500mm。

（6）砖墙体可根据其厚度不同，选用全顺、两平一侧、全丁、一顺一丁、梅花丁、三顺一丁等方式砌筑。

（7）在砌筑墙体时，应根据墙体类别和部位选砖。用于清水墙或正面墙的砖，应边角整齐。断砖不得集中使用。

（8）砌筑山墙，按设计坡度可用套板或立中心线杆。墙体砌筑后应及时做屋面，必要时应设临时支撑。

（9）砖砌体砌筑要求应符合《砌体结构工程施工质量验收规范》GB 50203—2011标准要求。

### 三、砖砌体施工中的巡视与旁站

砖砌体工程的工程量往往较大，现场的作业面和作业人员均较多，监理工程师应以巡视为主。

（一）运输与组砌要求

（1）砖在运输、装卸过程中，严禁倾倒和抛掷。经验收的砖应按品种和相同强度等级堆放整齐。每200块砖为一垛，宜侧立堆码，堆置高度不宜超过2m。

（2）砌筑墙体时应上下错缝，内外搭砌。实砌砖墙宜采用一顺一丁、梅花丁、三顺一丁的组砌方法，特殊情况砌筑宜采用二平一侧、全顺、全丁的形式砌筑。砖墙的转角处各皮间竖缝应相互错开，在外墙转角处和砖墙交接处必须砌七分头砖（即3/4砖）。

（3）砌筑墙体应首先从墙角开始盘角挂线，对错缝用的七分头砖要求规格整齐、竖缝一致。宜使用手提式电动切割机或无齿锯，进行统一切割加工。

（二）含水率要求

（1）砖的含水程度对砌体的施工质量影响很大。对比实验表明，适宜的含水率不仅提高砖与砂浆之间的粘结力，提高砌体的抗剪强度，也可以使砂浆强度保持正常增长，提高砌体的抗压强度。

（2）砌筑墙体时，要每天检查是否按规范规定提前1~2d浇水湿润，砖浇水湿润的程度：烧结类块体的相对含水率60%~70%；混凝土多孔砖及混凝土实心砖不需浇水湿润，但在气候干燥炎热的情况下，宜在砌筑前对其喷水湿润；其他非烧结类块体相对含水率40%~50%。相对含水率以水重占湿砖重的百分数计，控制要适宜，太干或太湿都要影响砌体的强度。当施工间歇完毕重新砌筑时，应对原砌体顶面洒水湿润。

（三）砌筑要求

（1）一般砖墙的砌筑应在防潮层或其他基层上，根据弹好的轴线进行排砖，第一皮砖必须是丁砖。窗间墙、附墙垛（柱）、变形缝等的位置尺寸应符合砖的模数，若不符合砖的模数时，可用找砖或丁砖来调整。对砌体中沟槽、管道、观测点、水电暖卫的洞槽等应在砌筑中按照施工图留出或砌入，不宜在砌好的砌体上开槽凿洞。

（2）砖砌体砌筑时宜随铺砂浆随砌筑。根据试验研究，铺浆后应尽快砌砖，延迟时间在3min以上时，砌体的抗剪强度要下降30%以上。因此，施工人员在铺浆时应均匀，宽度应一致，其宽度每边比墙窄10mm左右，长度宜为500~750mm左右，气温超过30℃时，应小于500mm。太长则影响抗剪强度，太短工人的劳动效率要降低。

（3）砖砌体的灰缝，应横平竖直，砂浆饱满。水平灰缝厚度和竖向灰缝宽度一般为10mm，不应小于8m，也不应大于12mm，清水墙面应及时清缝，混水墙舌头灰应随砌随清。

（4）砌筑好的砌体，不得任意挪动砖块或敲打墙面。纠正偏差时，应轻轻拆除，重新砌筑。

（5）从有利于保证砌体的完整性、整体性和受力的合理性出发，240mm厚承重墙的每层墙最上一皮砖，砖砌体的阶台水平面上及挑出层的外皮砖，应整砖丁砌。

（6）砖砌平拱过梁是砖砌拱体结构中矢高极小的一种拱体结构。从其受力特点及施工工艺考虑，必须保证拱脚下面伸入墙内的长度和拱底应有的起拱量，保持楔形灰缝形态。砖砌平拱过梁的灰缝应砌成楔形缝。灰缝的宽度，在平拱的底面不应小于5mm，在平拱的顶面不应大于15mm。拱脚下面应伸入墙内不小于20mm，拱底应有1%的起拱。

（7）过梁底部模板是砌筑过程中的承重结构，只有砂浆达到一定强度后，过梁部位砌体方能承受荷载作用，才能拆除底模。砂浆强度一般以实际强度为准。砖过梁底部的模板，应在灰缝砂浆强度不低于设计强度的75%时，方可拆除。

（8）竖向灰缝砂浆的饱满度一般对砌体的抗压强度影响不大，但是对砌体的抗剪强度影响明显。根据四川省建筑科学研究院、南京新宁砖瓦厂等单位的试验结果得到：当竖缝砂浆很不饱满甚至完全无砂浆时，其对角加载砌体的抗剪强度约降低30%。此外，透明缝、瞎缝和假缝对房屋的使用功能也会产生不良影响。

（9）多孔砖的孔洞应垂直于受压面砌筑。多孔砖的孔洞垂直于受压面，能使砌体有较大的有效受压面积，有利于砂浆结合层进入上下砖块的孔洞中产生"销键"作用，提高砌体的抗剪强度和砌体的整体性。

（10）灰砂砖、粉煤灰砖出釜后早期收缩值大，如果这时用于墙体上，很容易出现明显的收缩裂缝。因此要求出釜后停放时间不应小于28d，使其早期收缩值在此期间内完成大部分，预防墙体早期开裂。

（11）施工过程中在砖墙上留设过人或其他临时洞口，应在砌筑时增设拉结筋，洞口上方加设过梁。砖砌体施工临时间断处的接搓部位本身就是受力的薄弱点，为保证砌体的整体性，必须强调补砌时的要求。砖砌体施工临时间断处补砌时，必须将接搓处表面清理干净，浇水湿润，并填实砂浆，保持灰缝平直。

（12）预埋件及预留孔洞应按设计要求做到稳固、正确。对埋入砌体内的木料及金属制品，必须涂刷防腐剂或防锈漆。

（四）砂浆饱满度要求

根据四川省建筑科学研究院试验结果，当水泥混合砂浆水平灰缝饱满度达到73.6%时，则可满足设计规范所规定的砌体抗压强度值。规范规定砖墙的水平灰缝饱满度应达到80%，砖柱水平灰缝和竖向灰缝饱满度应达到90%。监理工程师对此应进行检查，检查的频度：一般情况下，每层每轴线应检查1～2次，存在问题时应加大频率2倍以上。检查的方法：把砌好的砖揭开检查粘结的面积。当设计对饱满度有特殊要求的砌体，应按设计要求进行。

（五）转角处和交接处的砌筑和接槎质量要求

（1）砖砌体转角处和交接处的砌筑和接槎质量，是保证砖砌体结构整体性能和抗震性能的关键之一。

（2）监理工程师在现场检查时要注意砖砌体的转角处和交接处应同时砌筑，严禁无可靠措施的内外墙分砌施工。对不能同时砌筑而又必须留置的临时间断处应砌成斜槎，普通砖斜槎水平投影长度不应小于高度的2/3，多孔砖砌体的斜槎长度比不应小于1/2。斜槎高度不得超过一步脚手架的高度。

（3）非抗震设防及抗震设防烈度为6度、7度地区的临时间断处，当不能留斜槎时，除转角处外，可留直槎，但直槎必须做成凸槎。留直槎处应加设拉结钢筋，拉结钢筋的数量为每120mm墙厚放置1φ6拉结钢筋（120mm厚墙放置2φ6拉结钢筋）；间距沿墙高不应超过500mm，且竖向间距偏差不应超过100mm；埋入长度从留槎处算起每边均不应小于500mm，对抗震设防烈度6度、7度的地区，不应小于1000mm；末端应有90°弯钩。

（六）脚手眼设置要求

砖砌体在下列部位，不得留设脚手眼：

（1）120mm厚墙、清水墙、料石墙、独立柱和附墙柱；

（2）过梁上与过梁成60°角的三角形范围及过梁净跨度1/2的高度范围内；

（3）宽度小于1m的窗间墙；

（4）梁或梁垫下及其左右各500mm范围内；

（5）门窗洞口两侧石砌体300mm，其他砌体200mm范围内；转角处石砌体600mm，其他砌体450mm范围内；

（6）设计不允许设置脚手眼的部位；

（7）轻质墙体；

（8）夹心复合墙外叶墙。

如砖砌体的脚手眼不大于80mm×140mm。可适当根据情况来决定。脚手架横向水平杆及脚手板端头应距墙面100mm以上，以便于检查砌体。变形缝中不得夹有砂浆块、碎砖和杂物等。窗宽度大于2000mm且连续排列的窗台部位，宜通长设置砖砌钢筋卧梁或钢筋混凝土卧梁。

监理工程师旁站要求应符合《砌体结构工程施工质量验收规范》GB 50203—2011标准要求。

#### 四、砖砌体工程见证取样与试验

（一）砖的见证取样

（1）取样批量：每一生产厂家的砖到现场后，监理工程师应按烧结普通砖、混凝土实心砖每15万块，烧结多孔砖、混凝土多孔砖、蒸压灰砂砖及蒸压粉煤灰砖每10万块各为一验收批，不足上述数量按一批计，抽检数量为1组。

（2）取样数量：外观质量50块，尺寸偏差20块，强度等级10块，孔洞率3块，泛霜5块，石灰爆裂5块，吸水率5块，冻融5块。

（3）取样方法：外观试样从每一批的堆垛中随机抽取；其他检验项目从外观检验后的试样中随机抽取，取样后应立即送试验室委托试验。

（二）砂浆的见证取样

（1）取样批量：每一检验批且不超过250m³砌体的各类、各强度等级的普通砌筑砂浆，每台搅拌机应至少抽检一次。验收批的预拌砂浆、蒸压加气混凝土砌块专用砂浆，抽检可为3组。

（2）取样方法：在砂浆搅拌机出料口或在湿拌砂浆的储存容器出料口随机取样制作砂浆试块。注意同盘砂浆只应制作一组试块，不可一次制作多组试块。在制作砂浆试块后，监理工程师应及时做独特的标记后交承包单位养护。

（三）砖砌体的取芯

当砂浆试块强度出现不合格或有异常时，可对所在部位进行取芯，取芯的数量与方法可根据当时的情况来确定。

#### 五、砖砌体监理验收

（一）主控项目

（1）砖和砂浆的强度等级根据前面要求进行检查是否符合设计要求。

（2）砂浆饱满度

规范规定，砌体水平灰缝的砂浆饱满度不得小于80%，竖向灰缝的砂浆饱满度不得小于90%。在监理巡视过程中，监理工程师必须记录所抽查的砂浆饱满度，最后验收时以平时的记录进行汇总。

抽检数量：在施工初期，对砌体砂浆饱满度的检查应加大频度，当饱满度能够达到80%，且每一个操作人员都比较稳定时，每检验批抽查不应少于5处。

检验方法：用百格网检查砖底面与砂浆的粘结痕迹面积。每处检测3块砖，取其平均值。

（3）转角处和交接处施工

规范规定，砖砌体的转角处和交接处施工应同时砌筑或留斜搓，斜搓水平投影长度不应小于高度的2/3。

作为监理工程师在施工过程中对每一个转角处和交接处施工都应给予相应的检查，检查是否按抗震要求进行转角处和交接处的施工。最后验收时应以平时的记录按规范规定的数量填相应的验收表格抽检数量。

抽检数量：每检验批抽查不应少于5处。

检验方法：观察检查。

（4）临时间断处的施工

非抗震设防及抗震设防烈度为6度、7度地区的临时间断处，当不能留斜搓时，除转角处外，可留直搓，但直搓必须做成凸搓。留直搓处应加设拉结钢筋，拉结钢筋的数量为每120mm墙厚放置1ϕ6拉结钢筋（120mm厚墙放置2ϕ6拉结钢筋）；间距沿墙高不应超过500mm，且竖向间距偏差不应超过100mm；埋入长度从留搓处算起每边均不应小于500mm，对抗震设防烈度6度、7度的地区，不应小于1000mm；末端应有90°弯钩。

抽检数量：每检验批抽查不应少于5处。

检验方法：观察和尺量检查。

（二）一般项目

（1）砖砌体组砌方法应正确，上、下错缝，内外搭砌。清水墙、窗间墙无通缝；混水墙中不得有长度大于300mm的通缝，长度200～300mm的通缝每间不超过3处，且不得位于同一面墙体上。砖柱不得采用包心砌法。

抽检数量：每检验批抽查不应少于5处。

检验方法：观察检查。砌体组砌方法抽检每处应为3～5m。

（2）砖砌体的灰缝应横平竖直，厚薄均匀。水平灰缝厚度及竖向灰缝宽度宜为10mm，但不应小于8mm，也不应大于12mm。

抽检数量：每检验批抽查数量不应少于5处。

检验方法：水平灰缝厚度用尺量10皮砖砌体高度折算，竖向灰缝宽度用尺量2m砌体长度折算。

（3）砖砌体尺寸、位置及垂直度的允许偏差及检验应符合表2-12的规定。

砖砌体尺寸、位置及垂直度的允许偏差及检验　　　　表2-12

| 项次 | 项　　目 | | | 允许偏差（mm） | 检 验 方 法 | 抽 检 数 量 |
|---|---|---|---|---|---|---|
| 1 | 轴线位移 | | | 10 | 用经纬仪和尺或用其他测量仪器检查 | 承重墙、柱全数检查 |
| 2 | 基础、墙、柱顶面标高 | | | ±15 | 用水准仪和尺检查 | 不应少于5处 |
| 3 | 墙面垂直度 | 每　层 | | 5 | 用2m托线板检查 | 不应小于5处 |
| | | 全高 | ≤10m | 10 | 用经纬仪、吊线和尺或其他测量仪器检查 | 外墙全部阳角 |
| | | | >10m | 20 | | |
| 4 | 表面平整度 | 清水墙、柱 | | 5 | 用2m靠尺和楔形塞尺检查 | 不应少于5处 |
| | | 混水墙、柱 | | 8 | | |
| 5 | 水平灰缝平直度 | 清水墙 | | 7 | 拉5m线和尺检查 | 不应少于5处 |
| | | 混水墙 | | 10 | | |
| 6 | 门窗洞口高、宽（后塞口） | | | ±10 | 用尺检查 | 不应少于5处 |
| 7 | 外墙上下窗口偏移 | | | 20 | 以底层窗口为准，用经纬仪或吊线检查 | 不应少于5处 |
| 8 | 清水墙游丁走缝 | | | 20 | 以每层第一皮砖为准，用吊线和尺检查 | 不应少于5处 |

## 第三节 小型空心砌块砌体工程

### 一、砌块砌体原材料要求

除砂浆外，砌块砌体的主要材料包括普通混凝土小型空心砌块、轻骨料混凝土小型空心砌块、芯柱混凝土等。

（一）普通混凝土小型空心砌块

（1）普通混凝土小型空心砌块根据抗压强度分为 MU20、MU15、MU10、MU7.5、MU5、MU3.5 六个等级，按其尺寸偏差、外观质量等分为优等品（A）、一等品（B）、合格品（C）三个等级。

（2）普通混凝土小型空心砌块的强度应符合表 2-13 的规定。

普通混凝土小型空心砌块的强度等级（MPa）                     表 2-13

| 强 度 等 级 | 砌 块 抗 压 强 度 | |
| --- | --- | --- |
| | 平 均 值 ≥ | 单块最小值 ≥ |
| MU3.5 | 3.5 | 2.8 |
| MU5 | 5.0 | 4.0 |
| MU7.5 | 7.5 | 6.0 |
| MU10 | 10.0 | 8.0 |
| MU15 | 15.0 | 12.0 |
| MU20 | 20.0 | 16.0 |

（3）普通混凝土小型空心砌块应符合《普通混凝土小型空心砌块》（GB 8239—1997）国家标准要求。

（二）轻集料混凝土小型空心砌块

（1）轻集料混凝土小型空心砌块根据强度分为 MU10、MU7.5、MU5、MU3.5、MU2.5 五个等级，按密度等级分为 1 400、1 300、1 200、1 100、1 000、900、800、700 八级。

（2）轻集料混凝土小型空心砌块的强度等级应符合表 2-14 的规定。

轻集料混凝土小型空心砌块的强度等级                     表 2-14

| 强 度 等 级 | 抗 压 强 度 （MPa） | | 密度等级范围（kg/m³） |
| --- | --- | --- | --- |
| | 平均值 | 最小值 | |
| MU2.5 | ≥2.5 | ≥2.0 | ≤800 |
| MU3.5 | ≥3.5 | ≥2.8 | ≤1 000 |
| MU5.0 | ≥5.0 | ≥4.0 | ≤1 200 |

续表

| 强度等级 | 抗 压 强 度 （MPa） | | 密度等级范围 （kg/m³） |
|---|---|---|---|
| | 平均值 | 最小值 | |
| MU7.5 | ≥7.5 | ≥6.0 | ≤1 200[a]<br>≤1 300[b] |
| MU10.0 | ≥10.0 | ≥8.0 | ≤1 200[a]<br>≤1 400[b] |

注：当砌块的抗压强度同时满足 2 个强度等级或 2 个以上强度等级要求时，应以满足要求的最高强度等级为准。
　　a）除自然煤矸石掺量不小于砌块质量 35% 以外的其他砌块；
　　b）自然煤矸石掺量不小于砌块质量 35% 的砌块。

（3）轻集料混凝土小型空心砌块的密度等级应符合表 2-15 的规定。

**轻集料混凝土小型空心砌块的密度等级**（kg/m³）　　　　　　表 2-15

| 密 度 等 级 | 干表观密度范围 | 密 度 等 级 | 干表观密度范围 |
|---|---|---|---|
| 700 | ≥610，≤700 | 1 100 | ≥1 010，≤1 100 |
| 800 | ≥710，≤800 | 1 200 | ≥1 110，≤1 200 |
| 900 | ≥810，≤900 | 1 300 | ≥1 210，≤1 300 |
| 1 000 | ≥910，≤1 000 | 1 400 | ≥1 310，≤1 400 |

（4）轻集料混凝土小型空心砌块的规格尺寸偏差应符合表 2-16 的规定。

**轻集料混凝土小型空心砌块的规格尺寸偏差**　　　　　　表 2-16

| 项　　　　　　目 | | | 指　标 |
|---|---|---|---|
| 尺寸偏差（mm） | | 长　度 | ±3 |
| | | 宽　度 | ±3 |
| | | 高　度 | ±3 |
| 最小外壁厚（mm） | 用于承重墙体 | ≥ | 30 |
| | 用于非承重墙体 | ≥ | 20 |
| 肋　厚（mm） | 用于承重墙体 | ≥ | 25 |
| | 用于非承重墙体 | ≥ | 20 |
| 缺棱掉角 | 个数/块 | ≤ | 2 |
| | 三个方向投影的最大值/mm | ≤ | 20 |
| 裂缝延伸的累计尺寸（mm） | | ≤ | 30 |

（5）轻集料混凝土小型空心砌块应符合《轻集料混凝土小型空心砌块》GB/T 15229—2011 标准要求。

（三）芯柱混凝土用料要求

（1）芯柱混凝土：由胶凝材料、集料、水以及根据需要掺入的掺合料和外加剂等组分，按一定比例，采用机械搅拌制成，用于灌注混凝土块材砌体芯柱或其他需要填实部位孔洞，具有微膨胀性的混凝土。

（2）水泥、砂、掺合料和水的技术要求与砌筑砂浆相同，用量要经过试验确定。

（3）混凝土小型空心砌块灌孔混凝土强度等级用 Cb 标记，强度分为 Cb40、Cb35、Cb30、Cb25、Cb20 五个等级，相应于 C40、C35、C30、C25、C20 混凝土的抗压强度指标。

（4）芯柱混凝土的坍落度不宜小于 180mm。

（5）混凝土小型空心砌块用灌孔混凝土应符合《混凝土砌块（砖）砌体用灌孔混凝土》JC 861—2008 标准要求。

### 二、混凝土小型空心砌块砌筑的施工工艺

混凝土小型空心砌块砌体的施工程序是先用砂浆将砌块砌起来。砌筑砌块时，砌块壁和肋的宽面向上，即所谓"反砌"。在砌筑过程中，砌块的孔要上下对准，边砌砌块，边铺设水平钢筋（或网片）。垂直钢筋的设置，可有两种方式，第一种方式是先将垂直钢筋就位，砌块从垂直钢筋上套砌下来，也可用单端开口或两端开口的砌块，绕垂直钢筋旋转砌筑就位，这种方式的优点是可以将垂直钢筋与水平钢筋绑扎在一起，利于钢筋定位，缺点是开口砌块的成品率不高；第二种方式是待砌块砌体砌到一定高度后再把垂直钢筋插入砌块孔内，在清扫口处将上下钢筋绑牢，其优点是施工方便，但缺点是钢筋定位不牢，有走位可能，影响砌体的承载力。无论是哪种垂直钢筋的施工方式，都必须待砂浆具有一定强度后，才可以向砌块孔内灌芯柱混凝土（图 2-2）。

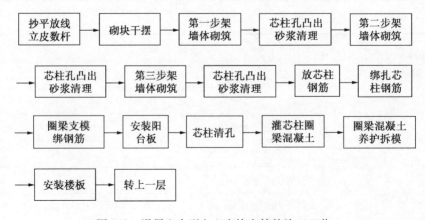

图 2-2 混凝土小型空心砌块砌筑的施工工艺

### 三、混凝土小型空心砌块的巡视与旁站

（一）混凝土小型空心砌块砌筑施工时的巡视与旁站要点

（1）砌块砌筑前，应根据砌块高度和灰缝厚度计算皮数，检查施工单位制作的皮数杆，并将皮数杆竖立于墙的转角处和交接处。皮数杆间距宜小于15m。

（2）应要求施工人员尽量采用主规格小型空心砌块，砌块的强度等级应符合设计要求。龄期不足的砌块不仅强度不足，而且收缩大。所以监理工程师要检查所砌砌块的生产龄期，最少不应小于28d。并注意检查是否清除了砌块表面污物和芯柱所用砌块孔洞的底部毛边。

（3）潮湿的普通混凝土小型空心砌块容易跑浆且干缩大，一般不需浇水，当天气炎热且干燥时，可以适当提前喷水湿润。

（4）巡视中必须遵守"反砌"原则，每皮砌块应使其底面朝上砌筑。一方面便于工人铺砂浆，而且也增加上下砌块接触面的抗剪强度。

（5）砌块应对孔错缝搭砌，个别情况下无法对孔砌筑时，允许错孔砌筑，但搭接长度不应小于90mm。如不能满足上述要求时，应在砌块的水平灰缝内设置拉结钢筋或钢筋网片。拉结钢筋可用2根直径6mm的HPB300钢筋；钢筋网片可用直径4mm的钢筋焊接而成。拉结钢筋或钢筋网片的长度不应小于700mm，并且应要求施工人员留置检查口。但竖向通缝不得超过两皮砌块。

（6）从转角或定位处开始，内外墙同时砌筑，纵横墙交错搭接；外墙转角处严禁留直搓，宜从两个方面同时砌筑；墙体临时间断处应砌成斜搓，斜搓长度不应小于高度的2/3（一般按一步脚手架高度控制）；如留斜搓有困难，除外墙转角处及抗震设防地区，墙体临时间断处不应留直搓外，可从墙面伸出200mm砌成阴阳搓，并沿墙高每三皮砌块（600mm），设拉结筋或钢筋网片。接搓部位宜延至门窗洞口。

（7）承重墙体不得采用小型空心砌块与粘土砖等其他块体材料混合砌筑；严禁使用断裂小型空心砌块或壁肋中有竖向凹形裂缝的小型空心砌块砌筑承重墙体。

（8）巡视中要注意检查砌体的灰缝是否符合下列规定：

1）砌体灰缝应横平竖直，全部灰缝均应铺填砂浆；水平灰缝的砂浆饱满度不得低于90%；竖缝的砂浆饱满度不得低于90%，砌筑中不得出现瞎缝、透明缝；砌筑砂浆强度未达到设计要求的75%时，不得拆除过梁底部的模板；

2）砌体的水平灰缝厚度和竖直灰缝宽度应控制在8～12mm，砌筑时的铺灰长度不得超过800mm；严禁用水冲浆灌缝；当缺少辅助规格小砌块时，墙体通缝不应超过两皮小砌块；

3）清水墙面，应随砌随勾缝，并要求光滑、密实、平整；

4）拉结钢筋或网片必须放置于灰缝和芯柱内，不得漏放，其外露部分不得随意弯折；

5）需要移动已砌好砌体的小型空心砌块或被撞动的小型空心砌块时，应重新铺浆砌筑。

（9）混凝土空心砌块用于框架填充墙时，应与框架中预埋的拉结筋连接，当填充墙砌至顶面最后一皮，与上部结构的接触处宜用实心砖斜砌楔紧。

（10）对设计规定的洞口、管道、沟槽和预埋件等，应在砌筑时预留或预埋，严禁在

砌好的墙体上打凿。在小型空心砌块墙体中不得预留水平沟槽。

（11）基础防潮层的顶面，应将污物泥土除尽后，方能砌筑上面的砌体。

（12）砌块砌体内不宜设脚手眼，如必须设置时，可用 190mm×190mm×190mm 小砌块侧砌，利用其孔洞作脚手眼，砌体完工后用 C20 混凝土填实。但在墙体下列部位不得设置脚手眼：

1）120mm 厚墙、清水墙、料石墙、独立柱和附墙柱；

2）过梁上与过梁成 60°角的三角形范围及过梁净跨度 1/2 的高度范围内；

3）宽度小于 1m 的窗间墙；

4）梁或梁垫下及其左右 500mm 范围内；

5）门窗洞口两侧石砌体 300mm，其他砌体 200mm 范围内；转角处石砌体 600mm，其他砌体 450mm 范围内；

6）设计不允许设置脚手眼的部位；

7）轻质墙体；

8）夹心复合墙外叶墙。

（13）墙体表面的平整度和垂直度、灰缝的厚度和饱满度应随时检查和校正偏差。在砌完每一楼层后，应校核墙体的轴线尺允许范围内的轴线及标高偏差，可在楼板面上予以校正。

（14）日砌筑高度应根据气温、风压、墙体部位及小砌块材质等不同情况分别控制。常温条件下的日砌筑高度，普通混凝土小砌块控制在 1.8m 内，轻骨料混凝土小砌块控制在 2.4m 内。砌体相邻工作段的高度差不得大于一个楼层或 4m。伸缩缝、沉降缝、防震缝中夹杂的落灰与杂物应清除。

（15）雨期施工应有防雨措施；雨后继续施工，监理工程师在巡视中应复核墙体的垂直度。

（16）安装预制梁板时，必须坐浆垫平。

（17）施工中需要在砌体中设置的临时施工洞口，其侧边离交接处的墙面不应小于 600mm，并在顶部设过梁；填砌施工洞口的砌筑砂浆强度等级应提高一级。

（二）芯柱施工中的巡视与旁站要点

（1）芯柱部位宜采用不封底的通孔小砌块，当采用半封底小砌块时，砌筑前必须打掉孔洞毛边。

（2）在楼（地）面砌筑第一皮小砌块时，在芯柱部位，应用开口砌块（或 U 形砌块）砌出操作孔，在操作孔侧面宜预留连通孔，必须清除芯柱孔洞内的杂物及削掉孔内凸出的砂浆，用水冲洗干净，校正钢筋位置并绑扎或焊接固定后，方可浇灌混凝土。

（3）检查竖筋安放位置及其接头连接质量。芯柱钢筋应与基础或基础梁中的预埋钢筋连接，上下楼层的钢筋可在楼板面上搭接，搭接长度不应小于 40d（d 为钢筋直径）。

（4）砌完一个楼层高度后，应连续浇灌芯柱混凝土。每浇灌 400~500mm 高度捣实一次，或边浇灌边捣实。浇灌混凝土前，先注入适量与芯柱混凝土成分相同的去石砂浆，严禁灌满一个楼层后再捣实，宜采用机械捣实。混凝土坍落度不应小于 50mm。

（5）芯柱混凝土在预制楼板处应贯通，不得削弱芯柱断面尺寸，可采用设置现浇钢筋混凝土板带的方法或预制楼板预留缺口（板端外伸钢筋插入芯柱）的方法，实施芯柱贯通措施。

（6）芯柱与圈梁应整体现浇，如采用槽形小砌块作圈梁模壳时，其底部必须留出芯柱通过的孔洞。

（7）楼板在芯柱部位应留缺口，保证芯柱贯通。

（8）砌筑砂浆必须达到一定强度后（大于 1.0MPa）方可浇灌芯柱混凝土。

（9）应事先计算每个芯柱的混凝土用量，按计量浇筑混凝土。芯柱施工中，监理工程师应旁站检查混凝土的质量与施工质量，同时检查混凝土灌入量，认可之后，方可继续施工，并将此次检查结果记录在案。

### 四、砌块砌体工程见证取样与试验

（一）砌块见证取样

（1）取样批量：每一生产厂家的砖到现场后，监理工程师应按混凝土小型空心砌块 1 万块，不足 1 万块按一批计，抽检数量为 1 组。用于多层建筑的基础和底层的小砌块抽查数量不应少于 2 组。

（2）取样数量：尺寸偏差和外观质量 32 块，从中再抽取强度等级 5 块，相对含水率 3 块，抗渗性 3 块，抗冻性 10 块，空心率 3 块。

（3）取样方法：外观试样的抽取从每一批的堆垛中随机抽取；其他检验项目从外观检验合格后的试样中随机抽取，取样后应立即送试验室委托试验。

（二）砂浆见证取样

（1）取样批量：每一检验批且不超过 250m³ 砌体的各类、各强度等级的普通砌筑砂浆，每台搅拌机应至少检查一次。验收批的预拌砂浆、蒸压加气混凝土砌块专用砂浆，抽检可为 3 组。

（2）取样方法：在砂浆搅拌机出料口或在湿拌砂浆的储存容器出料口随机取样制作砂浆试块。注意同盘砂浆只应制作一组试块，不可一次制作多组试块。在制作砂浆试块后，监理工程师应及时做独特的标记后交承包单位养护。

### 五、砌块砌筑工程监理验收

（一）主控项目

（1）小型空心砌块和芯柱混凝土、砌筑砂浆等级必须符合设计要求。

（2）砌体水平灰缝和竖向灰缝的砂浆饱满度应达到 90%，达不到的不予验收，要求施工单位返工处理。检查时采用专用百格网检测，每检验批不应少于 5 处，每处检测 3 块小型空心砌块，取其平均值。

（3）墙体转角处和纵横墙交接处应同时砌筑。临时间断处应砌成斜槎，其水平投影长度不应小于斜槎高度。施工洞口可预留直槎，但在洞口砌筑和补砌时，应在搭砌部位采用不低于 C20 混凝土灌孔。监理工程师现场观察检查，每检验批不应少于 5 处。

（4）小型空心砌块的芯柱在楼盖处应贯通，不得减小芯柱截面尺寸，其中的混凝土不得漏灌。监理工程师现场观察检查，每检验批不应少于 5 处。

（二）一般项目

（1）砌体的水平灰缝厚度和竖向灰缝宽度宜为 10mm，但不应小于 8mm，也不应大于

12mm。<u>监理工程师用尺量 5 皮小砌块的高度折算水平灰缝厚度，量 2m 砌体长度折算竖向灰缝宽度。</u>

（2）砌块砌体的尺寸、位置和允许偏差应符合表 2-17 的要求。

砖砌体尺寸、位置和允许偏差及检验　　　　　　表 2-17

| 项次 | 项 目 | | | 允许偏差（mm） | 检 验 方 法 | 抽 检 数 量 |
|---|---|---|---|---|---|---|
| 1 | 轴线位移 | | | 10 | 用经纬仪和尺或用其他测量仪器检查 | 承重墙、柱全数检查 |
| 2 | 基础、墙、柱顶面标高 | | | ±15 | 用水准仪和尺检查 | 不应少于 5 处 |
| 3 | 墙面垂直度 | 每 层 | | 5 | 用 2m 托线板检查 | 不应小于 5 处 |
| | | 全高 | ≤10m | 10 | 用经纬仪、吊线和尺或其他测量仪器检查 | 外墙全部阳角 |
| | | | >10m | 20 | | |
| 4 | 表面平整度 | 清水墙、柱 | | 5 | 用 2m 靠尺和楔形塞尺检查 | 不应少于 5 处 |
| | | 混水墙、柱 | | 8 | | |
| 5 | 水平灰缝平直度 | 清水墙 | | 7 | 拉 5m 线和尺检查 | 不应少于 5 处 |
| | | 混水墙 | | 10 | | |
| 6 | 门窗洞口高、宽（后塞口） | | | ±10 | 用尺检查 | 不应少于 5 处 |
| 7 | 外墙上下窗口偏移 | | | 20 | 以底层窗口为准，用经纬仪或吊线检查 | 不应少于 5 处 |
| 8 | 清水墙游丁走缝 | | | 20 | 以每层第一皮砖为准，用吊线和尺检查 | 不应少于 5 处 |

## 第四节　石砌体工程

### 一、石料要求

砌石工程中所用石料有毛石和料石两种：

（1）毛石的强度等级分为 MU100、MU80、MU60、MU50、MU40、MU30、MU20 七个等级。其强度等级是以 70mm 边长的立方体试块的抗压强度表示（取三块试块的平均值）。

（2）毛石分为乱毛石和平毛石两种：

1）乱毛石是指形状不规则的石块，平毛石是指形状两个平面大致平行的石块；

2）毛石应呈块状，其中部厚度不应小于 200mm。

（3）料石的强度等级分有 MU100、MU80、MU60、MU50、MU40、MU30、MU20 七个等级（试块尺寸同毛石）。

（4）料石按其加工面的平整程度分为细料石、粗料石和毛料石三种。

（5）料石各面的加工要求，应符合表 2-18 的规定。

**料石加工要求（mm）**                                                表 2-18

| 料 石 种 类 | 外露面及相接周边的表面凹入深度 | 叠砌面和接砌面的表面凹入深度 |
|---|---|---|
| 细料石 | ≤2 | ≤10 |
| 粗料石 | ≤20 | ≤20 |
| 毛料石 | 稍加修整 | ≤25 |

注：相接周边的表面是指叠砌面和接砌面与外露面相接处 20～30mm 范围内的部分。

（6）料石的宽度、高度均不宜小于200mm，长度不宜大于高度的4倍。料石加工的允许偏差应符合表 2-19 的规定。

**料石加工允许偏差**                                                    表 2-19

| 料 石 种 类 | 加 工 允 许 偏 差（mm） | |
|---|---|---|
| | 宽度、高度 | 长 度 |
| 细料石 | ±3 | ±5 |
| 粗料石 | ±5 | ±7 |
| 毛料石 | ±10 | ±15 |

注：如设计有特殊要求，应按设计要求加工。

## 二、砌石工程施工工艺（图 2-3）

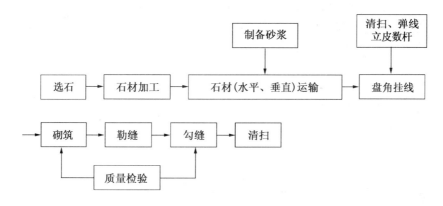

图 2-3　砌石工程的施工工艺

## 三、砌石工程巡视与旁站

砌石工程主要有毛石基础、毛石墙、料石基础、料石墙等，其中以毛石基础和料石墙较为普遍。

（一）在砌筑石砌体前，监理工程师要检查施工单位做好准备工作

（1）石砌体用石应选质地坚实、无风化剥落和裂纹的石块，拼接石块规格对各砌筑部

位进行分配，每个砌筑部位所用石块要大小搭配，不可先用大块后用小块。

（2）砌筑前，应清除石块表面的泥垢，水锈等杂质，必要时用水清洗。

（3）在砌筑部位放出石砌体的中心线及边线。

（4）复核各砌筑部位的原有标高，如有高低不平，应用细石混凝土填平。

（5）按石砌体的每皮高度及灰缝厚度等制作皮数杆，皮数杆立于石砌体的转角处和交接处。在皮数杆之间拉准线，依准线逐皮砌石。

（6）准备脚手架。当石砌体砌高 1.2m 以上时就要搭设脚手架。

（7）选用的石块，其强度等级一般应不低于 MU20。制备的砂浆应为水泥砂浆或水泥混合砂浆，用于石墙的砂浆强度等级应不低于 M2.5，用于石基础的砂浆强度等级应不低于 M5。

（二）毛石基础

（1）毛石基础是用乱毛石或平毛石与水泥混合砂浆或水泥砂浆砌成。乱毛石是指形状不规则的石块，平毛石是指形状不规则，但有两个平面大致平行的石块。

（2）毛石基础可作墙下条形基础或柱下独立基础。

（3）毛石基础按其断面形状有矩形、梯形和阶梯形等。基础顶面宽度应比基础底面宽度小 200mm，基础底面宽度依设计计算而定。梯形基础坡角应大于 60°。阶梯形基础每阶高不小于 300mm，每阶挑出宽度不大于 200mm。

（4）毛石基础砌筑巡视中要注意检查下列施工要点：

1）砌毛石基础应双面拉准线。第二皮按所放的基础边线砌筑，以上各皮按准线砌筑。

2）砌第一皮毛石时，应选用有较大平面的石块，先在基槽面上铺设砂浆，再将毛石砌上，并使毛石的大面向下。

3）砌每一皮毛右时，应分皮卧砌，并应上下错缝，内外搭砌，不得采用先砌外面石块后中间填心的砌筑方法，石块间较大的空隙应先填塞砂浆后用碎石嵌实，不得采用先摆碎石块后塞砂浆或干填碎石块的方法。

4）灰缝厚度宜为 20～30mm，砂浆应饱满，石块间不得有相互接触现象。

5）毛石基础的每皮毛石内每隔 2m 左右设置一块拉结石。拉结石宽度：如基础宽度等于或小于 400mm，拉结石宽度应与基础宽度相等；如基础宽度大于 400mm，可用两块拉结石内外搭接，搭接长度不应小于 150mm，且其中一块长度不应小于基础宽度的 2/3。

6）阶梯形毛石基础，上阶的石块应至少压砌下阶石块的 1/2，相邻阶梯毛石应相互错缝搭接。

7）毛石基础最上一皮，宜选用较大的平毛石砌筑。转角处、交接处和洞口处也应选用平毛石砌筑。

8）有高低台的毛石基础，应从低处砌起，并由高台向低台搭接，搭接长度不小于基础高度。

9）毛石基础转角处和交接处应同时砌起，如不能同时砌起又必须留槎时，应留成斜槎，斜槎长度应不小于斜槎高度，斜槎面上毛石不应找平，继续砌时应将斜槎面清理干净，浇水湿润。

（三）毛石墙

（1）毛石墙是用平毛石或乱毛石与水泥混合砂浆或水泥砂浆砌成，墙面灰缝不规则，外观要求整齐的墙面，其外皮石材可适当加工。毛石墙的转角可用料石或平毛石砌筑。毛石墙的厚度应不小于350mm。

（2）毛石可以与普通砖组合砌，墙的外侧为砖，里侧为毛石。毛石亦可与料石组合砌，墙的外侧为料石，里侧为毛石。

（3）毛石墙常见于挡土墙中，挡土墙出现垮塌的事故也时常发生，因此监理工程师在毛石墙施工中要加强巡视，巡视的频率由工人的质量意识来决定。一般情况下，监理工程师现场巡视时间应占现场施工时间的50%左右。如果施工单位的质量管理人员和操作工人的质量意识较强，能够比较自觉地遵守施工要求，现场巡视的时间可减少到现场施工时间的50%左右。

（4）监理工程师在巡视过程中要注意检查下列内容：

1）石砌体采用的石材应质地坚实、无风化剥落和裂纹。用于清水墙、柱表面的石材，尚应色泽均匀。石材表面的泥垢、水锈等杂质，砌筑前应清除干净。

2）毛石墙的第一皮、转角处、交接处及门窗洞口处应用较大的平毛石砌筑。每个楼层（包括基础）砌体的最上一皮，宜选用较大的毛石砌筑。

3）毛石墙应分皮卧砌，各皮石块间利用自然形状，经敲打修整使能与先砌石块基本吻合、搭砌紧密，上下错缝，内外搭砌，不得采用外面侧立石块、中间填心的砌筑方法，中间不得有铲口石（尖石倾斜向外的石块）、斧刃石（下尖上宽的三角形石块）和过桥石（仅在两端搭砌的石块）。

4）灰缝厚度宜为20mm以内，砂浆应饱满，不得有干接现象。石块间较大空隙应先填砂浆后塞碎石块。这一现象在施工现场经常发生，监理工程师要从严要求。

5）毛石墙必须设置拉结石，拉结石应均匀分布，相互错开，一般每0.7m² 墙面至少设置一块，且同皮内的中距不大于2m。拉结石长度：墙厚等于或小于400mm，应与墙厚度相等；墙厚大于400mm，可用两块拉结石内外搭接，搭接长度不小于150mm，且其中一块长度不小于墙厚的2/3。

6）在毛石和普通砖的组合墙中，毛石与砖块同时砌筑，并每隔4~6皮砖用2~3皮丁砖与毛石砌体拉结砌合，砌合长度应不小于120mm，两种材料间的空隙应用砂浆填满。

7）砌筑毛石挡土墙应符合下列规定：

①每砌3~4皮为一个分层高度，每个分层高度应找平一次；

②外露面的灰缝厚度不得大于40mm，两个分层高度间分层处的错缝不得小于80mm。

8）挡土墙的泄水孔当设计无规定时，施工应符合下列规定：

①泄水孔应均匀设置，在每米高度上间隔2m左右设置一个泄水孔；

②泄水孔与土体间铺设长宽各为300mm、厚200mm的卵石或碎石作疏水层。

9）挡土墙内侧回填土必须分层夯填，分层松土厚度宜为300mm。墙顶土面应有适当坡度使流水流向挡土墙外侧面。

（四）料石墙、柱

料石墙、柱是用料石与水泥混合砂浆或水泥砂浆砌成。料石墙砌筑形式有全顺、丁顺叠砌、丁顺组砌。料石柱有整石柱和组砌柱两种。

（1）料石墙的第一皮及每个楼层的最上一皮应丁砌。

（2）灰缝厚度：细料石墙不宜大于5mm；粗料石和毛料石墙不宜大于20mm。砌筑时，砂浆铺设厚度应略高于规定灰缝厚度，其高出厚度：细料石宜为 3～5mm，粗料石、毛料石宜为 6～8mm。

（3）在料石和毛石或砖的组合墙中，料石和毛石或砖应同时砌起，并每隔 2～3 皮料石用丁砌料石与毛石或砖拉结砌合，丁砌料石的长度宜与组合墙厚度相同。在料石挡土墙中，当中间部分用毛石砌时，丁砌料石伸入毛石部分的长度不应小于 200mm。

（4）料石墙的转角处及交接处应同时砌起，如不能同时砌起留斜搓。

（5）料石清水墙中不得留脚手眼。

（6）砌整石柱时，应将石块的叠砌面清理干净。先在柱座面上抹一层水泥砂浆，厚约 10mm，再将石块对准中心线砌上，以后各皮石块砌筑应先铺好砂浆，对准中心线将石块砌上。石块如有竖向偏斜，可用铝片在灰缝边缘内垫平。

（7）砌组砌柱时，应按规定的组砌形式逐皮砌筑，上下皮竖缝相互错开，无通天缝，不得使用垫片。灰缝要横平竖直，灰缝厚度：细料石柱不宜大于 5mm。

（8）砌筑料石柱，监理工程师应用线坠检查整个柱身的垂直度，如有偏斜应拆除重砌，不得用敲击方法去纠正。

（9）料石柱每天砌筑高度不宜超过 1.2m。砌筑完后应立即加以围护，严禁碰撞。

（10）石墙面勾缝过程中监理工程师要根据设计要求进行检查。石墙面或柱面的勾缝形式有平缝、平凹缝、平凸缝、半圆凹缝、半圆凸缝和三角凸缝等，一般料石墙面多采用平缝或平凹缝；毛石墙面多采用平缝或平凸缝。勾缝砂浆宜用 1:1.5 水泥砂浆。

（11）石墙面勾缝按下列程序进行：

1）拆除墙或柱面上临时装设的缆风绳、挂钩等物件；

2）清除墙面或柱面上粘结的砂浆、泥浆、杂物和污渍等；

3）剔缝，即将灰缝刮深 10～20mm，不整齐处加以修整；

4）用水喷洒墙面或柱面，使其湿润，随后进行勾缝。

（12）勾缝线条应顺石缝进行，且均匀一致，深浅及厚度相同，压实抹光，搭接平整。阳角勾缝要两面方正，阴角勾缝不能上下直通。勾缝不得有丢缝、开裂或粘结不牢的现象。勾缝完毕，应清扫墙面或柱面，并督促施工人员早期酒水养护。

### 四、砌石工程试验与检验

砌石工程的试验项目主要是石料的强度和砂浆强度。石料的检验按每一产地和每一强度等级要求至少检验 1 组。当石质明显不同时可增加检验次数。

料石或毛石的抗压强度试块，采用料石或毛石切割并磨平成边长 70mm 的立方体，三块为一组，也可采用表 2-20 中的尺寸，但应乘以相应的系数。

石材强度等级的换算系数 表 2-20

| 立方体边长（mm） | 200 | 150 | 100 | 70 | 50 |
|---|---|---|---|---|---|
| 换算系数 | 1.43 | 1.28 | 1.14 | 1 | 0.86 |

砂浆的检验频度按每 250m³ 作为一个检验批检验 1 组。

## 五、砌石工程监理验收

（一）主控项目

（1）石材及砂浆强度等级必须符合设计要求。

1）抽检数量：同一产地的同类石材至少应抽检1组，砂浆试块的抽查数量按"砌筑砂浆"一节的要求执行。

2）检验方法：料石检查产品质量证明书，石材、砂浆检查试块试验报告。

（2）石砌体的砂浆饱满度不应小于80%。

1）抽检数量：每检验批抽查不应少于5处。

2）检验方法：观察检查。

（二）一般项目

（1）石砌体尺寸、位置的允许偏差及检验方法应符合表2-21的规定。

石砌体尺寸、位置的允许偏差及检验方法　　　表 2-21

| 项次 | 项目 | | 允许偏差（mm） | | | | | | | 检验方法 |
|---|---|---|---|---|---|---|---|---|---|---|
| | | | 毛石砌体 | | 料石砌体 | | | | | |
| | | | | | 毛料石 | | 粗料石 | | 细料石 | |
| | | | 基础 | 墙 | 基础 | 墙 | 基础 | 墙 | 墙、柱 | |
| 1 | 轴线位置 | | 20 | 15 | 20 | 15 | 15 | 10 | 10 | 用经纬仪和尺检查，或用其他测量仪器检查 |
| 2 | 基础和墙砌体顶面标高 | | ±25 | ±15 | ±25 | ±15 | ±15 | ±15 | ±10 | 用水准仪和尺检查 |
| 3 | 砌体厚度 | | +30 | +20 -10 | +30 | +20 -10 | +15 | +10 -5 | +10 -5 | 用尺检查 |
| 4 | 墙面垂直度 | 每层 | — | 20 | — | 20 | — | 10 | 7 | 用经纬仪、吊线和尺检查或用其他测量仪器检查 |
| | | 全高 | — | 30 | — | 30 | — | 25 | 10 | |
| 5 | 表面平整度 | 清水墙、柱 | — | — | — | 20 | — | 10 | 5 | 细料石用2m靠尺和楔形塞尺检查，其他用两直尺垂直于灰缝拉2m线和尺检查 |
| | | 混水墙、柱 | — | — | — | 20 | — | 15 | — | |
| 6 | 清水墙水平灰缝平直度 | | — | — | — | — | — | 10 | 5 | 拉10m线和尺检查 |

（2）石砌体的组砌形式应符合下列规定：

1）内外搭砌，上下错缝，拉结石、丁砌石交错设置；

2）毛石墙拉结石每0.7m² 墙面不应少于1块。

## 第五节　配筋砌体工程

本节内容包括网状配筋砌体、钢筋混凝土填心墙组合砌体、钢筋混凝土构造柱组合砌体等，除了在砌体中要配置钢筋、灌注混凝土、浇筑构造柱之外，砌体砌筑部分与本章前述的砖砌体和混凝土小型空心砌块砌体部分的要求是一样的。本节主要介绍如何监理它们与前述内容不相同的地方。

### 一、网状配筋砌体构造与施工监理要点

（1）网状配筋砖柱是用烧结普通砖与砂浆砌成砖柱，在砖柱的水平灰缝中配有钢筋网片。所用的砖不应低于 MU10，所用的砂浆不应低于 M5。

（2）钢筋网片有方格网和连弯网两种形式。方格网是将纵、横方向的钢筋点焊成钢筋网，网格为方形，钢筋直径宜采用 $\phi3 \sim \phi4$。连弯网是将钢筋连弯成格栅形，分有纵向连弯网和横向连弯网，钢筋直径不应大于 $\phi8$。钢筋网的间距，不应大于 5 皮砖，并不应大于 400mm。当采用连弯网时，网的钢筋方向应互相垂直，沿砖柱高度交错设置，钢筋网的间距是指同一方向网的间距。

（3）配有钢筋网的水平灰缝厚度应保证钢筋上下至少各有 2mm 的砂浆层。钢筋网应置于砂浆层中间，钢筋网边缘钢筋的砂浆保护层应不小于 15mm。

（4）监理工程师着重要检查钢筋网片的设置质量（间距、规格、大小、锚固长度）和钢筋的砂浆保护层。

1）设置在砌体水平灰缝中钢筋的锚固长度不宜小于 $50d$，且其水平或垂直弯折段的长度不宜小于 $20d$ 和 150mm，钢筋的搭接长度不应小于 $55d$（$d$ 为钢筋直径）。

2）配筋砌块砌体剪力墙中，采用搭接接头的受力钢筋搭接长度不应小于 $35d$（$d$ 为钢筋直径），且不应少于 300mm。

### 二、组合砖砌体构造与施工监理要点

（1）组合砖砌体是由砖砌体和钢筋混凝土面层或钢筋砂浆面层组成，有组合砖柱、组合砖壁柱及组合砖墙等。

（2）砖砌体所用的砖一般不低于 MU10，砌筑砂浆不得低于 M7.5。

（3）面层混凝土强度等级一般采用 C20。面层水泥砂浆强度等级不得低于 M10。砂浆面层的厚度可采用 30~45mm。当面层厚度大于 45mm 时，其面层宜采用混凝土。

（4）监理工程师巡视检查下列内容：

1）钢筋规格与尺寸

竖向受力钢筋宜采用 HPB300 级钢筋，对于混凝土面层，亦可采用 HRB335 级钢筋。竖向受力钢筋的直径不应小于 8mm，钢筋的净间距不应小于 30mm。箍筋的设置也应符合规范的规定，具体应按设计要求设置。受力钢筋按规定间距竖立，与箍筋或拉结钢筋绑牢。组合砖墙中的水平分布钢筋按规定间距与受力钢筋绑牢。

2）受力钢筋保护层厚度

受力钢筋的保护层厚度，不应小于表 2-22 的规定。受力钢筋距砖砌体表面的距离不

应小于5mm。

受力钢筋保护层厚度（mm）　　　　　　　表2-22

| 类　别 | 环境条件 | 室内正常环境 | 露天或室内潮湿环境 |
|---|---|---|---|
| 墙 | | 15 | 25 |
| 柱 | 混合砂浆 | 25 | 35 |
| | 水泥砂浆 | 20 | 30 |

3）受力钢筋锚固

组合砖砌体的顶部及底部，以及牛腿部位，必须设置钢筋混凝土垫块，竖向受力钢筋伸入垫块的长度，必须满足锚固的要求。

4）先按常规砌筑砖砌体，砌筑同时按规定的间距，在砌体的水平灰缝内放置箍筋或拉结钢筋。箍筋或拉结钢筋应埋于砂浆层中，使其砂浆保护层厚度不小于2mm，两端伸出砖砌体外的长度相一致。

5）面层施工前，应清除面层底部的杂物，并浇水湿润砖砌体表面（指面层与砖砌体的接触面）。

6）砂浆面层施工不用支模板，只需从下而上分层涂抹即可，一般应两层涂抹，第一次主要是刮底，使受力钢筋与砖砌体有一定的保护层；第二次主要是抹面，使面层表面平整。

7）混凝土面层施工时应支设模板，每次支设高度宜为500～600mm。在此段高度内，混凝土还应分层浇筑，用插入式振捣器或捣钎捣实混凝土。待混凝土强度达到设计强度30%以上才能拆除模板。

### 三、钢筋混凝土填心墙构造与施工监理要点

（1）钢筋混凝土填心墙是将砌好的两个独立墙片用拉结钢筋连接在一起，在两墙片之间设置钢筋，并浇筑混凝土而成。

（2）墙片采用烧结普通砖与砂浆砌筑而成。砖强度等级不低于MU7.5，砂浆强度等级不低于M5。墙厚至少为115mm。混凝土强度等级不低于C15。

（3）竖向受力钢筋的直径及间距按设计计算确定，其直径不应小于10mm。水平分布钢筋直径不应小于8mm，垂直方向间距不应大于500mm。拉结钢筋直径可用4～6mm，垂直方向及水平方向间距均不应大于500mm，并不应小于120mm。

（4）钢筋混凝土填心墙可采用低位浇筑混凝土和高位浇筑混凝土两种施工方法：

1）低位浇筑混凝土是指先绑扎受力钢筋，砌筑高600mm以内墙体然后立即灌注混凝土；

2）高位浇筑混凝土是指先竖立受力钢筋，绑好水平分布钢筋，并临时固定，再同时砌筑两墙片至全高，最后灌注混凝土。

（5）监理工程师在巡视与旁站时要检查以下内容：

1）低位浇筑混凝土法

在灌注混凝土前检查受力钢筋、水平分布钢筋以及砌筑两侧墙片，符合质量要求后方可同意灌注混凝土。每次砌筑高度和灌注的混凝土高度不超过 600mm，砌筑时巡视检查是否按设计要求在砖墙水平灰缝中放置拉结钢筋，要求施工人员将落入两墙片之间的砂浆和砖渣等杂物清理干净并向墙片内侧浇水使其湿润。

浇灌混凝土时要旁站检查混凝土的质量和是否逐层振捣密实。

2）高位浇筑混凝土法

监理工程师要控制每次砌筑的墙高不得超过 3m。两墙片砌筑高度差不应大于墙内拉结钢筋的竖向间距。砌筑时要巡视检查按设计要求在砖墙水平灰缝中设置拉结钢筋，拉结钢筋与受力钢筋绑牢。

在砌筑墙体前要检查钢筋规格与间距等，符合质量要求后方可同意砌墙。

浇灌混凝土前要检查墙体质量、两墙片间的砂浆和碎砖等杂物是否清理干净、清理用的洞口是否用同品种同强度等级的砖和砂浆填塞。同时要确认砌筑砂浆强度达到使墙片能承受住混凝土产生的侧压力时（不少于 3d），浇水湿润墙片内侧，方可同意浇灌混凝土。

浇灌混凝土要旁站检查混凝土的质量和是否逐层振捣密实。振捣混凝土宜用插入式振捣器，分层振捣厚度不宜超过 200mm，振捣器不要触及钢筋及砖墙。

### 四、钢筋混凝土构造柱巡视旁站要点

设置钢筋混凝土构造柱是提高多层砖混结构房屋（简称多层砖房）抗震能力的一种措施。当多层砖房超过《建筑抗震设计规范》GB 50011—2010 规定的高度限值，要设置钢筋混凝土构造柱。

监理工程师巡视检查钢筋混凝土构造柱要点：

（1）必须坚持先砌墙后浇灌混凝土的原则。

（2）底层构造柱的竖向受力钢筋与基础圈梁（或混凝土底脚）的锚固长度不应小于 35 倍竖向钢筋直径，并保证钢筋位置正确。构造柱的竖向受力钢筋需接长时，可采用绑扎接头，其搭接长度一般为 35 倍钢筋的直径，在绑扎接头区段内的箍筋应加密。构造柱钢筋的混凝土保护层厚度一般为 20mm，并不得小于 15mm。

（3）砌砖墙时，从每层构造柱脚开始，砌马牙槎应先退后进，以保证构造柱脚为大断面。

（4）在浇灌构造柱混凝土前，监理工程师要现场检查受力钢筋及箍筋的规格与尺寸，检查墙体与构造柱之间拉结筋的设置，规范规定：设置在砌体水平灰缝中钢筋的锚固长度不宜小于 50d，且其水平或垂直弯折段的长度不宜小于 20d 和 250mm（d 为钢筋直径，上同），上述要求均达到后方可同意灌注混凝土。并要求将砖墙和模板浇水湿润（钢模板面不浇水，刷隔离剂），并将模板内的砂浆残块、砖渣等杂物清理干净。

（5）构造柱的混凝土浇筑可以分段进行，每段高度不宜大于 2m，或每个楼层分两次浇筑。在施工条件较好，并能确保浇捣密实时，亦可每一楼层一次浇筑。

（6）浇捣构造柱混凝土时，监理工程师要全过程旁站。宜用插入式振动器，分层捣实。振动器随振随拔，每次振捣层的厚度不得超过振动器有效长度的 1.25 倍，一般为200mm 左右。振捣时，振动器应避免直接触碰钢筋和砖墙，严禁通过砖墙传振，以免墙体鼓肚和灰缝开裂。

（7）在新老混凝土接槎处，须先用水冲洗、湿润，再铺 10～20mm 厚的水泥砂浆（用原混凝土配合比去掉石子），方可继续浇灌混凝土。

### 五、监理验收

（一）主控项目

（1）钢筋的品种、规格和数量应符合设计要求。

检验方法：检查钢筋的合格证书、钢筋性能试验报告、隐蔽工程记录。

（2）构造柱、芯柱、组合砌体构件、配筋砌体剪力墙构件的混凝土或砂浆的强度等级应符合设计要求。

抽检数量：每检验批砌体至少应做 1 组试块，验收批砌体试块不得少于 3 组。

检验方法：检查混凝土或砂浆试块试验报告。

（3）构造柱与墙体的连接处应砌成马牙槎，马牙槎应先退后进，对称砌筑，凹凸尺寸不宜小于 60mm，高度不应超过 300mm，预留的拉结钢筋应位置正确，施工中不得任意弯折。

抽检数量：每检验批抽查不少于 5 处。

检验方法：观察检查和尺量检查。

（4）配筋砌体中受力钢筋的连接方式及锚固长度、搭接长度应符合设计要求。

检查数量：每检验批抽查不应少于 5 处。

检验方法：观察检查。

（二）一般项目

（1）构造柱一般尺寸允许偏差及检验方法应符合表 2-23 的规定。

**构造柱一般尺寸允许偏差及检验方法**　　　　表 2-23

| 项 次 | 项　　　目 | | 允许偏差（mm） | 检 验 方 法 |
|---|---|---|---|---|
| 1 | 中心线位置 | | 10 | 用经纬仪和尺检查或用其他测量仪器检查 |
| 2 | 层间错位 | | 8 | 用经纬仪和尺检查或用其他测量仪器检查 |
| 3 | 垂 直 度 | 每　层 | 10 | 用 2m 托线板检查 |
| | | 全高　≤10m | 15 | 用经纬仪、吊线和尺检查或用其他测量仪器检查 |
| | | 　　　>10m | 20 | |

（2）设置在砌体灰缝中钢筋的防腐保护要求：设置在潮湿环境或有化学侵蚀性介质的环境中的砌体灰缝内钢筋应采取防腐措施。

抽检数量：每检验批抽查不应少于 5 处。

检验方法：观察检查。

（3）网状配筋砌体中，钢筋网规格及放置间距应符合设计规定。

抽检数量：每检验批抽查不应少于 5 处。

检验方法：通过钢筋网成品检查钢筋规格，钢筋网放置间距采用局部剔缝观察，或用探针刺入灰缝内检查，或用钢筋位置测定仪测定。

（4）钢筋安装位置的允许偏差及检验方法应符合表2-24的规定。

钢筋安装位置的允许偏差及检验方法　　　　　表2-24

| 项 目 | | 允许偏差（mm） | 检 验 方 法 |
|---|---|---|---|
| 受力钢筋保护层厚度 | 网状配筋砌体 | ±10 | 检查钢筋网成品，钢筋网放置位置局部剔缝观察，或用探针刺入灰缝内检查，或用钢筋位置测定仪测定 |
| | 组合砖砌体 | ±5 | 支模前观察与尺量检查 |
| | 配筋小砌块砌体 | ±10 | 浇筑灌孔混凝土前观察与尺量检查 |
| 配筋小砌块砌体墙凹槽中水平钢筋间距 | | ±10 | 钢尺量连续三档，取最大值 |

# 第六节　填充墙砌体工程

填充墙砌体工程与其他砌体工程的最大区别是只承受自身荷载，而不承受来自楼面或上部的其他荷载。它可用烧结空心砖（包括黏土砖N、页岩砖Y、煤矸石砖M、粉煤灰砖F）、蒸压加气混凝土砌块、轻骨料混凝土空心砌块等砌筑而成。

## 一、填充墙砌体用原材料要求

（一）烧结空心砖

（1）烧结空心砖根据抗压强度分为MU10、MU7.5、MU5、MU3.5、MU2.5五个等级，体积密度分为1 100级、1 000级、900级、800级。强度、密度、抗风化性能和放射性物质合格的砖，根据尺寸偏差、外观质量、孔洞排列及其结构、泛霜、石灰爆裂和吸水率分为优等品（A）、一等品（B）、合格品（C）三个质量等级。

（2）烧结空心砖的强度应符合表2-25的规定。

烧结空心砖强度等级　　　　　表2-25

| 强度等级 | 抗 压 强 度（MPa） | | | 密度等级范围（kg/m³） |
|---|---|---|---|---|
| | 抗压强度平均值 $f$ ≥ | 变异系数 $\delta$ ≤ 0.21 强度标准值 $f_k$ ≥ | 变异系数 $\delta$ > 0.21 单块最小抗压强度值 $f_{min}$ ≥ | |
| MU10 | 10.0 | 7.0 | 8.0 | ≤1 100 |
| MU7.5 | 7.5 | 5.0 | 5.8 | |
| MU5 | 5.0 | 3.5 | 4.0 | |
| MU3.5 | 3.5 | 2.5 | 2.8 | |
| MU2.5 | 2.5 | 1.6 | 1.8 | ≤800 |

（3）烧结空心砖的密度等级应符合表2-26的规定。

**烧结空心砖密度等级（kg/m³）**   表 2-26

| 密 度 等 级 | 5 块密度平均值 | 密 度 等 级 | 5 块密度平均值 |
|---|---|---|---|
| 800 | ≤800 | 1 000 | 901～1 000 |
| 900 | 801～900 | 1 100 | 1 001～1 100 |

（4）烧结空心砖的尺寸偏差应符合表 2-27 的规定。

**烧结空心砖尺寸允许偏差（mm）**   表 2-27

| 尺　寸 | 优 等 品 | | 一 等 品 | | 合 格 品 | |
|---|---|---|---|---|---|---|
| | 样本平均偏差 | 样本极差≤ | 样本平均偏差 | 样本极差≤ | 样本平均偏差 | 样本极差≤ |
| >300 | ±2.5 | 6.0 | ±3.0 | 7.0 | ±3.5 | 8.0 |
| >200～300 | ±2.0 | 5.0 | ±2.5 | 6.0 | ±3.0 | 7.0 |
| 100～200 | ±1.5 | 4.0 | ±2.0 | 5.0 | ±2.5 | 6.0 |
| >100 | ±1.5 | 3.0 | ±1.7 | 4.0 | ±2.0 | 5.0 |

（5）砖砌体用烧结空心砖必须符合《烧结空心砖和空心砌块》（GB 13545—2003）国家标准要求。

（二）蒸压加气混凝土砌块

（1）蒸压加气混凝土砌块根据抗压强度分为 A1.0、A2.0、A2.5、A3.5、A5.0、A7.5、A10.0 七个级别，干密度分为 B08、B07、B06、B05、B04、B03 六个级别。根据尺寸偏差、外观质量、干密度、抗压强度和抗冻性分为优等品（A）、合格品（B）二个等级。

（2）蒸压加气混凝土砌块的立方体抗压强度应符合表 2-28 的规定。

**蒸压加气混凝土砌块的立方体抗压强度（MPa）**   表 2-28

| 强 度 级 别 | 立方体抗压强度 | | 强 度 级 别 | 立方体抗压强度 | |
|---|---|---|---|---|---|
| | 平均值≥ | 单组最小值≥ | | 平均值≥ | 单组最小值≥ |
| A1.0 | 1.0 | 0.8 | A5.0 | 5.0 | 4.0 |
| A2.0 | 2.0 | 1.6 | A7.5 | 7.5 | 6.0 |
| A2.5 | 2.5 | 2.0 | A10.0 | 10.0 | 8.0 |
| A3.5 | 3.5 | 2.8 | — | — | — |

（3）蒸压加气混凝土砌块的干密度应符合表 2-29 的规定。

**蒸压加气混凝土砌块的干密度（kg/m³）**   表 2-29

| 干密度级别 | | B03 | B04 | B05 | B06 | B07 | B08 |
|---|---|---|---|---|---|---|---|
| 干密度 | 优等品（A）≤ | 300 | 400 | 500 | 600 | 700 | 800 |
| | 合格品（B）≤ | 325 | 425 | 525 | 625 | 725 | 825 |

（4）蒸压加气混凝土砌块的强度级别应符合表2-30的规定。

蒸压加气混凝土砌块的强度级别　　　　　　　　　　　　表2-30

| 干密度级别 | | B03 | B04 | B05 | B06 | B07 | B08 |
|---|---|---|---|---|---|---|---|
| 强度级别 | 优等品（A） | A1.0 | A2.0 | A3.5 | A5.0 | A7.5 | A10.0 |
| | 合格品（B） | | | A2.5 | A3.5 | A5.0 | A7.5 |

（5）砌体用蒸压加气混凝土砌块必须符合《蒸压加气混凝土砌块》GB 11968—2006标准要求。

### 二、填充墙砌体一般工艺流程

填充墙砌体的一般工艺流程与砖砌体的一般工艺流程相似，不再详述。

### 三、监理工程师巡视中着重注意检查下列要点

（一）加气混凝土砌块砌体巡视要点

（1）按砌块每皮高度制作皮数杆，并竖立于墙的两端，两相对皮数杆之间拉准线。在砌筑位放出墙身边线。

（2）加气混凝土砌块砌筑时，应向砌筑面适量浇水。

（3）在砌块墙底部应用烧结普通砖或多孔砖砌筑，其高度不宜小于200mm。

（4）不同干密度和强度等级的加气混凝土不应混砌。加气混凝土砌块也不得与其他砖、砌块混砌。但在墙底、墙顶及门窗洞口处局部采用烧结普通砖和多孔砖砌筑不视为混砌。

（5）灰缝应横平竖直，砂浆饱满。

（6）砌块墙的转角处，应隔皮纵、横墙砌块相互搭砌。砌块墙的T形交接处，应使横墙砌块隔皮端面露头。

（7）砌到接近上层梁、板底时，宜用烧结普通砖斜砌拼紧，砖倾斜度为60°左右，砂浆应饱满。

（8）墙体洞口上部应放置2根直径6mm钢筋，伸过洞口两边长度每边不小于500mm。

（9）砌块墙与承重墙或柱交接处，应在承重墙或柱的水平灰缝内预埋拉结钢筋，拉结钢筋沿墙或柱高每1m左右设一道，每道为2根直径6mm的钢筋（带弯钩），伸出墙或柱面长度不小于700mm，在砌筑砌块时，将此拉结钢筋伸出部分埋置于砌块墙的水平灰缝中。

（10）加气混凝土砌块墙上不得留脚手眼。切锯砌块应使用专用工具，不得用斧或瓦刀任意砍劈。

（二）粉煤灰砌块砌体巡视要点

（1）为了减少收缩，粉煤灰砌块自生产之日算起，应放置一个月以后，方可用于砌筑。

（2）严禁使用干的粉煤灰砌块上墙，一般应提前2d浇水，砌块相对含水率宜为60%～70%。不得随砌随浇。

（3）砌筑用砂浆应采用水泥混合砂浆。

（4）灰缝应横平竖直。砂浆饱满。水平灰缝厚度不得大于15mm，竖向灰缝宜用内外临时夹板灌缝，在灌浆槽中的灌浆高度应不小于砌块高度，个别竖缝宽度大于30mm时，应用细石混凝土灌缝。

（5）粉煤灰砌块墙的转角处应隔皮纵、横墙砌块相互搭砌，隔皮纵、横墙砌块端面露头。在T形交接处，使横墙砌块隔皮端面露头。凡露头砌块应用粉煤灰砂浆将其填补抹平。

（6）粉煤灰砌块墙与普通砖承重墙或柱交接处，应沿墙高1m左右设置3根直径4mm的拉结钢筋，拉结钢筋伸入砌块墙内长度不小于700mm。

（7）粉煤灰砌块墙与半砖厚普通砖墙交接处，应沿墙高800mm左右设直径4mm钢筋网片，钢筋网片形状依照两种墙交接情况而定。置于半砖墙水平灰缝中的钢筋为2根，伸入长度不小于360mm；置于砌块墙水平灰缝中的钢筋为3根，伸入长度不小于360mm。

（8）墙体洞口上部应放置2根直径6mm钢筋，伸过洞口两边长度每边不小于500mm。

（9）洞口两侧的粉煤灰砌块应锯掉灌浆槽。锯剖砌块应用专用手锯，不得用斧或瓦刀任意砍劈。

（10）粉煤灰砌块墙上不得留置脚手眼。

（三）轻骨料混凝土空心砌块砌体巡视要点

（1）轻骨料混凝土空心砌块应至少有28d以上的龄期，宜提前2d以上适当浇水湿润。严禁雨天施工，砌块表面有浮水时亦不得进行砌筑。

（2）砌筑前应根据砌块皮数制作皮数杆，并在墙体转角处及交接处竖立，皮数杆间距不得超过15m。

（3）砌筑时，必须遵守"反砌"原则，即使砌块底面向上砌筑。上下皮应对孔错缝搭砌。

（4）水平灰缝应平直，砂浆饱满，按净面积计算的砂浆饱满度不应低于80%。竖向灰缝应采用加浆方法，使其砂浆饱满，严禁用水冲浆灌缝，不得出现瞎缝、透明缝，其砂浆饱满度不宜低于80%。

（5）需要移动已砌好的砌块或对被撞动的砌块进行调整时，应清除原有砂浆后，再重新铺浆砌筑。

（6）墙体转角处及交接处应同时砌起，如不能同时砌起时，留槎的方法及要求同混凝土空心砌块墙中所述的规定。

（7）在砌筑砂浆终凝前后，应将灰缝刮平。

**四、填充墙砌体工程监理验收**

（一）主控项目

（1）烧结空心砖、小砌块和砌筑砂浆的强度等级应符合设计要求。

抽检数量：烧结空心砖每10万块为一验收批，小砌块每1万块为一验收批，不足上述数量时按一批计，抽检数量为1组。砂浆试块的抽查数量按"砌筑砂浆"一节要求进行。

检验方法：检查进场砖或砌块的产品合格证书、进场复验报告和砂浆试块试验报告。

（2）填充墙砌体应与主体结构可靠连接，其连接构造应符合设计要求，未经设计同意，不得随意改变连接构造方法。每一填充墙与柱的拉结筋的位置超过一皮块体高度的数量不得多于一处。

抽检数量：每检验批抽查不应少于5处。

检验方法：观察检查。

（3）填充墙与承重墙、柱、梁的连接钢筋，当采用化学植筋的连接方式时，应进行实体检测。锚固钢筋拉拔试验的轴向受拉非破坏承载力检验值为6.0kN。

抽检数量：见表2-31。

检验方法：原位试验检查。

检验批抽检锚固钢筋样本最小容量　　　　　　　表2-31

| 检验批的容量 | 样本最小容量 | 检验批的容量 | 样本最小容量 |
|---|---|---|---|
| ≤90 | 5 | 281～500 | 20 |
| 91～150 | 8 | 501～1200 | 32 |
| 151～280 | 13 | 1201～2200 | 50 |

（二）一般项目

（1）填充墙砌体尺寸、位置的允许偏差及检验方法应符合表2-32的规定。

填充墙砌体尺寸、位置的允许偏差及检验方法　　　　　　表2-32

| 项次 | 项 目 | | 允许偏差（mm） | 检 验 方 法 |
|---|---|---|---|---|
| 1 | 轴 线 位 移 | | 10 | 用尺检查 |
| 2 | 垂直度（每层） | ≤3m | 5 | 用2m托线板或吊线、尺检查 |
| | | >3m | 10 | |
| 3 | 表面平整度 | | 8 | 用2m靠尺和楔形尺检查 |
| 4 | 门窗洞口高、宽（后塞口） | | ±10 | 用尺检查 |
| 5 | 外墙上、下窗口偏移 | | 20 | 用经纬仪或吊线检查 |

抽检数量：每检验批抽查不应少于5处。

（2）填充墙砌体的砂浆饱满度及检验方法应符合表2-33的规定。

填充墙砌体的砂浆饱满度及检验方法　　　　　　表2-33

| 砌 体 分 类 | 灰 缝 | 饱满度及要求 | 检 验 方 法 |
|---|---|---|---|
| 空心砖砌体 | 水 平 | ≥80% | 采用百格网检查块体底面或侧面砂浆的粘结痕迹面积 |
| | 垂 直 | 填满砂浆，不得有透明缝、瞎缝、假缝 | |
| 蒸压加气混凝土砌块、轻骨料混凝土小型空心砌块砌体 | 水 平 | ≥80% | |
| | 垂 直 | ≥80% | |

抽检数量：每检验批抽查不应少于 5 处。

（3）填充墙留置的拉结钢筋或网片的位置应与块体皮数相符合。拉结钢筋或网片应置于灰缝中，埋置长度应符合设计要求，竖向位置偏差不应超过一皮高度。

抽检数量：每检验批抽查不应少于 5 处。

检验方法：观察和用尺量检查。

（4）砌筑填充墙应错缝搭砌，蒸压加气混凝土砌块搭砌长度不应小于砌块长度的 1/3；轻骨料混凝土小型空心砌块搭砌长度不应小于 90mm；竖向通缝不应大于 2 皮。

抽检数量：每检验批抽查不应少于 5 处。

检验方法：观察检查。

（5）填充墙的水平灰缝厚度和竖向灰缝宽度应正确，烧结空心砖、轻骨料混凝土小型空心砌块砌体的灰缝应为 8～12mm；其他情况也应满足规范要求。

抽检数量：每检验批抽查不应少于 5 处。

检验方法：水平灰缝厚度用尺量 5 皮小砌块的高度折算，竖向灰缝宽度用尺量 2m 砌体长度折算。

# 第三章 模板工程

## 第一节 普通模板

普通模板即组合式模板,用它来进行混凝土结构成型,既可以按照设计要求实现预拼装、整体安装、整体拆除,又可散支散拆,工艺灵活简便,适用性和通用性较强。

按材料种类分,普通模板可分成木模板、组合钢模板、钢框木(竹)胶合板模板、无框模板等;按现浇结构构件种类分,又可分成基础模板、柱模板、梁模板、现浇楼板模板等。监理工程师应从其性质、构造、施工工艺流程入手,根据规范要求,对施工质量、费用、进度进行控制。

### 一、模板工程检查巡视要点

(一)模板设计要求

(1)模板及其支架应根据工程结构形式、荷载大小、地基土类别、施工设备、材料供应等条件进行设计。模板及其支架应具有足够的承载能力、刚度和稳定性,能可靠地承受浇筑混凝土的重量、侧压力以及施工荷载。这是《混凝土结构工程施工质量验收规范》GB 50204—2002 的规定,而且是强制性条文。监理工程师应要求施工单位按照规范的要求进行模板设计,监理工程师对施工单位的模板设计应进行审查。审查的项目包括模板及其支撑系统在浇筑混凝土的重量、侧压力以及施工荷载是否具有足够的承载能力、刚度和稳定性。

(2)模板工程应依据设计图纸编制施工方案,进行模板设计,并用根据施工条件确定的荷载对模板及支撑体系进行验算,必要时应进行有关试验。在浇筑混凝土之前,监理工程师应对模板工程进行验收。

(3)模板安装和浇筑混凝土时,应对模板及其支架进行观察和维护。发生异常情况时,应按施工技术方案及时进行处理。

(4)对模板工程所用的材料必须认真检查选取,不得使用不符合质量要求的材料。模板工程施工应具备制作简单、操作方便、牢固耐用、运输整修容易等特点。

(二)翻样、放样、技术交底

(1)监理工程师应要求施工人员依据设计图纸的要求,以结构图为主,对照建筑及设备安装等图纸,对模板进行翻样,翻成详图并注明各部位编号、轴线位置、几何尺寸、剖面形状、预留孔洞、预埋件等,经复核后作为模板制作、安装的依据。

(2)复杂的模板工程应要求施工人员按一定比例放出大样,以解决复杂部位尺寸构造处理等问题,有时为了施工方便,可按图纸要求制作一些大模板块来使用。

(3)在模板工程安装或拆除前,监理工程师应督促施工单位进行模板工程的技术交底，尤其是大型或复杂重要的混凝土结构工程的模板施工，应在下达任务的同时，由有关施工技术人员负责组织生产班组及操作工人进行技术交底，根据翻样图，交清以下几个问题：

1）设计图纸（包括设计变更、修改、核定）中的尺寸、轴线、标高、位置以及预留孔洞、预埋件位置等；

2）所用模板材料及支撑材料的品种规格和质量要求；

3）模板制作、安装拆除的方法、施工顺序及工序搭接等操作要求；

4）质量标准、安全措施、成品保护措施等施工注意事项。

必要时，监理工程师要旁听其技术交底过程。

（三）模板支架要求

监理工程师要掌握模板支架的有关要求，以便在模板施工时进行控制。

（1）模板支撑系统应根据不同的结构类型和模板类型来选配，以便相协调配套。使用时，应对支撑系统进行必要的验算和复核，尤其是支柱间距应经计算确定，确保其可靠稳固、不变形。

（2）木质支撑体系一般与木模板相配合，所用牵杠、搁栅、横档、支撑宜采用不小于50mm×100mm的方材，木支柱一般用100mm×100mm方材或梢径80~120mm圆木，木支撑必须钉牢楔紧，支柱之间必须加强拉结联系，木支柱脚下用对拔木楔调整标高并固定。荷载过大的木模板支撑体系可以采用枕木堆搭方式操作，用扒钉固定好。

（3）钢质支撑体系一般可与各种模板体系相配合，其钢楞和支架的布置形式应满足模板设计要求，并能保证安全承受施工荷载，钢楞材料有圆钢管、矩形钢管和内卷边槽钢等形式。钢管支撑体系一般宜扣成整体排架式，其立柱纵横间距要按模板设计所确定尺寸设置，同时应加设斜撑和剪刀撑。

（4）独立体型模板体系（如柱子），可采用夹箍和拉撑相结合的方法来支撑和夹紧模板，其形式根据模板尺寸、侧压力大小等因素来选择。拉撑可采用钢木支撑、直径6.5mm钢筋或链条连接花篮螺栓的方法加以固定。

（5）支撑体系的基底必须坚实可靠，竖向支架基底如为土层时，应在支架底铺垫型钢或脚手板等材料，或硬化地面。在多层或高层施工中，应注意逐层加设支架，分层分散施工荷载。侧向支架必须支顶牢固，拉结和加固应可靠，必要时应采用打入地锚或在混凝土中预埋铁件和短钢筋头做撑脚。

（6）施工中宜采用工具式支架，以利调节、装拆、周转和减少材耗，常见的工具式支架有：

1）钢桁架：用以支撑梁或板的模板，有整榀式和平面组合式两种，如贝雷片桁架，可按施工常用尺寸制作，使用前应根据荷载大小对桁架进行必要的验算。

2）钢管支柱作竖向支撑构件。

3）施工圈梁时，可采用专门模板支撑卡具，其形式根据各地区具体情况选用。

（7）对超大结构或大荷载结构（如转换层梁、深梁及厚板等）以及特殊结构型式的模板支撑体系，应进行专门的设计、计算选用。

（8）一般模板体系应与操作平台体系断开，严禁以模板支架作为脚手架。模板支架、斜拉杆、剪刀撑、链条或拉筋的花篮螺栓，严禁松动或改变位置。

（四）模板堆放

模板的堆放，一般情况下监理工程师可以不管，但是，为了施工中能够少出差错，也为了文明施工的要求，还是督促为宜。

（1）所有模板和支撑系统应按不同材质、品种、规格、型号、大小、形状分类堆放，应注意在堆放中留出空地或交通道路，以便取用。在多层和高层施工中还应考虑模板和支架的竖向转运顺序合理化。

（2）木质材料可按品种和规格堆放，钢质模板应按规格堆放，钢管应按不同长度堆放整齐。小型零配件应装袋或集中装箱转运。

（3）模板的堆放一般以平卧为主，对桁架或大模板等部件，可采用立放形式，但必须采取抗倾覆措施，每堆材料不宜过多，以免影响部件本身的质量和转运。

（4）堆放场地要求整平垫高，应注意通风排水，保持干燥；室内堆放应注意取用方便、堆放安全，露天堆放应加遮盖；钢质材料应防水防锈，木质材料应防腐、防火、防雨、防曝晒。

（五）模板安装巡视检查

（1）所有预埋件及预留孔洞，在安装前应与图纸对照，确认无误后准确固定在设计位置上，必要时可用电焊或套框等方法将其固定。对小型洞孔，套框内可满填软质材料，防止漏浆封闭。在浇筑混凝土时，应沿其周围分层均匀浇筑，严禁碰击和振动预埋件和模板，以免其歪斜、移位、变形。

（2）测量、放样、弹线工作要事先制定好实施方案，所有测量器具必须符合计量检定标准，并妥善保管，施工中的轴线、标高、几何尺寸必须测放正确，标注清楚，引用方便，标注线和记号必须显示在稳固不变的物体上。放样弹线时，除按图纸弹划出工程结构外轮廓线外，还应弹划出模板安装线或检查线。

（3）模板施工前，要求场地干净、平整、模板下口及连接处的混凝土或砌体要求边角整齐、表面平直，必要时可能先进行人工修整，以便确保模板工程质量。

（4）接头处模板、梁柱板交叉处模板，应认真检查，防止烂根、移位、胀模等不良现象。

（5）对已施工完毕的部分钢筋（如柱、墙筋）或预埋件、设备管线等，应进行复查，若有影响模板施工处应及时整改。竖向结构的钢筋和管线宜先用架子临时支撑好，以免其任意歪斜造成模板施工困难。

（6）模板及支撑系统应连接成整体，竖向结构模板（柱、墙等）应加设斜撑和剪刀撑，水平结构模板（梁、板等）应加强支撑系统的整体连接，对木支撑纵横方向应加钉拉杆，采用钢管支撑时，应扣成整体排架。

（7）所有可调节的模板及支撑系统在模板验收后，不得任意改动。

（8）在模板安装和浇筑混凝土时，监理工程师应对模板及其支架进行观察，主要检查漏浆情况、变形情况。大跨度结构还应测量模板及支架的沉降，发生异常情况时，应要求施工单位按施工技术方案及时进行处理。

（9）当模板采用对拉螺栓和对拉铁条紧固时，在钢筋工程施工中应注意与模板工程施工相协调，以免钢筋就位不便，再次松动已紧固好的对拉装置，以致影响模板成品。

（10）对杯芯模板和阶梯形基础的各阶模板，应装配牢固、支撑可靠；浇筑混凝土时应注意防止杯芯模板向上浮升或侧向偏移，模板四周混凝土应均匀浇筑，应保证吊模位置正确。

（11）平台模板完成后，在后续工作中吊运的钢管、钢筋等材料应限量、均匀分散在模板上，严禁超载和集中堆放。在混凝土浇筑时，应采用低落料以减小冲击，并应均匀散布在操作板上，再用铁铲送料到位。使用泵送混凝土时，泵管与模板间应加专用撑脚。

（12）在安装电气管道等时严禁在模板上乱开乱挖孔洞，应事先制定好操作要求和方案后再行施工；对开洞处应采取措施，妥善处理，气焊和电焊时应注意保护模板。

## 二、模板安装监理验收

（一）主控项目

（1）安装现浇结构的上层模板及其支架时，下层楼板应具有承受上层荷载的承载能力，或加设支架；上、下层支架的立柱应对准，并铺设垫板。

检查数量：全数检查。

检验方法：对照模板设计文件和施工技术方案观察。

（2）在涂刷模板隔离剂时，不得沾污钢筋和混凝土接槎处。

检查数量：全数检查。

检验方法：观察。

（二）一般项目

（1）模板安装应满足下列要求：

1）模板的接缝不应漏浆；在浇筑混凝土前，木模板应浇水湿润，但模板内不应有积水；

2）模板与混凝土的接触面应清理干净并涂刷隔离剂，但不得采用影响结构性能或妨碍装饰工程施工的隔离剂；

3）浇筑混凝土前，模板内的杂物应清理干净；

4）对清水混凝土工程及装饰混凝土工程，应使用能达到设计效果的模板。

检查数量：全数检查。

检验方法：观察。

（2）用作模板的地坪、胎模等应平整光洁，不得产生影响构件质量的下沉、裂缝、起砂或起鼓。

检查数量：全数检查。

检验方法：观察。

（3）对跨度不小于4m的现浇钢筋混凝土梁、板，其模板应按设计要求起拱；当设计无具体要求时，起拱高度宜为跨度的1/1 000～3/1 000。

检查数量：在同一检验批内，对梁，应抽查构件数量的10%，且不少于3件；对板，应按有代表性的自然间抽查10%，且不少于3间；对大空间结构，板可按纵、横轴线划分检查面，抽查10%，且不少于3面。

检验方法：水准仪或拉线、钢尺检查。

（4）固定在模板上的预埋件、预留孔和预留洞均不得遗漏，且应安装牢固，其偏差应符合表3-1的规定。

模板上的预埋件、预留孔和预留洞允许偏差 表 3-1

| 项　　目 | | 允　许　偏　差（mm） |
|---|---|---|
| 预埋钢板中心线位置 | | 3 |
| 预埋管、预留孔中心线位置 | | 3 |
| 插　　筋 | 中心线位置 | 5 |
| | 外露长度 | +10, 0 |
| 预埋螺栓 | 中心线位置 | 2 |
| | 外露长度 | +10, 0 |
| 预留洞 | 中心线位置 | 10 |
| | 尺　　寸 | +10, 0 |

注：检查中心线位置时，应沿纵、横两个方向量测，并取其中的较大值。

　　检查数量：在同一检验批内，对梁、柱和独立基础，应抽查构件数量的 10%，且不少于 3 件；对墙和板，应按有代表性的自然间抽查 10%，且不少于 3 间；对大空间结构，墙可按相邻轴线间高度 5m 左右划分检查面，板可按纵、横轴线划分检查面，抽查 10%，且均不少于 3 面。

　　检验方法：钢尺检查。

　　（5）现浇结构模板安装的偏差应符合表 3-2 的规定。

现浇结构模板安装的允许偏差及检验方法 表 3-2

| 项　　目 | | 允许偏差（mm） | 检　验　方　法 |
|---|---|---|---|
| 轴线位置 | | 5 | 钢尺检查 |
| 底模上表面标高 | | ±5 | 水准仪或拉线、钢尺检查 |
| 截面内部尺寸 | 基　　础 | ±10 | 钢尺检查 |
| | 柱、墙、梁 | +4，-5 | 钢尺检查 |
| 层高垂直度 | ≤5m | 6 | 经纬仪或吊线、钢尺检查 |
| | >5m | 8 | 经纬仪或吊线、钢尺检查 |
| 相邻两板表面高低差 | | 2 | 钢尺检查 |
| 表面平整度 | | 5 | 2m 靠尺和塞尺检查 |

注：检查轴线位置时，应沿纵、横两个方向量测，并取其中的较大值。

　　检查数量：在同一检验批内，对梁、柱和独立基础，应抽查构件数量的 10%，且不少于 3 件；对墙和板，应按有代表性的自然间抽查 10%，且不少于 3 间；对大空间结构，墙可按相邻轴线间高度 5m 左右划分检查面，板可按纵、横轴线划分检查面，抽查 10%，且均不少于 3 面。

（6）预制构件模板安装的偏差应符合表 3-3 的规定。

检查数量：首次使用及大修后的模板应全数检查；使用中的模板应定期检查，并根据使用情况不定期抽查。

预制构件模板安装的允许偏差及检验方法　　　　　　　　　表 3-3

| 项　　　目 | | 允许偏差（mm） | 检　验　方　法 |
|---|---|---|---|
| 长　　度 | 板、梁 | ±5 | 钢尺量两角边，取其中较大值 |
| | 薄腹梁、桁架 | ±10 | |
| | 柱 | 0，−10 | |
| | 墙板 | 0，−5 | |
| 宽　　度 | 板、墙板 | 0，−5 | 钢尺量一端及中部，取其中较大值 |
| | 梁、薄腹梁、桁架、柱 | +2，−5 | |
| 高（厚）度 | 板 | +2，−3 | 钢尺量一端及中部，取其中较大值 |
| | 墙　板 | 0，−5 | |
| | 梁、薄腹梁、桁架、柱 | +2，−5 | |
| 侧向弯曲 | 梁、板、柱 | $l/1\,000$ 且 ≤15 | 拉线、钢尺量最大弯曲处 |
| | 墙板、薄腹梁、桁架 | $l/1\,500$ 且 ≤15 | |
| 板的表面平整度 | | 3 | 2m 靠尺和塞尺检查 |
| 相邻两板表面高低差 | | 1 | 钢尺检查 |
| 对角线差 | 板 | 7 | 钢尺量两个对角线 |
| | 墙　板 | 5 | |
| 翘　　曲 | 板、墙板 | $l/1\,500$ | 调平尺在两端量测 |
| 设计起拱 | 薄腹梁、桁架、梁 | ±3 | 拉线、钢尺量跨中 |

注：$l$ 为构件长度（mm）。

### 三、模板拆除监理验收

（一）主控项目

（1）底模及其支架拆除时的混凝土强度应符合设计要求；当设计无具体要求时，混凝土强度应符合表 3-4 的规定。

检查数量：全数检查。

检验方法：检查同条件养护试件强度试验报告。

（2）对后张法预应力混凝土结构构件，侧模宜在预应力张拉前拆除；底模支架的拆除应按施工技术方案执行，当无具体要求时，不应在结构构件建立预应力前拆除。

检查数量：全数检查。

底模拆除时的混凝土强度要求                                                    表 3-4

| 构 件 类 型 | 构 件 跨 度（m） | 达到设计的混凝土立方体抗压强度标准值的百分率（%） |
|---|---|---|
| 板 | ≤2 | ≥50 |
| | >2，≤8 | ≥75 |
| | >8 | ≥100 |
| 梁、拱、壳 | ≤8 | ≥75 |
| | >8 | ≥100 |
| 悬臂构件 | — | ≥100 |

检验方法：观察。

（3）后浇带模板的拆除和支顶应按施工技术方案执行。

检查数量：全数检查。

检验方法：观察。

（二）一般项目

（1）侧模拆除时的混凝土强度应能保证其表面及棱角不受损伤。

检查数量：全数检查。

检验方法：观察。

（2）模板拆除时，不应对楼层形成冲击荷载。拆除的模板和支架宜分散堆放并及时清运。

检查数量：全数检查。

检验方法：观察。

# 第二节 大 模 板

在高层建筑结构施工中，混凝土量大，模板的工程量亦大，为了提高混凝土的成型质量，加快施工速度，减轻工人的劳动强度，大模板应运而生。大模板是一种大尺寸的工具式模板，通常将承重剪力墙或全部内外墙体混凝土的模板制成片状大模板，根据需要，每道墙面可制成一块或数块，由起重机进行装、拆和吊运。在剪力墙和筒体体系的高层建筑施工中，由于模板工程量大，采用大模板就能提高机械化程度，加快模板的装、拆、运的速度，减少用工量和缩短工期，所以得到广泛应用。

## 一、大模板设计审查

（一）大模板配板设计审查

1. 审查原则

（1）根据工程结构具体情况按照合理、经济的原则划分施工流水段；

（2）模板施工平面布置时，应最大限度地提高模板在各流水段的通用性；

（3）大模板的重量必须满足现场起重设备能力的要求；

（4）清水混凝土工程及装饰混凝土工程大模板体系的设计应满足工程效果要求。

2. 审查内容

（1）配板平面布置图；

（2）施工节点设计，构造设计和特殊部位模板支、拆设计图；

（3）大模板拼板设计图、拼装节点图；

（4）大模板构、配件明细表，绘制构、配件设计图；

（5）大模板施工说明书。

3. 配板设计规定

（1）配板设计应优先采用计算机辅助设计方法；

（2）拼装式大模板配板设计时，应优先选用大规格模板为主板；

（3）配板设计宜优先选用减少角模规格的设计方法；

（4）采取齐缝接高排板设计方法时，应在拼缝外进行刚度补偿；

（5）大模板吊环位置应保证大模板吊装时的平衡，宜设置在模板长度的 $0.2L \sim 0.25L$ 处；

（6）大模板配板设计尺寸：

1）大模板配板设计高度尺寸可按下列公式计算（图 3-1）：

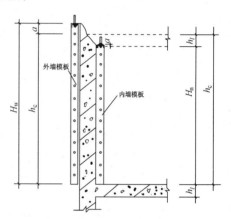

$$H_n = h_c - h_l + a \qquad (3-1)$$

$$H_w = h_c + a \qquad (3-2)$$

式中 $H_n$——内墙模板配板设计高度（mm）；

　　　$H_w$——外墙模板配板设计高度（mm）；

图 3-1 配板高度示意

　　　$h_c$——建筑结构层高（mm）；

　　　$h_l$——楼板厚度（mm）；

　　　$a$——搭接尺寸（mm）；内模设计：取 $a = 10 \sim 30mm$；

　　　　　外模设计：取 $a > 50mm$。

2）大模板配板设计长度尺寸可按下列公式计算（图 3-2）：

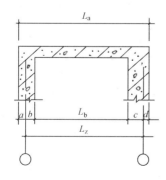
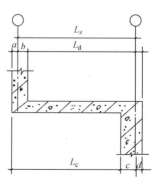

图 3-2 配板设计长度

$$L_a = L_z + (a+d) - B_i \tag{3-3}$$

$$L_b = L_z - (b+c) - B_i - \Delta \tag{3-4}$$

$$L_c = L_z - c + a - B_i - 0.5\Delta \tag{3-5}$$

$$L_d = L_z - b + d - B_i - 0.5\Delta \tag{3-6}$$

式中 $L_a$、$L_b$、$L_c$、$L_d$——模板配板设计长度（mm）；

$\qquad L_z$——轴线尺寸（mm）；

$\qquad B_i$——每一模位角模尺寸总和（mm）；

$\qquad \Delta$——每一模位阴角模预留支拆余量总和，取 $\Delta = 3 \sim 5$mm；

$\qquad a$、$b$、$c$、$d$——墙体轴线定位尺寸（mm）。

（二）大模板结构计算要点

在大模板设计审查过程中，结构计算须注意以下主要内容：大模板结构的设计计算是否根据其形式综合分析模板结构特点，选择合理的计算方法，并应在满足强度要求的前提下，计算其变形值；当计算大模板的变形时，是否以满足混凝土表面要求的平整度为依据；是否根据建筑物的结构形式及混凝土施工工艺的实际情况计算其承载能力。

1. 自稳角的验算

（1）大模板的自稳角以模板面板与铅垂直线的夹角"α"表示：

$$\alpha \geqslant \arcsin\left[ -P + (P^2 + 4K^2\omega_k^2)^{1/2} \right]/2K\omega_k \tag{3-7}$$

式中 $\alpha$——大模板自稳角（°）；

$\quad P$——大模板单位面积自重（kN/m²）；

$\quad K$——抗倾倒系数，通常 $K = 1.2$；

$\quad \omega_k$——风荷载标准值（kN/m²）。

$$\omega_k = \mu_s \mu_z v_f^2 / 1600 \tag{3-8}$$

式中 $\mu_s$——风荷载体型系数，取 $\mu_s = 1.3$；

$\quad \mu_z$——风压高度变化系数，大模板地面堆放时 $\mu_z = 1$；

$\quad v_f$——风速（m/s），根据本地区风力级数确定。

（2）当验算结果小于10°时，取 $\alpha \geqslant 10°$；当验算结果大于20°时，取 $\alpha \leqslant 20°$，同时采取辅助安全措施。

2. 大模板钢吊环截面计算

（1）每个钢吊环按2个截面计算，吊环拉应力不应大于50N/mm²，大模板钢吊环净截面面积可按下列公式计算：

$$S_d \geqslant \frac{K_d F_x}{2 \times 50} \tag{3-9}$$

式中 $S_d$——吊环净截面面积（mm²）；

$\quad F_x$——大模板吊装时每个吊环所承受荷载的设计值（N）；

$\quad K_d$——截面调整系数，通常 $K_d = 2.6$。

（2）当吊环与模板采用螺栓连接时，应验算螺纹强度；当吊环与模板采用焊接时，应验算焊缝强度。

**二、大模板制作监理**

大模板应按照设计图和工艺文件加工制作。大模板所使用的材料，应具有材质证明，并符合国家现行标准的有关要求。

（一）大模板主体基本工艺流程

下料→零、构件加工→组拼、组焊→校正→过程检验→涂漆→标识→最终检验→入库

大模板加工过程中，监理工程师应注意：零、构件下料的尺寸应准确，料口应平整；面板、肋、背楞等部件组拼组焊前应调平、调直；组拼组焊应在专用工装和平台上进行，并采用合理的焊接顺序和方法；组拼焊接后的变形应进行校正，校正的专用平台应有足够的承载力、刚度，并应配有调平装置；钢吊环、操作平台架挂钩等构件宜采用热加工并利用工装成型；焊接部位必须牢固、焊缝应均匀，焊缝尺寸应符合设计要求，焊渣应清除干净，不得有夹渣、气孔、咬肉、裂纹等缺陷；防锈漆应涂刷均匀，标识明确，构件活动部位应涂油润滑。

（二）制作偏差要求

（1）整体式大模板的制作允许偏差与检验方法应符合表3-5的规定。

整体式大模板制作允许偏差与检验方法　　表3-5

| 项 次 | 项 目 | 允许偏差（mm） | 检 验 方 法 |
|---|---|---|---|
| 1 | 模板高度 | ±3 | 卷尺量检查 |
| 2 | 模板长度 | −2 | 卷尺量检查 |
| 3 | 模板板面对角线差 | ≤3 | 卷尺量检查 |
| 4 | 板面平整度 | 2 | 2m靠尺及塞尺检查 |
| 5 | 相邻面板拼缝高低差 | ≤0.5 | 平尺及塞尺量检查 |
| 6 | 相邻面板拼缝间隙 | ≤0.8 | 塞尺量检查 |

（2）拼装式大模板的组拼允许偏差与检验方法应符合表3-6的规定。

拼装式大模板组拼允许偏差与检验方法　　表3-6

| 项 次 | 项 目 | 允许偏差（mm） | 检 验 方 法 |
|---|---|---|---|
| 1 | 模板高度 | ±3 | 卷尺量检查 |
| 2 | 模板长度 | −2 | 卷尺量检查 |
| 3 | 模板板面对角线差 | ≤3 | 卷尺量检查 |
| 4 | 板面平整度 | 2 | 2m靠尺及塞尺检查 |
| 5 | 相邻模板高低差 | ≤1 | 平尺及塞尺量检查 |
| 6 | 相邻模板拼缝间隙 | ≤1 | 塞尺量检查 |

### 三、大模板的施工监理与验收

大模板施工属于"超过一定规模"的分部分项工程，监理工程师在施工前和施工过程

中，应注意以下几点：必须制定合理的施工方案；必须保证工程结构各部分形状、尺寸和预留、预埋位置的正确；应按照工期要求，并根据建筑物的工程量、平面尺寸、机械设备条件等组织均衡的流水作业。

大模板在浇筑混凝土前必须对其安装进行专项检查，并做检验记录。浇筑混凝土时应设专人监控大模板的使用情况，发现问题及时处理。吊装大模板时应设专人指挥，模板起吊应平稳，不得偏斜和大幅度摆动。操作人员必须站在安全可靠处，严禁人员随同大模板一同起吊。吊装大模板必须采用带卡环吊钩。当风力超过5级时应停止吊装作业。

（一）施工工艺流程

大模板施工工艺可按下列流程进行：

施工准备→定位放线→安装模板的定位装置→安装门窗洞口模板→安装模板→调整模板、紧固对拉螺栓→验收→分层对称浇筑混凝土→拆模→模板清理

（二）大模板安装监理

1. 大模板安装前准备工作

（1）大模板安装前应进行施工技术交底；

（2）模板进现场后，应依据配板设计要求清点数量，核对型号；

（3）组拼式大模板现场组拼时，应用醒目字体按模位对模板重新编号；

（4）大模板应进行样板间的试安装，经验证模板几何尺寸、接缝处理、零部件等准确后方可正式安装；

（5）大模板安装前应放出模板内侧线及外侧控制线作为安装基准；

（6）合模前必须将模板内部杂物清理干净；

（7）合模前必须通过隐蔽工程验收；

（8）模板与混凝土接触面应清理干净、涂刷隔离剂，刷过隔离剂的模板遇雨淋或其他因素失效后必须补刷；使用的隔离剂不得影响结构工程及装修工程质量；

（9）已浇筑的混凝土强度未达到1.2N/mm²以前不得踩踏和进行下道工序作业；

（10）使用外挂架时，墙体混凝土强度必须达到7.5N/mm²以上方可安装，挂架之间的水平连接必须牢靠、稳定。

2. 大模板安装规定

（1）大模板安装应符合模板配板设计要求；

（2）模板安装时应按模板编号顺序遵循先内侧、后外侧，先横墙、后纵墙的原则安装就位；

（3）大模板安装时根部和顶部要有固定措施；

（4）门窗洞口模板的安装应按定位基准调整固定，保证混凝土浇筑时不移位；

（5）大模板支撑必须牢固、稳定，支撑点应设在坚固可靠处，不得与脚手架拉结；

（6）紧固对拉螺栓时应用力得当，不得使模板表面产生局部变形；

（7）大模板安装就位后，对缝隙及连接部位可采取堵缝措施，防止漏浆、错台现象。

（三）大模板安装质量验收

1. 基本要求

（1）大模板安装后应保证整体的稳定性，确保施工中模板不变形、不错位、不胀模；

（2）模板间的拼缝要平整、严密，不得漏浆；

（3）模板板面应清理干净，隔离剂涂刷应均匀，不得漏刷。

2. 大模板安装允许偏差及检验方法（表3-7）

**大模板安装允许偏差及检验方法**　　　　　　　　　　表3-7

| 项　　目 | | 允许偏差（mm） | 检　验　方　法 |
|---|---|---|---|
| 轴线位置 | | 4 | 尺量检查 |
| 截面内部尺寸 | | ±2 | 尺量检查 |
| 层高垂直度 | 全高≤5m | 3 | 线坠及尺量检查 |
| | 全高>5m | 5 | 线坠及尺量检查 |
| 相邻模板板面高低差 | | 2 | 平尺及塞尺量检查 |
| 表面平整度 | | <4 | 20m内上口拉直线尺量检查，下口按模板定位线为基准检查 |

（四）大模板的拆除和堆放监理

1. 大模板拆除

（1）大模板拆除时的混凝土结构强度应达到设计要求；当设计无具体要求时，应能保证混凝土表面及棱角不受损坏；

（2）大模板的拆除顺序应遵循先支后拆、后支先拆的原则；

（3）拆除有支撑架的大模板时，应先拆除模板与混凝土结构之间的对拉螺栓及其他连接件，松动地脚螺栓，使模板后倾与墙体脱离开；拆除无固定支撑架的大模板时，应对模板采取临时固定措施；

（4）任何情况下，严禁操作人员站在模板上口采用晃动、撬动或用大锤砸模板的方法拆除模板；

（5）拆除的对拉螺栓、连接件及拆模用工具必须妥善保管和放置，不得随意散放在操作平台上，以免吊装时坠落伤人；

（6）起吊大模板前应先检查模板与混凝土结构之间所有对拉螺栓、连接件是否全部拆除，必须在确认模板和混凝土结构之间无任何连接后方可起吊大模板，移动模板时不得碰撞墙体；

（7）大模板及配件拆除后，应及时清理干净，对变形和损坏的部位应及时进行维修。

2. 大模板堆放要求

（1）大模板现场堆放区应在起重机的有效工作范围之内，堆放场地必须坚实平整，不得堆放在松土、冻上或凹凸不平的场地上。

（2）大模板堆放时，有支撑架的大模板必须满足自稳角要求；当不能满足要求时，必须另外采取措施，确保模板放置的稳定。没有支撑架的大模板应存放在专用的插放支架上，不得倚靠在其他物体上，防止模板下脚滑移倾倒。

（3）大模板在地面堆放时，应采取两块大模板板面对板面相对放置的方法，且应在模板中间留置不小于600mm的操作间距；当长时期堆放时，应将模板连接成整体。

## 第三节 滑升模板

液压滑动模板施工工艺，是按照施工对象的平面尺寸和形状，在地面组装好包括模板、提升架和操作平台的滑模系统，然后分层浇筑混凝土，利用液压提升设备不断竖向提升模板，完成混凝土构件施工的一种方法。近年来，随着液压提升机械和施工精度调整技术的不断改进和提高，滑模工艺发展迅速。以前滑模工艺多用于烟囱、水塔、筒仓等筒壁构筑物的施工，现在逐步向高层和超高层的民用建筑发展，成为了高层建筑施工可供选择的方法之一。

### 一、液压滑升模板组成

滑升模板也叫滑动模板，其装置由模板系统、操作平台系统和液压提升系统以及施工精度控制系统等组成，如图3-3所示。

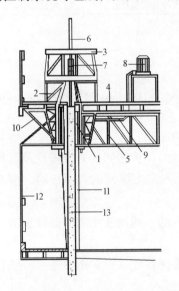

图3-3　滑模系统示意

1—模板；2—围圈；3—提升架；4—操作平台；
5—操作平台桁架；6—支承杆；7—液压千斤顶；
8—高压油泵；9—油管；10—外挑三角架；
11—内吊脚手架；12—外吊脚手架；
13—混凝土墙体

（一）模板系统

模板系统由模板、围圈、提升架及其附属配件组成。其作用是根据滑模工程的结构特点组成成型结构，使混凝土能按照设计的几何形状及尺寸准确成形，并保证表面质量符合要求；其在滑升施工过程中，主要承受浇筑混凝土时的侧压力以及滑动时的摩阻力和模板滑空、纠偏等情况下的外加荷载。

1. 模板

模板又称围板，可用钢材、木材或钢木混合以及其他材料制成，目前使用钢模板居多。常用钢模板制作方法有薄钢板冷弯成型和用薄钢板加焊角钢、扁钢组合成型两种。如采用定型组合钢模板时，则需在边框增加与围圈固定相适应的连接孔。模板之间的连接，可采用螺栓（M8）或U形卡。

2. 围圈

围圈又称围檩，用于固定模板，保证模板所构成的几何形状及尺寸，承受模板传来的水平与垂直荷载，所以要具有足够的承载力和刚度。围圈横向布置在模板外侧，一般上下各布置一道，分别支承在提升架的立柱上，并把模板与提升架联系成整体。

3. 提升架

提升架又称千斤顶架或门架，其作用是约束固定围圈的位置，防止模板的侧向变形，并将模板系统和操作平台系统连成一体，将其全部荷载传递给千斤顶和支承杆。目前常见的是钢提升架，其常用形式有采用单横梁的"Π"形架和双横梁的"开"形架。

（二）操作平台系统

操作平台系统主要包括操作平台，外挑脚手架，内、外吊脚手架；如果施工需要，还可设置辅助平台，以供材料、工具、设备的堆放。

1. 操作平台

操作平台又称工作平台，既是绑扎钢筋、浇筑混凝土的操作场所，也是油路、控制系统的安置台，有时还利用操作平台架设起重设备。操作平台所受的荷载比较大，必须有足够的承载力和刚度。

操作平台一般用钢桁架或梁及铺板构成。桁架可以支承在提升架的支柱上，也可以通过托架支承在上下围圈上。桁架之间应设水平和垂直支撑，保证平台的承载力和刚度。

操作平台的设计应根据施工对象采用的滑模工艺和现场实际情况而定。在采用逐层空滑模板（也称"滑一浇一"）施工工艺时，要求操作平台采用活动式的，以便楼板施工时支模材料、混凝土的运输和混凝土的浇灌。活动式平台宜用型钢作框架，上铺多层胶合板或木板，再铺设铁板增加耐磨性和减少吸水率。常用的操作平台形式有分块式、整体式和活动式。

2. 外挑脚手架、吊脚手架

外挑脚手架一般由三角挑架、楞木、铺板等组成，其外挑宽度为 $0.8 \sim 1.0\text{m}$，外侧一般需设安全护栏，三角挑架可支承在立柱上或挂在围圈上。

吊脚手架是供绑扎钢筋，混凝土脱模后检查墙（柱）体混凝土质量并进行修饰，拆除模板（包括洞口模板），引设轴线、高程以及支设梁底模板等操作之用。吊脚手架要求装卸灵活、安全可靠。外吊脚手架悬挂在提升架外侧立柱和三角挑架上，内吊脚手架悬挂在提升架内侧立柱和操作平台的桁架上。

（三）液压提升系统

液压提升系统包括支承杆、液压千斤顶、液压控制系统和油路等，是液压滑模系统的重要组成部分，也是整套滑模施工装置中的提升动力和荷载传递系统。提升系统的工作原理是：由电动机带动高压油泵，将高压油液通过电磁换向阀、分油器、截止阀及管路输送到液压千斤顶，液压千斤顶在油压作用下带动滑升模板和操作平台沿着支承杆向上爬升；当控制台使电磁换向阀换向回油时，油液由千斤顶排出并回入到油泵的油箱内。在不断供油、回流的过程中，使千斤顶活塞不断地压缩、复位，将全部滑升模板装置向上提升到需要的高度。

1. 千斤顶

液压滑动模板施工所用的千斤顶为专用穿心式千斤顶，按其卡头形式的不同可分为钢珠式和楔块式两种，其工作重量分别为 3t、3.5t 和 10t，其中 3.5t 应用较广。

2. 支承杆

支承杆又称爬杆，它既是千斤顶向上爬升的轨道，又是滑动模板装置的承重支柱，承受着施工过程中的全部荷载。支承杆一般采用直径为 25mm 的圆钢筋，其连接方法有丝扣连接、榫接、焊接三种，也可以用 $25 \sim 28\text{mm}$ 的螺纹钢筋。用作支承杆的钢筋，在下料加工前要进行冷拉调直，冷拉时的延伸率控制在 $2\% \sim 3\%$。支承杆的长度一般为 $3 \sim 5\text{m}$，当支承杆接长时，其相邻的接头要互相错开，使同一断面上的接头根数不超过总根数的 25%。

3. 液压控制系统

液压控制系统是提升系统的心脏，主要由能量转换装置（电动机、高压齿轮泵等）、能量控制和调节装置（如电磁换向阀、调压阀、针形阀、分油器等）以及辅助装置（压力表、油箱、滤油器、油管、管接头等）三部分组成。

齿轮泵的选择根据滑模千斤顶油缸的用油量、布置的数量及齿轮泵的送油能力而确定。在滑升过程中，浇筑混凝土和滑升是交替进行的，千斤顶提升一个行程所用的时间越短、滑升的速度越快，泵和油管的流量越大，千斤顶完成一次进油、回油的时间就越短。

（四）施工精度控制系统

滑模施工的精度控制系统由水平度、垂直度观测与控制装置以及通讯联络设施组成，主要起到控制滑模施工水平度和垂直度的作用。

1. 滑模施工水平度控制

在模板滑升过程中，由于千斤顶的不同步，数值的累积就会使模板系统产生很大的升差，如不及时加以控制，不仅建筑物的水平度难以保证，也会使模板结构产生变形，影响工程质量。水平度的观测，可采用水准仪、自动安平激光测量仪等设备。对千斤顶升差的控制，可以根据不同的控制方法选择不同的水平度控制系统。常用的方法有用激光控制仪控制的自动调平控制法、用限位仪控制的限位调平法、限位阀控制法、截止阀控制法等。

2. 滑模施工垂直度控制

在滑模施工中，影响建筑物垂直度的因素很多，如千斤顶的升差、滑模装置变形、操作平台荷载、混凝土的浇筑方向以及风力、日照的影响等。为了解决上述问题，除采取一些有针对性的预防措施外，在施工中还应经常加强观测，并及时采取纠偏、纠扭措施，以使建筑物的垂直度始终得到控制。

垂直度的观测主要采用经纬仪、激光铅直仪和导电线锤等设备来进行，精度不应低于1/10 000。垂直度调整控制方法主要有平台倾斜法、顶轮纠偏控制法、双千斤顶法、变位纠偏器纠正法等。常用的垂直度控制系统有顶轮纠偏装置、变位纠偏器等。

### 二、滑模装置设计审查

（一）荷载

滑模装置设计计算必须包括下列荷载：

（1）模板系统、操作平台系统的自重（按实际重量计算）；

（2）操作平台上的施工荷载，包括操作平台上的机械设备及特殊设施等的自重（按实际重量计算），操作平台上施工人员、工具和堆放材料等；

（3）操作平台上设置的垂直运输设备运转时的额定附加荷载，包括垂直运输设备的起重量及柔性滑道的张紧力等（按实际荷载计算）；垂直运输设备刹车时的制动力；

（4）卸料对操作平台的冲击力，以及向模板内倾倒混凝土时混凝土对模板的冲击力；

（5）混凝土对模板的侧压力；

（6）模板滑动时混凝土与模板之间的摩阻力，当采用滑框倒模施工时，为滑轨与模板之间的摩阻力；

（7）风荷载。

（二）千斤顶

千斤顶的布置应使千斤顶受力均衡，筒体结构宜沿筒壁均匀布置或成组等间距布置，框架结构宜集中布置在柱子上。当成串布置千斤顶或在梁上布置千斤顶时，必须对其支承杆进行加固。当选用大吨位千斤顶时,支承杆也可布置在柱、梁等体外,但应对支承杆进行加固。液压提升系统所需千斤顶和支承杆的最小数量可按下式确定:

$$n_{min} = \frac{N}{P_0} \tag{3-10}$$

式中　$N$——总垂直荷载(kN),应取上述所有竖向荷载之和;

　　　$P_0$——单个千斤顶或支承杆的允许承载力(kN)。

(三)操作平台

操作平台必须保证足够强度、刚度和稳定性,其结构布置宜采用下列形式:

(1)连续变截面筒体结构可采用辐射梁、内外环梁以及下拉环和拉杆(或随升井架和斜撑)等组成的操作平台;

(2)等截面筒体结构可采用桁架(平行或井字形布置)、梁和支撑等组成操作平台,或采用挑三角架、中心环、拉杆及支撑等组成的环形操作平台,也可只用挑三角架组成的内外悬挑环形平台;

(3)框架、墙板结构可采用桁架、梁和支撑组成的固定式操作平台,或采用桁架和带边框的活动平台板组成可拆装的围梁式活动操作平台;

(4)柱子或排架结构,可将若干个柱子的围圈、柱间桁架组成整体式操作平台。

## 三、滑模施工审查

滑升模板的施工由滑模设备组装、钢筋绑扎、混凝土浇捣、模板滑升、楼面施工和模板设备拆除等几个过程组成。

(一)滑模设备组装

滑模设备的组装是个重要环节,直接影响到施工进度和质量,因此要合理组织、严格施工。在组装前,要做好拼装场地的平整工作,检查起滑线以下已经施工好的基础或结构的标高和平面尺寸,并标出建筑物的结构轴线、墙体边线和提升架的位置线等。滑模装置的组装顺序如图3-4所示。

滑模装置组装前,应做好各组装部件编号、操作平台水平标记,弹出组装线,做好墙与柱钢筋保护层标准垫块及有关的预埋铁件等工作。

1. 滑模装置的组装程序

(1)安装提升架,应使所有提升架的标高满足操作平台水平度的要求,对带有辐射梁或辐射桁架的操作平台,应同时安装辐射梁或辐射桁架及其环梁;

(2)安装内外围圈,调整其位置,使其满足模板倾斜度的要求;

(3)绑扎竖向钢筋和提升架横梁以下钢筋,安设预埋件及预留孔洞的胎模,对体内工具式支承杆套管下端进行包扎;

(4)当采用滑框倒模工艺时,安装框架式滑轨,并调整倾斜度;

(5)安装模板,宜先安装角模后再安装其他模板;

(6)安装操作平台的桁架、支撑和平台铺板;

(7)安装外操作平台的支架、铺板和安全栏杆等;

(8)安装液压提升系统,垂直运输系统及水、电、通讯、信号精度控制和观测装置,并分别进行编号、检查和试验;

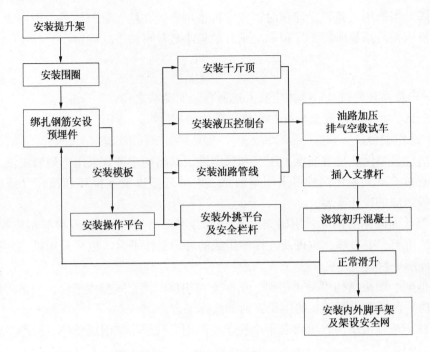

图 3-4 滑模装置的组装顺序

（9）在液压系统试验合格后，插入支承杆；

（10）安装内外吊脚手架及挂安全网，当在地面或横向结构面上组装滑模装置时，应待模板滑至适当高度后，再安装内外吊脚手架，挂安全网。

2. 模板安装规定

（1）安装好的模板应上口小、下口大，单面倾斜度宜为模板高度的 $0.1\% \sim 0.3\%$；对带坡度的筒体结构如烟囱等，其模板倾斜度应根据结构坡度情况适当调整；

（2）模板上口以下 2/3 模板高度处的净间距应与结构设计截面等宽；

（3）圆形连续变截面结构的收分模板必须沿圆周对称布置，每对模板的收分方向应相反，收分模板的搭接处不得漏浆。

3. 液压系统组装规定

（1）对千斤顶逐一进行排气，并做到排气彻底；

（2）液压系统在试验油压下持压 5min，不得渗油和漏油；

（3）空载、持压、往复次数、排气等整体试验指标应调整适宜，记录准确。

（二）钢筋绑扎和支承杆埋设

钢筋绑扎应与混凝土浇筑速度、模板的滑升速度相配合。根据每个浇筑层的混凝土浇筑量、浇筑时间和钢筋量的大小，合理安排绑扎人员，划分操作区段，保证钢筋的绑扎速度。绑扎中，应随时检查以免发生错误。

1. 钢筋加工规定

（1）横向钢筋的长度不宜大于 7m；

（2）竖向钢筋的直径小于或等于 12mm 时，其长度不宜大于 5m；若滑模施工操作平台设计为双层并有钢筋固定架时，则竖向钢筋的长度不受上述限制。

2. 钢筋绑扎规定

（1）每一浇灌层混凝土浇灌完毕后，在混凝土表面以上至少应有一道绑扎好的横向钢筋；

（2）竖向钢筋绑扎后，其上端应用限位支架等临时固定；

（3）双层配筋的墙或筒壁，其立筋应成对排列，钢筋网片间应用 V 字形拉结筋或用焊接钢筋骨架定位；

（4）门窗等洞口上下两侧横向钢筋端头应绑扎平直、整齐，有足够钢筋保护层，下口横筋宜与竖钢筋焊接；

（5）钢筋弯钩均应背向模板面；

（6）必须有保证钢筋保护层厚度的措施；

（7）当滑模施工的结构有预应力钢筋时，对预应力筋的留孔位置应有相应的成型固定措施；

（8）顶部的钢筋如挂有砂浆等污染物，在滑升前应及时清除。

3. 支承杆规定

支承杆的直径、规格应与所使用的千斤顶相适应，第一批插入千斤顶的支承杆其长度不得少于 4 种，两相邻接头高差不应小于 1m，同一高度上支承杆接头数不应大于总量的 1/4。

当采用钢管支承杆且设置在混凝土体外时，对支承杆的调直、接长、加固应作专项设计，确保支承体系的稳定。

支承杆上如有油污应及时清除干净，对兼作结构钢筋的支承杆其表面不得有油污。对采用平头对接、榫接或螺纹接头的非工具式支承杆，当千斤顶通过接头部位后，应及时对接头进行焊接加固；当采用钢管支承杆并设置在混凝土体外时，应采用工具式扣件及时加固。

采用钢管做支承杆时应符合下列规定：

（1）支承杆宜为 $\phi48 \times 3.5$ 焊接钢管，管径及壁厚允许偏差均为 $-0.2 \sim +0.5$mm。

（2）采用焊接方法接长钢管支承杆时，钢管上端平头，下端倒角 $2 \times 45°$；接头处进入千斤顶前，先点焊 3 点以上并磨平焊点，通过千斤顶后进行围焊；接头处加焊衬管或加焊与支承杆同直径钢筋，衬管长度应大于 200mm。

（3）作为工具式支承杆时，钢管两端分别焊接螺母和螺杆，螺纹宜为 M30，螺纹长度不宜小于 40mm，螺杆和螺母应与钢管同心。

（4）工具式支承杆必须调直，其平直度偏差不应大于 1/1 000，相连接的两根钢管应在同一轴线上，接头处不得出现弯折现象。

（5）工具式支承杆长度宜为 3m。第一次安装时可配合采用 4.5m、1.5m 长的支承杆，使接头错开；当建筑物每层净高（即层高减楼板厚度）小于 3m 时，支承杆长度应小于净高尺寸。

用于筒体结构施工的非工具式支承杆，当通过千斤顶后，应与横向钢筋点焊连接，焊点间距不宜大于 500mm，点焊时严禁损伤受力钢筋。

当发生支承杆局部失稳，被千斤顶带起或弯曲等情况时，应立即进行加固处理。对兼作受力钢筋使用的支承杆，加固时应满足受力钢筋的要求。当支承杆穿过较高洞口或模板滑空时，应对支承杆进行加固。

工具式支承杆可在滑模施工结束后一次拔出，也可在中途停歇时拔出。分批拔出时应按实际荷载确定每批拔出的数量，并不得超过总数的1/4。对于φ25圆钢支承杆，其套管的外径不宜大于φ36；对于壁厚小于200mm的结构，其支承杆不宜抽拔。拔出的工具式支承杆应经检查合格后再使用。

（三）混凝土施工

滑模施工的混凝土，除必须满足设计强度外，还必须满足滑模施工的特殊要求，如出模强度、凝结时间、和易性等。混凝土配比的设计，应该根据滑升速度、气候条件和材料品种等因素试配出不同的级配，以便施工中根据实际情况选用，同时，监理时应注意满足下列规定：

（1）混凝土早期强度的增长速度，必须满足模板滑升速度的要求；

（2）混凝土宜用硅酸盐水泥成普通硅酸盐水泥配制；

（3）混凝土入模时的坍落度，应符合表3-8的规定。

混凝土入模时的坍落度 表3-8

| 结构种类 | 坍落度（mm） | |
| --- | --- | --- |
| | 非泵送混凝土 | 泵送混凝土 |
| 墙板、梁、柱 | 50~70 | 100~160 |
| 配筋密集的结构（筒体结构及细长柱） | 60~90 | 120~180 |
| 配筋特密结构 | 90~120 | 140~200 |

注：采用人工捣实时，非泵送混凝土的坍落度可适当增大。

（4）在混凝土中掺入的外加剂或掺合料，其品种和掺量应通过试验确定。

正常滑升时，混凝土的浇灌应满足下列规定：

（1）必须均匀对称交圈浇灌；每一浇灌层的混凝土表面应在一个水平面上，并应有计划、均匀地变换浇灌方向；

（2）每次浇灌的厚度不宜大于200mm；

（3）上层混凝土覆盖下层混凝土的时间间隔不得大于混凝土的凝结时间（相当于混凝土贯入阻力值为0.35kN/cm² 时的时间），当间隔时间超过规定时，接茬处应按施工缝的要求处理；

（4）在气温高的季节，宜先浇灌内墙，后浇灌阳光直射的外墙；先浇灌墙角、墙垛及门窗洞口等的两侧，后浇灌直墙；先浇灌较厚的墙，后浇灌较薄的墙；

（5）预留孔洞、门窗口、烟道口、变形缝及通风管道等两侧的混凝土应对称均衡浇灌。

当采用布料机布送混凝土时应进行专项设计，并符合下列规定：

（1）布料机的活动半径宜能覆盖全部待浇混凝土的部位；

（2）布料机的活动高度应能满足模板系统和钢筋的高度；

（3）布料机不宜直接支承在滑模平台上，当必须支承在平台上时，支承系统必须专门设计，并有大于2.0的安全储备；

（4）布料机和泵送系统之间应有可靠的通讯联系，混凝土宜先布料在操作平台上，再送入模板，并应严格控制每一区域的布料数量；

（5）平台上的混凝土残渣应及时清出，严禁铲入模板内或掺入新混凝土中使用；

（6）夜间作业时应有足够的照明。

混凝土的振捣应满足下列要求：

（1）振捣混凝土时，振捣器不得直接触及支承杆、钢筋或模板；

（2）振捣器应插入前一层混凝土内，但深度不应超过50mm。

混凝土的养护应符合下列规定：

（1）混凝土出模后应及时进行检查修整，且应及时进行养护；

（2）养护期间，应保持混凝土表面湿润，除冬施外，养护时间不少于7d；

（3）养护方法宜选用连续均匀喷雾养护或喷涂养护液。

（四）滑升工艺

模板的滑升可分为初滑、正常滑升、末滑三个主要阶段，是滑模施工的主导工序，其他各工序作业均应安排在限定时间内完成，不宜以停滑或减缓滑升速度来迁就其他作业。

在确定滑升程序或平均滑升速度时，除应考虑混凝土出模强度要求外，还应考虑下列相关因素：（1）气温条件；（2）混凝土原材料及强度等级；（3）结构特点，包括结构形状、构件截面尺寸及配筋情况；（4）模板条件，包括模板表面状况及清理维护情况等。

1. 初滑阶段

指工程开始时进行初次提升模板阶段，主要对滑模装置和混凝土凝结状态进行检查。初滑的基本操作是：当混凝土分层浇筑到模板高度的2/3，且第一层混凝土的强度达到出模强度时，进行试探性提升，即将模板提升1~2个千斤顶行程，观察混凝土的出模情况。滑升过程要求缓慢平稳，用手按混凝土表面，若出现轻微指印，砂浆又不粘手，说明时间恰到好处。全面检查液压系统和模板系统的工作情况，确定正常后，方可进入正常滑升阶段。

2. 正常滑升阶段

正常滑升过程中，相邻两次提升时间间隔不宜超过0.5h。滑升过程中，应使所有千斤顶充分进油、排油。当出现油压增至正常滑升工作压力值的1.2倍，尚不能使全部千斤顶升起时，应停止提升操作，立即检查原因，及时进行处理。

在正常滑升过程中，每滑升200~400mm，应对各千斤顶进行一次调平，特殊结构或特殊部位应采取专门措施保持操作平台基本水平。各千斤顶的相对标高差不得大于40mm，相邻两个提升架上千斤顶升差不得大于20mm。

连续变截面结构，每滑升200mm高度，至少应进行一次模板收分。模板一次收分量不宜大于6mm。当结构的坡度大于3%时，应减小每次提升高度；当设计支承杆数量时，应适当降低其设计承载能力。

在滑升过程中，应检查和记录结构垂直度、水平度、扭转及结构截面尺寸等偏差数值。检查及纠偏、纠扭应符合下列规定：

（1）每滑升一个浇灌层高度应自检一次，每次交接班时应全面检查、记录一次；

(2) 在纠正结构垂直度偏差时, 应徐缓进行, 避免出现硬弯;

(3) 当采用倾斜操作平台的方法纠正垂直偏差时, 操作平台的倾斜度应控制在1%之内;

(4) 对筒体结构, 任意3m高度上的相对扭转值不应大于30mm, 且任意一点的全高最大扭转值不应大于200mm。

在滑升过程中, 应检查操作平台结构、支承杆的工作状态及混凝土的凝结状态, 发现异常时, 应及时分析原因并采取有效的处理措施。框架结构柱子模板的停歇位置, 宜设在梁底以下100~200mm处。在滑升过程中, 应及时清理粘结在模板上的砂浆和转角模板、收分模板与活动模板之间的灰浆, 不得将已硬结的灰浆混进新浇的混凝土中。滑升过程中不得出现油污, 凡被油污染的钢筋和混凝土, 应及时处理干净。

因施工需要或其他原因不能连续滑升时, 应有准备地采取下列停滑措施:

(1) 混凝土应浇灌至同一标高。

(2) 模板应每隔一定时间提升1~2个千斤顶行程, 直至模板与混凝土不再粘结为止。对滑空部位的支承杆, 应采取适当的加固措施。

(3) 采用工具式支承杆时, 在模板滑升前应先转动并适当托起套管, 使之与混凝土脱离, 以免将混凝土拉裂。

(4) 继续施工时, 应对模板与液压系统进行检查。

模板滑空时, 应事先验算支承杆在操作平台自重、施工荷载、风荷载等共同作用下的稳定性, 稳定性不满足要求时, 应对支承杆采取可靠的加固措施。

混凝土出模强度应控制在0.2~0.4MPa或混凝土贯入阻力值在0.30~1.05kN/cm²; 采用滑框倒模施工的混凝土出模强度不得小于0.2MPa。

模板的滑升速度, 应按下列规定确定:

(1) 当支承杆无失稳可能时, 应按混凝土的出模强度控制, 按下式确定:

$$V = \frac{H - h_0 - a}{t} \tag{3-11}$$

式中 $V$——模板滑升速度 (m/h);

$H$——模板高度 (m);

$h_0$——每个混凝土浇筑层厚度 (m);

$a$——混凝土浇筑后其表面到模板上口的距离, 取0.05~0.1m;

$t$——混凝土从浇灌到位至达到出模强度所需的时间 (h)。

(2) 当支承杆受压时, 应按支承杆的稳定条件控制模板的滑升速度。

1) 对于$\phi$25圆钢支承杆:

$$V = \frac{10.5}{T_1 \cdot \sqrt{KP}} + \frac{0.6}{T_1} \tag{3-12}$$

式中 $P$——单根支承杆承受的垂直荷载 (kN);

$T_1$——在作业班的平均气温条件下, 混凝土强度达到0.7~1.0MPa所需的时间 (h), 由试验确定;

$K$——安全系数, 取$K = 2.0$。

2) 对于$\phi$48×3.5钢管支承杆:

$$V = \frac{26.5}{T_2 \cdot \sqrt{KP}} + \frac{0.6}{T_2} \qquad (3\text{-}13)$$

式中 $T_2$——在作业班的平均气温条件下，混凝土强度达到2.5MPa所需的时间（h），由
试验确定。

3. 末滑阶段

指当模板升至距建筑物顶部标高1m左右时。此时应放慢滑升速度，进行准确的抄平和
找正工作。整个抄平找正工作应在模板滑升至距离顶部标高20mm以前做好，以便使最后一
层混凝土能均匀交圈。混凝土末浇结束后，模板仍应继续滑升，直至与混凝土脱离为止。

4. 停滑

如因气候、施工需要或其他原因而不能连续滑升时，应采取可靠的停滑措施：停滑
前，混凝土应浇筑到同一水平面上；停滑过程中，模板应每隔0.5~1h提升一个千斤顶行
程，确保模板与混凝土不粘结；当支承杆的套管不带锥度时，应于次日将千斤顶顶升一个
行程；对于因停滑造成的水平施工缝，应认真处理混凝土表面，保证后浇混凝土与已硬化
混凝土之间良好粘结；继续施工前，应对液压系统进行全面检查。

（五）模板拆除

滑模装置拆除应制定可靠措施，拆除前要进行技术交底，确保操作安全。提升系统的
拆除可在操作平台上进行，千斤顶留待与模板系统同时拆除。滑模系统的拆除顺序为：拆
除油路系统及控制台→拆除操作平台→拆除内模板→拆除安全网和脚手架→用木块垫死内
圈模板桁架→拆外模板桁架系统→拆除内模板桁架支撑→拆除内模板桁架。

高空解体过程中，必须保证模板系统的总体稳定和局部稳定，防止模板系统整体或局
部倾倒坍落。拆除过程要严格按照拆除方案进行，建立可靠的指挥通讯系统，配置专业安
全员，注意操作安全。

滑模装置拆除后，应对各部件进行检查、维修，并妥善存放保管，以备使用。

### 四、滑升模板监理验收

（一）质量检查

（1）滑模工程施工应按《滑动模板工程技术规范》GB 50113—2005和国家现行的有
关强制性标准的规定进行质量检查和隐蔽工程验收。

（2）工程质量检查工作必须适应滑模施工的基本条件。

（3）兼作结构钢筋的支承杆的连接接头、预埋插筋、预埋件等应做隐蔽工程验收。

（4）施工中的检查应包括地面上和平台上两部分：

1）地面上进行的检查应超前完成，主要包括：

①所有原材料的质量检查；

②所有加工件及半成品的检查；

③影响平台上作业的相关因素和条件检查；

④各工种技术操作上岗资格的检查等。

2）滑模平台上的跟班作业检查，必须紧随各工种作业进行，确保隐蔽工程的质量符
合要求。

（5）滑模施工中操作平台上的质量检查工作除常规项目外，尚应包括下列主要内容：

1）检查操作平台上各观测点与相对应的标准控制点之间的位置偏差及平台的空间位置状态；

2）检查各支承杆的工作状态；

3）检查各千斤顶的升差情况，复核调平装置；

4）当平台处于纠偏或纠扭状态时，检查纠正措施及效果；

5）检查滑模装置质量，检查成型混凝土的壁厚、模板上口的宽度及整体几何形状等；

6）检查千斤顶和液压系统的工作状态；

7）检查操作平台的负荷情况，防止局部超载；

8）检查钢筋的保护层厚度、节点处交汇的钢筋及接头质量；

9）检查混凝土的性能及浇灌层厚度；

10）滑升作业前，检查障碍物及混凝土的出模强度；

11）检查结构混凝土表面质量状态；

12）检查混凝土的养护。

（6）滑升模板浇筑混凝土质量检验应符合下列规定：

1）标准养护混凝土试块的组数，应按现行国家标准《混凝土结构工程施工质量验收规范》GB 50204—2002 的要求进行。

2）混凝土出模强度的检查，应在滑模平台现场进行测定，每一工作班应不少于一次；当在一个工作班上气温有骤变或混凝土配合比有变动时，必须相应增加检查次数。

3）在每次模板提升后，应立即检查出模混凝土的外观质量，发现问题应及时处理，重大问题应做好处理记录。

（7）对于高耸结构垂直度的测量，应考虑结构自振、风荷载及日照的影响，并宜以当地时间 6：00～9：00 间的观测结果为准。

（二）工程验收

（1）滑模工程的验收应按现行国家标准《混凝土结构工程施工质量验收规范》GB 50204—2002 的要求进行。

（2）滑模施工混凝土结构的允许偏差应符合表3-9的规定。钢筋混凝土烟囱的允许偏差，应符合现行国家标准《烟囱工程施工及验收规范》GB 50078—2008 的规定。特种滑模施工的混凝土结构允许偏差，尚应符合国家现行有关专业标准的规定。

滑模施工混凝土结构允许偏差　　　　　　　　表3-9

| 项　　　　目 | | | 允 许 偏 差（mm） |
|---|---|---|---|
| 轴线间的相对位移 | | | 5 |
| 圆形筒体结构 | 半径 | ≤5m | 5 |
| | | >5m | 半径的0.1%，不得大于10 |
| 标高 | 每层 | 高层 | ±5 |
| | | 多层 | ±10 |
| | 全高 | | ±30 |

续表

| 项 目 | | | 允 许 偏 差（mm） |
|---|---|---|---|
| 垂 直 度 | 每 层 | 层 高≤5m | 5 |
| | | 层 高>5m | 层高的0.1% |
| | 全 高 | 高 度<10m | 10 |
| | | 高 度≥10m | 高度的0.1%，不得大于30 |
| 墙、柱、梁、壁截面尺寸偏差 | | | +8，−5 |
| 表面平整（2m靠尺检查） | | 抹 灰 | 8 |
| | | 不抹灰 | 5 |
| 门窗洞口及预留洞口位置偏差 | | | 15 |
| 预埋件位置偏差 | | | 20 |

# 第四节　爬 升 模 板

爬升模板简称爬模，是一种自行爬升、不需起重机吊运的模板，可以一次成型一个墙面，且可以自行升降，是综合大模板与滑模工艺特点形成的一种成套模板技术，同时具有大模板施工和滑模施工的优点，又避免了它们的不足。适用于高层建筑外墙外侧和电梯井筒内侧无楼板阻隔的现浇混凝土竖向结构施工，特别是一些外墙立面形态复杂，采用艺术混凝土或不抹灰饰面混凝土、垂直偏差控制较严的高层建筑。

## 一、爬模工程和爬模装置的种类

爬模工程按施工工艺，分为模板与爬架互爬、爬架与爬架互爬、模板与模板互爬及整体爬模等类型。爬模装置按照动力装置不同，则可分成油缸和架体的爬模装置及千斤顶及提升架的爬模装置。

（一）模板与爬架互爬

模板与爬架互爬，是以建筑物的钢筋混凝土墙体为支承主体，通过附着于已完成的钢筋混凝土墙体上的爬升支架或大模板，利用连接爬升支架与大模板的爬升设备，使一方固定，另一方作相对运动，交替向上爬升，以完成模板的爬升、下降、就位和校正等工作。该技术是最早采用并应用广泛的一种爬模工艺。

模板与爬架互爬工艺流程如下：弹线找平→安装爬架→安装爬升设备→安装外模板→绑扎钢筋→安装内模板→浇筑混凝土→拆除内模板→施工楼板→爬升外模板→绑扎上一层钢筋并安装内模板→浇筑上一层墙体→爬升爬架……如此模板与爬架互爬直至完成整栋建筑的施工，如图3-5所示。

（二）模板与模板互爬

模板与模板互爬，是一种无架液压爬模工艺，是将外墙外侧模板分成甲、乙两种类型，甲型与乙型模板交替布置，互为支承，用爬升设备和爬杆使相邻模板互相爬升。

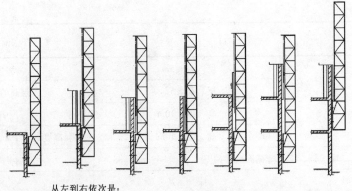

从左到右依次是：

首层墙体完成后安装爬升支架→安装外模板、绑扎钢筋、安装内模板→

浇筑混凝土→拆除内模板→施工楼板、爬升外模板→固定外模板、绑扎

钢筋、安装内模板、浇筑混凝土→爬升模板支架

图 3-5 模板与爬架互爬施工工艺流程

模板与模板互爬工艺流程如图 3-6 所示。

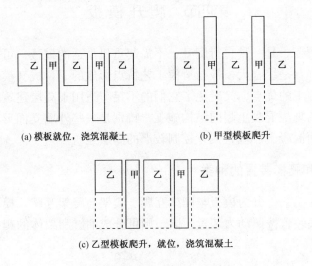

(a) 模板就位，浇筑混凝土    (b) 甲型模板爬升

(c) 乙型模板爬升，就位，浇筑混凝土

图 3-6 模板与模板互爬示意

在地面将模板、三角爬架、千斤顶等组装好，组装好的模板用 2m 靠尺检查，其板面平整度不得超过 2mm，对角线偏差不得超过 3mm，要求各部位的螺栓连接紧固。采用大模板常规施工方法完成首层结构后再安装爬升模板，便于乙型模板支设在"生根"背楞和连接板上。

甲、乙型模板按要求交替布置。先安设乙型模板下部的"生根"背楞和连接板。"生根"背楞用 $\phi$22mm 穿墙螺栓与首层已浇筑墙体拉结，再安装中间一道平台挑架，加设支撑，铺好平台板，然后吊运乙型模板，置于连接板上，并用螺栓连接。同时利用中间一道平台挑梁设临时支撑，校正稳固模板。

首次安装甲型模板时，由于模板下端无"生根"背楞和连接板，可用临时支撑校正稳固，随即涂刷脱模剂和绑扎钢筋，安装门、窗口模板。

外墙内侧模板吊运就位后，即用穿墙螺栓将内、外侧模板紧固，并校正其垂直度。最后安装上、下两道平台挑架，铺放平台板，挂好安全网。

模板安装就位校正后，装设穿墙螺栓，浇筑混凝土。待混凝土达到拆模强度，即可开始准备爬升甲型模板。爬升前，先松开穿墙螺栓，拆除内模板，并使外墙外侧甲、乙型模板与混凝土墙体脱离。然后将乙型模板上口的穿墙螺栓重新装入并紧固。调整乙型模板三角爬架的角度，装上爬杆，用卡座卡紧。爬杆的下端穿入甲型模板中部的千斤顶中。拆除甲型模板底部的穿墙螺栓，利用乙型模板作支承，将甲型模板爬至预定高度，随即用穿墙螺栓与墙体固定。甲型模板爬升后，再将甲型模板作为支承爬升乙型模板至预定高度并加以固定。校正甲、乙型两种模板，安装内模板，装好穿墙螺栓并紧固，即可浇筑混凝土。如此反复，交替爬升，直至完成工程。

施工时，应使每个流水段内的乙型模板同时爬升，不得单块模板爬升。模板的爬升，可以安排在楼板支模、绑钢筋的同时进行。所以这种爬升方法，不占用施工工期，有利于加快工程进度。

（三）爬架与爬架互爬

爬架与爬架互爬系统是由爬架、平台、传动装置和模板等组成。该工艺以固定在混凝土外表面的爬升挂靴为支点，以摆线针轮减速机为动力，通过内外爬架的相对运动，使外墙外侧大模板随同外爬架相应爬升。当大模板达到规定高度，借助滑轮滑动就位。爬架与爬架互爬过程中内外架互为支承，交替爬升。

（四）油缸和架体及千斤顶和提升架的爬模装置

目前液压爬模的动力设备主要有两种，一种是油缸，另外一种是千斤顶。两种动力设备所对应的爬升原理和爬升装置有所不同。将整套爬模装置分为四个系统，一方面可以使爬模装置各个系统的作用和相互之间的联系比较清晰，另一方面也便于防止各种部件在具体设计时漏项。模板系统在两种爬模装置中是相同的，只是在液压爬升系统和操作平台系统有所区别，所以分别进行了描述。操作平台系统根据施工工艺不同，设置不同的操作平台。操作平台满足钢筋绑扎、模板支设、混凝土浇筑和液压爬模构配件拆除等工序的要求，同时保证操作人员的施工操作安全。在液压爬升系统中，与油缸两端连接上、下防坠爬升器在设计时利用了棘爪原理，实现了油缸突然受力失效的防坠构造，所以在液压爬升系统里面不再另行设置防坠装置。电气控制系统是爬模装置系统中不可缺少的部分，对其设计、配制要高度重视。

油缸和架体的爬模装置示意如图3-7所示，千斤顶和提升架的爬模装置示意如图3-8所示。

**二、爬升模板设计审查**

由于爬模工程都是高大的钢筋混凝土结构工程，施工安全是最关键的问题。同时，爬模既是模板，也是脚手架和施工作业平台，爬模装置自重、施工荷载和风荷载都比较大。此外，爬模工程符合国务院《建设工程安全生产管理条例》第26条规定，属于"达到一定规模的危险性较大的分部分项工程编制专项施工方案"的范围。监理工程师在验收爬模专项施工方案时，应重点检查爬模装置的设计与工作荷载；并应考虑对承载螺栓、支承杆等分别进行强度、刚度及稳定性分析。

（一）爬模荷载

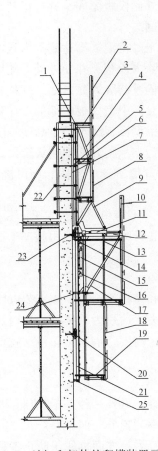

图 3-7 油缸和架体的爬模装置示意

1—上操作平台；2—顶护栏；3—纵向连系梁；
4—上架体；5—模板背楞；6—横梁；7—模板面板；
8—安全网；9—可调斜撑；10—护栏；
11—水平油缸；12—平移滑道；13—下操作平台；
14—上防坠爬升器；15—油缸；16—下防坠爬升器；
17—下架体；18—吊架；19—吊平台；
20—挂钩连接座；21—导轨；22—对拉螺栓；
23—锥形承载接头（或承载螺栓）；
24—架体防倾调节支腿；25—导轨调节支腿

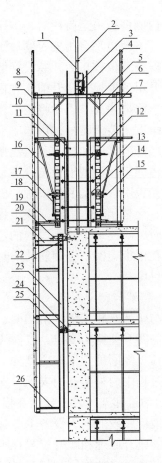

图 3-8 千斤顶和提升架的爬模装置示意

1—支承杆；2—限位卡；3—升降千斤顶；
4—主油管；5—横梁；6—斜撑；7—提升架立柱；
8—栏杆；9—安全网；10—定位预埋件；
11—上操作平台；12—大模板；13—对拉螺栓；
14—模板背楞；15—活动支腿；16—外架斜撑；
17—围圈；18—外架立柱；19—下操作平台；
20—挂钩可调支座；21—外架梁；22—挂钩连接座；
23—导向杆；24—防坠挂钩；25—导向滑轮；
26—吊平台

爬模装置的荷载标准值及荷载分项系数应符合表 3-10 的规定。

荷载标准值及荷载分项系数　　　　　　　　　　　表 3-10

| 项　次 | 荷　载　类　别 | 荷载标准值 | 荷载分项系数 |
|---|---|---|---|
| 1 | 爬模装置自重 | $G_k$ | 1.2 |
| 2 | 上操作平台施工荷载 | $F_{k1}$ | 1.4 |
| 3 | 下操作平台施工荷载 | $F_{k2}$ |  |
| 4 | 吊平台施工荷载 | $F_{k3}$ |  |
| 5 | 风　荷　载 | $W_k$ |  |

爬模装置荷载效应组合应符合表 3-11 的规定。

爬模装置荷载效应组合 表 3-11

| 工　况 | 荷　载　效　应　组　合 | |
|---|---|---|
| | 强度计算、稳定性计算 | 刚　度　计　算 |
| 施　工 | $1.2 S_{G_k} + 0.9[1.4(S_{F_{k1}} + S_{W_{k7}})]$ | $S_{G_k} + S_{F_{k1}} + S_{W_{k7}}$ |
| 爬　升 | $1.2 S_{G_k} + 0.9[1.4(S_{F_{k2}} + S_{W_{k7}})]$ | $S_{F_{k2}} + S_{W_{k7}}$ |
| 停　工 | $1.2 S_{G_k} + 1.4 S_{W_{k9}}$ | $S_{G_k} + S_{W_{k9}}$ |

注：表中 $F_{k1}$——上操作平台施工荷载标准值；

　　　　$F_{k2}$——下操作平台施工荷载标准值；

　　　　$F_{k3}$——吊平台施工荷载标准值；

　　　　$G_k$——爬模装置自重荷载标准值；

　　　　$K$——安全系数；

　　　　$S$——荷载效应标准值；

　　　　$W_{k7}$——7 级风力时风荷载标准值；

　　　　$W_{k9}$——9 级风力时风荷载标准值。

（二）螺栓支承承载力

承载螺栓的承载力应按下列公式规定计算：

$$\sqrt{\left(\frac{N_v}{N_v^b}\right)^2 + \left(\frac{N_t^2}{N_t^b}\right)} \leqslant 1 \tag{3-14}$$

$$N_v \leqslant N_c^b \tag{3-15}$$

式中　$N_v$、$N_t$——承载螺栓所承受的剪力和拉力；

$N_v^b$、$N_t^b$、$N_c^b$——承载螺栓的受剪、受拉和承压承载力设计值。

（三）支承杆承载力

支承杆的承载力应按下式规定计算：

$$\frac{N}{\varphi A} + \frac{M}{W\left(1 - \frac{0.8N}{N_E}\right)} \leqslant f \tag{3-16}$$

其中

$$N_E = \pi^2 EA / (1.1\lambda^2) \tag{3-17}$$

$$\lambda = (\mu \cdot L_1)/r \tag{3-18}$$

式中　$N$——钢管支承杆的实际承受的轴向压力（N）；

　　　　$M$——钢管支承杆的实际承受的弯矩值（N·mm）；

　$A$、$W$——钢管支承杆的截面积（mm$^2$）和截面模量（mm$^3$）；

　　　　$f$——钢管支承杆的强度设计值，取 $f = 205 \text{N/mm}^2$；

　　　　$N_E$——计算参数；

　　　　$\varphi$——轴心受压杆件的稳定系数，由钢管支承杆的长细比 $\lambda$ 值，按现行《钢结构设计规范》GB 50017—2003 表 C-1 或表 C-2 确定；

$\mu$——钢管支承杆的计算长度系数，当支承杆选用 Q235 $\phi$83×8 钢管或 $\phi$102×7.5 钢管时，取 $\mu = 1.03$；

$r$——钢管支承杆的回转半径（mm）；

$L_1$——钢管支承杆长度，当钢管支承杆满足《液压爬升模板工程技术规程》JGJ 195—2010 第 5.1.10 条要求时，$L_1$ 取千斤顶下卡头到浇筑混凝土上表面以下 150mm 的距离。

### 三、爬模装置制作、安拆监理

（一）爬模装置制作

监理工程师须检查爬模的设计图纸，各种胎具、模具的加工图纸和制作工艺流程等工艺文件，以及企业的产品标准，以确保产品质量；产品出厂时提供产品合格证。爬模装置各种部件的制作应符合国家现行标准《钢结构工程施工质量验收规范》GB 50205—2001 和《建筑工程大模板技术规程》JGJ 74—2003 的有关规定。爬模装置钢部件的焊接应符合《钢结构焊接规范》GB 50661—2011 的有关规定。焊接质量应进行全数检查。构件焊接后应及时进行调直、找平等工作。爬模装置的零部件，应严格按照设计和工艺要求进行制作和全数检查验收。除钢模板正面不涂刷油漆外，其余钢构件表面必须喷涂防锈漆；钢模板正面宜喷涂耐磨防腐涂料或长效脱模剂。

模板制作允许偏差与检验方法应符合表 3-12 的规定。

模板制作允许偏差与检验方法　　　　　　　　　　　　表 3-12

| 项 次 | 项 目 | 允许偏差（mm） | 检 验 方 法 |
|---|---|---|---|
| 1 | 模板高度 | ±2 | 钢卷尺检查 |
| 2 | 模板宽度 | +1<br>−2 | 钢卷尺检查 |
| 3 | 模板板面对角线差 | 3 | 钢卷尺检查 |
| 4 | 板面平整度 | 2 | 2m 靠尺及塞尺检查 |
| 5 | 边肋平直度 | 2 | 2m 靠尺及塞尺检查 |
| 6 | 相邻板面拼缝高低差 | 0.5 | 平尺及塞尺检查 |
| 7 | 相邻板面拼缝间隙 | 0.8 | 塞尺检查 |
| 8 | 连接孔中心距 | ±0.5 | 游标卡尺检查 |

爬模装置制作检验应在校正后进行，主要部件制作允许偏差与检验方法应符合表 3-13 的规定。

主要部件制作允许偏差与检验方法　　　　　　　　　　表 3-13

| 项 次 | 项 目 | 允许偏差（mm） | 检 验 方 法 |
|---|---|---|---|
| 1 | 连接孔中心位置 | ±0.5 | 游标卡尺检查 |
| 2 | 下架体挂点位置 | ±2 | 钢卷尺检查 |

续表

| 项 次 | 项 目 | 允许偏差（mm） | 检 验 方 法 |
|---|---|---|---|
| 3 | 梯挡间距 | ±2 | 钢卷尺检查 |
| 4 | 导轨平直度 | 2 | 2m靠尺及塞尺检查 |
| 5 | 提升架宽度 | ±5 | 钢卷尺检查 |
| 6 | 提升架高度 | ±3 | 钢卷尺检查 |
| 7 | 平移滑轮与轴配合 | +0.2～+0.5 | 游标卡尺检查 |
| 8 | 支腿丝杠与螺母配合 | +0.1～+0.3 | 游标卡尺检查 |

爬模装置采用油缸时，主要部件质量要求和检验方法应符合表3-14的规定。

**主要部件质量要求和检验方法**　　　　　　表3-14

| 项 次 | 项 目 | 允许偏差（mm） | 检 验 方 法 |
|---|---|---|---|
| 1 | 液压系统 | 工作可靠压力正常 | 开机检查 |
| 2 | 防坠爬升器 | 动作灵敏度可靠 | 插入导轨、观察动作 |
| 3 | 油 缸 | 往复动作无渗漏 | 接入试验高压油，作往复动作不少于10次 |

爬模装置采用千斤顶时，主要部件质量要求和检验方法应符合表3-15的规定。

**主要部件质量要求和检验方法**　　　　　　表3-15

| 项 次 | 项 目 | 检 验 内 容 | 检 验 方 法 |
|---|---|---|---|
| 1 | 液压系统 | 工作可靠压力正常 | 开机检查 |
| 2 | 千斤顶 | 往复动作无渗漏 | 接入试验高压油，作往复动作不少于10次 |
| 3 | 液压控制台 | 电器仪表配制齐全，液压配件密封可靠、压力正常 | 开机检查 |

爬模装置采用千斤顶时，支承杆制作允许偏差与检验方法应符合表3-16的规定。

**支承杆制作允许偏差与检验方法**　　　　　　表3-16

| 项 次 | 项 目 | 允许偏差（mm） | 检 验 方 法 |
|---|---|---|---|
| 1 | $\phi 83 \times 8$ 钢管直径 | ±0.2 | 游标卡尺检查 |
| 2 | $\phi 102 \times 7.5$ 钢管直径 | ±0.2 | 游标卡尺检查 |
| 3 | 钢管壁厚 | ±0.2 | 游标卡尺检查 |
| 4 | 椭圆度公差 | ±0.25 | 游标卡尺检查 |
| 5 | 螺栓螺母中心差 | ±0.2 | 游标卡尺检查 |
| 6 | 平 直 度 | 1 | 2m靠尺及塞尺检查 |

（二）爬模装置安装

采用油缸和架体的爬模装置应按下列程序安装：

爬模安装前准备→架体预拼装→安装锥形承载接头（承载螺栓）和挂钩连接座→安装导轨、下架体和外吊架→安装纵向连系梁和平台铺板→安装栏杆及安全网→支设模板和上架体→安装液压系统并进行调试→安装测量观测装置。

采用千斤顶和提升架的爬模装置应按下列程序安装：

爬模安装前准备→支设模板→提升架预拼装→安装提升架和外吊架→安装纵向连系梁和平台铺板→安装栏杆及安全网→安装液压系统并进行调试→插入支承杆→安装测量观测装置。

爬模装置安装允许偏差和检验方法应符合表3-17的规定。

爬模装置安装允许偏差和检验方法　　　　　　　　表3-17

| 项次 | 项目 | | 允许偏差（mm） | 检验方法 |
|---|---|---|---|---|
| 1 | 模板轴线与相应结构轴线位置 | | 3 | 吊线及钢卷尺检查 |
| 2 | 截面尺寸 | | ±2 | 钢卷尺检查 |
| 3 | 组拼成大模板的边长偏差 | | ±3 | 钢卷尺检查 |
| 4 | 组拼成大模板的对角线偏差 | | 5 | 钢卷尺检查 |
| 5 | 相邻模板拼缝高低差 | | 1 | 平尺及塞尺检查 |
| 6 | 模板平整度 | | 3 | 2m靠尺及塞尺检查 |
| 7 | 模板上口标高 | | ±5 | 水准仪、拉线、钢卷尺检查 |
| 8 | 模板垂直度 | ≤5m | 3 | 吊线及钢卷尺检查 |
| | | >5m | 5 | 吊线及钢卷尺检查 |
| 9 | 背楞位置偏差 | 水平方向 | 3 | 吊线及钢卷尺检查 |
| | | 垂直方向 | 3 | 吊线及钢卷尺检查 |
| 10 | 架体或提升架垂直偏差 | 平面内 | ±3 | 吊线及钢卷尺检查 |
| | | 平面外 | ±5 | 吊线及钢卷尺检查 |
| 11 | 架体或提升架横梁相对标高差 | | ±5 | 水准仪检查 |
| 12 | 油缸或千斤顶安装偏差 | 架体平面内 | ±3 | 吊线及钢卷尺检查 |
| | | 架体平面外 | ±5 | 吊线及钢卷尺检查 |
| 13 | 锥形承载接头（承载螺栓）中心偏差 | | 5 | 吊线及钢卷尺检查 |
| 14 | 支承杆垂直偏差 | | 3 | 2m靠尺检查 |

（三）爬模装置拆除

爬模装置拆除前，监理工程师须检查施工单位编制的拆除技术方案，明确拆除先后顺序，制定拆除安全措施。拆除方案中应包括：（1）拆除基本原则；（2）拆除前的准备工作；（3）平面和竖向分段；（4）拆除部件起重量计算；（5）拆除程序；（6）承载体的拆除方法；（7）劳动组织和管理措施；（8）安全措施；（9）拆除后续工作；（10）应急预案等。

爬模装置拆除应明确平面和竖向拆除顺序，其基本原则应符合下列规定：

（1）在起重机械起重力矩允许范围内，平面应按大模板分段，如果分段的大模板重量超过起重机械起重力矩，可将其再分段。

（2）采用油缸和架体的爬模装置，竖直方向分模板、上架体、下架体与导轨四部分拆除。采用千斤顶和提升架的爬模装置竖直方向不分段，进行整体拆除。

（3）最后一段爬模装置拆除时，要留有操作人员撤退的通道或脚手架。

爬模装置拆除前，必须清除影响拆除的障碍物，清除平台上所有的剩余材料和零散物件，切断电源后，拆除电线、油管；不得在高空拆除跳板、栏杆和安全网，防止高空坠落和落物伤人。

### 四、爬升模板施工监理

监理工程师在监督爬升施工时，首先应检查施工单位制定爬模施工管理制度。同时，检查液压控制台操作人员专业培训证明，严禁其他人员操作。

按照爬模动力装置的不同，将液压爬模施工程序分为两种，一种为油缸和架体的爬模装置施工程序（图3-9），另一种为千斤顶和提升架的爬模装置施工程序（图3-10）。

采用油缸和架体的爬模装置应按下列程序施工：

浇筑混凝土→混凝土养护→绑扎上层钢筋→安装门窗洞口模板→预埋承载螺栓套管或锥形承载接头→检查验收→脱模→安装挂钩连接座→导轨爬升、架体爬升→合模、紧固对拉螺栓→继续循环施工。

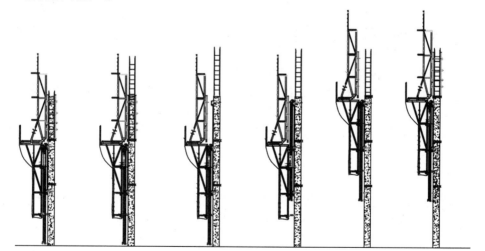

(a) 浇筑墙体混凝土 (b) 混凝土养护、绑扎上层钢筋 (c) 脱模、安装　　(d) 导轨爬升　　(e) 架体爬升　　(f) 合模、紧固对拉螺栓

图3-9　油缸和架体的爬模装置施工程序示意

采用千斤顶和提升架的爬模装置应按下列程序施工：

浇筑混凝土→混凝土养护→脱模→绑扎上层钢筋→爬升、绑扎剩余上层钢筋→安装门窗洞口模板→预埋锥形承载接头→检查验收→合模、紧固对拉螺栓→水平结构施工→继续循环施工。

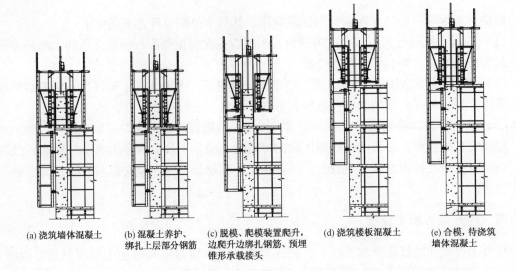

(a) 浇筑墙体混凝土　(b) 混凝土养护、　(c) 脱模、爬模装置爬升，　(d) 浇筑楼板混凝土　(e) 合模，待浇筑
　　　　　　　　　绑扎上层部分钢筋　　　边爬升边绑扎钢筋、预埋　　　　　　　　　　　　墙体混凝土
　　　　　　　　　　　　　　　　　　　锥形承载接头

图 3-10　千斤顶和提升架的爬模装置施工程序示意

（一）油缸和架体的爬模装置

1. 导轨爬升要求

（1）导轨爬升前，其爬升接触面应清除粘结物和涂刷润滑剂，检查防坠爬升器棘爪是否处于提升导轨状态，确认架体固定在承载体和结构上，确认导轨锁定销键和底端支撑已松开。

（2）导轨爬升由油缸和上、下防坠爬升器自动完成，爬升过程中，应设专人看护，确保导轨准确插入上层挂钩连接座。

（3）导轨进入挂钩连接座后，挂钩连接座上的翻转挡板必须及时挂住导轨上端挡块，同时调定导轨底部支撑，然后转换防坠爬升器棘爪爬升功能，使架体支承在导轨梯挡上。

2. 架体爬升要求

（1）架体爬升前，必须拆除模板上的全部对拉螺栓及妨碍爬升的障碍物；清除架体上剩余材料，翻起所有安全盖板，解除相邻分段架体之间、架体与构筑物之间的连接，确认防坠爬升器处于爬升工作状态；确认下层挂钩连接座、锥体螺母或承载螺栓已拆除；检查液压设备均处于正常工作状态，承载体受力处的混凝土强度满足架体爬升要求，确认架体防倾调节支腿已退出，挂钩锁定销已拔出；监理单位在架体爬升前要进行安全检查。

（2）架体可分段和整体同步爬升，同步爬升控制参数的设定：每段相邻机位间的升差值宜在 1/200 以内，整体升差值宜在 50mm 以内。

（3）整体同步爬升应由总指挥统一指挥，各分段机位应配备足够的监控人员。

（4）架体爬升过程中，应设专人检查防坠爬升器，确保棘爪处于正常工作状态。当架体爬升进入最后 2～3 个爬升行程时，应转入独立分段爬升状态。

（5）架体爬升到达挂钩连接座时，应及时插入承力销，并旋出架体防倾调节支腿，顶撑在混凝土结构上，使架体从爬升状态转入施工固定状态。

（二）千斤顶和提升架的爬模装置

1. 提升架爬升前准备工作

（1）墙体混凝土浇筑完毕未初凝之前，均匀设置不少于 10% 的支承杆埋入混凝土，其余支承杆的底端埋入混凝土中的长度应大于 200mm，墙体混凝土强度达到爬升要求并确定支承杆受力之后，方可松开挂钩可调支座，并将其调至距离墙面约 100mm 位置处。

（2）认真检查对拉螺栓、角模、钢筋、脚手板等是否有妨碍爬升的情况，清除所有障碍物。

（3）将标高测设在支承杆上，并将限位卡固定在统一的标高上，确保爬模平台标高一致。

2. 提升架爬升要求

（1）提升架应整体同步爬升，千斤顶每次爬升的行程宜为 50～100mm，爬升过程中吊平台上应有专人观察爬升的情况，如有障碍物应及时排除并通知总指挥。

（2）千斤顶的支承杆应设限位卡，每爬升 500～1 000mm 调平一次，整体升差值宜在 50mm 以内。爬升过程中应及时将支承杆上的标高向上传递，保证提升位置的准确。

（3）爬升过程中应确保防坠挂钩处于工作状态；随时对油路进行检查，发现漏油现象，立刻停止爬升；对漏油原因分析并排除之后才能继续进行爬升。

（4）爬升完成，定位预埋件露出模板下口后，安装新的挂钩连接座，并及时将导向杆上部的挂钩可调支座同挂钩连接座连接。操作人员站在吊平台中部安装防坠挂钩及导向滑轮，并及时拆除下层挂钩连接座、防坠挂钩及导向滑轮。

（三）钢筋工程

钢筋工程的原材料、加工、连接、安装和验收，应符合国家现行标准《混凝土结构工程施工质量验收规范》GB 50204—2002 和《高层建筑混凝土结构技术规程》JGJ 3—2010 的有关规定。

安装模板前宜在下层结构表面弹出对拉螺栓、预埋承载螺栓套管或锥形承载接头位置线，避免竖向钢筋同对拉螺栓、预埋承载螺栓套管或锥形承载接头位置相碰；竖向钢筋密集的工程，上述位置与钢筋相碰时，应对钢筋位置进行调整。

采用千斤顶和提升架的爬模装置，绑扎钢筋时，千斤顶的支承杆应支承在混凝土结构上，当钢筋与支承杆相碰时，钢筋应及时调整水平筋位置。

每一层混凝土浇筑完成后，在混凝土表面以上应有 2～4 道绑扎好的水平钢筋。上层钢筋绑扎完成后，其上端应有临时固定措施。

墙内的承载螺栓套管或锥形承载接头、预埋铁件、预埋管线等应同钢筋绑扎同步完成。

（四）混凝土工程

混凝土工程的施工、验收，应符合国家现行标准《混凝土结构工程施工质量验收规范》GB 50204—2002 和《高层建筑混凝土结构技术规程》JGJ 3—2010 的有关规定。

混凝土浇筑宜采用布料机均匀布料，分层浇筑，分层振捣；并应变换浇筑方向，顺时针逆时针交错进行。

混凝土振捣时严禁振捣棒碰撞承载螺栓套管或锥形承载接头等。

混凝土浇筑位置的操作平台应采取铺铁皮、设置铁簸箕等措施，防止下层混凝土表面受污染。

爬模装置爬升时，架体下端应设有滑轮，防止架体硬物划伤混凝土。

（五）工程质量验收

爬模工程的验收应符合现行国家标准《混凝土结构工程施工质量验收规范》GB 50204—2002 的有关规定；爬模工程混凝土结构允许偏差和检验方法应符合表 3-18 的规定。

爬模工程混凝土结构允许偏差和检验方法　　　　表 3-18

| 项　次 | 项　目 | | 允许偏差（mm） | 检　验　方　法 |
|---|---|---|---|---|
| 1 | 轴线位移 | 墙、柱、梁 | 5 | 钢卷尺检查 |
| 2 | 截面尺寸 | 抹　灰 | ±5 | 钢卷尺检查 |
| | | 不抹灰 | +4 −2 | 钢卷尺检查 |
| 3 | 垂直度 | 层高 ≤5m | 6 | 经纬仪、吊线、钢卷尺检查 |
| | | 层高 >5m | 8 | |
| | | 全　高 | $H/1\,000$ 且 ≤30 | 经纬仪及钢卷尺检查 |
| 4 | 标高 | 层　高 | ±10 | 水准仪、拉线、钢尺检查 |
| | | 全　高 | ±30 | |
| 5 | 表面平整 | 抹　灰 | 8 | 2m靠尺及塞尺检查 |
| | | 不抹灰 | 4 | |
| 6 | 预留洞口中心线位置 | | 15 | 钢卷尺检查 |
| 7 | 电梯井 | 井筒长、宽定位中心线 | +25 0 | 钢卷尺检查 |
| | | 井筒全高（$H$）垂直度 | $H/1\,000$ 且 ≤30 | 2m靠尺及塞尺检查 |

## 五、安全规定

爬模工程是"达到一定规模的危险性较大的分部分项工程"，按照国务院《建设工程安全生产管理条例》第 26 条规定及建质［2009］87 号的通知要求，必须编制安全专项施工方案，并由施工单位组织不少于 5 人的符合相关专业要求的专家组对已编制的安全专项施工方案进行论证审查。施工单位技术负责人、项目总监理工程师、建设单位项目负责人签字后，方可组织实施。为保证爬模工程的施工安全，监理工程师应着重考虑以下问题：

（1）爬模施工应符合现行行业标准《建筑施工高处作业安全技术规范》JGJ 80 的有关规定。

（2）爬模工程必须编制安全专项施工方案，且必须经专家论证。

（3）爬模装置的安装、操作、拆除应在专业厂家指导下进行，专业操作人员应进行爬模施工安全、技术培训，合格后方可上岗操作。

（4）爬模工程应设专职安全员，负责爬模施工的安全监控，并填写安全检查表。

（5）操作平台上应在显著位置标明允许荷载值，设备、材料及人员等荷载应均匀分布，人员、物料不得超过允许荷载；爬模装置爬升时不得堆放钢筋等施工材料，非操作人员应撤离操作平台。

（6）爬模施工临时用电线路架设及架体接地、避雷措施等应符合现行行业标准《施工现场临时用电安全技术规范》JGJ 46—2005 的有关规定。

（7）机械操作人员应按现行行业标准《建筑机械使用安全技术规程》JGJ 33—2001 的有关规定定期对机械、液压设备等进行检查、维修，确保使用安全。

（8）操作平台上应按消防要求设置灭火器，施工消防供水系统应随爬模施工同步设置。在操作平台上进行电、气焊作业时应有防火措施和专人看护。

（9）上、下操作平台均应满铺脚手板，脚手板铺设应符合现行行业标准《建筑施工扣件式钢管脚手架安全技术规范》JGJ 130—2011 的有关规定；上架体、下架体全高范围及下端平台底部均应安装防护栏及安全网；下操作平台及下架体下端平台与结构表面之间应设置翻板和兜网。

（10）对后退进行清理的外墙模板应及时恢复停放在原合模位置，并应临时拉结固定；架体爬升时，模板距结构表面不应大于300mm。

（11）遇有六级以上强风、浓雾、雷电等恶劣天气，停止爬模施工作业，并应采取可靠的加固措施。

（12）操作平台与地面之间应有可靠的通讯联络。爬升和拆除过程中应分工明确、各负其责，应实行统一指挥、规范指令。爬升和拆除指令只能由爬模总指挥一人下达，操作人员发现有不安全问题，应及时处理、排除并立即向总指挥反馈信息。

（13）爬升前爬模总指挥应告知平台上所有操作人员，清除影响爬升的障碍物。

（14）爬模操作平台上应有专人指挥起重机械和布料机，防止吊运的料斗、钢筋等碰撞爬模装置或操作人员。

（15）爬模装置拆除时，参加拆除的人员必须系好安全带并扣好保险钩；每起吊一段模板或架体前，操作人员必须离开。

（16）爬模施工现场应有明显的安全标志，爬模安装、拆除时地面必须设围栏和警戒标志，并派专人看守，严禁非操作人员入内。

# 第四章 钢筋工程

## 第一节 钢筋及其加工

### 一、钢筋质量要求

混凝土结构用的普通钢筋分为热轧钢筋和冷加工钢筋两大类。

热轧钢筋是最常用的钢筋，有热轧光圆钢筋（HPB）、热轧带肋钢筋（HRB）和余热处理钢筋（RRB）三种。热轧带肋钢筋又分为普通热轧钢筋（HRB）和细晶粒热轧钢筋（HRBF）。

冷加工钢筋主要有冷轧带肋钢筋、冷轧扭钢筋。原来的冷拉钢筋和冷拔低碳钢丝已被住房和城乡建设部列为限制使用技术而淘汰，其中冷拔低碳钢丝从 2005 年 1 月 1 日起不得作为结构受力钢筋使用。

#### （一）热轧钢筋

热轧钢筋是经热轧成型并自然冷却的成品钢筋，分为热轧光圆钢筋与热轧带肋钢筋两类。热轧光圆钢筋应符合国家标准《钢筋混凝土用钢　第 1 部分：热轧光圆钢筋》GB 1499.1—2008 的规定。

热轧带肋钢筋按屈服强度特征值分为 335、400、500 级，其性能与质量应符合国家标准《钢筋混凝土用钢　第 2 部分：热轧带肋钢筋》GB 1499.2—2007 的规定。

钢筋牌号标志：HRB335、HRB400、HRB500 分别以 3、4、5 表示，HRBF335、HRBF400、HRBF500 分别以 C3、C4、C5 表示；HRB335E、HRB400E、HRB500E 分别以 3E、4E、5E 表示，HRBF335E、HRBF400E、HRBF500E 分别以 C3E、C4E、C5E 表示。

热轧钢筋钢筋牌号的构成及其含义见表 4-1。

热轧钢筋钢筋牌号的构成及其含义　　　　　　　　　　表 4-1

| 产品名称 | 牌　号 | 牌 号 构 成 | 英文字母含义 |
|---|---|---|---|
| 热轧光圆钢筋 | HPB235 | 由 HPB + 屈服强度特征值构成 | HPB—热轧光圆钢筋的英文（Hot rolled Plain Bars）缩写 |
| | HPB300 | | |
| 普通热轧钢筋 | HRB335 | 由 HRB + 屈服强度特征值构成 | HRB—热轧带肋钢筋的英文（Hot rolled Ribbed Bars）缩写 |
| | HRB400 | | |
| | HRB500 | | |
| 细晶粒热轧钢筋 | HRBF335 | 由 HRBF + 屈服强度特征值构成 | HRBF—在热轧带肋钢筋的英文缩写后加"细"的英文（Fine）首位字母 |
| | HRBF400 | | |
| | HRBF500 | | |

注：专门为满足结构震性能要求生产的钢筋，在已有牌号后带"E"。

钢筋的屈服强度 $R_{eL}$、抗拉强度 $R_m$、断后伸长率 $A$、最大力总伸长率 $A_{gt}$ 等力学性能特征应符合表 4-2 的规定。表 4-2 中所列各力学性能特征值，可作为交货检验的最小保证值。

力学性能特征值 表 4-2

| 牌 号 | $R_{eL}/(MPa)$ | $R_m/(MPa)$ | $A/(\%)$ | $A_{gt}/(\%)$ | 冷弯试验180° | |
|---|---|---|---|---|---|---|
| | | | 不 小 于 | | 公称直径 $d$（mm） | 弯芯直径（mm） |
| HPB235 | 235 | 370 | 25 | 10 | 6~22 | $d$ |
| HPB300 | 300 | 420 | 25 | 10 | 6~22 | $d$ |
| HRB335 HRBF335 | 335 | 455 | 17 | 7.5 | 6~25 | $3d$ |
| | | | | | 28~40 | $4d$ |
| | | | | | >40~50 | $5d$ |
| HRB400 HRBF400 | 400 | 500 | 16 | 7.5 | 6~25 | $4d$ |
| | | | | | 28~40 | $5d$ |
| | | | | | >40~50 | $6d$ |
| HRB500 HRBF500 | 500 | 630 | 15 | 7.5 | 6~25 | $6d$ |
| | | | | | 28~40 | $7d$ |
| | | | | | >40~50 | $8d$ |

直径 28~40mm 各牌号钢筋的断后伸长率 $A$ 可降低1%；直径大于 40mm 各牌号钢筋的断后伸长率 $A$ 可降低2%。

该类钢筋除应满足以下（1）、（2）、（3）的要求外，其他要求与相应的已有牌号钢筋相同。

（1）钢筋实测抗拉强度与钢筋实测屈服强度之比 $R_m^\circ/R_{eL}^\circ$ 不小于 1.25。

（2）钢筋实测屈服强度与表（4-2）规定的屈服强度特征值之比 $R_{eL}^\circ/R_{eL}$ 不大于 1.30。

（3）钢筋的最大力总伸长率 $A_{gt}$ 不小于9%。

对于没有明显屈服强度的钢，屈服强度特征值 $R_{eL}$ 应采用规定比例延伸强度 $R_{p0.2}$。

反向弯曲试验的弯芯直径比弯曲试验相应增加一个钢筋公称直径。

反向弯曲试验：先正向弯曲 90° 后再反向弯曲 20°。两个弯曲角度均应在去载之前测量。经反向弯曲试验后，钢筋受弯曲部位表面不得产生裂纹。

承受疲劳荷载的钢筋可进行疲劳性能试验。疲劳试验的技术要求和试验方法根据设计要求确定。

钢筋的焊接工艺及接头的质量检验与验收应符合相关行业标准的规定。

细晶粒热轧钢筋的焊接工艺应经试验确定。细晶粒热轧钢筋应做晶粒度检验，其晶粒度不粗于9级。

（二）余热处理钢筋

余热处理钢筋是经热轧后立即穿水，进行表面控制冷却，然后利用芯部余热自身完成回火处理所得的成品钢筋，应符合《钢筋混混凝土用余热处理钢筋》GB 13014—1991 的要求。其表面形状同热轧月牙肋钢筋，强度级别为 HRB400 级。

（三）冷轧带肋钢筋

新型冷轧设备成品生产线 2008 年在安阳顺利投产，与之对应的《冷轧带肋钢筋》GB 13788—2008 标准正式发布。新型冷轧带肋钢筋不同于过去冷轧带肋钢筋，新品钢筋生产线有回火处理，使产品强度、延展性和屈服点都增加了。冷轧带肋钢筋是热轧圆盘条经冷轧成三面或两面有肋的钢筋，其质量应符合国家标准《冷轧带肋钢筋》GB 13788—2008 的要求。

1. 尺寸与外形

冷轧带肋钢筋的外形肋呈月牙形，三面肋沿钢筋横截面周围上均匀分布，其中有一面必须与另两面反向。两面肋钢筋一面必须与另一面反向。肋中心线和钢筋纵轴线夹角为 $40° \sim 60°$。肋两侧面和钢筋表面斜角不得小于 $45°$。肋间隙的总和应不大于公称周长的 20%。

钢筋表面不得有裂纹、折叠、结疤、油污或其他影响使用的缺陷。

2. 力学性能

钢筋的强屈比 $R_m / R_{p0.2}$，应不小于 1.03。当进行冷弯试验时，弯曲部位表面不得产生裂纹。钢筋按冷加工状态交货，允许冷轧后进行低温回火处理。钢筋每盘应由一根组成。冷轧带肋钢筋的力学性能见表 4-3。

<table>
<tr><td colspan="8" align="center">冷轧带肋钢筋的力学性能　　　　　　　　　　　　　　表 4-3</td></tr>
<tr>
<td rowspan="3" align="center">牌　号</td>
<td rowspan="3" align="center">$R_{p0.2}$（MPa）<br>不小于</td>
<td rowspan="3" align="center">$R_m$（MPa）<br>不小于</td>
<td colspan="2" align="center">伸长率（%）<br>不小于</td>
<td rowspan="3" align="center">弯曲试验<br>180°</td>
<td rowspan="3" align="center">反复弯<br>曲次数</td>
<td align="center">应力松弛初始应力应相当于公称抗拉强度的70%</td>
</tr>
<tr>
<td align="center">$A_{11.3}$</td>
<td align="center">$A_{100}$</td>
<td align="center">1 000h，松弛率（%）不大于</td>
</tr>
<tr><td></td><td></td><td></td><td></td></tr>
<tr>
<td align="center">CRB550</td>
<td align="center">550</td>
<td align="center">550</td>
<td align="center">8.0</td>
<td align="center">—</td>
<td align="center">$D = 3d$</td>
<td align="center">—</td>
<td align="center">—</td>
</tr>
<tr>
<td align="center">CRB650</td>
<td align="center">585</td>
<td align="center">650</td>
<td align="center">—</td>
<td align="center">4.0</td>
<td align="center">—</td>
<td align="center">3</td>
<td align="center">8</td>
</tr>
<tr>
<td align="center">CRB800</td>
<td align="center">720</td>
<td align="center">800</td>
<td align="center">—</td>
<td align="center">4.0</td>
<td align="center">—</td>
<td align="center">3</td>
<td align="center">8</td>
</tr>
<tr>
<td align="center">CRB970</td>
<td align="center">870</td>
<td align="center">970</td>
<td align="center">—</td>
<td align="center">4.0</td>
<td align="center">—</td>
<td align="center">3</td>
<td align="center">8</td>
</tr>
</table>

注：表中 $D$ 为弯心直径，$d$ 为钢筋公称直径

（四）冷轧扭钢筋

冷轧扭钢筋是由普通低碳钢热轧圆盘条经冷轧扭机调直、冷轧并冷扭（或冷滚）一次成型，具有规定截面形式和相应节距的连续螺旋状钢筋，其质量要求应符合建筑工业行业标准《冷轧扭钢筋》JG 190—2006 中的要求。冷轧扭钢筋表面不应有影响钢筋力学性能的裂纹、折叠、结疤、压痕、机械损伤或其他影响使用的缺陷。

冷轧扭钢筋按截面形状不同分为三种类型：一是近似矩形截面为 Ⅰ 型；二是近似正方形截面为 Ⅱ 型；三是近似圆形截面为 Ⅲ 型。按强度等级不同划分为 550 级和 650 级。

（1）冷轧扭钢筋的轧扁厚度、节距、公称横截面面积、公称重量和允许偏差应符合国家相关规定。

（2）冷轧扭钢筋定尺长度允许偏差。

1）单根长度大于 8m 时为 ±15mm。

2）单根长度不大于 8m 时为 ±10mm。

（3）重量偏差：冷轧扭钢筋实际重量和理论重量的负偏差不应大于 5%。

（4）冷轧扭钢筋力学性能：应符合表 4-4 的规定。

冷轧扭钢筋力学性能 表 4-4

| 强度级别 | 型号 | 抗拉强度 $\sigma_b$（N/mm²） | 伸 长 率（$A\%$） | 180°弯曲试验（弯心直径＝3$d$） | 应力松弛率（%）（当 $\sigma_{con}=0.7f_{ptk}$） | |
|---|---|---|---|---|---|---|
| | | | | | 10h | 1 000h |
| CTB550 | Ⅰ | ≥550 | $A_{11.3}$≥4.5 | 受弯曲部位钢筋表面不得产生裂纹 | — | — |
| | Ⅱ | ≥550 | $A$≥10 | | — | — |
| | Ⅲ | ≥550 | $A$≥12 | | — | — |
| CTB650 | Ⅲ | ≥650 | $A_{100}$≥4 | | ≤5 | ≤8 |

注：1. $d$ 为冷轧扭钢筋标志直径。

2. $A$、$A_{11.3}$ 分别表示以标距 5.65 $\sqrt{S_0}$ 或 11.3 $\sqrt{S_0}$（$S_0$ 为试样原始截面面积）的试样拉断伸长率，$A_{100}$ 表示标距为 100mm 的试样拉断伸长率。

3. $\sigma_{con}$ 为预应力钢筋张拉控制应力；$f_{ptk}$ 为预应力冷轧扭钢筋抗拉强度标准值。

## 二、钢筋加工种类与方法

（一）钢筋除锈

钢筋在使用之前必须保证其表面的洁净，清除钢筋表面油渍、漆污、铁锈等，以便保证钢筋与混凝土之间的握裹力。

（二）钢筋调直

目前使用的钢筋调直机有：GJ4—4/14（TQ4—14）、GJ64/8（CJQ4—8）两种型号，具有调直、除锈和切断功能。

调直后的钢筋应保证平直，无局部曲折，冷拔低碳钢丝在调直机上调直后，其表面不得有明显的擦伤，抗拉强度不得低于设计要求。值得注意的是冷拔低碳钢丝经调直机调直后，其抗拉强度一般要降低 10%~15%。使用前应加强检验，按照调直后的抗拉强度使用。如果抗拉强度降低过大，则可适当降低调直筒的转速和调直块的压紧程度。

（三）钢筋切断

钢筋切断机械主要有 GJ5—50 钢筋切断机、GJ5Y—32 电动液压切断机、GJ5Y—16 手动液压切断机。

在进行钢筋切断时要长短搭配，统筹排料；一般按照先断长料、后断短料的原则，以减少损耗，节约钢筋。在巡视过程中，如发现钢筋有劈裂、偏头或严重弯头现象，必须切除，如发现钢筋的硬度与该类型有很大出入，应查明原委后再作处理。

钢筋切断后要对钢筋的断口进行检查，其断口不得有马蹄形或起弯等现象，对于钢筋的长度必须严格控制，其允许偏差控制在 ±10mm。

（四）钢筋弯曲成形

钢筋弯曲成形的机具设备有钢筋弯曲机、四头弯筋机、钢筋弯箍机、手工弯曲工具。

钢筋弯曲的质量要求：

（1）钢筋弯曲要保证形状准确，平面上没有翘曲不平现象；

（2）钢筋末端的净空直径不小于钢筋直径的2.5倍；

（3）钢筋弯曲点处不得有裂缝，对于HRB335、HRB400级等更高级别不得弯过大后再弯回来；

（4）钢筋成形后允许偏差为：全长±10mm，弯起钢筋起弯点±20mm，弯起钢筋的弯起高度±5mm，箍筋边长±5mm。

### 三、钢筋见证取样试验

钢筋出厂时，应在每捆（盘）上都挂有两个标牌（注明生产厂家、生产日期、钢号、炉罐号、钢筋级别、直径等标记），并附有质量证明书，钢筋进场时应进行复验，监理工程师要见证其取样过程，抽样试验的要求如下。

（一）热轧钢筋见证取样试验

1. 组批规则

钢筋应按批进行检查和验收，每批由同一牌号、同一炉罐号、同一尺寸的钢筋组成。每批质量通常不大于60t，超过60t的部分，每增加40t（或不足40t的余数），增加一个拉伸试验试样和一个弯曲试验试样。

允许由同一牌号、同一冶炼方法、同一浇注方法的不同炉罐号组成混合批。各炉罐号含碳量之差不大于0.02%，含锰量之差不大于0.15%。混合批的重量不大于60t。

检验项目、取样数量和取样方法见表4-5的规定。

**热轧钢筋检验项目、取样数量和取样方法表** 表4-5

| 序 号 | 检 验 项 目 | 取样数量 | 取 样 方 法 | 试 验 方 法 |
|---|---|---|---|---|
| 1 | 化学成分（熔炼分析） | 1 | GB/T 20066 | GB/T 223 GB/T 4336 |
| 2 | 拉 伸 | 2 | 任选两根钢筋切取 | GB/T 228、GB 1499 |
| 3 | 弯 曲 | 2 | 任选两根钢筋切取 | GB/T 232、GB 1499 |
| 4 | 反向弯曲 | 1 | — | YB/T 5126、GB 1499 |
| 5 | 疲劳试验 | 供 需 双 方 协 议 | | |
| 6 | 尺 寸 | 逐 支 | — | GB 1499 |
| 7 | 表 面 | 逐 支 | — | 目 视 |
| 8 | 重量偏差 | GB 1499 | | GB 1499 |
| 9 | 晶 粒 度 | 2 | 任选两根钢筋切取 | GB/T 6394 |

注：对化学分析和拉伸试验结果有争议时，仲裁试验分别按GB/T 223、GB/T 228进行。

2. 力学性能试验

从每批钢筋中任选两根钢筋，每根取两个试样分别进行拉伸试验（包括屈服点、抗拉强度和伸长率）和冷弯试验。

拉伸、冷弯、反弯试验试样不允许进行车削加工。计算钢筋强度采用公称横截面面积。反弯试验时，经正向弯曲后的试样应在100℃温度下保温不少于30min，经自然冷却后再进行反向弯曲。当供方能保证钢筋的反弯性能时，正弯后的试样也可在室温下直接进行反向弯曲。

钢筋的复验与判定应符合《钢及钢产品交货一般技术要求》GB/T 17505—1998的要求。

对热轧钢筋的质量有疑问或类别不明时，在使用前应作拉伸和冷弯试验。根据试验结果确定钢筋的类别后，才允许使用。抽样数量应根据实际情况确定。这种钢筋不宜用于主要承重结构的重要部位。

热轧钢筋在加工过程中发现脆断、焊接性能不良或机械性能显著不正常等现象时，应进行化学成分分析或其他专项检验。

余热处理钢筋的检验同热轧钢筋。

（二）冷轧带肋钢筋见证取样试验

冷轧带肋钢筋进场时，监理工程师应按每批进行检查和验收。每批由同一牌号、同一外形、同一规格、同一生产工艺和同一交货状态的钢筋组成，质量不大于60t。冷轧带肋钢筋的试验项目、取样方法及试验方法，见表4-6。

冷轧带肋钢筋的试验项目、取样方法及试验方法　　　　　表4-6

| 序 号 | 试 验 项 目 | 试 验 数 量 | 取 样 方 法 | 试 验 方 法 |
|---|---|---|---|---|
| 1 | 拉伸试验 | 每盘1个 | 在每（任）盘中随机切取 | GB/T 228 |
| 2 | 弯曲试验 | 每批2个 | | GB/T 232 |
| 3 | 反复弯曲试验 | 每批2个 | | GB/T 238 |
| 4 | 应力松弛试验 | 定期1个 | | GB/T 10120 和 GB 13788 |
| 5 | 尺　寸 | 逐盘 | — | GB 13788 |
| 6 | 表　面 | 逐盘 | — | 目　视 |
| 7 | 重量偏差 | 每盘1个 | — | GB 13788 |

注：表中试验数量栏中的"盘"指生产钢筋"原料盘"。

（三）冷轧扭钢筋见证取样试验

1. 验收批与抽样规则

冷轧扭钢筋验收批应由同一牌号、同一强度等级、同一规格尺寸、同一台轧机、同一台班的钢筋组成，且每批不应大于20t，不足20t按一批计。

冷轧扭钢筋的试样由验收批钢筋中随机抽取。取样部位应距钢筋端部不小于500mm。试样长度宜取偶数倍节距，且不宜小于4倍节距，同时不小于400mm。

2. 检验项目与取样数量

检验项目、取样数量和测试方法见表4-7。

**冷轧扭钢筋的检验项目、取样数量和测试方法**　　　　表 4-7

| 序号 | 检验项目 | 取样数量 | 试验方法 | 序号 | 检验项目 | 取样数量 | 试验方法 |
|------|----------|----------|----------|------|----------|----------|----------|
| 1 | 外 观 | 逐 根 | 目 测 | 5 | 质 量 | 每批 3 根 | JG 190 |
| 2 | 截面控制尺寸 | 每批 3 根 | JG 190 | 6 | 化学成分 | — | GB 223.69 |
| 3 | 节 距 | 每批 3 根 | JG 190 | 7 | 拉伸试验 | 每批 2 根 | JG 190 |
| 4 | 定尺长度 | 每批 3 根 | JG 190 | 8 | 180°弯曲试验 | 每批 1 根 | GB/T 232 |

3. 判定规则

当全部检验项目均符合《冷轧扭钢筋》JG 190—2006 标准规定时，则该批钢筋判定为合格。

当检验项目中有一项或几项检验结果不符合《冷轧扭钢筋》JG 190—2006 有关条文要求，则应从同一批钢筋中重新加倍随机取样，对不合格项目进行复检。若试样复检后合格，该批钢筋可判定为合格。否则根据不同项目按下列规则判定；

（1）当抗拉强度、拉伸、冷弯试验不合格或质量负偏差大于 5％时，该批钢筋判定为不合格；

（2）当力学性能和工艺性能合格，但截面控制尺寸（轧扁厚度、边长或内外圆直径）小于《冷轧扭钢筋》JG 190—2006 的规定或节距大于《冷轧扭钢筋》JG 190—2006 的规定，仍可判定为合格，但需降低直径规格使用。

**四、钢筋原材料与钢筋加工验收**

监理工程师应根据《混凝土结构工程施工质量验收规范》GB 50204—2002 对钢筋原材料与钢筋加工进行验收。

（一）钢筋原材料验收主控项目

（1）钢筋实际质量与理论质量允许偏差。热轧光圆直条钢筋实际质量与理论质量的允许偏差应符合表 4-8 的规定。热轧带肋钢筋实际质量与理论质量的偏差限值见表 4-9。

**热轧光圆直条钢筋质量允许偏差**　　表 4-8

| 公称直径（mm） | 实际质量与理论质量的偏差（％） |
|----------------|--------------------------------|
| 6 ~ 12 | ±7 |
| 14 ~ 22 | ±5 |

**热轧带肋实际质量偏差限值**　　表 4-9

| 公称直径（mm） | 实际质量与理论质量的偏差（％） |
|----------------|--------------------------------|
| 6 ~ 12 | ±7 |
| 14 ~ 20 | ±5 |
| 22 ~ 50 | ±4 |

钢筋可按实际质量或公称质量交货。当钢筋按实际质量交货时，应随机抽取 10 根（6m 长）钢筋称重，如质量偏差大于允许偏差，则应与生产厂家交涉，以免损害用户利益。

（2）钢筋进场时，应按现行国家标准《钢筋混凝土用钢》GB 1499 等的规定抽取试件作力学性能检验，其质量必须符合有关标准的规定。

检查数量：按进场的批次和产品的抽样检验方案确定。

检验方法：检查产品合格证、出厂检验报告和进场复验报告。

（3）对有抗震设防要求的结构，其纵向受力钢筋的性能应满足设计要求；当设计无具体要求时，对按一、二、三级抗震等级设计的框架和斜撑构件（含梯段）中的纵向受力钢筋应采用 HRB335E、HRB400E、HRB500E、HRBF335E、HRBF400E 或 HRBF500E 钢筋，其强度和最大力下总伸长率的实测值应符合下列规定：

1）钢筋的抗拉强度实测值与屈服强度实测值的比值不应小于 1.25；

2）钢筋的屈服强度实测值与屈服强度标准值的比值不应大于 1.30；

3）钢筋的最大力下总伸长率不应小于 9%。

检查数量：按进场的批次和产品的抽样检验方案确定。

检验方法：检查进场复验报告。

（4）当发现钢筋脆断、焊接性能不良或力学性能显著不正常等现象时，应对该批钢筋进行化学成分检验或其他专项检验。

检验方法：检查化学成分等专项检验报告。

（二）钢筋原材料验收一般项目

钢筋外观检查：表面不得有裂纹、结疤和折叠。钢筋表面允许有凸块，但不得超过横肋的高度，钢筋表面上其他缺陷的深度和高度不得大于所在部位尺寸的允许偏差。钢筋每 1m 弯曲度不应大于 4mm。

检查数量：进场时和使用前全数检查。

检验方法：观察。

（三）钢筋加工验收主控项目

（1）受力钢筋的弯钩和弯折应符合下列规定：

1）HPB235 级钢筋末端应作 180°弯钩，其弯弧内直径不应小于钢筋直径的 2.5 倍，弯钩的弯后平直部分长度不应小于钢筋直径的 3 倍；

2）当设计要求钢筋末端需作 135°弯钩时，HRB335 级、HRB400 级钢筋的弯弧内直径不应小于钢筋直径的 4 倍，弯钩的弯后平直部分长度应符合设计要求；

3）钢筋作不大于 90°的弯折时，弯折处的弯弧内直径不应小于钢筋直径的 5 倍。

检查数量：按每工作班同一类型钢筋、同一加工设备抽查不应少于 3 件。

检验方法：钢尺检查。

（2）除焊接封闭环式箍筋外，箍筋的末端应作弯钩，弯钩形式应符合设计要求；当设计无具体要求时，应符合下列规定：

1）箍筋弯钩的弯弧内直径除应满足上一条的规定外，尚应不小于受力钢筋直径；

2）箍筋弯钩的弯折角度：对一般结构，不应小于 90°；对有抗震等要求的结构，应为 135°；

3）箍筋弯后平直部分长度：对一般结构，不宜小于箍筋直径的 5 倍；对有抗震等要求的结构，不应小于箍筋直径的 10 倍。

检查数量：按每工作班同一类型钢筋、同一加工设备抽查不应少于 3 件。

检验方法：钢尺检查。

（四）钢筋加工验收一般项目

（1）钢筋调直宜采用机械方法，也可采用冷拉方法。当采用冷拉方法调直钢筋时，

HPB235、HPB300 级钢筋的冷拉率不宜大于 4%，HRB335、HRB400、HRB500、HRBF335、HRBF400、HRBF500 和 RRB400 级钢筋的冷拉率不宜大于 1%。

检查数量：按每工作班同一类型钢筋、同一加工设备抽查不应少于 3 件。

检验方法：观察，钢尺检查。

（2）钢筋加工的形状、尺寸应符合设计要求，其偏差应符合表 4-10 的规定。

检查数量：按每工作班同一类型钢筋、同一加工设备抽查不应少于 3 件。

检验方法：钢尺检查。

钢筋加工的允许偏差　　表 4-10

| 项　　目 | 允许偏差（mm） |
| --- | --- |
| 受力钢筋顺长度方向全长的净尺寸 | ±10 |
| 弯起钢筋的弯折位置 | ±20 |
| 箍筋内净尺寸 | ±5 |

## 第二节　钢筋焊接

钢筋焊接加工一般可以分为钢筋电阻点焊、钢筋闪光对焊、钢筋电弧焊、钢筋电渣压力焊等。钢筋电弧焊又包括帮条焊、搭接焊、坡口焊、窄间隙焊和熔槽帮条焊 5 种接头形式。

### 一、钢筋焊接的基本要求

在工程开工正式焊接之前，参与该项施焊的焊工应进行现场条件下的焊接工艺试验，并经试验合格后，方可正式生产。试验结果应符合质量检验与验收时的要求。

钢筋焊接施工之前，应清除钢筋、钢板焊接部位以及钢筋与电极接触处表面上的锈斑、油污、杂物等；钢筋端部当有弯折、扭曲时，应予以矫直或切除。

进行电阻点焊、闪光对焊、电渣压力焊、埋弧螺栓焊时，应随时观察电源电压的波动情况；当电源电压下降大于 5% 且小于 8% 时，应采取提高焊接变压器级数等措施；当大于或等于 8% 时，不得进行焊接。

当采用低氢型碱性焊条时，应按使用说明书的要求烘焙，且宜放入保温筒内保温使用；酸性焊条在运输或存放中受潮，使用前亦应烘焙后方能使用。

在环境温度低于 -5℃ 条件下施焊时，焊接工艺应符合下列要求：

（1）闪光对焊时，宜采用预热闪光焊或闪光—预热闪光焊；可增加调伸长度，采用较低变压器级数，增加预热次数和间歇时间。

（2）电弧焊时，宜增大焊接电流，减低焊接速度。电弧帮条焊或搭接焊时，第一层焊缝应从中间引弧，向两端施焊；以后各层控温施焊，层间温度控制在 150~350℃ 之间。多层施焊时，可采用回火焊道施焊。

（3）当环境温度低于 -20℃ 时，不应进行各种焊接。

焊剂应存放在干燥的库房内，若受潮时，在使用前应经 250~300℃ 烘焙 2h。

雨天、雪天不宜在现场进行施焊；必须施焊时，应采取有效遮蔽措施。焊后未冷却接头不得碰到雨和冰雪。

在现场进行闪光对焊或电弧焊，当风速超过 8m/s 时，应采取挡风措施。进行气压焊，当风速超过 5m/s 时，应采取挡风措施。

焊机应经常维护保养和定期检修，确保正常使用。

对从事钢筋焊接施工的班组及有关人员应经常进行安全生产教育，执行现行国家标准《焊接与切割安全》GB 9448—1999 中有关规定，对氧、乙炔、液化石油气等易燃、易爆材料，应妥善管理，注意周边环境，制定和实施各项安全技术措施，加强焊工的劳动保护，防止发生烧伤、触电、火灾、爆炸以及烧坏焊接设备等事故。

各种焊接材料应分类存放，妥善管理；应采取防止锈蚀、受潮变质的措施。

使用中回收的焊剂应清除熔渣和杂物，并应与新焊剂混合均匀后使用。

## 二、钢筋闪光对焊巡视检查

钢筋的对接焊接宜采用闪光对焊，其焊接工艺方法按下列规定选择：

（1）当钢筋直径较小，钢筋牌号较低，在表 4-11 的规定范围内，可采用"连续闪光焊"；

（2）当钢筋直径超过表 4-11 的规定，且钢筋端面较平整，宜采用"预热闪光焊"；

（3）当钢筋直径超过表 4-11 的规定，且钢筋端面不平整，应采用"闪光—预热闪光焊"。

（4）HRB500、HRBF500 钢筋焊接时，应采用预热闪光焊或闪光—预热闪光焊工艺。当接头拉伸试验结果发生脆性断裂，或弯曲试验不能达到规定要求时，尚应在焊机上进行焊后热处理。

对焊前应清除钢筋端头约 150mm 范围内的铁锈、污泥等，以免在夹具和钢筋间因接触不良而引起"打火"（对 HRB500 级钢筋尤为致命）。此外，如钢筋端头有弯曲，应予调直或切除。

当调换焊工或更换焊接钢筋的规格和品种时，应先制作对焊试样（不少于 2 个）进行冷弯试验。合格后，才能成批焊接。

连续闪光焊所能焊接的钢筋直径上限，应根据焊机容量、钢筋牌号等具体情况而定，并应符合表 4-11 的规定。

连续闪光焊钢筋直径上限 表 4-11

| 焊 机 容 量(kV·A) | 钢 筋 牌 号 | 钢 筋 直 径(mm) |
|---|---|---|
| 160(150) | HPB300 | 22 |
| | HRB335 HRBF335 | 22 |
| | HRB400 HRBF400 | 20 |
| 100 | HPB300 | 20 |
| | HRB335 HRBF335 | 20 |
| | HRB400 HRBF400 | 18 |
| 80(75) | HPB300 | 16 |
| | HRB335 HRBF335 | 14 |
| | HRB400 HRBF400 | 12 |

闪光对焊时，应选择合适的调伸长度、烧化留量、顶锻留量以及变压器级数等焊接参数。连续闪光焊时的留量应包括烧化留量、有电顶锻留量和无电顶锻留量；闪光—预热闪光焊时的留量应包括：一次烧化留量、预热留量、二次烧化留量、有电顶锻留量和无电顶锻留量。

变压器级数应根据钢筋牌号、直径、焊机容量以及焊接工艺方法等具体情况选择。

当 HRBF335、HRBF400、HRBF500 或 RRB400W 钢筋闪光对焊时，与热轧钢筋比较，应减小调伸长度，提高焊接变压器级数，缩短加热时间，快速顶锻，形成快热快冷条件，使热影响区长度控制在钢筋直径的 60% 范围之内。

采用 UN2—150 型对焊机（电动机凸轮传动）或 UN17—150—1 型对焊机（气、液压传动）进行大直径钢筋焊接时，宜首先采取锯割或气割方式对钢筋端面进行平整处理，然后采取预热闪光焊工艺。

封闭环式箍筋采用闪光对焊时，钢筋断料宜采用无齿锯切割，断面应平整。当箍筋直径为 12mm 及以上时，宜采用 UN1—75 型对焊机和连续闪光焊工艺；当箍筋直径为 6～10mm，可使用 UN1—40 型对焊机，并应选择较大变压器级数。

不同直径的钢筋可以对焊，但其截面比不宜大于 1.5。此时，除应按大直径钢筋选择焊接参数外，应减小大直径钢筋的调伸长度，或利用短料首先将大直径钢筋预热，以使两者在焊接过程中加热均匀，保证焊接质量。

夹紧钢筋时，应使两钢筋端面的凸出部分相接触，以利均匀加热和保证焊缝与钢筋轴线相垂直。焊接完毕后，应待接头处由白虹色变为黑红色才能松开夹具，平稳地取出钢筋，以免引起接头弯曲。当焊接后张法预应力钢筋时，应在焊后趁热将焊缝周围毛刺打掉，以便钢筋穿入预留孔道。

螺丝端杆与钢筋对焊时，因两者钢号、强度及直径不同，焊接比较困难，宜事先对螺丝端杆进行预热，或适当减小螺丝端杆的调伸长度。钢筋一侧的电极应调高，保证钢筋与螺丝端杆的轴线一致。

### 三、钢筋电弧焊巡视检查

电弧焊应用范围较广，可在整体钢筋混凝土结构中钢筋接头、装配式钢筋接头，钢筋骨架焊接及钢筋与钢板的焊接等使用。其工作原理是电焊机送出一定电压的强电流，使焊条与焊件之间产生高温电弧将焊条与焊件金属融化。

（一）电弧焊焊条要求

电弧焊所采用的焊条，应符合现行国家标准《碳钢焊条》GB/T 5117—1995 或《低合金钢焊条》GB/T 5118—1995 的规定，其型号应根据设计确定；若设计无规定时，可按表4-12 选用。

（二）电弧焊施工监理

钢筋电弧焊包括帮条焊、搭接焊、坡口焊、窄间隙焊和熔槽帮条焊 5 种接头形式。焊接时应符合下列要求：

（1）应根据钢筋牌号、直径、接头形式和焊接位置，选择焊条、焊接工艺和焊接参数；

（2）焊接时，引弧应在垫板、帮条或形成焊缝的部位进行，不得烧伤主筋；

钢筋电弧焊焊条型号    表 4-12

| 钢筋牌号 | 电弧焊接头形式 | | | |
|---|---|---|---|---|
| | 帮条焊 搭接焊 | 坡口焊 溶槽帮条焊 预埋件穿孔塞焊 | 窄间隙焊 | 钢筋与钢板搭接焊 预埋件 T 形角焊 |
| HPB300 | E4303 ER50-X | E4303 ER50-X | E4316 ER50-X E4315 | E4303 ER50-X |
| HRB335 HRBF335 | E5003 E4303 E5016 E5015 ER50-X | E5016 E5003 E5015 ER50-X | E5016 ER50-X E5015 | E5003 E4303 E5016 E5015 ER50-X |
| HRB400 HRBF400 | E5516 E5003 ER50-X E5515 | E5516 E5503 E5515 ER55-X | E5516 ER55-X E5515 | E5516 E5003 E5516 ER50-X |
| RRB400W | E5003 | E5503 | | |

（3）焊接地线与钢筋应接触良好；

（4）焊接过程中应及时清渣，焊缝表面应光滑，焊缝余高应平缓过渡，弧坑应填满。

下面具体讲述电弧焊的施工监理。

1. 帮条焊和搭接焊

帮条焊或搭接焊时，宜采用双面焊；当不能进行双面焊时，方可采用单面焊。搭接长度可与帮条长度相同，帮条长度 $l$ 应符合表 4-13 的规定。当帮条牌号与主筋相同时，帮条直径可与主筋相同或小一个规格；当帮条直径与主筋相同时，帮条牌号可与主筋相同或低一个牌号等级。

钢筋帮条长度    表 4-13

| 钢筋牌号 | 焊缝形式 | 帮条长度 $l$ |
|---|---|---|
| HPB300 | 单面焊 | $\geqslant 8d$ |
| | 双面焊 | $\geqslant 4d$ |
| HRB335 HRBF335 HRB400 HRBF400 HRB500 HRBF500 RRB400W | 单面焊 | $\geqslant 10d$ |
| | 双面焊 | $\geqslant 5d$ |

注：$d$ 为主筋直径（mm）。

焊缝尺寸示意，见图 4-1。

帮条焊或搭接焊时，钢筋的装配和焊接应符合下列要求：

（1）帮条焊时，两主筋端面的间隙应为 2~5mm；

（2）搭接焊时，焊接端钢筋宜预弯，并应使两钢筋的轴线在同一直线上；

（3）帮条焊时，帮条与主筋之间应用四点定位焊固定；搭接焊时，应用两点固定；定位焊缝与帮条端部或搭接端部的距离宜大于或等于 20mm；

（4）焊接时，应在帮条焊或搭接焊形成焊缝中引弧；在端头收弧前应填满弧坑，并应使主焊缝与定位焊缝的始端和终端熔合。

2. 熔槽帮条焊

熔槽帮条焊适用于直径 20mm 及以上钢筋的现场安装焊接。焊接时应加角钢作垫板模。接头形式（图 4-2）、角钢尺寸和焊接工艺应符合下列要求：

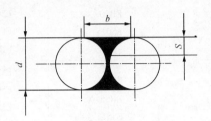

图 4-1 焊缝尺寸示意
b—焊缝宽度；S—焊缝厚度；
d—钢筋直径

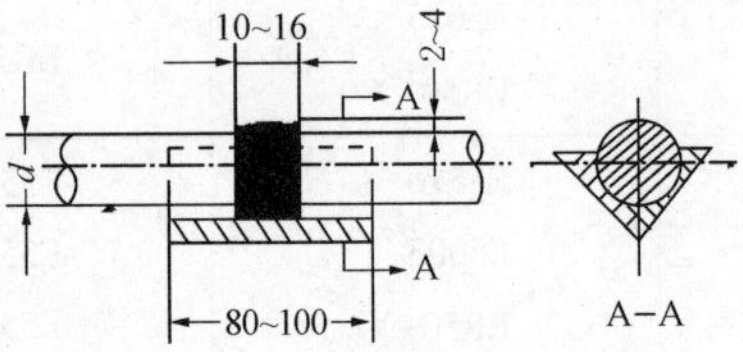

图 4-2 熔槽帮条焊接头

（1）角钢边长宜为 40~70mm；

（2）钢筋端头应加工平整；

（3）从接缝处垫板引弧后应连续施焊，并应使钢筋端部熔合，防止未焊透、气孔或夹渣；

（4）焊接过程中应及时停焊清渣；焊平后，再进行焊缝余高的焊接，其高度应为 2~4mm；

（5）钢筋与角钢垫板之间，应加焊侧面焊缝 1~3 层，焊缝应饱满，表面应平整。

3. 窄间隙焊

窄间隙焊适用于直径 16mm 及以上钢筋的现场水平连接。焊接时，钢筋端部应置于铜模中，并应留出一定间隙，用焊条连续焊接，熔化钢筋端面，使熔敷金属填充间隙并形成接头（图 4-3）；其焊接工艺应符合下列要求：

（1）钢筋端面应平整；

（2）宜选用低氢型碱性焊条，其型号应符合表 4-12 中的规定；

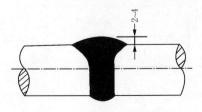

图 4-3 钢筋窄间隙焊接头

（3）端面间隙和焊接参数可按表 4-14 选用；

（4）从焊缝根部引弧后应连续进行焊接，左右来回运弧，在钢筋端面处电弧应少许停留，并使熔合；

（5）当焊至端面间隙的 4/5 高度后，焊缝逐渐扩宽；当熔池过大时，应改连续焊为断续焊，避免过热；

（6）焊缝余高应为 2~4mm，且应平缓过渡至钢筋表面。

窄间隙焊端面间隙和焊接参数  表4-14

| 钢筋直径(mm) | 端面间隙(mm) | 焊条直径(mm) | 焊接电流(A) |
|---|---|---|---|
| 16 | 9~11 | 3.2 | 100~110 |
| 18 | 9~11 | 3.2 | 100~110 |
| 20 | 10~12 | 3.2 | 100~110 |
| 22 | 10~12 | 3.2 | 100~110 |
| 25 | 12~14 | 4.0 | 150~160 |
| 28 | 12~14 | 4.0 | 150~160 |
| 32 | 12~14 | 4.0 | 150~160 |
| 36 | 13~15 | 5.0 | 220~230 |
| 40 | 13~15 | 5.0 | 220~230 |

4. 预埋件钢筋电弧焊T形接头

预埋件钢筋电弧焊T形接头可分为角焊和穿孔塞焊两种（图4-4）。装配和焊接时，应符合下列要求：

（1）当采用HPB300钢筋时，角焊缝焊脚尺寸（$K$）不得小于钢筋直径的50%；采用其他牌号钢筋时，焊脚尺寸（$K$）不得小于钢筋直径的60%；

（2）施焊中，不得使钢筋咬边和烧伤。

5. 钢筋与钢板搭接焊

钢筋与钢板搭接焊时，焊接接头（图4-5）应符合下列要求：

（1）HPB300钢筋的搭接长度（$l$）不得小于4倍钢筋直径，其他牌号钢筋搭接长度（$l$）不得小于5倍钢筋直径（$d$）；

（2）焊缝宽度（$b$）不得小于钢筋直径的60%，焊缝有效厚度（$S$）不得小于钢筋直径（$d$）的35%。

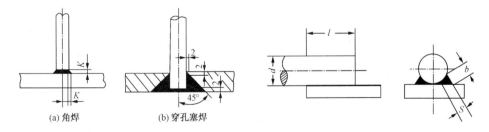

图4-4 预埋件钢筋电弧焊T形接头    图4-5 钢筋与钢板搭接焊

**四、钢筋电渣压力焊巡视检查**

电渣压力焊适用于柱、墙、构筑物等现浇混凝土结构中竖向或斜向（倾斜度不大于

10°）钢筋的连接；不得在竖向焊接后横置于梁、板等构件中作水平钢筋用。其工作原理：利用电流通过渣池产生的电弧热和电阻热将钢筋端部熔化，然后施压使钢筋焊合。

电渣压力焊可采用交流或直流焊接电源，焊机容量应根据所焊钢筋直径选定。焊接夹具应具有足够刚度，在最大允许荷载下应移动灵活，操作便利。焊剂筒的直径应与所焊钢筋直径相适应。电压表、时间显示器应配备齐全。

电渣压力焊工艺过程应符合下列要求：

（1）焊接夹具的上下钳口应夹紧于上、下钢筋上；钢筋一经夹紧，不得晃动，且两钢筋应同心；

（2）引弧可采用直接引弧法或铁丝圈（焊条芯）间接引弧法；

（3）引燃电弧后，应先进行电弧过程，然后，加快上钢筋下送速度，使上钢筋端面插入液态渣池约2mm，转变为电渣过程，最后在断电的同时，迅速下压上钢筋，挤出熔化金属和熔渣；

（4）接头焊毕，应稍作停歇，方可口收焊剂和卸下焊接夹具；敲去渣壳后，四周焊包凸出钢筋表面的高度，当钢筋直径为25mm及以下时不得小于4mm；当钢筋直径为28mm及以上时不得小于6mm。

电渣压力焊焊接参数应包括焊接电流、焊接电压和焊接通电时间，采用HJ431焊剂时，宜符合表4-15的规定。采用专用焊剂或自动电渣压力焊机时，应根据焊剂或焊机使用说明书中推荐数据，通过试验确定。

电渣压力焊焊接参数 表4-15

| 钢筋直径（mm） | 焊接电流（A） | 焊接电压（V） | | 焊接通电时间（s） | |
|---|---|---|---|---|---|
| | | 电弧过程 | 电渣过程 | 电弧过程 | 电渣过程 |
| 12 | 280~320 | | | 12 | 2 |
| 14 | 300~350 | | | 13 | 4 |
| 16 | 300~350 | | | 15 | 5 |
| 18 | 300~350 | | | 16 | 6 |
| 20 | 350~400 | 35~45 | 18~22 | 18 | 7 |
| 22 | 350~400 | | | 20 | 8 |
| 25 | 350~400 | | | 22 | 9 |
| 28 | 400~450 | | | 25 | 10 |
| 32 | 450~500 | | | 30 | 11 |

不同直径钢筋焊接时，上下两钢筋轴线应在同一直线上。

在焊接生产中焊工应进行自检，当发现偏心、弯折、烧伤等焊接缺陷时，应查找原因，采取措施，及时消除。

### 五、钢筋焊接验收

（一）一般规定

纵向受力钢筋焊接接头，包括闪光对焊接头、电弧焊接头、电渣压力焊接头、气压焊接头和非纵向受力箍筋闪光对焊接头、预埋件钢筋 T 形接头的力学性能检验规定为主控项目。焊接接头的外观质量检查规定为一般项目不属于专门规定的电阻焊点和钢筋与钢板电弧搭接焊接头可只做外观质量检查，属一般项目。

接头连接方式应符合设计要求，并应全数检查，检验方法为目视观察。

接头试件进行力学性能检验时，其质量和检查数量应符合《钢筋焊接及验收规程》JGJ 18—2012 的要求。其检验方法包括：检查钢筋出厂质量证明书、钢筋进场复验报告、各项焊接材料产品合格证、接头试件力学性能试验报告等。

纵向受力钢筋焊接接头外观检查时，每一检验批中应随机抽取 10% 的焊接接头。检查结果，当外观质量各小项不合格数均小于或等于抽检数的 15%，则该批焊接接头外观质量评为合格；当某一小项不合格数超过抽检数的 15% 时，应对该批焊接接头该小项逐个进行复检，并剔出不合格接头。对外观检查不合格接头采取修整或补焊措施后，可提交二次验收。

钢筋力学性能检验时，应在接头外观质量检查合格后随机切取试件进行试验。试验方法应按现行行业标准《钢筋焊接接头试验方法标准》JGJ/T 27—2001 有关规定执行。

钢筋闪光对焊接头、电弧焊接头、电渣压力焊接头、气压焊接头、箍筋闪光对焊接头的拉伸试验结果均应符合下列要求：

（1）3 个热轧钢筋接头试件的抗拉强度均不得小于该牌号钢筋规定的抗拉强度；RRB400W 钢筋接头试件的抗拉强度均不得小于 $540N/mm^2$。

（2）至少应有 2 个试件断于焊缝之外，并应呈延性断裂。当达到上述 2 项要求时，应评定该批接头为抗拉强度合格。

（3）当试验结果有 2 个试件抗拉强度小于钢筋规定的抗拉强度；或 3 个试件均在焊缝或热影响区发生脆性断裂时，则一次判定该批接头为不合格品。

（4）当试验结果有 1 个试件的抗拉强度小于规定值，或 2 个试件在焊缝或热影响区发生脆性断裂，其抗拉强度均小于钢筋规定抗拉强度的 1.0 倍时，应进行复验。复验时，应再切取 6 个试件。复验结果，当仍有 1 个试件的抗拉强度小于规定值，或有 3 个试件断于焊缝或热影响区呈脆性断裂，其抗拉强度小于钢筋规定抗拉强度的 1.0 倍时，应判定该批接头为不合格品。

（5）当接头试件虽断于焊缝或热影响区，呈脆性断裂，但其抗拉强度大于或等于钢筋规定抗拉强度的 1.0 倍时，可按断于焊缝或热影响区之外、呈延性断裂同等对待。

钢筋闪光对焊接头、气压焊接头进行弯曲试验时，应将受压面的全部毛刺和镦粗部分消除，且应与钢筋的外表齐平。

弯曲试验可在万能试验机、手动或电动液压弯曲试验器上进行，焊缝应处于弯曲中心点，弯心直径和弯曲角度应符合表 4-16 的规定。

当试验结果，弯曲至 90°，有 2 个或 3 个试件外侧（含焊缝和热影响区）未发生破裂，应评定该批接头弯曲试验合格。

当 3 个试件均发生破裂，则一次判定该批接头为不合格品。当有 2 个试件试验发生破裂，应进行复验。

复验时，应再切取 6 个试件。复验结果，当有 3 个试件发生破裂时，应判定该批接头为不合格品。

注：当试件外侧横向裂纹宽度达到 0.5mm 时，认定已经破裂。

（二）钢筋焊接骨架和焊接网

1. 验收批规定

不属于专门规定的焊接骨架和焊接网的质量检验可以只进行外观质量检查，并应按下列规定抽取试件：

（1）凡钢筋牌号、直径及尺寸相同的焊接骨架和焊接网应视为同一类型制品，且每 300 件作为一批，一周内不足 300 件的也应按一批计算，每周至少检查一次；

（2）外观检查应按同一类型制品分批检查，每批抽查 5%，且不得少于 5 件。

2. 焊接骨架外观质量要求

焊接骨架外观质量检查结果，应符合下列要求：

（1）焊点压入深度应符合现行行业标准《钢筋焊接及验收规程》JGJ 18—2012 有关规定；

（2）每件制品的焊点脱落、漏焊数量不得超过焊点总数的 4%，且相邻两焊点不得有漏焊及脱落；

（3）应量测焊接骨架的长度、宽度和高度，并应抽查纵、横方向 3~5 个网格的尺寸，其允许偏差应符合表 4-17 的规定。

接头弯曲试验指标　　　　表 4-16

| 钢 筋 牌 号 | 弯心直径 | 弯曲角度（°） |
|---|---|---|
| HPB300 | 2d | 90 |
| HRB335 HRBF335 | 4d | 90 |
| HRB400、RRB400W、HRBF400 | 5d | 90 |
| HRB500、HRBF500 | 7d | 90 |

注：1. d 为钢筋直径（mm）；
　　2. 直径大于 25mm 的钢筋焊接接头，弯心直径应增加 1 倍钢筋直径。

焊接骨架的允许偏差　　表 4-17

| 项　　　目 | | 允许偏差（mm） |
|---|---|---|
| 焊接骨架 | 长度 | ±10 |
| | 宽度 | ±5 |
| | 高度 | ±5 |
| 骨架钢筋间距 | | ±10 |
| 受力主筋 | 间距 | ±15 |
| | 排距 | ±5 |

当外观检查结果不符合上述要求时，应逐件检查，并剔出不合格品。对不合格品经整修后，可提交二次验收。

3. 焊接网外观质量要求

焊接网外形尺寸检查和外观质量检查结果，应符合下列要求：

（1）钢筋焊接网间距的允许偏差应取 ±10mm 和规定间距的 ±5% 的较大值，网片长度和宽度的允许偏差应取 ±25mm 和规定长度的 ±0.5% 的较大值；网格数量应符合设计规定；

（2）焊接网交叉点开焊数量不得大于整个网片交叉点总数的 1%，并且任一根钢筋上开焊点数不得大于该根钢筋交叉点总数的 1/2；焊接网最外边钢筋上的交叉点不得开焊；

（3）焊接网组成的钢筋表面不得有裂纹、折叠、结疤、凹坑、油污及其他影响使用的缺陷；当性能符合要求时，允许钢筋表面存在浮锈和因矫直造成的钢筋表面轻微损伤；

（4）焊点压入深度应符合现行行业标准《钢筋焊接及验收规程》JGJ 18—2012 有关规定。

（三）钢筋闪光对焊接头

1. 检验批

闪光对焊接头的质量检验，应分批进行外观检查和力学性能检验，并应符合下列规定：

（1）在同一台班内，由同一焊工完成的 300 个同牌号、同直径钢筋焊接接头应作为一批；当同一台班内焊接的接头数量较少，可在一周之内累计计算；累计仍不足 300 个接头时，应按一批计算；

（2）力学性能检验时，应从每批接头中随机切取 6 个接头，其中 3 个做拉伸试验，3 个做弯曲试验；

（3）异径钢筋接头可只做拉伸试验。

2. 外观检查

闪光对焊接头外观检查结果，应符合下列要求：

（1）对焊接头表面应呈圆滑、带毛刺状，不得有肉眼可见的裂纹；

（2）与电极接触处的钢筋表面不得有明显烧伤；

（3）接头处的弯折角度不得大于 2°；

（4）接头处的轴线偏移不得大于钢筋直径的 1/10，且不得大于 1mm。

（四）钢筋电弧焊接头

1. 检验批

电弧焊接头的质量检验，应分批进行外观检查和力学性能检验，并应符合下列规定：

（1）在现浇混凝土结构中，应以 300 个同牌号钢筋、同形式接头作为一批；在房屋结构中，应在不超过连续二楼层中 300 个同牌号钢筋、同形式接头作为一批；每批随机切取 3 个接头，做拉伸试验；

（2）在装配式结构中，可按生产条件制作模拟试件，每批 3 个，做拉伸试验；

（3）钢筋与钢板电弧搭接焊接头可只进行外观检查。

注：在同一批中若有 3 种不同直径的钢筋焊接接头，应在最大直径钢筋接头和最小直径钢筋接头中分别切取 3 个试件进行拉伸试验。以下电渣压力焊接头、气压焊接头取样均同。

2. 外观检查

电弧焊接头外观检查结果，应符合下列要求：

（1）焊缝表面应平整，不得有凹陷或焊瘤；

（2）焊接接头区域不得有肉眼可见的裂纹；

（3）咬边深度、气孔、夹渣等缺陷允许值及接头尺寸的允许偏差，应符合规范规定；

（4）焊缝余高应为 2～4mm。

当模拟试件试验结果不符合要求时，应进行复验。复验应从现场焊接接头中切取，其数量和要求与初始试验相同。

（五）钢筋电渣压力焊接头

1. 检验批

电渣压力焊接头的质量检验，应分批进行外观检查和力学性能检验，并应符合下列规定：

在现浇钢筋混凝土结构中，应以300个同牌号钢筋接头作为一批；在房屋结构中，应在不超过连续二楼层中300个同牌号钢筋接头作为一批；当不足300个接头时，仍应作为一批。每批随机切取3个接头试件做拉伸试验。

2. 外观检查

电渣压力焊接头外观检查结果，应符合下列要求：

（1）四周焊包凸出钢筋表面的高度，当钢筋直径为25mm及以下时，不得小于4mm；当钢筋直径为28mm及以上时，不得小于6mm；

（2）钢筋与电极接触处，应无烧伤缺陷；

（3）接头处的弯折角度不得大于2°；

（4）接头处的轴线偏移不得大于1mm。

（六）预埋件钢筋T形接头

1. 检验批

预埋件钢筋T形接头的外观检查，应从同一台班内完成的同一类型预埋件中抽查5%，且不得少于10件。

当进行力学性能检验时，应以300件同类型预埋件作为一批。一周内连续焊接时，可累计计算。当不足300件时，也应按一批计算。应从每批预埋件中随机切取3个接头做拉伸试验，试件的钢筋长度应大于或等于200mm，钢板的长度和宽度均应等于60mm，并视钢筋直径的增大而适当增大。

2. 预埋件钢筋手工电弧焊接头外观检查

预埋件钢筋手工电弧焊接头外观检查结果，应符合下列要求：

（1）当采用HPB300钢筋时，角焊缝焊脚尺寸（K）不得小于钢筋直径的50%；采用其他牌号钢筋时，焊脚尺寸（K）不得小于钢筋直径的60%；

（2）焊缝表面不得有气孔、夹渣和肉眼可见裂纹；

（3）钢筋咬边深度不得超过0.5mm；

（4）钢筋相对钢板的直角偏差不得大于2°。

3. 预埋件钢筋埋弧压力焊或埋弧螺栓焊接头外观检查

预埋件钢筋埋弧压力焊或埋弧螺栓焊接头外观检查结果，应符合下列要求：

（1）四周焊包凸出钢筋表面的高度，当钢筋直径为18mm及以下时，不得小于3mm；当钢筋直径为20mm及以上时，不得小于4mm；

（2）钢筋咬边深度不得超过0.5mm；

（3）钢板应无焊穿，根部应无凹陷现象；

（4）钢筋相对钢板的直角偏差不得大于2°。

预埋件外观检查结果，当有2个接头不符合上述要求时，应全数进行检查，并剔出不合格品，不合格接头经补焊后可提交二次验收。

4. 预埋件钢筋T形接头拉伸试验

预埋件钢筋 T 形接头拉伸试验结果，3 个试件的抗拉强度均应符合下列要求：

（1）HPB300 钢筋接头不得小于 400N/mm²；

（2）HRB335、HRBF335 钢筋接头不得小于 435N/mm²；

（3）HRB400、HRBF400 钢筋接头不得小于 520N/mm²；

（4）HRB500、HRBF500 钢筋接头不得小于 610N/mm²；

（5）RRB400W 钢筋接头不得小于 520N/mm²。

当试验结果，3 个试件中有小于规定值时，应进行复验。

复验时，应再取 6 个试件。复验结果，其抗拉强度均达到上述要求时，应评定该批接头为合格品。

## 第三节 机 械 连 接

钢筋的机械连接指通过钢筋与连接件的机械咬合作用或钢筋端面的承压作用，将一根钢筋中的力传递至另一根钢筋的连接方法。它有套筒挤压接头、锥螺纹接头和直螺纹接头等形式。它适用于较大直径钢筋的连接。

### 一、接头设计原则和性能等级

机械接头的设计应满足强度及变形性能的要求。

机械接头连接件的屈服承载力和受拉承载力的标准值应不小于被连接钢筋的屈服承载力和受拉承载力标准值的 1.10 倍。

机械接头应根据其等级和应用场合，对单向拉伸性能、高应力反复拉压、大变形反复拉压、抗疲劳、耐低温等各项性能确定相应的检验项目。

机械接头应根据抗拉强度、残余变形以及高应力和大变形条件下反复拉压性能的差异，分为下列三个等级：

Ⅰ级：接头抗拉强度等于被连接钢筋实际抗拉强度或不小于 1.10 倍钢筋抗拉强度标准值，残余变形小并具有高延性及反复拉压性能。

Ⅱ级：接头抗拉强度不小于被连接钢筋抗拉强度标准值，残余变形较小并具有高延性及反复拉压性能。

Ⅲ级：接头抗拉强度不小于被连接钢筋屈服强度标准值的 1.25 倍，残余变形较小并具有一定的延性及反复拉压性能。

Ⅰ级、Ⅱ级、Ⅲ级接头的抗拉强度必须符合表 4-18 的规定。

Ⅰ级、Ⅱ级、Ⅲ级接头应能经受规定的高应力和大变形反复拉压循环，且在经历拉压循环后，其抗拉强度仍应符合表 4-18 的规定。

Ⅰ级、Ⅱ级、Ⅲ级接头的变形性能应符合表 4-19 的规定。

对直接承受动力荷载的结构构件，设计应根据钢筋应力变化幅度提出接头的抗疲劳性能要求。当设计无专门要求时，接头的疲劳应力幅限值不应小于国家标准《混凝土结构设计规范》GB 50010—2010 中表 4.2.6-1 普通钢筋疲劳应力幅限值的 80%。

接头的抗拉强度 表 4-18

| 接头等级 | Ⅰ级 | | Ⅱ级 | Ⅲ级 |
|---|---|---|---|---|
| 抗拉强度 | $f^o_{mst} \geq f_{stk}$ 或 $f^o_{mst} \geq 1.10 f_{stk}$ | 断于钢筋 断于接头 | $f^o_{mst} \geq f_{stk}$ | $f^o_{mst} \geq 1.25 f_{yk}$ |

注：1. $f^o_{mst}$——接头试件实测抗拉强度；

2. $f_{yk}$——钢筋屈服强度标准值；

3. $f_{stk}$——钢筋抗拉强度标准值。

接头的变形性能 表 4-19

| 接头等级 | | Ⅰ级 | Ⅱ级 | Ⅲ级 |
|---|---|---|---|---|
| 单向拉伸 | 残余变形(mm) | $\mu_0 \leq 0.10(d \leq 32)$ $\mu_0 \leq 0.14(d > 32)$ | $\mu_0 \leq 0.14(d \leq 32)$ $\mu_0 \leq 0.16(d > 32)$ | $\mu_0 \leq 0.14(d \leq 32)$ $\mu_0 \leq 0.16(d > 32)$ |
| | 最大力总伸长率(%) | $A_{sgt} \geq 6.0$ | $A_{sgt} \geq 6.0$ | $A_{sgt} \geq 3.0$ |
| 高应力反复拉压 | 残余变形(mm) | $\mu_{20} \leq 0.3$ | $\mu_{20} \leq 0.3$ | $\mu_{20} \leq 0.3$ |
| 大变形反复拉压 | 残余变形(mm) | $\mu_4 \leq 0.3$ 且 $\mu_8 \leq 0.6$ | $\mu_4 \leq 0.3$ 且 $\mu_8 \leq 0.6$ | $\mu_4 \leq 0.6$ |

注：1. 当频遇荷载组合下，构件中钢筋应力明显高于 $0.6 f_{yk}$ 时，设计部门可对单向拉伸残余变形 $\mu_0$ 加载峰值提出调整要求；

2. $\mu_0$——接头试件加载至 $0.6 f_{yk}$ 并卸载后在规定标距内的残余变形；

3. $\mu_{20}$——接头试件按《钢筋机械连接技术规程》(JGJ 107—2010)附录 A 加载制度经高应力反复拉压 20 次后的残余变形；

4. $\mu_4$——接头试件按《钢筋机械连接技术规程》(JGJ 107—2010)附录 A 加载制度经大变形反复拉压 4 次后的残余变形；

5. $\mu_8$——接头试件按《钢筋机械连接技术规程》(JGJ 107—2010)附录 A 加载制度经大变形反复拉压 8 次后的残余变形；

6. $A_{sgt}$——接头试件的最大力总伸长率。

## 二、监理工程师应掌握钢筋机械接头的应用规定

一般情况下，设计人员在进行结构设计时，应列出设计选用的钢筋接头等级和应用部位。作为监理工程师也应当掌握此要求。接头等级的选定应符合下列规定：

（1）混凝土结构中要求充分发挥钢筋强度或对延性要求高的部位，应优先选用Ⅱ级接头；当在同一连接区段内必须实施 100% 钢筋接头的连接时，应采用Ⅰ级接头。

（2）混凝土结构中钢筋应力较高但对接头延性要求不高的部位，可采用Ⅲ级接头。

钢筋连接件的混凝土保护层厚度宜符合现行国家标准《混凝土结构设计规范》GB 50010—2010 中受力钢筋的混凝土保护层最小厚度的规定，且不得少于 15mm。连接件之间的横向净距不宜小于 25mm。

结构构件中纵向受力钢筋的接头宜相互错开，钢筋机械连接的连接区段长度应按 35d 计算（d 为被连接钢筋中的较大直径）。在同一连接区段内有接头的受力钢筋截面面积占受力钢筋总截面面积的百分率（以下简称接头百分率），应符合下列规定：

（1）接头宜设置在结构构件受拉钢筋应力较小部位，当需要在高应力部位设置接头

时，在同一连接区段内Ⅲ级接头的接头百分率不应大于25%；Ⅱ级接头的接头百分率不应大于50%；Ⅰ级接头的接头百分率除下面条款所列情况外可不受限制。

（2）接头宜避开有抗震设防要求的框架的梁端、柱端箍筋加密区；当无法避开时，应采用Ⅱ级接头或Ⅰ级接头，且接头百分率不应大于50%。

（3）受拉钢筋应力较小部位或纵向受压钢筋，接头百分率可不受限制。

（4）对直接承受动力荷载的结构构件，接头百分率不应大于50%。

当对具有钢筋接头的构件进行试验并取得可靠数据时，接头的应用范围可根据工程实际情况进行调整。

在施工现场加工钢筋接头时，应符合下列规定：

（1）加工钢筋接头的操作工人，应经专业人员培训合格后才能上岗，人员应相对稳定；

（2）钢筋接头的加工应经工艺检验合格后方可进行。

### 三、直螺纹钢筋接头巡视检查

钢筋滚轧直螺纹接头：将钢筋的连接端用专用机床滚轧成直螺纹丝头，通过直螺纹连接套把两根带丝头的钢筋连接成一体的钢筋接头。

（一）工艺流程

钢筋滚轧直螺纹连接的工艺流程为：钢筋原料→切头→机械加工（丝头加工）→套丝加保护套→工地连接。

（1）所加工的钢筋应先调直后再下料，切口端面与钢筋轴线垂直，不能有马蹄形或挠曲。下料时，不得采用气割下料。

（2）加工丝扣的牙形、螺距必须与连接套的牙形、螺距一致，有效丝扣内的秃牙部分累计长度小于一扣周长的1/2。

（3）已加工完成并检验合格的丝头要加以保护，钢筋一端丝头戴上保护帽，另一端拧上连接套，并按规格分类堆放整齐待用。

（4）钢筋连接时，钢筋规格和连接套规格一致，并确保丝头和连接套的丝扣干净、无损。

（二）直螺纹接头现场加工要求

丝头要牙形饱满，牙顶宽度超过0.6mm，秃牙部分累计长度不应超过一个螺纹周长。外形尺寸含螺纹直径及丝头长度应满足图纸要求。

套筒表面无裂纹和其他缺陷，外形尺寸包括套筒内螺纹直径及套筒长度应满足产品设计要求。

被连接的两钢筋断面应处于连接套的中间位置，偏差不大于$1P$（$P$为螺距），并用工作扳手拧紧，使两钢筋端面顶紧。

直螺纹接头的现场加工应符合下列规定：

（1）钢筋端部应切平或镦平后加工螺纹；

（2）墩粗头不得有与钢筋轴线相垂直的横向裂纹；

（3）钢筋丝头长度应满足企业标准中产品设计要求，公差应为$0 \sim 2.0P$（$P$为螺距）；

（4）钢筋丝头宜满足6f级精度要求，应用专用直螺纹量规检验，通规能顺利旋入并达到要求的拧入长度，止规旋入不得超过3P。抽检数量10%，检验合格率不应小于95%。

（三）直螺纹钢筋接头的安装质量要求

直螺纹钢筋接头的安装质量应符合下列要求：

（1）安装接头时可用管钳扳手拧紧，应使钢筋丝头在套筒中央位置相互顶紧。标准型接头安装后的外露螺纹不宜超过2P。

（2）安装后应用扭力扳手校核拧紧扭矩，拧紧扭矩值应符合表4-20的规定。

（3）校核用扭力扳手的准确度级别可选用10级。

直螺纹接头安装时的最小拧紧扭矩值 　　　　表4-20

| 钢筋直径(mm) | ≤16 | 18~20 | 22~25 | 28~32 | 36~40 |
|---|---|---|---|---|---|
| 拧紧扭矩(N·m) | 100 | 200 | 260 | 320 | 360 |

### 四、锥螺纹钢筋接头巡视检查

锥螺纹接头是指用专用套丝机，把钢筋两端套制成锥形螺纹，通过在工厂加工好的锥形螺纹连接套，把两根钢筋连接起来。连接时用力矩扳手按规定的力矩值拧紧锥形螺纹接头。它具有连接速度快、钢筋对中性好、无明火作业、不污染环境、可全天候施工等优点。由于钢筋端头套丝后截面会受到削弱，接头强度往往低于母材，使接头拉伸试验易产生钢筋从连接套中滑脱或钢筋根部丝扣断裂等现象。

（一）施工工艺

1. 施工准备

（1）凡参与接头施工的操作工人、技术管理和质量管理人员，均应参加技术规程培训；操作工人应经考核合格后持证上岗。

（2）钢筋应先调直再下料。切口端面应与钢筋轴线垂直，不得有马蹄形或挠曲。不得用气割下料。

（3）进场锥螺纹连接套应有产品合格证，两端锥孔应有密封盖，套筒表面应有规格标记。进场时，施工单位应进行复检。

2. 钢筋锥螺纹加工

（1）加工的钢筋锥螺纹丝头的锥度、牙形、螺距等必须与连接套的锥度、牙形、螺距一致，且经配套的量规检测合格。

（2）加工钢筋锥螺纹时，应采用水溶性切削润滑液；当气温低于0℃时，应掺入15%~20%亚硝酸钠。不得用机油作润滑液或不加润滑液套丝。

（3）操作工人应按《钢筋机械连接技术规程》JGJ 107—2010 的相关要求逐个检查钢筋丝头的外观质量。监理工程师要定期检查其记录。

（4）经自检合格的钢筋丝头，监理工程师应按《钢筋机械连接技术规程》JGJ 107—2010 的相关要求对每种规格加工批量随机抽检10%，且不少于10个，并填写钢筋锥螺纹加工检验记录。如有一个丝头不合格，即应对该加工批全数检查，不合格丝头应重新加工经再次检验合格方可使用。

（5）已检验合格的丝头应加以保护。钢筋一端丝头应戴上保护帽，另一端可按规定的力矩值拧紧连接套，并按规格分类堆放整齐待用。

锥螺纹接头的现场加工应符合下列规定：

（1）钢筋端部不得有影响螺纹加工的局部弯曲；

（2）钢筋丝头长度应满足设计要求，使拧紧后的钢筋丝头不得相互接触，丝头加工长度公差应为 $-0.5P \sim 1.5P$；

（3）钢筋丝头的锥度和螺距应使用专用锥螺纹量规检验；抽检数量 10%，检验合格率不应小于 95%。

3. 钢筋连接

（1）连接钢筋时，钢筋规格和连接套规格应一致，并确保钢筋和连接套的丝扣干净完好无损。

（2）采用预埋接头时，连接套的位置、规格和数量应符合设计要求。带连接套的钢筋应固定牢，连接套的外露端应有密封盖。

（3）必须用力矩扳手拧紧接头。

（4）力矩扳手的精度为 ±5%，要求每半年用扭力仪检定一次。

（二）锥螺纹钢筋接头安装检查

锥螺纹钢筋接头的安装质量应符合下列要求：

（1）接头安装时应严格保证钢筋与连接套筒的规格相一致；

（2）接头安装时应用扭力扳手拧紧，拧紧扭矩值应符合表 4-21 的规定；

（3）校核用扭力扳手与安装用扭力扳手应区分使用，校核用扭力扳手应每年校核 1 次，准确度级别应选用 5 级。

锥螺纹接头安装时的最小拧紧扭矩值　　　　　　表 4-21

| 钢筋直径（mm） | ≤16 | 18~20 | 22~25 | 28~32 | 36~40 |
|---|---|---|---|---|---|
| 拧紧扭矩（N·m） | 100 | 180 | 240 | 300 | 360 |

### 五、套筒挤压钢筋接头检查

（一）套筒挤压连接施工工艺

1. 准备工作

钢筋端头的锈、泥沙、油污等杂物应清理干净，然后将钢筋与套筒应进行试套；对不同直径钢筋的套筒不得串用。在钢筋端部划出定位标记与检查标记。定位标记与钢筋端头的距离为钢套筒长度的一半，检查标记与定位标记的距离一般为 20mm。最后检查挤压设备情况，并进行试压，符合要求后方可作业。

2. 挤压作业

钢筋挤压连接宜先在地面上挤压一端套筒，在施工作业区插入待接钢筋后再挤压另端套筒。

压接钳就位，应对正钢套筒压痕位置的标记，并应与钢筋轴线保持垂直。压接钳施压顺序由钢套筒中部顺次向端部进行。每次施压时，主要控制压痕深度。

（二）套筒挤压钢筋接头安装质量要求

套筒挤压钢筋接头的安装质量应符合下列要求：

（1）钢筋端部不得有局部弯曲，不得有严重锈蚀和附着物；

（2）钢筋端部应有检查插入套筒深度的明显标记，钢筋端头离套筒长度中心点不宜超过 10mm；

（3）挤压应从套筒中央开始，依次向两端挤压，压痕直径的波动范围应控制在供应商认定的允许波动范围内，并提供专用量规进行检验；

（4）挤压后的套筒不得有肉眼可见裂纹。

## 六、机械接头检验与验收

工程中应用钢筋机械接头时，应由该技术提供单位提交有效的型式检验报告。

钢筋连接工程开始前，应对不同钢筋生产厂家的进场钢筋进行接头工艺检验；施工过程中，更换钢筋生产厂家时，应补充进行工艺检验。工艺检验应符合下列规定：

（1）每种规格钢筋的接头试件不应少于 3 根；

（2）每根试件的抗拉强度和 3 根接头试件的残余变形的平均值均应符合表 4-18 和表 4-19 的规定；

（3）接头试件在测量残余变形后可再进行抗拉强度试验，并宜按《钢筋机械连接技术规程》JGJ 107—2010 附录中规定的单向拉伸加载制度进行试验；

（4）第一次工艺检验中 1 根试件抗拉强度或 3 根试件的残余变形平均值不合格时，允许再抽 3 根试件进行复验，复验仍不合格时判为工艺检验不合格。

接头安装前应检查连接件产品合格证及套筒表面生产批号标识；产品合格证应包括适用钢筋直径和接头性能等级、套筒类型、生产单位、生产日期以及可追溯产品原材料力学性能和加工质量的生产批号。

现场检验应按《钢筋机械连接技术规程》JGJ 107—2010 进行接头的抗拉强度试验，加工和安装质量检验；对接头有特殊要求的结构，应在设计图纸中另行注明相应的检验项目。

接头的现场检验应按验收批进行。同一施工条件下采用同一批材料的同等级、同型式、同规格接头，应 500 个为一个验收批进行检验与验收，不足 500 个也应作为一个验收批。

螺纹接头安装后应按上段规定的验收批，抽取其中 10% 的接头进行拧紧扭矩校核，拧紧扭矩值不合格数超过被校核接头数的 5% 时，应重新拧紧全部接头，直到合格为止。

对接头的每一验收批，必须在工程结构中随机截取 3 个接头试件作抗拉强度试验，按设计要求的接头等级进行评定。当 3 个接头试件的抗拉强度均符合表 4-18 中相应等级的强度要求时，该验收批应评为合格。如有 1 个试件的抗拉强度不符合要求，应再取 6 个试件进行复检。复检中如仍有 1 个试件的抗拉强度不符合要求，则该验收批应评为不合格。

现场检验连续 10 个验收批抽样试件抗拉强度试验一次合格率为 100% 时，验收批接头数量可扩大 1 倍。

现场截取抽样试件后，原接头位置的钢筋可采用同等规格的钢筋进行搭接连接，或采用焊接及机械连接方法补接。

对抽检不合格的接头验收批，应由建设方会同设计等有关方面研究后提出处理方案。

## 第四节　钢筋连接监理验收

在钢筋混凝土结构中，对钢筋工程的验收包括对原材料的验收、钢筋加工的验收、钢筋连接的验收和钢筋安装的验收。

### 一、主控项目

（1）纵向受力钢筋的连接方式应符合设计要求。

检查数量：全数检查。

（2）在施工现场，应按国家现行标准或上述规定抽取钢筋机械连接接头、焊接接头试件作力学性能检验，其质量应符合有关规程的规定。

检查数量：按有关规程确定。

### 二、一般项目

（1）钢筋的接头宜设置在受力较小处。同一纵向受力钢筋不宜设置两个或两个以上接头。接头末端至钢筋弯起点的距离不应小于钢筋直径的 10 倍。

检查数量：全数检查。

（2）在施工现场，应按国家现行标准《钢筋机械连接技术规程》JGJ 107—2010、《钢筋焊接及验收规程》JCJ 18—2012 的规定对钢筋机械连接接头、焊接接头的外观进行检查，其质量应符合有关规程的规定。

检查数量：全数检查。

（3）当受力钢筋采用机械连接接头或焊接接头时，设置在同一构件内的接头宜相互错开。纵向受力钢筋机械连接接头及焊接接头连接区段的长度为 35d（d 为纵向受力钢筋的较大直径）且不小于 500mm，具体参见本章第二、三节的规定。

检查数量：在同一检验批内，对梁、柱和独立基础，应抽查构件数量的 10%，且不少于 3 件；对墙和板，应按有代表性的自然间抽查 10%，且不少于 3 间；对大空间结构，墙可按相邻轴线间高度 5m 左右划分检查面，板可按纵横轴线划分检查面，抽查 10%，且均不少于 3 面。

检验方法：观察，钢尺检查。

（4）同一构件中相邻纵向受力钢筋的绑扎搭接接头宜相互错开。绑扎搭接接头中钢筋的横向净距不应小于钢筋直径，且不应小于 25mm。

钢筋绑扎搭接接头连接区段的长度为 1.3$l_l$（$l_l$ 为搭接长度），凡搭接接头中点位于该连接区段长度内的搭接接头均属于同一连接区段。同一连接区段内，纵向钢筋搭接接头面积百分率为该区段内有搭接接头的纵向受力钢筋截面面积与全部纵向受力钢筋截面面积的比值（图 4-6）。

同一连接区段内，纵向受拉钢筋搭接接头面积百分率应符合设计要求；当设计无具体要求时，应符合下列规定：

1）对梁类、板类及墙类构件，不宜大于 25%；

2）对柱类构件，不宜大于 50%；

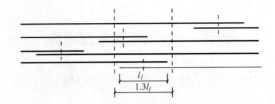

图4-6 钢筋绑扎搭接接头连接区段及
接头面积百分率

注：图中所示搭接接头同一连接区段内的搭接钢筋为两
根，当各钢筋直径相同时，接头面积百分率为50％。

3）当工程中确有必要增大接头面积百分率时，对梁类构件，不应大于50％；对其他构件，可根据实际情况放宽。

纵向受力钢筋绑扎搭接接头的最小搭接长度应符合《混凝土结构工程施工质量验收规范》GB 50204—2002 的相关规定。

检查数量：在同一检验批内，对梁、柱和独立基础，应抽查构件数量的10％，且不少于3件；对墙和板，应按有代表性的自然间抽查10％，且不少于3间；对大空间结构，墙可按相邻轴线间高度5m左右划分检查面，板可按纵横轴线划分检查面，抽查10％，且均不少于3面。

检验方法：观察，钢尺检查。

（5）在梁、柱类构件的纵向受力钢筋搭接长度范围内，应按设计要求配置箍筋。当设计无具体要求时，应符合下列规定：

1）箍筋直径不应小于搭接钢筋较大直径的0.25倍；

2）受拉搭接区段的箍筋间距不应大于搭接钢筋较小直径的5倍，且不应大于100mm；

3）受压搭接区段的箍筋间距不应大于搭接钢筋较小直径的10倍，且不应大于200mm；

4）当柱中纵向受力钢筋直径大于25mm时，应在搭接接头两个端面外100mm范围内各设置两个箍筋，其间距宜为50mm。

检查数量：在同一检验批内，对梁、柱和独立基础，应抽查构件数量的10％，且不少于3件；对墙和板，应按有代表性的自然间抽查10％，且不少于3间；对大空间结构，墙可按相邻轴线间高度5m左右划分检查面，板可按纵横轴线划分检查面，抽查10％，且均不少于3面。

检验方法：钢尺检查。

## 第五节 钢筋安装

### 一、钢筋代换

（一）钢筋代换原则

当施工中遇有钢筋的品种或规格与设计要求不符时，可参照以下原则进行钢筋代换：

（1）等强度代换：当构件受强度控制时，钢筋可按强度相等原则进行代换；

（2）等面积代换：当构件按最小配筋率配筋时，钢筋可按面积相等原则进行代换；

（3）当构件受裂缝宽度或挠度控制时，代换后应进行裂缝宽度或挠度验算。

（二）钢筋代换注意事项

钢筋代换时，必须充分了解设计意图和代换材料性能，并严格遵守现行混凝土结构设计规范的各项规定；凡重要结构中的钢筋代换，应征得设计单位同意。

（1）对某些重要构件，如吊车梁、薄腹梁、桁架下弦等，不宜用 HPB300 级光圆钢筋代替 HRB335 级带肋钢筋。

（2）钢筋代换后，应满足配筋构造规定，如钢筋的最小直径、间距、根数、锚固长度等。

（3）同一截面内，可同时配有不同种类和直径的代换钢筋，但每根钢筋的拉力差不应过大（如同品种钢筋的直径差值一般不大于 5mm，以免构件受力不匀）。

（4）梁的纵向受力钢筋与弯起钢筋应分别代换，以保证正截面与斜截面强度。

（5）偏心受压构件（如框架柱、有吊车厂房柱、桁架上弦等）或偏心受拉构件做钢筋代换时，不取整个截面配筋量计算，应按受力面（受压或受拉）分别代换。

（6）当构件受裂缝宽度控制时，如以小直径钢筋代换大直径钢筋，强度等级低的钢筋代替强度等级高的钢筋，则可不作裂缝宽度验算。

（7）在寒冷地区自然气温（-40℃）下，构件中的钢筋由于与混凝土共同工作而不易脆断，因此当钢筋的力学性能在负温下满足国标规定时，热轧钢筋、冷拉钢筋及冷拔钢丝均可在寒冷地区承受静荷载的钢筋混凝土及预应力混凝土结构中应用。在负温条件下直接承受中、重级工作制的吊车梁受拉钢筋，宜采用细直径的 HRB500 级钢筋。

## 二、钢筋网与钢筋骨架安装

（一）绑扎钢筋网与钢筋骨架安装

（1）钢筋网与钢筋骨架的分段（块），应根据结构配筋特点及起重运输能力而定。一般钢筋网的分块面积以 $6\sim20m^2$ 为宜，钢筋骨架的分段长度以 $6\sim12m$ 为宜。

（2）钢筋网与钢筋骨架，为防止在运输和安装过程中发生歪斜变形，应采取临时加固措施。

（3）钢筋网与钢筋骨架的吊点，应根据其尺寸、重量及刚度而定。宽度大于 1m 的水平钢筋网宜采用四点起吊，跨度小于 6m 的钢筋骨架宜采用二点起吊，跨度大、刚度差的钢筋骨架宜采用横吊梁（铁扁担）四点起吊。为了防止吊点处钢筋受力变形，可采取兜底吊或加短钢筋。

（4）绑扎钢筋网与钢筋骨架的交接处作法，与钢筋的现场绑扎相同。

（二）焊接钢筋网与钢筋骨架安装

（1）焊接网和焊接骨架沿受力钢筋方向的搭接接头，宜位于构件受力较小的部位，如承受均布荷载的简支受弯构件。焊接网受力钢筋接头宜放置在跨度两端各四分之一跨长范围内。

（2）受拉焊接骨架和焊接网在受力钢筋方向的搭接长度如下表所示（表 4-22），受压焊接骨架和焊接网在受力钢筋方向的搭接长度为表 4-22 中数值的 0.7 倍。

（3）焊接网在非受力方向的搭接长度，宜为 100mm。受力钢筋直径≥16mm 时，焊接网沿分布钢筋方向的接头宜铺以附加钢筋网，其每边的搭接长度 $l_d = 15d$（$d$ 为分布钢筋直径），但不小于 100mm。

（4）在构件宽度内有若干焊接网或焊接骨架时，其接头位置应错开。在搭接长度 $l_d$ 区段内搭接的受力钢筋总截面面积不得大于构件截面中受力钢筋全部截面面积的 50%。在轴心受拉及小偏心受拉的构件（板和墙除外）中，不得采用搭接接头。

受拉焊接骨架和焊接网绑扎接头的搭接长度 表 4-22

| 项 次 | 钢 筋 类 型 | | 混凝土强度等级 | | |
|---|---|---|---|---|---|
| | | | C20 | C25 | ≥C30 |
| 1 | HPB300 级钢筋 | | 30d | 25d | 20d |
| 2 | 月牙肋 | HRB335 级钢筋 | 40d | 35d | 30d |
| | | HRB400 级钢筋 | 45d | 40d | 35d |
| 3 | 冷拔低碳钢丝 | | 250mm | | |

注：1. 搭接长度除应符合本表规定外，在受拉区不得小于 250mm，在受压区不得小于 200mm；

2. 当混凝土强度等级低于 C20 时，对 HPB300 级钢筋最小搭接长度不得小于 40d；表中 HRB335 级钢筋不得小于 50d；HRB400 级钢筋不宜采用；

3. 当月牙肋钢筋直径 $d > 25mm$ 时，其搭接长度应按表中数值增加 5d 采用；

4. 当混凝土在凝固过程中易受扰动时（如滑模施工），搭接长度宜适当增加；

5. 轻骨料混凝土的焊接骨架和焊接网绑扎接头的搭接长度应按普通混凝土搭接长度增加 5d（冷拔低碳钢丝增加 510mm）；

6. 有抗震要求时，对一级抗震等级相应增加 10d，二级抗震等级相应增加 5d。

### 三、钢筋安装监理验收

（一）主控项目

钢筋安装时，受力钢筋的品种、级别、规格和数量必须符合设计要求。

检查数量：全数检查。

检验方法：观察，钢尺检查。

（二）一般项目

钢筋安装位置的偏差应符合表 4-23 的规定。

检查数量：在同一检验批内，对梁、柱和独立基础，应抽查构件数量的 10%，且不少于 3 件；对墙和板，应按有代表性的自然间抽查 10%，且不少于 3 间；对大空间结构，墙可按相邻轴线间高度 5m 左右划分检查面，板可按纵横轴线划分检查面，抽查 10%，且均不少于 3 面。

钢筋安装位置的允许偏差和检验方法 表 4-23

| 项 目 | | 允许偏差（mm） | 检 验 方 法 |
|---|---|---|---|
| 绑扎钢筋网 | 长、宽 | ±10 | 钢尺检查 |
| | 网眼尺寸 | ±20 | 钢尺量连续三档，取最大值 |

| 项 目 | | | 允许偏差(mm) | 检 验 方 法 |
|---|---|---|---|---|
| 绑扎钢筋骨架 | 长 | | ±10 | 钢尺检查 |
| | 宽、高 | | ±5 | 钢尺检查 |
| 受 力 钢 筋 | 间 距 | | ±10 | 钢尺量两端、中间各一点，取最大值 |
| | 排 距 | | ±5 | |
| | 保护层厚度 | 基 础 | ±10 | 钢尺检查 |
| | | 柱、梁 | ±5 | 钢尺检查 |
| | | 板、墙、壳 | ±3 | 钢尺检查 |
| 绑扎箍筋、横向钢筋间距 | | | ±20 | 钢尺量连续三档，取最大值 |
| 钢筋弯起点位置 | | | 20 | 钢尺检查 |
| 预 埋 件 | 中心线位置 | | 5 | 钢尺检查 |
| | 水 平 高 差 | | +3，0 | 钢尺和塞尺检查 |

注：1. 检查预埋件中心线位置时，应沿纵、横两个方向量测，并取其中的较大值；

   2. 表中梁类、板类构件上部纵向受力钢筋保护层厚度的合格点率应达到90%及以上，且不得有超过表中数值1.5倍的尺寸偏差。

# 第五章　混凝土工程

混凝土是以胶凝材料、水、细骨料、粗骨料，需要时掺入外加剂和矿物混合材料，按适当比例配合，经过均匀搅拌、密实成型及养护硬化而成的人工石材。

混凝土的各种组成材料，按一定比例，经搅拌后尚未凝结硬化的材料，称为混凝土拌合物，也可称为新拌混凝土。它具有一定的弹性、黏性和塑性，也可使用和易性或工作性来综合说明混凝土拌合物在这方面的性能。

硬化后的混凝土具有较高的抗压强度，因此，抗压强度是施工控制和评定混凝土质量的主要指标。标准抗压强度系指按标准方法制作和养护的边长为150mm立方体试件，在28d龄期，用标准试验方法测得的，保证率为95%的抗压强度。

混凝土抗拉强度相当低，抗拉强度一般与同龄期抗压强度的拉压比有关，拉压比的变化范围大致为6%～14%左右。混凝土的抗剪强度一般较抗拉强度大。经验表明，直接抗剪强度约为抗压强度的15%～25%，为抗拉强度的2.5倍左右。

混凝土承受小于静力强度的应力，经过几万次，甚至几百万次反复作用而发生破坏，称为疲劳破坏，抵抗疲劳破坏的强度就是疲劳强度。混凝土是一种典型的脆性材料，疲劳引起破坏的原因，主要是由于混凝土中细微裂纹发展。

混凝土在使用过程中抵抗各种破坏作用的能力叫混凝土的耐久性。混凝土耐久性的好坏决定混凝土工程的寿命，是一个很重要的性能，因此长期以来受到人们的高度重视。影响混凝土耐久性的因素主要有以下几种：冻融循环作用、碳化作用、环境水作用、风化作用、钢筋锈蚀作用和碱-骨料反应作用，其中最主要的是冻融循环作用和碳化作用。

衡量混凝土耐久性的主要指标是抗冻性、抗渗性、抗碱-骨料反应性和抗碳化性。

混凝土抵抗冻融破坏的能力，就是混凝土的抗冻性。根据混凝土试件所能承受的反复冻融循环的次数，混凝土的抗冻性划分为F10、F15、F25、F50、F100、F150、F200、F250、F300以上九个等级。

混凝土在有水的状况下，由于水压力的作用，水会沿着混凝土毛细孔向其内部渗透。抵抗这种渗透作用的能力，就是混凝土的抗渗性。根据混凝土试件在抗渗试验时所能承受的最大水压力，混凝土的抗渗性可划分为P12以上、P12、P10、P8、P6、P4等六个等级。

混凝土的品种是很多的，它们的性能和用途也各不相同，它可按下列方法分类：

（1）按其表观密度分

特重混凝土、重混凝土、轻混凝土、特轻混凝土等。

特重混凝土：质量密度大于2500kg/m³，由密实和特别重的骨料制成，主要用于原子能工程的屏蔽结构，具有防X射线和γ射线的作用。

重混凝土：质量密度在1900～2500kg/m³之间，用天然砂、石作骨料制成的，主要用于各种承重结构。它也是我们常称的普通混凝土。

轻混凝土：质量密度在500～1900kg/m³的各种混凝土。如陶粒混凝土、浮石混凝土等；多孔的质量密度大于 $500kg/m^3$ 的加气混凝土、泡沫混凝土等，可用于承重隔热结构。

特轻混凝土：质量密度在 $500kg/m^3$ 以下的，采用特轻骨料拌制成的。如膨胀珍珠岩混凝土、膨胀蛭石混凝土等，主要用于隔热保温层。

（2）按其用途分

结构混凝土、水工混凝土、耐火混凝土、耐酸混凝土、耐碱混凝土、防水混凝土、大坝混凝土、防辐射混凝土和特种混凝土（如钢纤维混凝土、玻璃纤维混凝土）等。

（3）按其强度分

高强混凝土，其强度大于等于 $60MPa$；超高强混凝土，其强度大于 $100MPa$；常用的一般强度混凝土，强度在 $10\sim60MPa$。

（4）按流动性分

干硬性混凝土、低流动性混凝土、塑性混凝土、流态混凝土等，是以其坍落度值的大小划分的。

（5）按施工方法分

泵送混凝土、喷射混凝土、大体积混凝土、预填骨料混凝土、水中混凝土、预应力混凝土等。

# 第一节　混凝土原材料及其监理验收

## 一、水泥

（一）水泥概述

水泥是一种无机粉状水硬性胶凝材料。水泥加水搅拌后成塑性浆体，能在空气和水中硬化，并把砂、石等材料有机地胶结在一起，具有一定的强度。因此它是一种非常常见和非常重要的建筑材料。

（二）水泥取样方法

1. 一般规定

水泥取样工具可采用手工取样器或自动取样器，取样部位应具有代表性，并且不应在污染环境中取样。一般在以下三个部位取样：（1）水泥输送管路中；（2）袋装水泥堆场；（3）散装水泥卸料处或水泥运输机具上。

2. 取样步骤

（1）手工取样步骤

对于散装水泥，当所取水泥深度不超过 $2m$ 时，每一个编号内采用散装水泥取样器随机取样。通过转动取样器内管控制开关，在适当位置插入水泥一定深度，关闭后小心抽出，将所取样品放入规定容器中。每次抽取的单样量应尽量一致。

对于袋装水泥，每一个编号内随机抽取不少于 20 袋水泥，采用袋装水泥取样器取样，将取样器沿对角线方向插入水泥包装袋中，用大拇指按住气孔，小心抽出取样管，将所取样品放入规定容器中。每次抽取的单样量应尽量一致。

（2）自动取样步骤

采用自动取样器取样。该装置一般安装在尽量接近水泥包装机或散装容器的管路中，从流动的水泥流中取出样品，将所取样品放入规定容器中。

3. 取样量

混合样的取样量应符合相关水泥标准要求。分割样的取样量应符合下列规定：（1）袋装水泥：每1/10编号从一袋中取至少6kg；（2）散装水泥：每1/10编号在5min内取至少6kg。

4. 样品制备与试验

（1）混合样

每一编号内所取水泥单样通过0.9mm方孔筛后充分混匀，一次或多次将样品缩分到相关标准要求的定量，均分为试验样和封存样。试验样按相关标准要求进行试验，封存样按相关要求贮存以备仲裁。样品不得混入杂物和结块。

（2）分割样

每一编号内所取10个分割样应分别通过0.9mm方孔筛，不得混杂，并按规定方法进行28d抗压强度匀质性试验。样品不得混入杂物和结块。

5. 包装与贮存

（1）样品取得后应贮存在密闭的容器中，封存样要加封条。容器应洁净、干燥、防潮、密闭、不易破损并且不影响水泥性能。

（2）存放封存样的容器应至少在一处加盖清晰不易擦掉的标有编号、取样时间、取样地点和取样人的密封印，如只有一处标志应在容器外壁上。

（3）封存样应密封贮存，贮存期应符合相应水泥标准的规定。试验样与分割样也应妥善保存。

（4）封存样应贮存于干燥、通风的环境中。

6. 取样单

样品取得后，应由负责取样人员填写取样单，应至少包括以下内容：水泥编号、水泥品种、强度等级、取样日期、取样地点、取样人。

（三）水泥质量标准

《水泥取样方法》GB/T 12573—2008；

《通用硅酸盐水泥》GB 175—2007；

《低热微膨胀水泥》GB 2938—2008；

《石灰石硅酸盐水泥》JC/T 600—2010；

《自应力铁铝酸盐水泥》JC/T 437—2010；

《道路硅酸盐水泥》GB 13693—2005；

《明矾石膨胀水泥》JC/T 311—2004。

（四）常用水泥品种

在建筑工程中，常用的水泥只有五种，分别是硅酸盐水泥、普通硅酸盐水泥、矿渣硅酸盐水泥、火山灰质硅酸盐水泥和粉煤灰硅酸盐水泥。

1. 硅酸盐水泥

硅酸盐水泥的特点：早期强度及后期强度都较高，在低温下强度增长比其他种类的水泥快，抗冻、耐磨性都好，但水化热较高，抗腐蚀性较差。

硅酸盐水泥分62.5R、62.5、52.5R、52.5、42.5R、42.5六个等级，R系指早强型

水泥。

2. 普通硅酸盐水泥

普通硅酸盐水泥除了早期强度比硅酸盐水泥低外，其他性能接近硅酸盐水泥。

普通硅酸盐水泥分 52.5R、52.5、42.5R、42.5 四个等级，R 系指早强型水泥。

3. 矿渣硅酸盐水泥

矿渣硅酸盐水泥的特性：早期强度较低，在低温环境中强度增长较慢，但后期强度增长快，水化热较低，抗硫酸盐侵蚀性较好，耐热性较好，但干缩变形较大，泌水性较大，抗冻、耐磨性较差。

矿渣硅酸盐水泥强度等级分为 52.5R、52.5、42.5R、42.5、32.5R、32.5 等六个等级。

4. 火山灰质硅酸盐水泥

火山灰质硅酸盐水泥的特性：早期强度较低，在低温环境中强度增长较慢，在高温潮湿环境中（如蒸汽养护）强度增长较快，水化热低，抗硫酸盐侵蚀性较好，但抗冻、耐磨性差，拌制混凝土用水量比普通水泥大，干缩变形也较大。

火山灰质硅酸盐水泥强度等级分为 52.5R、52.5、42.5R、42.5、32.5R、32.5 等六个等级。

5. 粉煤灰硅酸盐水泥

粉煤灰硅酸盐水泥的特性：早期强度较低，水化热比火山灰质硅酸盐水泥还低，和易性比火山灰质硅酸盐水泥要好，干缩性也较小，抗腐蚀性能好，但抗冻、耐磨性较差。

粉煤灰硅酸盐水泥强度等级分为 52.5R、52.5、42.5R、42.5、32.5R、32.5 等六个等级。

## 二、细骨料——砂

粒径在 5mm 以下的石质颗粒称为砂。砂是混凝土中的细骨料，可分为天然砂和人工砂两类。天然砂是由岩石风化等自然条件作用形成的，它可分为河砂、山砂、海砂等。由于河砂比较洁净、质地较好，所以配制混凝土时宜采用河砂。人工砂是将岩石用轧碎机轧碎后筛选而成的，但它细粉、片状颗粒较多，且成本也高，只有天然砂缺乏时才考虑用人工砂。

（1）表观密度。约 $1600kg/m^3$。

（2）颗粒级配和细度模数。颗粒级配是指砂子中不同粒径颗粒之间的搭配比例关系。采用同一粒径的砂子，空隙最大；因此要用粗、细及中间颗粒的砂子合理组合在一起，方能互相填充使空隙率最小，这种情况就称为良好级配。良好级配空隙小，可以降低水泥用量，且提高混凝土的密实度。

细度模数是反映砂子粒径的指标。一般按砂的平均粒径可分为粗、中、细、特细四类。

（3）砂的质量要求。配制混凝土的砂子，要求颗粒坚硬、洁净、砂中各种有害杂质的含量必须控制在一定范围之内。所谓有害杂质是指黏土、淤泥、云母片、轻物质、硫化物、硫酸盐及有机质等。

砂中黏土、淤泥、云母片、轻物质、有机物含量超过允许量，则会降低混凝土的强度；硫化物、硫酸盐含量超过允许值会影响混凝土的耐久性，并引起钢筋的锈蚀。因此，砂中的有害物质含量应控制在规范所规定的范围内。

### 三、粗骨料——碎石或卵石

由天然岩石或卵石经破碎、筛分而得的、粒径大于5mm的岩石颗粒，称为碎石或碎卵石；岩石经自然条件作用而形成的、粒径大于5mm的颗粒，称为卵石。这些粒径大于5mm的石子，在混凝土中称为粗骨料。它们是混凝土颗粒结构中的主骨架。其中碎石由于表面粗糙，颗粒与水泥粘结比卵石牢固，所以以碎石为粗骨料的混凝土在水泥用量、水灰比相同时，强度比以卵石为粗骨料的要高。

（1）表观密度。碎石为1400~1500kg/m³；卵石为1600~1800kg/m³。

（2）颗粒级配。同砂子一样，石子在混凝土中使用，也要有较好的级配。一般在工程上使用，要求连续粒级为5~40mm，其上限为40mm称为该类石子的最大粒径。

石子的最大粒径，是以能顺利施工和保证构件质量来确定的。规范中规定石子的最大粒径不得超过结构断面最小尺寸的1/4，同时又不得大于钢筋间最小净距的3/4。混凝土实心板允许采用石子的最大粒径不宜大于1/3板厚，但最大粒径又不得超过40mm。因此，小、薄的构件可以选用连续粒级为5~20mm类石子；空心板等可用5~12mm石子，用该类小石子拌出的混凝土，称为细石混凝土。

（3）石子强度。石子强度一种是用该类石子的岩石加工成立方体试压出的强度确定的；另一种是用钢筒装上石子进行试压，以被压碎的含量百分比（称为压碎值）来确定用于何种强度的混凝土。

（4）石子质量要求：

1）针、片状颗粒限制。所谓针状颗粒是指颗粒的长度大于该颗粒粒级的平均粒径2.4倍的石子；而石子的厚度小于平均粒径的0.4倍时，称为片状颗粒。平均粒径是指该粒级的上下限粒径的平均值，如5~40mm，其平均粒径为22.5mm。由于针、片状颗粒在混凝土骨料结合中不利于配合，所以根据混凝土强度的高低，含量有所限制。其限值是：

①大于等于C60强度的混凝土，粗骨料中针、片状颗粒含量应不大于8%；

②C55~C30强度的混凝土，粗骨料中针、片状颗粒含量应不大于15%；

③小于等于C25强度的混凝土，粗骨料中针、片状颗粒含量应不大于25%。

2）含泥量限制。对大于等于C60强度的混凝土，不大于0.5%；C55~C30强度的混凝土，不大于1.0%；小于等于C25强度的混凝土，不大于2.0%。对于有抗冻、抗渗或其他特殊要求的混凝土，其所用碎石或卵石中含泥量不应大于1.0%。

3）泥块含量限制。对大于等于C60强度的混凝土，不大于0.2%；C55~C30强度的混凝土，不大于0.5%；小于等于C25强度的混凝土，不大于0.7%。对于有抗冻、抗渗或其他特殊要求的强度等级小于C30的混凝土，其所用碎石或卵石中含泥量不应大于0.5%。

4）有害物质含量限制。硫化物和硫酸盐含量折算为$SO_3$，按重量计，不宜大于1.0%；卵石中有机质的含量用比色法试验。颜色不应深于标准色。当颜色深于标准色时，应采用水泥胶砂强度试验方法进行强度对比试验，抗压强度比不应低于0.95。

5）当怀疑碎石或卵石中因含有无定形二氧化硅而可能引起碱-骨料反应时，应根据混凝土结构或构件的使用条件，进行专门试验，以确定是否同意使用。

### 四、掺合料

掺合料是在混凝土中掺加后，可以代替等量水泥，还可以保证混凝土强度的材料。它与外加剂不同。外加剂往往均要加水成为液状后加入，加入量较少；它主要作用为改善混凝土的性能，提高混凝土的强度。而掺合料的作用主要是为了节约水泥，当然也改善性能。

掺合料以粉末状态直接投料，和其他材料一起进行搅拌后成为混凝土。在这里主要介绍目前常用的几种掺合料。

1. 粉煤灰

粉煤灰主要是发电厂烟囱中回落的粉状物质。根据国家标准《用于水泥和混凝土中的粉煤灰》GB/T 1596—2005 的规定，粉煤灰按煤种分为 F 类（由无烟煤或烟煤煅烧收集的粉煤灰）和 C 类（由褐煤或次烟煤煅烧收集的粉煤灰，其氧化钙含量一般大于 10%），并分为 Ⅰ 级、Ⅱ 级、Ⅲ 级三个等级。

由于粉煤灰可以改善混凝土的和易性，降低混凝土的泌水性，提高混凝土抗渗性及抗硫酸盐性，减少大体积混凝土的水化热，抑制碱-骨料反应等特点。所以，它在大体积混凝土、抗渗混凝土、泵送混凝土、抗硫酸盐和抗软水侵蚀混凝土、蒸养混凝土、碾压混凝土等场合使用。

在混凝土中掺粉煤灰应注意事项：

（1）粉煤灰能取代水泥量的最大限度见表 5-1。

粉煤灰取代水泥的最大量（kg）                表 5-1

| 混凝土种类 | 水 泥 种 类 | | | |
| --- | --- | --- | --- | --- |
| | 硅酸盐水泥 | 普通硅酸盐水泥 | 矿渣硅酸盐水泥 | 火山灰质硅酸盐水泥 |
| 预应力钢筋混凝土 | 25 | 15 | 10 | — |
| 钢筋混凝土<br>高强度混凝土<br>蒸养混凝土 | 30 | 25 | 20 | 15 |
| 中、低强度混凝土<br>泵送混凝土<br>大体积混凝土 | 50 | 40 | 30 | 20 |
| 碾压混凝土 | 65 | 55 | 45 | 35 |

（2）掺粉煤灰的混凝土，由于粉煤灰的活性发挥较慢，一般情况下 28d 强度较基准混凝土的低；需随着它的活性发挥强度才会增长，为了取得较大的经济效益，应充分利用后期强度，建议取 60d 或 90d 的强度。

（3）在低温及冬期施工时，由于掺加粉煤灰的混凝土强度发展慢，因此要掺加对粉煤灰混凝土无害的早强剂或抗冻剂，并采取适当的保温措施，以保证粉煤灰混凝土强度的正常发展。

（4）掺加粉煤灰的混凝土其配合比要由试验室试配，试验合格后方可提供。不能在施工现场根据参考限量表来取代水泥，否则易造成质量事故。

2. 粒化高炉矿渣粉

粒化高炉矿渣粉是指符合《用于水泥中的粒化高炉矿渣》GB/T 203—2008 规定的粒化高炉矿渣经干燥、粉磨（或添加少量石膏一起粉磨）达到相当细度且符合活性指数的粉体。矿渣粉磨时允许加入助磨剂，加入量不得大于矿渣粉质量的 0.5%。

根据《用于水泥和混凝土中的粒化高炉矿渣粉》GB/T 18046—2008，粒化高炉矿渣粉的主要质量指标如表 5-2 所示。

粒化高炉矿渣粉质量指标　　　　　　　　　　　　表 5-2

| 项　　目 | | | 级别 | | |
|---|---|---|---|---|---|
| | | | S105 | S95 | S75 |
| 密度（g/cm³） | | ≥ | 2.8 | | |
| 比表面积（m²/kg） | | ≥ | 500 | 400 | 300 |
| 活性指数（%） | ≥ | 7d | 95 | 75 | 55 |
| | | 28d | 105 | 95 | 75 |
| 流动度比（%） | | ≥ | 95 | | |
| 含水量（质量分数）（%） | | ≤ | 1.0 | | |
| 三氧化硫（质量分数）（%） | | ≤ | 4.0 | | |
| 氯离子（质量分数）（%） | | ≤ | 0.06 | | |
| 烧失量（质量分数）（%） | | ≤ | 3.0 | | |
| 玻璃体含量（质量分数）（%） | | ≥ | 85 | | |
| 放射性 | | | 合格 | | |

粒化高炉矿渣粉适用于抗硫酸盐介质的防腐混凝土和耐热混凝土中。

## 五、外加剂

在混凝土拌合过程中掺加的、能改善混凝土性能的材料，称为混凝土外加剂。

外加剂的掺量，应按其品种说明书并根据使用要求、施工条件、混凝土原材料等因素通过试验确定。其掺量（按固体计算），应以水泥质量的百分率表示。称量误差不应超过规定计量的 2%。

按照《混凝土外加剂》GB 8076—2008，常用的外加剂有：高性能减水剂（早强型、标准型、缓凝型）、高效减水剂（标准型、缓凝型）、普通减水剂（早强型、标准型、缓凝型）、引气减水剂、泵送剂、早强剂、缓凝剂及引气剂共八类，其代号见表 5-3。

外加剂名称及代号                                    表5-3

| 外加剂名称 | 外加剂代号 | 外加剂名称 | 外加剂代号 |
|---|---|---|---|
| 早强型高性能减水剂 | HPWR-A | 早强型普通减水剂 | WR-A |
| 标准型高性能减水剂 | HPWR-S | 标准型普通减水剂 | WR-S |
| 缓凝型高性能减水剂 | HPWR-R | 缓凝型普通减水剂 | WR-R |
| 标准型高效减水剂 | HWR-S | 引气减水剂 | AEWR |
| 缓凝型高效减水剂 | HWR-R | 泵送剂 | PA |
| 缓凝剂 | Re | 早强剂 | Ac |
| 引气剂 | AE | — | — |

高性能减水剂的减水率应不小于25%，高效减水剂的减水率应不小于14%，普通减水剂的减水率应不小于8%。

外加剂的品种应根据工程设计和施工要求选择，通过试验及技术经济比较确定。严禁使用对人体产生危害、对环境产生污染的外加剂。

掺外加剂混凝土所用水泥，宜采硅酸盐水泥、普通硅酸盐水泥、矿渣硅酸盐水泥、火山灰质硅酸盐水泥、粉煤灰硅酸盐水泥和复合硅酸盐水泥，并应检验外加剂与水泥的适应性，符合要求后方可使用。掺外加剂混凝土所用材料如水泥、砂、石、掺合料、外加剂均应符合国家现行有关标准的规定。

试配掺外加剂的混凝土时，应采用工程所用的原材料，检测项目应根据设计及施工要求确定，检测条件应与施工条件相同，当工程所用原材料或混凝土性能要求发生变化时，应再进行试配试验。不同品种外加剂复合使用时，应注意其相容性及对混凝土性能的影响，使用前应进行试验，满足后方可使用。

UEA掺加剂是近几年才使用的外加剂。UEA在常用五大水泥中的掺加量为每立方米混凝土中水泥用量的10%～14%。按设计规定掺量后的混凝土比不掺UEA的混凝土7d的抗压强度可提高10%～15%。但若掺量超过14%则膨胀增加、强度降低，这点必须注意。在计量操作时应特别重视。

掺加UEA外加剂后，可以提高混凝土的防水性，可适用于地下室自防水结构，此外还有强度提高、粘结强度提高的优点。有微小裂缝（小于0.25mm的裂缝）的结构，当在有水的情况下，由于UEA形成的膨胀结晶体具有强烈的生长能力，可以把微裂缝愈合，防止钢筋锈蚀和混凝土破坏。

使用UEA掺加剂应注意以下几点：

（1）混凝土中水泥用量最少应为300kg/m³。

（2）混凝土的配合比设计要经试验确定。

（3）UEA的投料应由专人负责，误差应小于用量的0.5%。

（4）UEA应和混凝土的其他材料一起投入搅拌机中，并要分散均匀。要求搅拌时间（比不掺的）延长30～60s，以达到拌和均匀、防止拌和不均引起不良后果的目的。

（5）振捣必须密实，不能漏振。

（6）浇筑完成的混凝土要及时覆盖草席养护，养护时间不宜少于14d，并经常保持湿润状态。

（7）UEA混凝土不能用在工作环境长期处在80℃以上的工程中。而施工温度低于5℃时，要采取保温措施。

（8）UEA应存放在干燥环境中，一般存放期为180d，在不受潮的情况下，有效使用期为2a。

### 六、混凝土原材料见证取样试验

（一）水泥

（1）验收批划分

1）散装水泥：同一厂家生产的同期出厂的同品种、同标号的水泥，以一次进场（厂）的同一出厂编号的水泥为一批，但一批的总量不得超过500t；

2）袋装水泥：同一厂家生产的同期出厂的同品种、同标号的水泥，以一次进场（厂）的同一出厂编号的水泥为一批，但一批的总量不得超过200t。

（2）试验项目：强度、安定性、凝结时间、细度、比表面积、不溶物、烧失量、氧化镁、三氧化硫和碱。

（3）取样方法及数量：按照前文所述的《水泥取样方法》GB/T 12573—2008进行。可连续取，也可从20个以上不同部位取等量样品，总量至少12kg。

（二）砂

（1）验收批划分：同产地、同规格的砂，用大型工具（如火车、货船、汽车）运输的，以400m³或600t为一验收批；用小型工具（如马车）运输的，以200m³或300t为一验收批，不足上述数量者以一批计。

（2）试验项目：颗粒级配、含泥量和泥块含量检验，一般还要检验表观密度、堆积密度。如为海砂，尚应检验其氯离子含量。对重要工程或特殊工程应根据工程要求，增加检测项目。若对其他指标的合格性有怀疑时，应予以检验。

（3）取样方法及数量：从料堆上取样时，取样部位应均匀分布。取样前先将取样部位表层铲除，然后由各部位抽取大致相等的砂共8份，总量不少于10kg，混合均匀。

（三）碎石（含碎卵石）

（1）验收批划分：同产地、同规格的碎石或卵石，用大型工具（如火车、货船、汽车）运输的，以400 m³或600t为一验收批；用小型工具（如马车）运输的，以200m³或300t为一验收批，不足上述数量者以一批计。当质量比较稳定，进料量又较大时，可定期检验。

（2）试验项目：颗粒级配、含泥量和泥块含量及针片状颗粒含量检验，一般还要检验表观密度、堆积密度。对重要工程或特殊工程应根据工程要求，增加检测项目。如对其他指标的合格性有怀疑时，应予以检验。

（3）取样方法及数量：从料堆上取样时，取样部位应均匀分布。在料堆的顶部、中部和底部分别选取均匀分布的五个不同部位，取样前先将取样部位表层铲除，然后由各部位抽取大致相等的石子共15份，总量不少于60kg，混合均匀。

（四）掺合料

1. 验收批划分

粉煤灰：通常以连续供应的200t（以含水量小于1%的干灰计）相同等级、相同种类的粉煤灰为一批，不足200t也按一批计。

粒化高炉矿渣粉：按出厂编号为一批，也可直接按不超过200t为一批。

2. 试验项目

粉煤灰：细度和烧失量。对同一生产厂家供应的粉煤灰，每月应测定一次需水量比，每季度应测一次三氧化硫含量。在日常生产中，应检验其含水率，以便据此调整每盘混凝土的水和粉煤灰用量。

粒化高炉矿渣粉：密度、比表面积、活性指数、流动度比。

3. 取样方法及数量

粉煤灰：对于散装灰，从运输工具或贮灰库或堆场中的不同部位取15份试样，每份试样1~3kg，混合均匀。对于袋装灰，从每批任抽10袋，从每袋中分取试样不少于1kg，混合均匀。

粒化高炉矿渣粉：取样有代表性，可连续取样；也可在20个以上的不同部位取等量样品，总重不少于20kg。取样应混合均匀，按四分法缩取出比试验所需要量大一倍的试样。

（五）外加剂

1. 验收批划分

同一厂家、同一品种的外加剂，以一次进场（厂）的同一出厂编号的外加剂为一批。

2. 试验项目

对于外加剂本身，要进行以下出厂试验：

（1）对于液体外加剂必须试验含固量和密度，对于粉体外加剂必须试验含水量和细度；

（2）所有外加剂必须试验pH值、氯离子含量、总碱量；

（3）对于标准型高效减水剂、缓凝型高效减水剂、早强型普通减水剂及泵送剂还需试验硫酸钠含量。

此外，还需以拌制混凝土的方式试验以下内容：

（1）各种外加剂均需试验泌水率比、含气量、凝结时间差、抗压强度比、收缩率比；

（2）除早强剂、缓凝剂外的各种外加剂需试验减水率；

（3）高性能减水剂和泵送剂还需试验1h经时的坍落度变化量；

（4）引气剂和引气减水剂还需试验1h经时的含气量变化量和相对耐久性。

3. 取样办法

采取试样时，视每批进料包装容器的容积、数量，或逐件取样，或随机任取几件采取等量试样并混合均匀。

（六）骨料碱活性检验

重要工程混凝土所用的粗、细骨料应进行碱活性检验。

（1）碱活性检验应按现行行业标准《普通混凝土用砂、石质量及检验方法标准》JGJ 52—2006的规定执行。

（2）骨料经碱活性检验判为有潜在危害时，属碱-碳酸盐反应的，不宜作混凝土骨料；如必须使用，应以专门的混凝土试验结果做出最后评定。

## 七、监理工程师对原材料验收

《混凝土结构工程施工质量验收规范》GB 50204—2002 第七章明确规定了对混凝土原材料进行验收的主控项目要求和一般项目要求，监理工程师进行验收时也要按这些规定进行。

（一）主控项目

（1）水泥进场时应对其品种、级别、包装或散装仓号、出厂日期等进行检查，并应对其强度、安定性及其他必要的性能指标进行复验，其质量必须符合现行国家标准《通用硅酸盐水泥》GB 175—2007 等的规定。

当在使用中对水泥质量有怀疑或水泥出厂超过三个月（快硬硅酸盐水泥超过一个月）时，应进行复验，并按复验结果使用。

钢筋混凝土结构、预应力混凝土结构中，严禁使用含氯化物的水泥。

检查数量：按同一生产厂家、同一等级、同一品种、同一批号且连续进场的水泥，袋装不超过200t为一批，散装不超过500t为一批，每批抽样不少于一次。

检验方法：检查产品合格证、出厂检验报告和进场复验报告。

（2）混凝土中掺用外加剂的质量及应用技术应符合现行国家标准《混凝土外加剂》GB 8076—2008、《混凝土外加剂应用技术规范》GB 50119—2003 等和有关环境保护的规定。

预应力混凝土结构中，严禁使用含氯化物的外加剂。钢筋混凝土结构中，当使用含氯化物的外加剂时，混凝土中氯化物的总含量应符合现行国家标准《混凝土质量控制标准》GB 50164—2011 的规定。

检查数量：按进场的批次和产品的抽样检验方案确定。

检验方法：检查产品合格证、出厂检验报告和进场复验报告。

（3）混凝土中氯化物和碱的总含量应符合现行国家标准《混凝土结构设计规范》GB 50010—2010 和设计的要求。

检验方法：检查原材料试验报告和氯化物、碱的总含量计算书。

（二）一般项目

（1）混凝土中掺用矿物掺合料的质量应符合现行国家标准《用于水泥和混凝土中的粉煤灰》GB/T 1596—2005 等的规定。矿物掺合料的掺量应通过试验确定。

检查数量：按进场的批次和产品的抽样检验方案确定。

检验方法：检查出厂合格证和进场复验报告。

（2）普通混凝土所用的粗、细骨料的质量应符合国家现行标准《普通混凝土用砂、石质量及检验方法标准》JGJ 52—2006 的规定。

检查数量：按进场的批次和产品的抽样检验方案确定。

检验方法：检查进场复验报告。

注：1. 混凝土用的粗骨料，其最大颗粒粒径不得超过构件截面最小尺寸的1/4，且不得超过钢筋最小净间距的3/4；

2. 对混凝土实心板，骨料的最大粒径不宜超过板厚的1/3，且不得超过40mm。

（3）拌制混凝土宜采用饮用水；当采用其他水源时，水质应符合国家现行标准《混凝土用水标准》JGJ 63—2006 的规定。

检查数量：同一水源检查不应少于一次。

检验方法：检查水质试验报告。

# 第二节　混凝土配合比确定

普通混凝土配合比设计，在于确定单位体积混凝土中水、水泥、砂和石了的用量（通常以质量计）。掺用外加剂，其用量以水泥质量的百分率表示。混凝土配合比的确定，应保证结构设计所规定的强度等级和施工和易性及坍落度的要求，并应符合合理使用材料、节约水泥的原则。在特殊的条件下，还应符合防水、抗冻、抗渗等要求。

在监理工作过程中，监理工程师应对混凝土的配合比进行审查，以确认所用的配合比是否能够符合设计要求，这是监理工作主动控制原则所要求的。《混凝土结构工程施工质量验收规范》GB 50204—2002 规定，对混凝土进行验收包括对配合比的审查和验收。

施工人员进行配合比设计时应首先按原材料性能及对混凝土的技术要求进行计算，并经试验室试配及调整，然后定出满足设计和施工要求并较经济合理的混凝土配合比。

普通混凝土配合比设计，一般应根据混凝土强度等级、耐久性及施工所要求的混凝土拌合物坍落度（或工作性）指标进行。如果混凝土还有其他技术性能要求，除在计算和试配过程中予以考虑外，尚应增添相应的试验项目，进行试验确认。

与过去不同的是，《混凝土结构工程施工质量验收规范》GB 50204—2002 规定，所有混凝土均必须进行配合比设计，不得采用经验配合比。

## 一、普通混凝土配合比设计基本要求

混凝土应满足设计需要的强度和耐久性，混凝土拌合料应具有良好的施工和易性和适宜的坍落度，混凝土的配合比要求有较适宜的技术经济性。

## 二、普通混凝土配合比计算

1. 普通混凝土配合比计算步骤

（1）计算出要求的试配强度，并求出相应的水胶比；

（2）选取每立方米混凝土的用水量，并由此计算出混凝土的单位水泥用量；

（3）选取合理的砂率值，计算出粗、细骨料的用量，并提出供试配用的配合比。

混凝土配合比的计算应按《普通混凝土配合比设计规程》JGJ 55—2011 提供的方法与数据进行。

2. 试配强度

对于混凝土的设计强度等级小于 C60 时，

$$f_{cu,0} \geqslant f_{cu,k} + 1.645\sigma \tag{5-1}$$

对于混凝土的设计强度等级不小于 C60 时，

$$f_{cu,0} \geqslant 1.15 f_{cu,k} \tag{5-2}$$

式中　$f_{cu,0}$——混凝土配制强度（MPa）；

$f_{cu,k}$——混凝土立方体抗压强度标准值，这里取混凝土的设计强度等级值（MPa）；

$\sigma$——混凝土的强度标准差（MPa）。

### 三、混凝土拌合物试配和调整

按照工程中实际使用的材料和搅拌方法，根据理论计算出的配合比进行试拌，以检查拌合物的性能。当试拌出的拌合物坍落度不能满足要求或黏聚性和保水性不好时，应在保证水胶比不变的情况下相应调整用水量或砂率，直到符合要求为止。然后提出供混凝土强度试验用的基准配合比。

每盘混凝土试拌的数量不应少于表5-4所规定的数值，如需要进行抗冻、抗渗或其他项目试验，应根据实际需要计算用量。采用机械搅拌时，拌合量应不小于该搅拌机额定搅拌量的1/4且不应大于搅拌机额定搅拌量。

制作混凝土强度试块时，至少应采用三个不同的配合比，其中一个是按上述方法得出的基准配合比，另外两个配合比的水胶比，应较基准配合比分别增加或减少0.05，其用水量应与基准配合比相同，但砂率值可分别增加和减少1%。混凝土强度试块的边长与换算系数，应符合表5-5的规定。

混凝土试拌的数量　　表5-4

| 粗骨料最大粒径（mm） | 拌合物数量（L） |
|---|---|
| ≤31.5 | 20 |
| 40.0 | 25 |

混凝土试块的换算系数　　表5-5

| 骨料最大粒径（mm） | 试件尺寸（mm） | 强度的尺寸换算系数 |
|---|---|---|
| ≤31.5 | 100×100×100 | 0.95 |
| ≤40 | 150×150×150 | 1.00 |
| ≤63 | 200×200×200 | 1.05 |

注：对强度等级为C60及以上的混凝土试件，其强度的尺寸换算系数可通过试验确定。

制作混凝土强度试块时，尚需试验混凝土的坍落度、黏聚性、保水性及混凝土拌合料质量密度，作为代表这一配合比的混凝土拌合料的各项基本性能。

每种配合比应至少制作一组（3块）试块。标准养护28d后进行试压；有条件的单位也可同时制作多组试块，供快速检验或较早龄期的试压，以便提前提出混凝土配合比供施工使用。但以后仍必须以标准养护28d的检验结果为准，据此调整配合比。

经过试配和调整以后，便可按照所得的结果确定混凝土的施工配合比，由试验得出的各胶水比和混凝土强度，用作图法或计算求出略大于$f_{cu,0}$对应的胶水比。这样，初步定出混凝土所需的配合比，其值为：

（1）用水量（$m_w$）——取基准配合比中的用水量值，并根据制作强度试块时测得的水胶比值，加以适当调整；

（2）胶凝材料用量（$m_b$）——用水量乘以经试验确定为达到$f_{cu,0}$所必须的胶水比；

（3）粗骨料（$m_g$）和细骨料（$m_s$）用量———取基准配合比中的粗骨料和细骨料用量，并按定出的水胶比作适当调整。

按上述各项定出的配合比算出混凝土的表观密度计算值，即：

混凝土表观密度计算值 = $m_w + m_b + m_s + m_g$

将混凝土的实测密度除以计算密度得出校正系数 $\delta$。

当混凝土拌合物表观密度实测值与计算值之差的绝对值不超过计算值的 2% 时按上述方法调整的配合比可维持不变；当二者之差超过 2% 时，应将配合比中每项材料用量均乘以校正系数（$\delta$）。

### 四、混凝土施工配合比确定

（1）在混凝土施工中，监理工程师应督促施工人员测定骨料及湿排粉煤灰的含水率，每一工作班不少于一次。当雨天或含水率有明显变化时，应增加测定次数。同时，监理工程师在旁站中应进行坍落度的检测。

（2）根据设计配合比和含水率检测结果，及时调整用水量和骨料及粉煤灰用量。外加剂水溶液中的水也应在总用水量中扣除。

（3）根据调整后的配合比和搅拌机出料容量，换算出一盘混凝土的实际材料用量，并挂牌公布据以配料。

（4）在混凝土施工中，当骨料颗粒级配发生显著变化时，混凝土配合比的调整应由试验室的专业人员进行。当原材料发生显著变化时，应重新进行配合比设计。施工过程中严禁随意改变配合比。

### 五、抗渗混凝土

（1）抗渗混凝土所用原材料应符合下列规定：

1）水泥宜采用普通硅酸盐水泥；

2）粗骨料宜采用连续级配，其最大粒径不宜大于 40mm，含泥量不得大于 1.0%，泥块含量不得大于 0.5%；

3）细骨料宜采用中砂，其含泥量不得大于 3.0%，泥块含量不得大于 1.0%；

4）抗渗混凝土宜掺用外加剂和矿物掺合料，粉煤灰等级应为 I 级或 II 级。

（2）抗渗混凝土配合比的计算方法和试配步骤除应符合普通混凝土的规定外，尚应符合下列规定：

1）每立方米混凝土中的胶凝材料用量不宜小于 320kg；

2）砂率宜为 35% ~ 45%；

3）供试配用的最大水胶比应符合表 5-6 的规定。

抗渗混凝土最大水胶比　　　　　　　　　　　　　表 5-6

| 设计抗渗等级 | 最 大 水 胶 比 | |
| --- | --- | --- |
| | C20 ~ C30 | > C30 |
| P6 | 0.60 | 0.55 |
| P8 ~ P12 | 0.55 | 0.50 |
| > P12 | 0.50 | 0.45 |

（3）掺用引气剂的抗渗混凝土，应进行含气量试验，其含气量宜控制在 3.0% ~ 5.0%。

（4）进行抗渗混凝土配合比设计时，尚应增加抗渗性能试验，并应符合下列规定：

1）试配要求的抗渗水压值应比设计值提高 0.2MPa；

2）试配时，宜采用水胶比最大的配合比作抗渗试验，其试验结果应符合相关规程的规定。

### 六、抗冻混凝土

（1）抗冻混凝土所用原材料应符合下列规定：

1）水泥应选用硅酸盐水泥或普通硅酸盐水泥，不宜使用火山灰质硅酸盐水泥；

2）宜选用连续级配的粗骨料，其含泥量不得大于 1.0%，泥块含量不得大于 0.5%；

3）细骨料含泥量不得大于 3.0%，泥块含量不得大于 1.0%；

4）抗冻等级 F100 及以上的抗冻混凝土宜掺用引气剂，掺用后混凝土的含气量应符合有关规程的规定；

5）粗骨料和细骨料均应进行坚固性试验，并应符合现行行业标准《普通混凝土用砂、石质量及检验方法标准》JGJ 52—2006 的规定；

6）在钢筋混凝土和预应力混凝土中不得掺用含有氯盐的防冻剂；在预应力混凝土中不得掺用含有亚硝酸盐或碳酸盐的防冻剂。

（2）抗冻混凝土配合比应符合下列规定：

1）最大水胶比和最小胶凝材料用量应符合表 5-7 规定。

抗冻混凝土最大水胶比和最小胶凝材料用量　　　　　表 5-7

| 设计抗冻等级 | 最 大 水 胶 比 | | 最小胶凝材料用量（kg/m³） |
| --- | --- | --- | --- |
| | 无引气剂时 | 掺引气剂时 | |
| F50 | 0.55 | 0.60 | 300 |
| F100 | 0.50 | 0.55 | 320 |
| ≥F150 | — | 0.50 | 350 |

2）复合矿物掺合料掺量宜符合表 5-8 的规定。

符合矿物掺合料最大掺量　　　　　表 5-8

| 水 胶 比 | 最 大 掺 量（%） | |
| --- | --- | --- |
| | 采用硅酸盐水泥时 | 采用普通硅酸盐水泥时 |
| ≤0.40 | 60 | 50 |
| >0.40 | 50 | 40 |

注：1. 采用其他通用硅酸盐水泥时，可将水泥混合材掺量 20% 以上的混合材量计入矿物掺合料；

2. 复合矿物掺合料中各矿物掺合料组分的掺量不宜超过规定的单掺时的限量。

3. 进行抗冻混凝土配合比设计时，尚应增加抗冻融性能试验。

### 七、高强混凝土

（1）配制高强混凝土所用原材料应符合下列规定：

1）应选用硅酸盐水泥或普通硅酸盐水泥；

2）粗骨料宜采用连续级配，其最大公称粒径不宜大于25.0mm，其针片状颗粒含量不宜大于5.0%，含泥量不应大于0.5%，泥块含量不应大于0.2%；其他质量指标应符合现行行业标准《普通混凝土砂、石质量及检验方法标准》JGJ 52—2006的规定；

3）细骨料的细度模数宜为2.6~3.0，含泥量不应大于2.0%，泥块含量不应大于0.5%；其他质量指标应符合现行行业标准《普通混凝土砂、石质量及检验方法标准》JGJ 52—2006的规定；

4）宜采用减水率不小于25%的高性能减水剂；

5）宜复合掺用粒化高炉矿渣粉、粉煤灰和硅灰等矿物掺合料；粉煤灰等级不应低于Ⅱ级；对于强度等级不低于C80的高强混凝土宜掺用硅灰。

（2）高强混凝土配合比的计算方法和步骤除应按前述普通混凝土的规定进行外，尚应符合下列规定：

1）水胶比、胶凝材料用量和砂率可按表5-9选取，并应经试配确定。

水胶比、胶凝材料用量和砂率 表5-9

| 强 度 等 级 | 水 胶 比 | 胶凝材料用量（kg/m³） | 砂 率（%） |
|---|---|---|---|
| ≥C60，＜C80 | 0.28~0.34 | 480~560 | |
| ≥C80，＜C100 | 0.26~0.28 | 520~580 | 35~42 |
| C100 | 0.24~0.26 | 550~600 | |

2）外加剂和矿物掺合料的品种、掺量，应通过试验确定；矿物掺合料掺量宜为25%~40%；硅灰掺量不宜大于10%；

3）高强混凝土的水泥用量不宜大于550kg/m³。

（3）高强混凝土配合比的试配与确定的步骤应按前述普通混凝土的规定进行。当采用三个不同的配合比进行混凝土强度试验时，其中一个应为基准配合比，另外两个配合比的水胶比，宜较基准配合比分别增加和减少0.02。

（4）高强混凝土设计配合比确定后，尚应采用该配合比进行不少于三盘混凝土的重复试验，每盘混凝土应至少成型一组试件，每组混凝土的抗压强度不应低于配制强度。

## 八、泵送混凝土

（1）泵送混凝土所采用的原材料应符合下列规定：

1）泵送混凝土宜选用硅酸盐水泥、普通硅酸盐水泥、矿渣硅酸盐水泥和粉煤灰硅酸盐水泥，不宜采用火山灰质硅酸盐水泥；

2）粗骨料宜采用连续级配，其针片状颗粒含量不宜大于10%，粗骨料的最大公称粒径与输送管径之比宜符合表5-10的规定；

3）泵送混凝土宜采用中砂，其通过公称直径为0.315mm筛孔的颗粒含量不宜少于15%；

**粗骨料的最大公称粒径与输送管径之比**　　　　　　　表 5-10

| 粗骨料品种 | 泵送高度（m） | 粗骨料的最大公称粒径与输送管径之比 |
|---|---|---|
| 碎石 | <50 | ≤1:3.0 |
| | 50~100 | ≤1:4.0 |
| | >100 | ≤1:5.0 |
| 卵石 | <50 | ≤1:2.5 |
| | 50~100 | ≤1:3.0 |
| | >100 | ≤1:4.0 |

4）泵送混凝土应掺用泵送剂或减水剂，并宜掺用矿物掺合料，其质量应符合国家现行有关标准的规定。

（2）泵送混凝土试配时要求的坍落度值应按下式计算：

试配时要求的坍落度值 = 入泵时要求的坍落度值 + 试验测得在预计时间内的坍落度经时损失值。

（3）泵送混凝土配合比的计算和试配步骤除应按普通混凝土的规定进行外，尚应符合下列规定：

1）泵送混凝土的胶凝材料总量不宜小于 $300kg/m^3$；

2）砂率宜为 35%~45%。

## 九、大体积混凝土

（1）大体积混凝土所用的原材料应符合下列规定：

1）配制大体积混凝土所用水泥的选择及其质量应符合下列规定：

①所用水泥应符合现行国家标准《通用硅酸盐水泥》GB 175—2007 的有关规定，当采用其他水泥时，其性能指标必须符合国家现行有关标准的规定；

②宜采用中、低热硅酸盐水泥或低热矿渣硅酸盐水泥，水泥的 3d 和 7d 水化热应符合现行国家标准规定；当采用硅酸盐水泥或普通硅酸盐水泥时，应掺加矿物掺和料，胶凝材料 3d 和 7d 水化热分别不宜大于 240kJ/kg 和 270kJ/kg；水化热试验方法，应按现行国家标准执行；

③当混凝土有抗渗指标要求时，所用水泥的铝酸三钙含量不宜大于 8%；

④所用水泥在搅拌站的入机温度不宜大于 60℃。

2）水泥进场时应对水泥品种、强度等级、包装或散装仓号、出厂日期等进行检查，并应对其强度、安定性、凝结时间、水化热等性能指标及其他必要的性能指标进行复检。

3）骨料的选择，除应符合国家现行标准《普通混凝土用砂、石质量及检验方法标准》JGJ 52—2006 的有关规定外，尚应符合下列规定：

①细骨料宜采用中砂，其细度模数宜大于 2.3，含泥量不应大于 3.0%；

②粗骨料宜采用粒径 5~31.5mm，并应连续级配，含泥量不应大于 1.0%；

③应选用非碱活性的粗骨料；

④当采用非泵送施工时，粗骨料的粒径可适当增大。

4）粉煤灰和粒化高炉矿渣粉，其质量应符合现行国家标准《用于水泥和混凝土中的粉煤灰》、GB/T 1596—2005 和《用于水泥和混凝土中的粒化高炉矿渣粉》GB/T 18046—2008 的有关规定。大体积混凝土宜掺用矿物掺合料和缓凝型减水剂。

5）所用外加剂的质量及应用技术，应符合现行国家标准《混凝土外加剂》GB 8076—2008、《混凝土外加剂应用技术规范》GB 50119—2003 和有关环境保护标准的规定。

6）外加剂的选择除应满足上条规定外，尚应符合下列要求：

①外加剂的品种、掺量应根据工程所用胶凝材料经试验确定；

②应提供外加剂对硬化混凝土收缩等性能的影响；

③耐久性要求较高或寒冷地区的大体积混凝土，宜采用引气剂或引气减水剂。

7）拌合水的质量应符合国家现行标准《混凝土用水标准》JGJ 63—2006 的有关规定。

（2）大体积混凝土配合比设计

1）大体积混凝土配合比设计，除应按普通混凝土的有关规定外，尚应符合下列规定：

①采用混凝土 60d 或 90d 龄期强度作指标时，应将其作为混凝土配合比的设计依据；

②所配置的混凝土拌合物，到浇筑工作面的坍落度不宜大于 160mm；

③拌合物用水量不宜大于 175kg/m³；

④粉煤灰掺量不宜超过胶凝材料用量的 40%，矿渣粉的掺量不宜超过胶凝材料用量的 50%，粉煤灰和矿渣粉掺合料的总量不宜大于混凝土中胶凝材料用量的 50%；

⑤水胶比不宜大于 0.55；

⑥砂率宜为 38%～42%。

2）在混凝土制备前，应进行常规配合比试验，并应进行水化热、泌水率、可泵性等对大体积混凝土控制裂缝所需的技术参数试验；必要时其配合比设计应当通过试泵送。

3）在确定混凝土配合比时，应根据混凝土的绝热温升、温控施工方案的要求等，提出混凝土制备时粗细骨料和拌合用水及入模温度控制的技术要求。

### 十、混凝土配合比设计监理审查与验收

（一）监理工程师对所有混凝土配合比进行审查的要点

（1）过程的审查。混凝土的配合比必须由专业试验室经配合比设计后签发。进行混凝土配合比设计时，应首先根据现场实际所用原材料的性能及对混凝土的技术要求进行计算，再经试验室试配及调整，定出既满足设计和施工要求，又比较经济合理的混凝土配合比。

（2）结果的验证。监理工程师要根据要求的混凝土强度等级及混凝土拌合物的坍落度，并结合以往的经验配合比和本工程的实际情况进行混凝土配合比审查，一般还应对配合比进行试验验证。当混凝土有其他技术性能要求时，必须进行相应项目的试验验证。

（二）主控项目

混凝土应按国家现行标准《普通混凝土配合比设计规程》JGJ 55—2011 的有关规定，根据混凝土强度等级、耐久性和工作性等要求进行配合比设计。

对有特殊要求的混凝土，其配合比设计尚应符合国家现行有关标准的专门规定。

检验方法：检查配合比设计资料。

（三）一般项目

（1）首次使用的混凝土配合比应进行开盘鉴定，其工作性应满足设计配合比的要求。开始生产时应至少留置一组标准养护试件，作为验证配合比的依据。

检验方法：检查开盘鉴定资料和试件强度试验报告。

（2）混凝土拌制前，应测定砂、石含水率并根据测试结果调整材料用量，提出施工配合比。

检查数量：每工作班检查一次。

检验方法：检查含水率测试结果和施工配合比通知单。

## 第三节 现浇混凝土结构

### 一、混凝土施工工艺要点

混凝土施工工艺，见图 5-1。

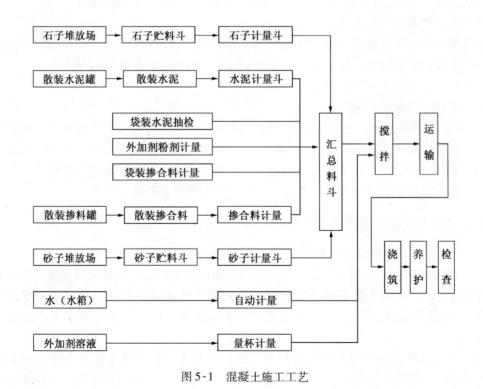

图 5-1 混凝土施工工艺

（一）混凝土拌制与运输

混凝土的拌制有人工拌制、机械拌制和集中拌制三种方式。在主体结构施工中不应采用人工拌制。

1. 加料

在搅拌第一盘混凝土前，应先加水空转几分钟，润湿搅拌筒并倒净积水后再加料搅拌。考虑到筒壁上的砂浆损失，第一盘一般比配合比少加一半石子，第二盘及以后则按配合比规定下料。自落式搅拌机运转后，按石、水泥、砂的顺序将原料装入上料斗中投入搅拌机中搅拌，水在搅拌过程中陆续加入。强制式搅拌机投料可将石子、水泥、砂和水同时加入。

粉煤灰掺入混凝土中可采用干掺或湿掺。

外加剂的掺加方法应参考说明书在专业人员指导下进行，必要时要经试验确定。

粉剂：先按每盘用量称好，再装入纸袋或薄膜袋盛好，在搅拌时加入。称量时要注意防止吸湿性的组分吸收空气中的水分受潮。

液体外加剂及溶液：先充分摇匀或搅匀，按规定浓度用量筒或自动称量装置计量，并要经常检查溶液的浓度，再根据选择的掺加方法加入。

2. 搅拌

（1）自全部材料装入搅拌筒中起，至混凝土开始出料止，连续搅拌最短时间不应小于表 5-11 的规定。

混凝土搅拌最短时间（s） 表 5-11

| 混凝土坍落度（mm） | 搅拌机机型 | 搅拌机出料量（L） | | |
|---|---|---|---|---|
| | | < 250 | 250 ~ 500 | > 500 |
| ≤40 | 强制式 | 60 | 90 | 120 |
| | 自落式 | 90 | 120 | 150 |
| >40 且 <100 | 强制式 | 60 | 60 | 90 |
| | 自落式 | 90 | 90 | 120 |
| ≥100 | 强制式 | 60 | | |
| | 自落式 | 90 | | |

注：1. 掺有外加剂时，应增加 30 ~ 60s；
2. 掺有掺合料时宜用强制式搅拌机搅拌，搅拌时间宜延长 30 ~ 60s。

（2）搅拌筒中装满材料时，搅拌机不得停转。在搅拌过程中，严禁边出料边进料，应将搅拌机内上一次搅拌好的混凝土出完后，方可再次投料。

（3）大体积混凝土的搅拌可采用二次投料的砂浆裹石或净浆裹石搅拌工艺，以改善骨料的界面条件，提高混凝土强度，或在同等强度下减少水泥用量。

3. 运输

现场常用的垂直和水平运输方法：

（1）泵+拆、装泵管相配合。流程为：搅拌机(搅拌运输车)卸料→混凝土泵送→浇筑点随拆、装泵管随布料。

（2）翻斗井架+小车。流程为：搅拌机卸料→翻斗提升贮料筒→小车运到浇筑点下料。

（3）井架＋小车。流程为：搅拌机卸料→小车＋吊盘提升→小车运到浇筑点下料。

（4）塔吊＋料斗。流程为：搅拌机（搅拌运输车）卸料→料斗→塔吊提升与水平行走→浇筑点下料。

（5）泵＋布料杆。流程为：搅拌机（搅拌运输车）卸料→混凝土泵送→布料杆浇筑点布料。

（二）基础混凝土浇筑

1. 台阶式柱基

基础施工时，可按台阶分层一次浇筑完毕，不允许留设施工缝。如条件许可，宜采用柱基流水作业方式，即先浇柱基的第一级混凝土，再回转依次浇筑第二级。为了保证杯口模板的位置稳固，应在模板四周对称倾倒混凝土。高杯口基础，可采用后安装杯模的方法，即当混凝土浇筑到接近杯口底时，安装杯口模板后再浇筑。

2. 条形基础、板式基础

条形基础应根据其厚度分段分层浇筑，每段长度宜控制在 2～3m 距离，各层各段应互相衔接，逐层逐段呈阶梯形状沿条形基础长度方向向后浇筑。不得先把下层全部浇筑完毕再浇筑上一层。连续的条形基础，宜一次浇筑完毕，不留施工缝。板式基础的混凝土浇筑应从板的短方向开始沿板长的方向，由一端向另一端浇筑；也可分两小组从中间开始向两端进行浇筑。

3. 设备基础

设备基础浇筑顺序应从低处开始，沿长度方向由一端向另一端浇筑；也可采用由中间向两端或由两端向中间的浇筑顺序。浇筑地脚螺栓部位的混凝土时，严禁将混凝土斜向堆放振捣，以防固定螺栓的模板位移，或者引起螺栓下部位移而发生偏差。对于重要设备基础地脚螺栓，在混凝土浇筑过程中，应用经纬仪随时观测并及时纠正偏差。地脚螺栓的丝口部位应在浇筑前用油布扎好，防止水泥浆污染和碰坏丝牙。预留螺栓孔、楔形木塞或模板，在振捣混凝土时，应注意保持位置垂直不偏移。当混凝土浇筑到地脚螺栓底部和浇筑至螺栓高度 1/3 时，应进行两次复测检查，发现偏差及时纠正。

4. 基础大体积混凝土浇筑

大体积混凝土连续浇筑可选用以下方案：

（1）全面分层。这种方法适用于结构面积不太大的工程。施工时从短边开始进行浇筑，也可以从中间向两端或从两端向中间同时进行浇筑。第一层浇筑完毕后，再回头浇筑第二层，此时，第一层的混凝土应保证还未初凝。

（2）分段分层。这种方法适用于厚度不大而面积或长度较大的工程。施工时从底层一端开始浇筑，进行到一定距离后就回头浇筑第二层，再同样依次浇筑以上各层。当浇筑完最后一层时，应保证第一层还未初凝，则又可进行第二段的依次分层浇筑。

（3）斜面分层。这种方法适用于结构的长度超过厚度 3 倍以上。先从端部底下开始，使浇筑层成斜面逐渐上移。如工程较大，可从两端开始，在中部汇合。

（4）自然分层。这种方法适用于泵送的大坍落度混凝土，且面积也很大的工程。浇筑时，可利用混凝土自然流淌形成的斜坡进行分层，振捣时一般布置三道振捣器，第一道在混凝土坡顶，第二道在混凝土斜坡中间，第三道在混凝土坡脚。

大体积混凝土施工经设计单位同意，可以分层或（和）分块间歇浇筑。以减小结构尺寸，减轻内外约束，利于散热，降低最高温升。

（三）框架混凝土浇筑

多层框架按分层分段施工，水平方向以结构平面的伸缩缝分段，垂直方向按结构层次分层。在每层中先浇筑柱，再浇筑梁、板。

柱浇筑宜在梁、板模板安装后，钢筋未绑扎前进行，以便利用梁、板模板稳定柱模和作为浇筑柱混凝土操作平台用。

浇筑混凝土时应连续进行，如必须间歇时，应按规定的间隙时间执行。

浇筑混凝土时，浇筑层的厚度不得超过插入式振捣器作用部分长度的 1.25 倍。混凝土浇筑过程中，要分批做坍落度试验，如坍落度与原规定不符时，应予调整配合比。

混凝土浇筑过程中，要保证混凝土保护层厚度及钢筋位置的正确性。不得踩踏钢筋，移动预埋件和预留孔洞的原来位置，如发现偏差和位移，应及时校正。特别要重视竖向结构的保护层和板、雨篷结构负弯矩部分钢筋的位置。

竖向结构应分段浇筑，采用竖向串筒导送混凝土时，竖向结构的浇筑高度可不加限制。无筒时高度一般不超过 3m。

在浇筑剪力墙、薄墙、立柱等狭深结构时，为避免混凝土浇筑至一定高度后，由于积聚大量浆水而可能造成混凝土强度不匀的现象，宜在浇筑到适当的高度时，适量减少混凝土的配合比用水量。

肋形楼板的梁、板应同时浇筑，浇筑方法应先将梁根据高度分层浇捣成阶梯形，当达到板底位置时即与板的混凝土一起浇筑。

（四）剪力墙混凝土浇筑

剪力墙浇筑除按一般原则进行外，还应注意以下几点：

（1）门窗洞口部位应两侧同时下料，高差不能太大，以防止门窗洞口模板移动。先浇捣窗台下部，后浇捣窗间墙，以防窗台下部出现蜂窝孔洞。

（2）开始浇筑时，应先浇筑 100mm 厚与混凝土砂浆成分相同的水泥砂浆，每次铺设厚度以 500mm 为宜。

（3）混凝土浇捣过程中，不可随意挪动钢筋，要经常加强检查钢筋保护层厚度及所有预埋件的牢固程度和位置的准确性。

（4）墙与筒体应分段浇筑，每段的高度不应大于 3m，对于筒体宜先沿模板四周浇筑 200~300mm 厚的混凝土，并振捣密实后才可按常规分层下料浇筑，不得使相对两块墙体内的混凝土产生较大高差，造成模板倾斜。

（5）当墙的高度大于 2m，厚度小于 250mm，而又不能采用串筒下料时，应分层浇筑，每层高度不宜超过墙厚的 5 倍，模板应留活动门板。

**二、混凝土施工监理巡视旁站要点**

考虑到混凝土工程的特点及影响面，监理工程师在混凝土施工中应全过程旁站。在旁站过程中监理工程师要解决拌制质量、浇筑顺序与振捣密实、设置施工缝和后浇带三个方面的任务。

（一）混凝土拌制与运输监理旁站要点

混凝土拌制中监理工程师的任务就是要按配合比进行材料计量检查，经常检查坍落度，严格控制水灰比。未经试验室调整，不得随意增加或减少用水量。

监理工程师在拌和现场应要求施工单位在搅拌机旁挂牌公布配合比和每盘混凝土各种原材料用量。混凝土原材料计量的允许偏差如表 5-12 所示。

干料的计量：水泥、砂、石、掺合料等干料常用磅秤、电动磅秤、杠杆式连续计量装置、电子秤等计量装置称量。现场使用磅秤计量时，每一工作班正式称量前，应进行零点校准。

**混凝土原材料计量的允许偏差　表 5-12**

| 序　号 | 材料名称 | 允许偏差（%） |
|---|---|---|
| 1 | 胶凝材料 | ±2 |
| 2 | 粗、细骨料 | ±3 |
| 3 | 水、外加剂 | ±1 |

水的计量：常用搅拌机的配水箱和控制开关、计时式自动加水装置或定量水表等，但要注意进行校准。

外加剂的计量如前文所述。

各种计量器具应定期进行检定校准，保持准确。

外加剂与掺合料使用的注意事项：

（1）含有粉煤灰、磨细矿渣等不溶物及溶解度较小的盐类时，必须以粉剂掺加。液体、已受潮的粉剂或以溶液使用在计量及掺加方法上比较精确和方便时，则宜配制成适当浓度的溶液或直接以液体掺加。此时要注意防止不溶物及溶解度较小的盐类在低温时析出而影响使用效果，可适当加热后搅拌溶解。受潮结块以粉剂掺加时必须烘干、粉碎，细度满足要求后方可使用。

（2）溶液复合使用时，要注意其共溶性，如氯化钙、硝酸钙、亚硝酸钙溶液不可与硫酸钠溶液混合。

（3）硫酸钠及含有硫酸钠的粉剂，可加入水泥中，不要先与潮湿的砂、石混合。

监理工程师一方面要控制混凝土的搅拌时间要符合上表规定（表 5-11），监理工程师另一方面还要从出料口检查各种配料的均匀程度。

混凝土运输的基本要求：

（1）混凝土的运输能力必须保证混凝土的连续浇筑，尤其是不允许留施工缝的结构更应保证。

（2）混凝土在运输过程中，应保持其匀质性，做到不分层、不离析、不漏浆、保持较好的和易性。运至浇筑地点时应具有规定的坍落度。若混凝土运至浇筑地点出现离析或分层现象，应进行二次搅拌后方可入模。

（二）浇筑顺序与振捣密实监理旁站要点

1. 浇筑

混凝土运至施工现场时，应随即进行浇筑，并在初凝前浇筑完毕。浇筑的顺序应在浇筑前根据结构特点、混凝土量大小、混凝土运输条件和气温等综合确定，在浇筑过程中应予以执行。从出料口到浇筑完成之间的时间应符合表 5-13 所示，扣除浇筑时间就是混凝土运输时间的限值。超过允许的运输时间监理工程师应要求施工人员拒绝接受，并记录在案。

当浇筑高度超过 3m 时，可使用串筒、斜槽或溜管下料，串筒的最下两节应保持与混凝土浇筑面垂直。浇筑泵送、高强混凝土时，混凝土自高处倾落的自由高度，一般不宜超过 2m。当拌料的水灰比较低且外加掺合料、有较好的和易性时，倾落的自由高度在不出现分层、沁水、离析的条件下允许适当增加。

**混凝土从出料到浇筑完毕的延续时间** 表 5-13

| 气 温 | 延 续 时 间（min） | | |
|---|---|---|---|
| | 施 工 现 场 | 混凝土制品厂 | 预拌混凝土搅拌站 |
| ≤25℃ | 120 | 90 | 150 |
| >25℃ | 90 | 60 | 120 |

注：掺加外加剂或使用快硬水泥的混凝土延续时间应通过试验确定。

为使混凝土密实，监理工程师在旁站中应注意检查分层并连续浇筑的分层厚度，避免一次投料过多，不易振实。每层厚度不得超过表 5-14 的规定。

浇筑混凝土应连续进行。若受客观条件的限制必须间歇时，间歇时间应尽量缩短，并应在前层混凝土初凝之前，将次层混凝土浇筑完毕。混凝土运输、浇筑及间歇的全部时间，不得超过表 5-15 的规定，否则必须按规定设置施工缝。

**混凝土分层厚度** 表 5-14

| 序 号 | 混凝土振捣方法 | 浇筑层厚度(mm) |
|---|---|---|
| 1 | 插入式振捣 | 振捣器作用部分长度的 1.25 倍 |
| 2 | 表面振动 | 200 |
| 3 | 人工振捣 在基础、无筋混凝土或配筋稀疏的结构中 | 250 |
| | 在梁、墙、板、柱结构中 | 200 |
| | 在配筋密集的结构中 | 150 |

**混凝土运输、浇筑和间歇的允许时间（min）** 表 5-15

| 混凝土强度等级 | 气 温 | |
|---|---|---|
| | ≤25℃ | >25℃ |
| ≤C30 | 210 | 180 |
| >C30 | 180 | 150 |

注：当混凝土中掺有促凝或缓凝型外加剂时，其允许时间应根据试验确定。

若浇筑混凝土的间歇时间超过上表中的规定，混凝土已经开始初凝，则应等混凝土的强度达到 1.2MPa 以上、并处理施工缝之后才允许继续浇筑。在浇筑和柱、墙连成整体的梁、板时，应在柱和墙浇筑完毕后适当停歇（1~1.5h）使混凝土初步沉实，再继续浇筑。

梁和板宜同时浇筑。较大尺寸的梁（梁高大于 1m）、拱和类似的结构，可单独浇筑。

2. 振捣

混凝土应机械振捣成型，根据施工对象及拌合物性质，应选择适当的振捣器，并确定振捣时间。

（1）插入式振捣器：适用于基础、柱、墙、梁、大体积混凝土等构件。

（2）平板式振捣器：适用于屋面、楼板、地面、路面、垫层等断面厚度不大于200mm 的构件。可将两台或多台同型号的平板式振捣器安装在型钢上，成为振动梁。

（3）附着式振捣器：适用于断面较小和钢筋密集的柱、墙、梁等构件。

使用振捣器时应做到"快插慢拔"。振捣器插点应排列均匀，可采用行列式或交错式，按顺序移动，不应混用，以免造成混乱而发生漏振。每次移动位置的距离应不大于振捣器作用半径（$R$）的1.5倍。振捣器的作用半径（通常为振捣器半径的8~10倍）一般为300~400mm。当混凝土分层浇筑时，振捣上一层混凝土时，应插入下一层中50mm左右，以消除两层之间的接缝，同时振捣上层混凝土应在下层混凝土的初凝之前进行。平板式振捣器在每一位置上应连续振捣一定时间，一般情况下约为25~40s。以混凝土表面出现浮浆为准。移动时应成排依次振捣前进，移动速度通常2m/min。前后位置和排间相互搭接应为30~50mm，防止漏振。

附着式振捣器振捣方法及操作要点：

（1）附着式振捣器振动作用深度约为250mm左右。如构件较厚，需要在构件两侧安设振捣器同时进行振捣。

（2）附着式振捣器的转子轴应水平地安装在模板上，每个固定点的螺栓应加装防振弹簧垫圈。在一个构件上安装几台振捣器时，振动频率必须一致，在两侧安装时，相对应的位置应错开，使振捣均匀。

（3）混凝土入模后方可开动振捣器，混凝土浇筑高度应高于振捣器安装部位。当钢筋较密和构件断面较深较窄时，也可采取边浇筑边振捣的方法，但浇筑高度超过振捣器安装部位时，方可开动振捣器。

（4）振动时间和设置间距，随结构形式、模板坚固程度、混凝土坍落度及振捣器功率等因素通过试验确定，一般每隔1~1.5m距离设置一个振捣器。当混凝土成一水平而不再出现气泡时，可停止振捣。

3. 其他注意事项

浇筑过程中，监理工程师一方面要督促施工单位安排模板工、钢筋工、架子工检查模板、支架、钢筋、预埋件和预留孔洞的情况，同时也要注意检查模板支架的稳定与漏浆等情况，若发现有变形、移位时，应及时采取措施进行处理。监理工程师还要注意检查预留孔、预埋件及后放钢筋的实施情况，发现问题及时纠正。

浇筑过程中，监理工程师应制止操作人员在模板支撑和钢筋上行走，应注意督促施工人员将模内钢筋的临时支撑和混凝土厚度标志随时抽出，不得埋入混凝土内。

4. 监理工程师在旁站泵送混凝土浇筑时尚应注意

（1）泵送混凝土施工时优先选用带布料杆的泵车或独立的布料杆进行布料。也可选用软管摆动配合拆、装泵管的人工布料方法。

（2）在同一浇筑区内，应先浇竖向结构，后浇水平结构，分层连续浇筑；当不允许留施工缝时，区域之间、上下层之间的混凝土浇筑间歇时间不得超过混凝土初凝时间。

（3）大坍落度的泵送混凝土也应分层浇筑，严禁一次下料超高。模板要固定牢固，能承受泵送混凝土的压力，如模板外胀，除采取加固措施外，可通知降低泵送速度或转移浇筑点。

（4）在浇筑墙、厚板、深梁等截面较高的构件时，为了防止大坍落度的泵送混凝土流淌过远，可设置挡板。采用"分段定点下料，一个坡度，薄层浇筑，循序渐进，一次到顶"的浇筑方法。

（5）大坍落度的泵送混凝土振捣时间可适当减少，一般10~20s，以表面翻浆不再沉落为宜，振捣器移动间距可适当加大，但不宜超过振捣器作用半径的2倍。振捣工具与人员应适当增加，以与泵送混凝土的来料量相适应，保证不漏振。

（三）施工缝和后浇带设置监理要点

1. 施工缝

由于施工技术和施工组织上的原因，不能连续将结构整体浇筑完成，并且间歇的时间预计将超出规范规定的时间时，应预先选定适当的部位设置施工缝。

设置施工缝应该严格按照规定，认真对待。如果位置不当或处理不好，会引起质量事故，轻则开裂渗漏，影响寿命；重则危及结构安全，影响使用。因此，不能不给予高度重视。

施工缝的位置应设置在结构受剪力较小且便于施工的部位。留缝应符合下列规定：

（1）柱的施工缝留置在基础的顶面、梁或吊车梁牛腿的下面、吊车梁的上面、无梁楼板柱帽的下面；

（2）和板连成整体的大断面梁的水平施工缝，留置在板底面以下 20～30mm 处；当板下有梁托时，留在梁托下部；

（3）单向板施工缝，留置在平行于板的短边任何位置；

（4）有主次梁的楼板，宜顺着次梁方向浇筑，施工缝应留置在次梁跨度的中间 1/3 范围内；

（5）墙上施工缝留置在门洞口过梁跨中 1/3 范围内，也可留在纵横墙的交接处；

（6）双向受力楼板、大体积混凝土结构、拱、薄壳、蓄水池、斗仓、多层刚架及其他结构复杂的工程，施工缝的位置应按设计要求留置。下列情况可作参考：斗仓施工缝可留在漏斗根部及上部，或漏斗斜板与漏斗主壁交接处；一般设备地坑及水池，施工缝可留在坑壁上，底混凝土面距坑（池）300～500mm 的范围内；承受动力作用的设备基础，不应留施工缝，如必须留施工缝时，应征得设计单位同意。

2. 后浇带

（1）后浇带是为在现浇钢筋混凝土结构施工过程中，克服由于温度、收缩而可能产生有害裂缝设置的临时施工缝。该缝应根据设计要求保留一段时间后再浇筑，将整个结构连成整体。

（2）后浇带的间距、位置、宽度应符合设计要求。后浇带的设置距离，一般考虑有效降低温差和收缩应力的条件下，通过计算来获得。在正常的施工条件下，有关规范对此的规定是如混凝土置于室内和土中则为 30m，如在露天则为 20m。

（3）后浇带的保留时间应根据设计确定，若设计无要求时，一般至少保留 28d 以上。

（4）后浇带的宽度应考虑施工简便，避免应力集中。一般其宽度为 70～100cm。后浇带内的钢筋应完好保存。

（5）后浇带在浇筑混凝土前，必须将整个混凝土表面按照施工缝的要求进行处理。填充后浇带混凝土可采用微膨胀或无收缩水泥，也可采用普通水泥加入相应的外加剂拌制，但必须要求填筑混凝土的强度等级比原结构强度提高一级，并保持至少 15d 的湿润养护。后浇带两侧的结构在未封缝期间的不利受力状态应进行荷载验算，并采取有效措施后，方可拆除底模及其支撑。

（6）后浇带混凝土浇筑时的温度宜低于主体混凝土浇筑时的温度。

（7）后浇带应贯通地上及地下结构，遇梁断梁，遇墙断墙，遇板断板，钢筋可不断开。为便于清理，也可间隔断开钢筋。但浇筑封缝混凝土前，应清理干净并按要求焊接或机械连接。

（8）后浇带的施工缝可做成平头缝，也可做成企口缝（根据设计要求），并宜用钢板网或快易网做永久模板成型。

3. 施工缝处理

（1）在施工缝处继续浇筑混凝土，已浇筑的混凝土抗压强度至少要达到1.2MPa，同时，必须对施工缝进行必要的处理后，方可浇筑混凝土。混凝土抗压强度达到1.2MPa的时间可通过试验确定或对照有关经验曲线确定。

（2）在已硬化的混凝土表面上继续浇筑混凝土前，应清除垃圾、水泥薄膜、表面上松动砂石和软弱混凝土层，同时还应加以凿毛，用水冲洗干净并充分湿润，一般不宜少于24h，残留在混凝土表面的积水应予清除。

（3）注意施工缝位置附近回弯钢筋时，要做到钢筋周围的混凝土不受松动和损坏。钢筋上的油污、水泥砂浆及浮锈等杂物也应清除。

（4）在浇筑前，水平施工缝宜先铺上10～15mm厚的水泥砂浆一层，其配合比与混凝土内的砂浆成分相同。

（5）从施工缝处开始继续浇筑时，要注意避免直接靠近缝边下料。机械振捣前，宜向施工缝处逐渐推进，并距80～100cm处停止振捣，但应加强对施工缝接缝的捣实工作，使其紧密结合。

（四）防止碱-骨料反应

碱-骨料反应是指混凝土骨料中的活性矿物（活性二氧化硅、活性碳酸盐）与混凝土中的碱发生反应，生成的物质在已硬化的混凝土内部膨胀，破坏其内部结构，最终导致结构开裂、破坏。

防止碱-骨料反应的常用措施：

（1）采用低碱（≤0.6%）水泥，合理选用外加剂，降低混凝土中的碱含量。每立方米混凝土其原材料内的含碱总量（$Na_2O + 0.658K_2O$）不应超过3kg。

（2）掺加粉煤灰、硅粉、矿渣等能抑制碱-骨料反应的掺合料。掺量、品种应经试验确定，一般掺30%粉煤灰，或40%磨细矿渣，或10%硅粉可以抑制碱-骨料反应。

（3）尽量不用可能引起碱-骨料反应的骨料。选择骨料时，可查看碎石、卵石源产地的岩相分析报告或根据经验观察，若骨料中含有活性矿物时（如蛋白石、黑硅石、燧石、磷石英、方石英、火山玻璃、微晶、变质石英、玉髓、玛瑙、蠕石英、细小菱形白云石晶体等），尽量不用或根据碱活性检验的结果决定是否使用。

（4）改善混凝土结构施工使用条件。振捣应密实，并要防止产生干缩裂缝、温度裂缝。使用时宜使混凝土结构处于干燥状态。（不得单独采用此措施）

（五）养护工作监理巡视要点

养护分自然养护与加热养护两大类。在现浇结构中主要采用自然养护。

1. 覆盖浇水养护

利用平均气温高于+5℃的自然条件，用适当的材料对混凝土表面加以覆盖并浇水，使混凝土在一定的时间内保持水泥水化作用所需要的适当温度和湿度条件。

监理工程师应巡视检查覆盖浇水养护是否符合下列规定：

（1）浇水次数应根据能保持混凝土处于湿润的状态来决定。

（2）混凝土的养护用水应与拌制水相同。

（3）当日平均气温低于5℃时，不得浇水。

大面积结构如地坪、楼板、屋面等可采用蓄水养护。汇水池一类工程可于拆除内模混凝土达到一定强度后注水养护。

2. 薄膜布养护

在有条件的情况下，可采用不透水、气的薄膜布（如塑料薄膜布）养护。用薄膜布把混凝土表面敞露的部分全部严密地覆盖起来，保证混凝土在不失水的情况下得到充足的养护。这种养护方法的优点是不必浇水，操作方便，能重复使用，能提高混凝土的早期强度，加速模具的周转。但应该保持薄膜布内有凝结水。监理工程师要巡视检查是否全部覆盖并将周边压好，保证混凝土再不失水。

3. 薄膜养生液养护

混凝土的表面不便浇水或使用塑料薄膜布养护时，可采用涂刷薄膜养生液，防止混凝土内部水分蒸发的方法进行养护。

薄膜养生液养护是将可成膜的溶液喷洒在混凝土表面上，溶液挥发后在混凝土表面凝结成一层薄膜，使混凝土表面与空气隔绝，封闭混凝土中的水分不再被蒸发，而完成水化作用。这种养护方法一般适用于表面积大的混凝土施工和缺水地区。

监理工程师要检查薄膜养生液配制质量，检查是否按喷洒工艺进行作业，以及是否全部表面积进行了喷洒。

4. 养护时间

在自然气温条件下（高于+5℃），对于一般塑性混凝土应在浇筑后10~12h内开始养护，在炎夏季节可缩短至2~3h以内开始养护，对干硬性混凝土应在浇筑后1~2h以内开始养护。

混凝土自然养护时间按表5-16进行控制。

混凝土自然养护时间　　　　　　　　　　　　　　　　　表5-16

| 分　类 | | 养护时间（d） |
| --- | --- | --- |
| 拌制混凝土的水泥品种 | 硅酸盐水泥、普通硅酸盐水泥、矿渣硅酸盐水泥 | ≥7 |
| | 火山灰质硅酸盐水泥、粉煤灰硅酸盐水泥 | ≥14 |
| | 矾土水泥 | ≥3 |
| 抗渗混凝土 | | ≥14 |
| 混凝土中掺加缓凝型外加剂或粉煤灰 | | ≥14 |
| 微膨胀混凝土（蓄水） | | ≥14 |

### 三、混凝土施工见证试验

混凝土施工中监理工程师必须见证混凝土的取样与试件制备，一组试件应在同一盘拌合料或混凝土运输车中取样。

（1）强度试验。用于检查结构构件混凝土强度的试件，应在混凝土的浇筑地点随机抽取。取样与试件留置应符合下列规定：

1）每拌制100盘且不超过100m³的同配合比的混凝土，取样不得少于一次；

2）每工作班拌制的同一配合比的混凝土不足100盘时，取样不得少于一次；

3）当一次连续浇筑超过1000m³时，同一配合比的混凝土每200m³取样不得少于一次；

4）每一楼层、同一配合比的混凝土，取样不得少于一次；

5）每次取样应至少留置一组标准养护试件，同条件养护试件的留置组数应根据实际需要确定。

（2）抗渗试验。对有抗渗要求的混凝土结构，其混凝土试件应在浇筑地点随机取样。同一工程、同一配合比的混凝土，取样不应少于一次，留置组数可根据实际需要确定。

（3）检验评定混凝土强度用混凝土试件的尺寸及强度的尺寸换算系数应按前文取用（表5-5）；其标准成型方法、标准养护条件及强度试验方法应符合《普通混凝土力学性能试验方法标准》GB/T 50081—2002的规定。

（4）结构构件拆模、出池、出厂、吊装、张拉、放张及施工期间临时负荷时的混凝土强度，应根据同条件养护的标准尺寸试件的混凝土强度确定。

（5）当混凝土试件强度评定不合格时，可采用非破损或局部破损的检测方法，按国家现行有关标准的规定对结构构件中的混凝土强度进行推定，并作为处理依据。

### 四、混凝土施工监理验收

结构构件的混凝土强度应按现行国家标准《混凝土强度检验评定标准》GB/T 50107—2010的规定分批检验评定。

对采用蒸汽法养护的混凝土结构构件，其混凝土试件应先随同结构构件同条件蒸汽养护，再转入标准条件继续养护，两段养护时间的总和应为规定龄期。

当混凝土中掺用矿物掺合料时，确定混凝土强度时的龄期可按现行国家标准《粉煤灰混凝土应用技术规范》GBJ 146—1990等的规定取值。

（一）主控项目

（1）结构混凝土的强度等级必须符合设计要求。

检验方法：检查施工记录及试件强度试验报告。

（2）对有抗渗要求的混凝土结构，检验方法：检查试件抗渗试验报告。

（3）混凝土原材料每盘称量的偏差应符合表5-17的规定。

检查数量：每工作班抽查不应少于一次。

检验方法：复称。

**原材料每盘称量的允许偏差** 表5-17

| 材 料 名 称 | 允 许 偏 差 |
|---|---|
| 水泥、掺合料 | ±2% |
| 粗、细骨料 | ±3% |
| 水、外加剂 | ±1% |

注：1. 各种衡器应定期校验，每次使用前应进行零点校核，保持计量准确；

2. 当遇雨天或含水率有显著变化时，应增加含水率检测次数，并及时调整水和骨料的用量。

（4）混凝土运输、浇筑及间歇的全部时间不应超过混凝土的初凝时间。同一施工段的混凝土应连续浇筑，并应在底层混凝土初凝之前将上一层混凝土浇筑完毕。

当底层混凝土初凝后浇筑上一层混凝土时，应按施工技术方案中对施工缝的要求进行处理。

检查数量：全数检查。

检验方法：观察，检查施工记录。

（二）一般项目

（1）施工缝的位置应在混凝土浇筑前按设计要求和施工技术方案确定。施工缝的处理应按施工技术方案执行。

检查数量：全数检查。

检验方法：观察，检查施工记录。

（2）后浇带的留置位置应按设计要求和施工技术方案确定。后浇带混凝土浇筑应按施工技术方案进行。

检查数量：全数检查。

检验方法：观察，检查施工记录。

（3）混凝土浇筑完毕后，应按施工技术方案及时采取有效的养护措施，并应符合下列规定：

1）应在浇筑完毕后的 12h 以内对混凝土加以覆盖并保湿养护；

2）混凝土浇水养护的时间：对采用硅酸盐水泥、普通硅酸盐水泥或矿渣硅酸盐水泥拌制的混凝土，不得少于 7d；对掺用缓凝型外加剂或有抗渗要求的混凝土，不得少于 14d；

3）浇水次数应能保持混凝土处于湿润状态；混凝土养护用水应与拌制用水相同；

4）采用塑料布覆盖养护的混凝土，其敞露的全部表面应覆盖严密，并应保持塑料布内有凝结水；

5）混凝土强度达到 1.2MPa 前，不得在其上踩踏或安装模板及支架。

注：1. 当日平均气温低于 5℃时，不得浇水；

2. 当采用其他品种水泥时，混凝土的养护时间应根据所采用水泥的技术性能确定；

3. 混凝土表面不便浇水或使用塑料布时，宜涂刷养护剂；

4. 对大体积混凝土的养护，应根据气候条件按施工技术方案采取控温措施。

检查数量：全数检查。

检验方法：观察，检查施工记录。

# 第四节　现浇结构分项工程验收

在《混凝土结构工程施工质量验收规范》GB 50204—2002 中把混凝土分项工程与现浇结构分项工程分开进行验收。前者着重验收其混凝土本身及其浇筑过程中的质量要求，如混凝土的配合比审查、混凝土的强度等级、混凝土的浇筑与施工缝的留设、混凝土的养护。后者着重混凝土浇筑结果的验收，包括外观缺陷与尺寸偏差两大方面。因此在本节主要介绍混凝土的外观缺陷与尺寸偏差检查验收。混凝土施工过程中的巡视与旁站在前面已有论述。

## 一、外观缺陷检查与认定

现浇结构拆模后，监理工程师应对混凝土的外观质量和尺寸偏差进行检查，作出监理检查记录，并应及时按施工技术方案对缺陷进行处理。监理单位应对现浇结构的外观质量缺陷，根据其对结构性能和使用功能影响的严重程度，按表5-18确定。

现浇结构外观质量缺陷                                            表5-18

| 名　称 | 现　　　象 | 严　重　缺　陷 | 一　般　缺　陷 |
|---|---|---|---|
| 露 筋 | 构件内钢筋未被混凝土包裹而外露 | 纵向受力钢筋有露筋 | 其他钢筋有少量露筋 |
| 蜂 窝 | 混凝土表面缺少水泥砂浆而形成石子外露 | 构件主要受力部位有蜂窝 | 其他部位有少量蜂窝 |
| 孔 洞 | 混凝土中孔穴深度和长度均超过保护层厚度 | 构件主要受力部位有孔洞 | 其他部位有少量孔洞 |
| 夹 渣 | 混凝土中夹有杂物且深度超过保护层厚度 | 构件主要受力部位有夹渣 | 其他部位有少量夹渣 |
| 疏 松 | 混凝土中局部不密实 | 构件主要受力部位有疏松 | 其他部位有少量疏松 |
| 裂 缝 | 缝隙从混凝土表面延伸至混凝土内部 | 构件主要受力部位有影响结构性能或使用功能的裂缝 | 其他部位有少量不影响结构性能或使用功能的裂缝 |
| 连接部位缺陷 | 构件连接处混凝土缺陷及连接钢筋、连接件松动 | 连接部位有影响结构传力性能的缺陷 | 连接部位有基本不影响结构传力性能的缺陷 |
| 外形缺陷 | 缺棱掉角、棱角不直、翘曲不平、飞边凸肋等 | 清水混凝土构件有影响使用功能或装饰效果的外形缺陷 | 其他混凝土构件有不影响使用功能的外形缺陷 |
| 外表缺陷 | 构件表面麻面、掉皮、起砂、沾污等 | 具有重要装饰效果的清水混凝土构件有外表缺陷 | 其他混凝土构件有不影响使用功能的外表缺陷 |

## 二、混凝土现浇结构外观质量监理验收

（一）主控项目

现浇结构的外观质量不应有严重缺陷。

对已经出现的严重缺陷，应由施工单位提出技术处理方案，并经监理（建设）单位认可后进行处理。对经处理的部位，监理工程师应重新检查验收。

检查数量：全数检查。

检验方法：观察，检查技术处理方案。

（二）一般项目

现浇结构的外观质量不宜有一般缺陷。

对已经出现的一般缺陷，应由施工单位按技术处理方案进行处理，并重新检查验收。

检查数量：全数检查。

检验方法：观察，检查技术处理方案。

### 三、混凝土现浇结构尺寸偏差检查验收

#### （一）主控项目

现浇结构不应有影响结构性能和使用功能的尺寸偏差。混凝土设备基础不应有影响结构性能和设备安装的尺寸偏差。

对超过尺寸允许偏差且影响结构性能和安装、使用功能的部位，应由施工单位提出技术处理方案，并经监理（建设）单位认可后进行处理。对经处理的部位，监理工程师应重新检查验收。

检查数量：全数检查。

检验方法：量测，检查技术处理方案。

#### （二）一般项目

现浇结构和混凝土设备基础拆模后的尺寸偏差应符合表5-19、表5-20的规定。

检查数量：按楼层、结构缝或施工段划分检验批。在同一检验批内，对梁、柱和独立基础，应抽查构件数量的10%，且不少于3件；对墙和板，应按有代表性的自然间抽查10%，且不少于3间；对大空间结构，墙可按相邻轴线间高度5m左右划分检查面，板可按纵、横轴线划分检查面，抽查10%，且均不少于3面；对电梯井，应全数检查。对设备基础，应全数检查。

现浇结构尺寸允许偏差和检验方法  表5-19

| 项 目 | | | 允许偏差（mm） | 检 验 方 法 |
|---|---|---|---|---|
| 轴线位置 | 基 础 | | 15 | 钢尺检查 |
| | 独立基础 | | 10 | |
| | 墙、柱、梁 | | 8 | |
| | 剪 力 墙 | | 5 | |
| 垂直度 | 层 高 | ≤5m | 8 | 经纬仪或吊线、钢尺检查 |
| | | >5m | 10 | 经纬仪或吊线、钢尺检查 |
| | 全高（$H$） | | $H/1\,000$ 且≤30 | 经纬仪、钢尺检查 |
| 标高 | 层 高 | | ±10 | 水准仪或拉线、钢尺检查 |
| | 全 高 | | ±30 | |
| 截面尺寸 | | | +8，−5 | 钢尺检查 |
| 电梯井 | 井筒长、宽对定位中心线 | | +25，0 | 钢尺检查 |
| | 井筒全高（$H$）垂直度 | | $H/1\,000$ 且≤30 | 经纬仪、钢尺检查 |
| 表面平整度 | | | 8 | 2m靠尺和塞尺检查 |
| 预埋设施中心线位置 | 预埋件 | | 10 | 钢尺检查 |
| | 预埋螺栓 | | 5 | |
| | 预埋管 | | 5 | |
| 预留洞中心线位置 | | | 15 | 钢尺检查 |

注：检查轴线、中心线位置时，应沿纵、横两个方向量测，并取其中的较大值。

混凝土设备基础尺寸允许偏差和检验方法                    表 5-20

| 项 目 | | 允许偏差（mm） | 检 验 方 法 |
|---|---|---|---|
| 坐标位置 | | 20 | 钢尺检查 |
| 不同平面的标高 | | 0，-20 | 水准仪或拉线、钢尺检查 |
| 平面外形尺寸 | | ±20 | 钢尺检查 |
| 凸台上平面外形尺寸 | | 0，-20 | 钢尺检查 |
| 凹穴尺寸 | | +20，0 | 钢尺检查 |
| 平面水平度 | 每 米 | 5 | 水平尺、塞尺检查 |
| | 全 长 | 10 | 水准仪或拉线、钢尺检查 |
| 垂 直 度 | 每 米 | 5 | 经纬仪或吊线、钢尺检查 |
| | 全 高 | 10 | |
| 预埋地脚螺栓 | 标高（顶部） | +20，0 | 水准仪或拉线、钢尺检查 |
| | 中 心 距 | ±2 | 钢尺检查 |
| 预埋地脚螺栓孔 | 中心线位置 | 10 | 钢尺检查 |
| | 深 度 | +20，0 | 钢尺检查 |
| | 孔垂直度 | 10 | 吊线、钢尺检查 |
| 预埋活动地脚螺栓锚板 | 标 高 | +20，0 | 水准仪或拉线、钢尺检查 |
| | 中心线位置 | 5 | 钢尺检查 |
| | 带槽锚板平整度 | 5 | 钢尺、塞尺检查 |
| | 带螺纹孔锚板平整度 | 2 | 钢尺、塞尺检查 |

注：检查坐标、中心线位置时，应沿纵、横两个方向量测，并取其中的较大值。

# 第五节  清水混凝土

## 一、清水混凝土概述

清水混凝土是以混凝土原浇筑表面或以透明保护剂做保护性处理的混凝土表面作为外表面，通过混凝土自身质感和精心设计施工的外观质量来实现美观效果的现浇混凝土工程。

清水混凝土按其表面质量等级分为普通清水混凝土、饰面清水混凝土和装饰清水混凝土。清水混凝土模板应按照清水混凝土技术要求进行设计制作，留设明缝或蝉缝。形成有规则的分格缝、装饰线条或整齐均匀的印记，满足清水混凝土质量要求和表面装饰效果。同时按照设计要求留设对拉螺栓孔，将对拉螺栓孔进行封堵处理后，形成有规则排列对清水混凝土起装饰效果。

按模板使用的材料不同，可以分为钢木结构大模板体系和全钢大模板体系。前者是指采用木质面板、木或钢材骨架与钢材支撑系统组成的模板体系；后者是指面板、骨架和支撑系统均由钢材构件组成的模板体系。

按模板结构的不同可分为整体式大模板和拼装式大模板。前者指直接按模板尺寸需要加工的大模板；后者指采用若干块定型模板和非定型模板组拼而成的大模板。

### 二、清水混凝土基本规定

当钢筋混凝土结构采用清水混凝土时，混凝土结构的使用寿命不宜超过50年。

对于处于露天环境的清水混凝土结构，其纵向受力钢筋的混凝土保护层最小厚度应符合表5-21的规定。

**纵向受力钢筋的混凝土保护层最小厚度（mm） 表5-21**

| 部 位 | 保护层最小厚度 |
|---|---|
| 板、墙、壳 | 25 |
| 梁 | 35 |
| 柱 | 35 |

清水混凝土的强度等级应符合下列规定：

（1）普通钢筋混凝土结构采用的清水混凝土强度等级不宜低于C25；

（2）当钢筋混凝土伸缩缝的间距不符合现行国家标准《混凝土结构设计规范》GB 50010—2010的规定时，清水混凝土强度等级不宜高于C40；

（3）相邻清水混凝土结构的混凝土强度等级宜一致；

（4）无筋或少筋混凝土结构采用清水混凝土时，可有设计确定。

### 三、清水混凝土材料要求

（1）清水混凝土原材料要求：饰面清水混凝土原材料除应满足现行国家标准《混凝土结构工程施工质量验收规范》GB 50204—2002等的规定外，尚应符合下列规定：

1）应有足够的存储量，原材料的颜色和技术参数宜一致。

2）宜选用强度等级不低于42.5级的硅酸盐水泥、普通硅酸盐水泥。同一工程的水泥宜为同一厂家、同一品种、同一强度等级。

3）粗骨料应采用连续级配，颜色应均匀，表面应清洁，并应符合表5-22的规定。

**粗骨料质量要求 表5-22**

| 混凝土强度等级 | ≥C50 | <C50 |
|---|---|---|
| 含泥量（按质量计，%） | ≤0.5 | ≤1.0 |
| 泥块含量（按质量计，%） | ≤0.2 | ≤0.5 |
| 针、片状颗粒含量（按质量计，%） | ≤8 | ≤15 |

4）细骨料宜采用中砂，并应符合表5-23的规定。

细骨料质量要求

表 5-23

| 混凝土强度等级 | ≥C50 | <C50 |
|---|---|---|
| 含泥量（按质量计,%) | ≤2.0 | ≤3.0 |
| 泥块含量（按质量计,%) | ≤0.5 | ≤1.0 |

5）同一工程所用的掺合料应来自同一厂家、同一规格型号。宜选用Ⅰ级粉煤灰。

（2）涂料应选用对混凝土表面具有保护作用的透明涂料，且应有防污染性、憎水性、防水性。

（3）钢筋工程应符合下列要求：

1）钢筋连接方式不应影响保护层厚度；

2）钢筋绑扎材料宜选用 20～22 号无锈绑扎钢丝；

3）钢筋垫块应有足够的强度、刚度，颜色应与清水混凝土的颜色接近。

（4）模板工程应符合下列要求：

1）模板体系的选型应根据工程设计要求和工程具体情况确定，并应满足清水混凝土质量要求；所选择的模板体系应技术先进、构造简单、支拆方便、经济合理；

2）模板应满足强度、刚度和周转的使用要求，且加工性能好；

3）模板骨架材料应顺直、规格一致，应有足够的强度、刚度，且满足受力要求；

4）对拉螺栓的规格、品种应根据混凝土侧压力、墙体防水、人防要求和模板面板等情况选用，选用的对拉螺栓应有足够的强度。

### 四、清水混凝土配合比审查要点

清水混凝土配合比设计除应符合国家现行标准《混凝土结构工程施工质量验收规范》GB 50204—2002、《普通混凝土配合比设计规程》JGJ 55—2011 的规定外，尚应符合下列规定：

（1）应按照设计要求进行试配，确定混凝土表面颜色；

（2）应按照混凝土原材料试验结果确定外加剂型号和用量；

（3）应考虑工程所在环境，根据抗碳化、抗冻害、抗硫酸盐、抗盐害和抑制碱-骨料反应等对混凝土耐久性产生影响的因素进行配合比设计；

（4）配置清水混凝土时，应采用矿物掺合料。其种类和掺量应由试验确定。

### 五、清水混凝土施工监理要点

（一）制备与运输

（1）搅拌清水混凝土时应采用强制式搅拌设备，每次搅拌时间宜比普通混凝土延长 20～30s。

（2）同一视觉范围内所用清水混凝土拌合物的制备环境、技术参数应一致。

（3）制备成的清水混凝土拌合物工作性能应稳定，且无泌水离析现象，90min 的坍落度经时损失宜小于 30mm。

（4）清水混凝土拌合物入泵坍落度值：柱混凝土宜为 150±20mm，墙、梁、板的混凝土宜为 170±20mm。

（5）清水混凝土拌合物的运输宜采用专用运输车，装料前容器内应清洁、无积水。

（6）清水混凝土拌合物从搅拌结束到入模前不宜超过 90min，严禁添加配合比以外用水或外加剂。

（7）进入施工现场的清水混凝土应逐车检查坍落度，不得有分层、离析等现象。

（二）混凝土浇筑

（1）清水混凝土浇筑前应保持模板内清洁、无积水。

（2）竖向构件浇筑时，应严格控制分层浇筑的间隔时间。分层厚度不宜超过 500mm。

（3）门窗洞口宜从两侧同时浇筑清水混凝土。

（4）清水混凝土应振捣均匀，严禁漏振、过振、欠振；振捣器插入下层混凝土表面的深度应大于 50mm。

（5）后续清水混凝土浇筑前，应先剔除施工缝处松动石子或浮浆层，剔凿后应清理干净。

（三）混凝土养护

（1）清水混凝土拆模后应立即养护，对同一视觉范围内的清水混凝土应采用相同的养护
措施。

（2）清水混凝土养护时，不得采用对混凝土表面有污染的养护材料和养护剂。

（四）冬期施工

（1）掺入混凝土的防冻剂，应经试验对比，混凝土表面不得产生明显色差。

（2）冬期施工时，应在塑料薄膜外覆盖对清水混凝土无污染且阻燃的保温材料。

（3）混凝土罐车和输送泵应有保温措施，混凝土入模温度不应低于 5℃。

（4）混凝土施工过程中应有防风措施；当室外温度低于 −15℃时，不得浇筑混凝土。

（五）混凝土表面处理和成品保护

（1）普通清水混凝土表面宜涂刷透明保护涂料；饰面清水混凝土表面应涂刷透明保护涂料。同一视觉范围内的涂料及施工工艺应一致。

（2）清水混凝土模板上不得堆放重物，模板面板和边角应做好保护。

（3）浇筑清水混凝土时不应污染、损伤成品清水混凝土。拆模后应对易磕碰的阳角部位采用多层板、塑料等硬质材料进行保护。当挂架、脚手架、吊篮等与成品清水混凝土表面接触时，应使用垫衬保护。

（4）严禁随意剔凿成品清水混凝土表面。确需剔凿时，应制定专项施工措施。

## 六、清水混凝土质量验收

（一）模板工程质量验收

（1）模板制作尺寸的允许偏差与检验方法应符合表 5-24 的规定。

检查数量：全数检查。

（2）模板板面应干净，隔离剂应涂刷均匀。模板间的拼缝应平整、严密，模板支撑位置应设置正确、连接牢固。

清水混凝土模板制作尺寸允许偏差与检验方法　　　　表 5-24

| 项 次 | 项 目 | 允许偏差（mm） | | 检 验 方 法 |
| --- | --- | --- | --- | --- |
| | | 普通清水混凝土 | 饰面清水混凝土 | |
| 1 | 模板高度 | ±2 | ±2 | 尺量 |
| 2 | 模板宽度 | ±1 | ±1 | 尺量 |
| 3 | 整块模板对角线 | ≤3 | ≤3 | 塞尺、尺量 |
| 4 | 单块模板对角线 | ≤3 | ≤2 | 塞尺、尺量 |
| 5 | 板面平整度 | 3 | 2 | 2m 靠尺、塞尺 |
| 6 | 边肋平直度 | 2 | 2 | 2m 靠尺、塞尺 |
| 7 | 相邻面板拼缝高低差 | ≤1.0 | ≤0.5 | 平尺、塞尺 |
| 8 | 相邻面板拼缝间隙 | ≤0.8 | ≤0.8 | 塞尺、尺量 |
| 9 | 连接孔中心距 | ±1 | ±1 | 游标卡尺 |
| 10 | 边框连接孔与板面距离 | ±0.5 | ±0.5 | 游标卡尺 |

检查方法：观察。

检查数量：全数检查。

（3）模板安装尺寸允许偏差与检验方法应符合表 5-25 的规定。

检查数量：全数检查。

清水混凝土模板安装尺寸允许偏差与检验方法　　　　表 5-25

| 项 次 | 项 目 | | 允许偏差（mm） | | 检 验 方 法 |
| --- | --- | --- | --- | --- | --- |
| | | | 普通清水混凝土 | 饰面清水混凝土 | |
| 1 | 轴线位移 | 墙、柱、梁 | 4 | 3 | 尺量 |
| 2 | 截面尺寸 | 墙、柱、梁 | ±4 | ±3 | 尺量 |
| 3 | 标 高 | | ±5 | ±3 | 水准仪、尺量 |
| 4 | 相邻板面高低差 | | 3 | 2 | 尺量 |
| 5 | 模板垂直度 | ≤5m | 4 | 3 | 经纬仪、线坠、尺量 |
| | | >5m | 6 | 5 | |
| 6 | 表面平整度 | | 3 | 2 | 塞尺、尺量 |
| 7 | 阴阳角 | 方 正 | 3 | 2 | 方尺、塞尺 |
| | | 顺 直 | 3 | 2 | 线尺 |
| 8 | 预留洞口 | 中心线位移 | 8 | 6 | 拉线、尺量 |
| | | 孔洞尺寸 | +8，0 | +4，0 | |
| 9 | 预埋件、管、螺栓 | 中心线位移 | 3 | 2 | 拉线、尺量 |
| 10 | 门窗洞口 | 中心线位移 | 8 | 5 | 拉线、尺量 |
| | | 宽、高 | ±6 | ±4 | |
| | | 对角线 | 8 | 6 | |

（二）钢筋工程质量验收

（1）钢筋表面应清洁无浮锈；钢筋保护层垫块颜色应与混凝土表面颜色接近，位置、间距应准确；钢筋绑扎钢丝扎扣和尾端应弯向构件截面内侧。

检查方法：观察。

检查数量：全数检查。

（2）钢筋工程安装尺寸允许偏差与检验方法应符合现行国家标准《混凝土结构工程施工质量验收规范》GB 50204—2002 的规定，受力钢筋保护层厚度偏差不应大于3mm。

（三）混凝土工程质量验收

（1）混凝土外观质量与检验方法应符合表5-26的规定。

检查数量：抽查各检验批的30%，且不应少于5件。

清水混凝土外观质量与检验方法　　　　　　　　　　表5-26

| 项次 | 项目 | 普通清水混凝土 | 饰面清水混凝土 | 检查方法 |
|------|------|----------------|----------------|----------|
| 1 | 颜色 | 无明显色差 | 颜色基本一致，无明显色差 | 距离墙面5m观察 |
| 2 | 修补 | 少量修补痕迹 | 基本无修补痕迹 | 距离墙面5m观察 |
| 3 | 气泡 | 气泡分散 | 最大直径不大于8mm，深度不大于2mm，每平方米气泡面积不大于20cm² | 尺量 |
| 4 | 裂缝 | 宽度小于0.2mm | 宽度小于0.2mm，且长度不大于1000mm | 尺量、刻度放大镜 |
| 5 | 光洁度 | 无明显漏浆、流淌及冲刷痕迹 | 无明显漏浆、流淌及冲刷痕迹，无油迹、墨迹及锈斑，无粉化物 | 观察 |
| 6 | 对拉螺栓孔眼 | — | 排列整齐，孔洞封堵密实，凹孔棱角清晰圆滑 | 观察、尺量 |
| 7 | 明缝 | — | 位置规律、整齐，深度一致，水平交圈 | 观察、尺量 |
| 8 | 蝉缝 | — | 横平竖直，水平交圈，竖向成线 | 观察、尺量 |

（2）清水混凝土结构允许偏差与检查方法应符合表5-27的规定。

检查数量：抽查各检验批的30%，且不应少于5件。

清水混凝土结构允许偏差与检查方法　　　　　　　　表5-27

| 项次 | 项目 | | 允许偏差（mm） | | 检查方法 |
|------|------|------|----------------|----------------|----------|
| | | | 普通清水混凝土 | 饰面清水混凝土 | |
| 1 | 轴线位移 | 墙、柱、梁 | 6 | 5 | 尺量 |
| 2 | 截面尺寸 | 墙、柱、梁 | ±5 | ±3 | 尺量 |
| 3 | 垂直度 | 层高 | 8 | 5 | 经纬仪、线坠、尺量 |
| | | 全高（$H$） | $H/1000$，且≤30 | $H/1000$，且≤30 | |
| 4 | 表面平整度 | | 4 | 3 | 2m靠尺、塞尺 |

| 项次 | 项 目 | | 允许偏差（mm） | | 检 查 方 法 |
|---|---|---|---|---|---|
| | | | 普通清水混凝土 | 饰面清水混凝土 | |
| 5 | 角线顺直 | | 4 | 3 | 拉线、尺量 |
| 6 | 预留洞口中心线位移 | | 10 | 8 | 尺量 |
| 7 | 标高 | 层 高 | ±8 | ±5 | 水准仪、尺量 |
| | | 全 高 | ±30 | ±30 | |
| 8 | 阴阳角 | 方 正 | 4 | 3 | 尺量 |
| | | 顺 直 | 4 | 3 | |
| 9 | 阳台、雨罩位置 | | ±8 | ±5 | 尺量 |
| 10 | 明缝直线度 | | — | 3 | 拉5m线，不足5m拉通线，钢尺检查 |
| 11 | 蝉缝错台 | | — | 2 | 尺量 |
| 12 | 蝉缝交圈 | | — | 5 | 拉5m线，不足5m拉通线，钢尺检查 |

# 第六节　特殊混凝土

## 一、大体积混凝土温度监测和控制

大体积混凝土指的是最小断面尺寸大于1m以上的混凝土结构，其尺寸已经大到必须采取相应的技术措施妥善处理温度差值，合理解决温度应力并控制裂缝开展的混凝土结构。

由于大体积混凝土的截面尺寸较大，在混凝土硬化期间水泥水化过程中所释放的水化热所产生的温度变化和混凝土收缩，以及外界约束条件的共同作用，而产生的温度应力和收缩应力，是导致大体积混凝土结构出现裂缝的主要因素。

大体积混凝土与普通混凝土相比，具有结构厚、体形大、钢筋密、混凝土数量多、工程条件复杂和施工技术要求高等特点。除了必须满足普通混凝土的强度、刚度、整体性和耐久性等要求外，主要就是如何控制温度变形裂缝的发生和开展。

温控措施是在混凝土达到规定质量要求的基础上制定的。混凝土质量控制及温控措施的落实是温控成功的前提，因此要特别重视混凝土温控措施。据统计，为防止裂缝的温控费用约为工程造价的3%，而处理裂缝的费用却达5%～10%，还可能推迟施工进度，因此要特别重视温控措施的落实。

混凝土温控的目的是防止混凝土温度变化引起裂缝，但混凝土温度变化情况是与建筑物的施工安排、施工进度密切相关的，而温度的计算并不能完全按照计划进行，因为实际情况变化多端。一个较大工程的施工很少有完全按计划进行的，完全仿真计算是一种理想的情况，仅供参考。因此，应选取某个剖面或半无限体可能出现的绝热边界条件最易产生裂缝的情况去研究。通过温控使此情况下的应力不超过允许抗拉强度或变形不超过极限拉伸值，也就解决了同类不同剖面的温控问题。如果建筑物剖面尺寸、形状变化很大，为节省温控费用、方便施工及施工调度，可以分项进行计算。完全仿真计算时，可能不出现上述情况，也就不计算这种裂缝的危险状况而实际却又很可能出现的问题。当然，正常的浇筑情况尤其要进行计算。

温控措施选择的原则是：通过考虑分缝分块浇筑对温度应力大小的分析，在允许条件下优先采用费用低、实施简单、建筑物（进度快）、可能出现裂缝少的温控措施及浇筑施工布置。那些需要严格温控，防止裂缝的出现、设防标准及对进度的影响在充分论证后才可采用费用简、实施难度大的温控方法。

由于混凝土温度随浇筑后龄期变化，浇筑温度及散热受各月气温的影响，原则上每个计算剖面均须计算各月浇筑后的冷却过程中出现某龄期的拉应力是否大于允许抗拉强度（$\sigma$），尤其要注意早龄期、浇筑后第一个冬期及晚期（即冷至运转期最低温度时）等龄期；如超过（$\sigma$）则应采用各种温控措施进行重算直到满足拉应力不大于（$\sigma$）为止。

温控设计要充分研究现场的气象资料，选择合适的、正确的气象计算数据，必须重视水泥混凝土热学力学性能试验，了解各种原材料的性能，帮助改进完善试验，确定选用各种计算数据。做好这些工作对温控难易程度、温控费用大小与施工进度非常有利。

大体积混凝土的温度监测和控制应贯穿于施工的全过程。温度监测和温度控制是相互联系、相互配合的。在施工中宜采用信息化的施工方法，温度监测数据要及时反馈，以进行温度控制；采取温度控制措施后，又要根据温度监测数据判断温度控制效果。

监理工程师在旁站大体积混凝土施工时一定要注意进行温度监测和控制，具体的要求有：

（1）大体积混凝土浇筑体里表温差、降温速率即环境温度的测试，在混凝土浇筑后，每昼夜不应少于4次；入模温度的测量，每台班不应少于2次。

（2）大体积混凝土拌和物的出机温度、浇筑温度及浇筑时的气温应进行监测，至少每2h应测一次。大体积混凝土浇筑后，养护期间应进行温度监测，同时，应测环境温度。第一次测温时间宜在浇筑后12h进行。

1）测温点的布置应事先经过监理工程师审查，测温点的布置必须有代表性和可比性，所有测温点均应编号，并绘制测温点布置图。

2）测温工具的选用：为了及时控制混凝土的温度梯度，随时掌握混凝土温度动态，宜采用微机控制的自动电子测温仪及其配套温度传感器进行测温。也可采用便携式电子测温仪、工业用水银温度计、玻璃酒精温度计等测温工具。采用电子测温仪时，还应用水银温度计或玻璃酒精温度计进行校核。

测温元件的测温误差不应大于0.3℃（25℃环境下），其测试范围应为−30～150℃，绝缘电阻应大于500MΩ。测温元件安装前必须在水下1m处经过浸泡24h不损坏；其接头安装位置应准确，固定应牢固，并应与结构钢筋及固定架金属体绝热；测温元件的引出线宜集中布置，并加以保护；测温元件周围应进行保护，混凝土浇筑过程中，下料时不得直接冲击测温元件及其引出线；振捣时，振捣器不得接触测温元件及其引出线。

3）为了确保温度传感器具有较高的可靠性，必须对其进行封装（可用环氧树脂）。封装后将传感器用绝缘胶布绑扎到预定测温点处的钢筋上。如相应测点处无钢筋，可另加钢筋。要避免传感器直接与钢筋接触。待各传感器固定好后，将引出线收成一束，穿入套管中，固定在横向钢筋下引出，以免浇筑混凝土时受到损伤。

4）测温制度：人工测温，在混凝土升温及保持阶段，一般 2~3h 应测温一次；在温度下降阶段，一般 4~8h 应测温一次。自动测温，其时间间隔根据仪器及需要确定，但不得少于前文规定的次数。

采用预留测温孔测温时，一个测温孔只能反映一个点的数据。不得采取沿孔洞变动温度计高度的方法来测孔中不同高度处的温度。孔中应注入 50mm 高的清水或油，酒精或水银温度计末端应没入水中并保持至少 3min，然后迅速抽出温度计，读数加上 0.5~1℃ 作为测定值，采用预埋传感器进行测温时，要保护好传感器及引出线。

5）测试过程中宜及时描绘出各点的温度变化曲线和断面的温度分布曲线。

6）测温工作应由经过培训、责任心强的专人进行。测温数据应及时交技术负责人阅读。发生异常情况应立即向有关人员汇报，以便及时采取措施。

（3）大体积混凝土温度控制参数

1）混凝土浇筑体在入模温度基础上的温升值不宜大于 50℃。

2）混凝土的浇筑温度（混凝土拌合物经振捣后，在 50~100mm 深处的温度）不宜超过 28℃。

3）混凝土内部与表面的温度之差不应超过设计值，当设计无要求时，不宜超过 25℃。混凝土的温度骤降不应超过 10℃。

4）混凝土浇筑体的降温速率不宜大于 2.0℃/d。

（4）炎热天气混凝土浇筑温度控制措施

1）降低骨料、拌和用水的温度，通常采取以下措施：

①搭棚遮阳。将骨料放在凉棚内 2~3d 后使用，可使骨料温度相对暴晒时降低 2~4℃；成品骨料堆高 6~8m，并保持足够的储备。通过底部和地坑取料可取得同样效果。

②喷水雾进行骨料预冷，其效果也较好；但要有排水措施，使骨料含水量保持稳定。

③选定低温地下水或自来水，也可用冰水。水温控制在 5~10℃ 时，其降温效果更为显著。

2）混凝土泵管上可覆盖草席等材料，并经常喷水保持湿润，以减少混凝土拌合物因运输而造成的温度回升。

3）可充分利用低温时间和夜间进行浇筑，以降低浇筑温度，减少温控费用。

在炎热天气时，日间要加快混凝土的浇筑速度，以缩短混凝土的暴晒时间，减少暴露面积，降低混凝土拌合物因吸收太阳能而造成的温度升高；夜间在不形成冷缝的前提下，尽可能延缓混凝土的入仓覆盖速度，以利于早期水化热的散发。

（5）冬期混凝土浇筑温度控制措施

冬期混凝土施工需解决浇筑时混凝土冻结及养护期冻坏两个问题。混凝土受冻将引起强度降低及减弱混凝土接触面的抗渗作用而增加混凝土透水性。在解冻后正温养护条件下的强度降低：浇筑后即受冻，强度损失 40%~60%；终凝后受冻，强度损失小于 10%~15%。新老混凝土接合面一经受冻，其结合强度及抗渗即遭破坏。一般要求该面温度不低于0℃或1℃。

冬期浇筑的上下层温差，一般不超过其允许温差，但由于下层为负温会引起较大的拉应力并吸收上层温度不利于防冻，因此要加强下层表面保温，使下层混凝土在一定范围内的温度不为负值。需要时也可对下层进行预热，使它保持0℃以上。

为避免混凝土受冻需采用一定的防护保温措施。气温过低，则保温措施花费较大。如施工进度很紧要求整个冬期不停工，则需在很低气温下浇筑，必须采取骨料加热，增大投资。

骨料加热的方法有如下几种：

1）蓄热法浇筑。把混凝土的各种原材料进行提前加热，储存热量，使其在搅拌前就有较高的温度，这样混凝土经过搅拌和运输、直至浇筑后，混凝土都有比较高的温度，这样可以提高其水化反应的速度，加快混凝土的凝固。

2）暖棚法浇筑。混凝土浇筑后，在浇筑好的混凝土上面搭设暖棚，在暖棚内采用暖风机或蒸汽排管等设备进行供热，让棚内的温度保持在0℃以上。

3）电加热养护。利用混凝土中的钢筋作为电极，把电能转化为热能来提高混凝土的温度，或者直接把电热设备放到混凝土表面来进行加热。此方法操作简单，但用电量较大，费用较高。

（6）大体积混凝土在养护期间温度控制

1）大体积混凝土浇筑完毕，待其收水后（混凝土表面以手指按无指印时），即可在外露表面覆盖塑料薄膜、养护纸或喷涂养护液等保湿材料。塑料薄膜和浸湿的吸水性织物如麻袋、帆布等配合使用能获得良好的效果，不仅可保住混凝土中的水分，而且能使混凝土表面水分均匀分布，避免由于水流淌而使得混凝土表面产生斑纹。

2）保湿层铺设完毕后，可根据情况和部位采用草帘、麻袋、塑料薄膜、土、砂等保温材料覆盖，保温层的总厚度宜经计算确定（用塑料薄膜作保湿层时，可兼作保护层），并事先准备好。

3）根据温度监测的结果，若混凝土内部升温较块，表面保温效果不好，混凝土内部与表面温度之差有可能超过控制值时，应及时增加保温层厚度。

4）当昼夜温差较大或天气预报将有寒潮、暴雨袭击时，现场应准备足够的保温材料，并根据气温变化趋势及混凝土内温度监测结果及时调整保温层厚度。

5）当混凝土内部与表面温度之差不超过20℃时，即可逐层拆除保温层，一般1～2d拆除一层。但要保证混凝土内部与表面温度之差不超过控制值。当混凝土内部与环境温度之差接近内部与表面温度控制值时，即可全部撤掉保温层；但要注意收听天气预报并备足保温材料，以防止寒潮、暴雨袭击。冬期施工时，保温养护的时间要保证混凝土在受冻前能够达到受冻临界强度，并要冷却到5℃时，方可全部撤掉保温层。

6）大体积混凝土基础，也可蓄水养护保温。蓄水深度一般10～30cm之间，可根据蓄水深度在四周砌砖墙表面抹防水砂浆或用黏土筑成小埂，并设进出水管，通过调整蓄水深度控制温度变化。

**二、泵送混凝土施工监理要点**

泵送混凝土是在混凝土泵的压力推动下沿输送管道进行运输并在管道出口处直接浇筑

的混凝土。泵送混凝土是预拌混凝土，其广泛应用于工业民用建筑中。泵送混凝土既要满足混凝土设计规定的强度、耐久性、和易性的要求，也要满足管道输送对混凝土的要求。混凝土可泵性要求摩擦阻力小、不离析、不阻塞、黏聚性好，实际中常采用掺入外加剂和矿物掺合料的方法来改善混凝土的可泵性。

混凝土的泵送施工已经成为高层建筑和大体积混凝土施工过程中的重要方法，泵送施工不仅可改善混凝土施工性能、提高混凝土质量，而且可以改善劳动条件、降低工程成本。随着商品混凝土应用的普及，各种性能要求不同的混凝土均可泵送。如高性能混凝土、防水混凝土、防冻混凝土、膨胀混凝土等。

要保证泵送混凝土的质量，则需从原材料的选用和保管、原材料的计量、混凝土的搅拌和运输、混凝土的泵送和浇筑、混凝土的养护和检验等全过程进行有效的管理和控制，才能使混凝土既有良好的可泵性又符合设计规定的物理力学指标。

（一）材料与拌制要求

（1）泵送混凝土粗骨料最大粒径与输送管径之比：泵送高度在 50m 以下时，对碎石不宜大于 1:3，对卵石不宜大于 1:2.5；泵送高度在 50~100m 时，对碎石不宜大于 1:4，对卵石不宜大于 1:3；泵送高度在 100m 以上时，对碎石不宜大于 1:5，对卵石不宜大于 1:4。

（2）泵送混凝土配合比设计，应符合国家现行标准《普通混凝土配合比设计规程》JGJ 55—2011、《混凝土结构工程施工质量验收规范》GB 50204—2002、《混凝土强度检验评定标准》GB/T 50107—2010 和《预拌混凝土》GB/T 14902—2003 等有关规定。并应根据混凝土原材料、混凝土运输距离、混凝土泵与混凝土输送管径、泵送距离、气温等具体施工条件试配。必要时，应通过试泵送确定泵送混凝土配合比。

（3）混凝土的可泵性，可用压力泌水试验结合施工经验进行控制。一般 10s 时的相对压力泌水率 $S_{10}$ 不宜超过 40%。

（4）泵送混凝土的坍落度，对不同泵送高度，入泵时混凝土的坍落度，可按表 5-28 选用。混凝土经时坍落度损失值，可按表 5-29 确定。

不同泵送高度入泵时混凝土的坍落度选用值　　　　　　表 5-28

| 泵送高度（m） | 50 | 100 | 200 | 400 |
|---|---|---|---|---|
| 入泵坍落度（mm） | 100~140 | 150~180 | 190~220 | 230~260 |

混凝土经时坍落度损失值　　　　　　表 5-29

| 大气温度（℃） | 10~20 | 20~30 | 30~35 |
|---|---|---|---|
| 混凝土经时坍落度损失值（掺粉煤灰和木钙，经时 1h） | 5~25 | 25~35 | 35~50 |

（5）泵送混凝土的水灰比宜为 0.4~0.6。泵送混凝土的砂率宜为 35%~45%。

（6）混凝土搅拌对其投料次序，除应符合有关规定外，粉煤灰宜与水泥同步；外加剂的添加应符合配合比设计要求，且宜滞后于水和水泥。

（7）泵送混凝土运送延续时间：未掺外加剂的混凝土，可按表 5-30 的规定执行（表 5-30）；掺木质素磺酸钙时，宜不超过表 5-31 的规定（表 5-31）；采用其他外加剂时，可按实际配合比和气温条件测定混凝土的初凝时间，其运送延续时间，不宜超过所测得的混凝土初凝时间的1/2。

预拌混凝土的运送延续时间亦可按现行国家标准《预拌混凝土》GB/T 14902—2003的有关规定执行。

泵送混凝土运送延续时间

表 5-30

| 混凝土出机温度（℃） | 运送延续时间（min） |
| --- | --- |
| 25～35 | 50～60 |
| 5～25 | 60～90 |

掺木质素磺酸钙时泵送混凝土运送延续时间（min）

表 5-31

| 混凝土强度等级 | 气温（℃） | |
| --- | --- | --- |
| | ≤25 | >25 |
| ≤C30 | 120 | 90 |
| >C30 | 90 | 60 |

（二）泵送混凝土浇筑旁站要点

（1）模板设计和保护应符合下列规定：

1）设计模板时，必须根据泵送混凝土对模板侧压力大的特点，确保模板和支架有足够的强度、刚度和稳定性；

2）模板的最大侧压力，可根据混凝土的浇筑速度、浇筑高度、密度、坍落度、温度、外加剂等主要影响因素，按照规范推荐的公式计算；

3）布料设备不得碰撞或直接搁置在模板上，手动布料杆下的模板和支架应加固。

（2）钢筋骨架保护，应符合下列规定：

1）手动布料杆应设钢支架架空，不得直接支承在钢筋骨架上；

2）板和块体结构的水平钢筋骨架（网），应设置足够的钢筋撑脚或钢支架；钢筋骨架重要节点宜采取加固措施；

3）浇筑混凝土时，钢筋骨架一旦变形或移位，应及时纠正。

（3）应根据工程结构特点、平面形状和几何尺寸、混凝土供应和泵送设备能力、劳动力和管理能力，以及周围场地大小等条件，预先划分好混凝土浇筑区域。混凝土的浇筑应符合现行国家标准《混凝土结构工程施工质量验收规范》GB 50204—2002的有关规定。

（4）混凝土浇筑顺序，应符合下列规定：

1）当采用输送管输送混凝土时，应由远而近浇筑；

2）同一区域的混凝土，应按先竖向结构后水平结构的顺序，分层连续浇筑；

3）当不允许留施工缝时，区域之间、上下层之间的混凝土浇筑间歇时间，不得超过混凝土初凝时间；

4）当下层混凝土初凝后，浇筑上层混凝土时，应先按留施工缝的规定处理。

（5）混凝土布料方法，应符合下列规定：

1）在浇筑竖向结构混凝土时，布料设备的出口离模板内侧面不应小于50mm，且不得向模板内侧面直冲布料，也不得直冲钢筋骨架；

2）浇筑水平结构混凝土时，不得在同一处连续布料，应在2～3m范围内水平移动布料，且宜垂直于模板布料。

（6）混凝土浇筑分层厚度，宜为300～500mm。当水平结构的混凝土浇筑厚度超过

500mm 时，可按 1:6～1:10 坡度分层浇筑，且上层混凝土应超前覆盖下层混凝土 500mm以上。

（7）振捣泵送混凝土时，振捣器移动间距宜为 400mm 左右，振捣时间宜为 15～30s，且隔 20～30min 后，进行第二次振捣。

（8）对于有预留洞、预埋件和钢筋太密的部位，应预先制定技术措施，确保顺利布料和振捣密实。在浇筑混凝土时，应经常观察，当发现混凝土有不密实等现象，应立即采取措施予以纠正。

（9）水平结构的混凝土表面，应适时用木抹子磨平搓毛两遍以上。必要时，还应先用铁滚筒压两遍以上，以防止产生收缩裂缝。

### 三、补偿收缩混凝土

补偿收缩混凝土是膨胀混凝土的一种，绝大多数是用膨胀水泥制成的，是一种适度膨胀的混凝土，该种混凝土经 7～14d 的湿润养护，将其膨胀率控制在 0.05%～0.08% 之间，可获得 0.2～1.0MPa 的自应力，使混凝土处于受压状态，以达到补偿混凝土的全部或大部分收缩，达到防止开裂的目的。此外，补偿收缩混凝土还具有良好的抗渗性和较高的强度，所以它是一种比较理想的结构抗渗材料。

补偿收缩混凝土既可采用普通骨料，也可采用轻质骨料；既可用于现浇混凝土结构，也可用于预制构件和装配整体式结构。考虑到它不仅能抗裂，而且低水化热、干缩和冷缩联合补偿、具有良好的抗渗性和早期强度高等特点，因而广泛用于地下建筑、液气贮罐、屋面、楼地面、路面、机场、接缝和接头处。

（一）补偿收缩混凝土拌制

补偿收缩混凝土的组成材料主要有明矾石膨胀水泥、硅酸盐自应力水泥，MF 减水剂。

当配制补偿收缩混凝土时，除应遵守普通混凝土关于原材料、配合比和拌和等方面的规定之外，尚应针对补偿收缩混凝土的特点，注意下列事项：

（1）水泥用量对膨胀率的影响很大，所以水泥称量必须准确，误差不得超过 1%。如果是直接掺加膨胀剂，则称量的误差应更小，以保证设计规定的膨胀率。水泥风化程度对膨胀率有显著影响，贮存期超过三个月者，应试验后再确定是否使用。

（2）补偿收缩混凝土的需水量较大，所以拌合水应比相同坍落度的普通混凝土多10%～15%。但是增加水量会增大水灰比，使膨胀率减少、干缩率增加，所以应在操作条件允许的前提下尽量少加水，或掺加减水剂以减少加水量。现在多掺加高效减水剂。

（3）选择骨料应使其不对膨胀率和干缩率带来不利影响。如砂岩骨料就会降低膨胀率，海砂则会加大干缩率。一般情况下骨料采用间断级配有利于提高膨胀性能。

（4）外加剂的选用应慎重，一般需通过试验后才能使用：

1）加气剂的掺量和效果，都与普通混凝土相似。

2）氯化钙一般不宜掺用，如掺量超过 1%，将会显著地减少膨胀率和增加干缩率。

3）缓凝剂也能减少膨胀率和增加干缩率。通过试验如证明其无其他不良影响时，方可使用。

4）减水剂能加快钙矾石的生成，将会减少膨胀率。但在明矾石膨胀水泥混凝土中，掺加水泥质量 0.5% 的 MF 减水剂，可以降低水灰比 10%，而且可以改善和易性，增加早期强度和稍增加限制膨胀率，所以是可以掺用的。

（5）进行补偿收缩混凝土的配合比设计时，可以采用试配法。即首先通过3～4个水灰比找出强度和水灰比的关系曲线，再根据要求的强度来选定水灰比。然后按选定的水泥用量来计算加水量。此后再根据选定的砂率（可略低于普通混凝土），来计算试配用的混凝土配合比。进行试配时，要核对坍落度，并制作强度试件、自由膨胀率试件和限制膨胀率试件。当强度和膨胀率均符合设计要求时，再经过现场试拌进行调整，便可确定工程采用的配合比。

（二）补偿收缩混凝土构造方面措施

为了使补偿收缩混凝土能有效地发挥补偿收缩作用，在构造方面应注意下列事项：

（1）宜采用变形钢筋或焊接钢筋网（钢丝网）。如配筋集中于构件的一侧，在不配筋的一侧应加配少量补偿收缩钢筋。

（2）开孔和角隅附近最容易开裂，可在对角线的垂直方向上配置钢筋，也可加密开孔四周的结构钢筋。

（3）除按照设计规范设置隔断缝以外，在板、柱、墙连接处，为了预防膨胀也应设置隔断缝，使其互相不粘结（留有膨胀的余地），隔断缝的做法可用沥青厚纸板或纤维板嵌入。在柱、墙的连接部位，也可酌加钢筋以抵抗可能发生的挤压力。

（4）补偿收缩混凝土板的施工缝应与普通混凝土板同样处理，但缝距可以增大。在温度变化较小时，可以连续浇筑1500m³；温度变比较大时，也可连续浇筑650～1100m³。板的长宽比不得超过3:1，有时也可改变配筋来放宽长宽比的限值。

（5）补偿收缩混凝土无须留设伸缩缝。在露天温度和湿度变化较大的地方，伸缩缝最大间距可为30m；在室内则可达60m。

（三）补偿收缩混凝土施工旁站要点

在施工浇筑方面，补偿收缩混凝土除应遵照普通混凝土的施工规程以外，还应特别注意下述几方面：

（1）将原混凝土表面普遍凿毛。一般要求凿到出现新搓，露出石子。凿毛后，须经监理工程师检查验收，方能进行浇筑。

（2）在浇筑补偿收缩混凝土之前，应将所有与混凝土接触的物件充分加以湿润。与老混凝土的接触面，最好先行保湿12～24h。

（3）对于支设的模板必须采取严密措施，防止漏浆，并有良好的保水作用。对于有防水要求的人防工程和地下室后浇带，不得留置贯通的预埋件，模板必须支设牢固。

（4）补偿收缩混凝土宜采用强制式搅拌机搅拌，搅拌时间不得大于2min。为了减少混凝土的坍落度和温度损失，搅拌后应尽快运至浇筑地点进行浇筑。如运输和停放时间较长，坍落度损失，此时不允许再添加拌合水，以免大大降低强度和膨胀率。

（5）采用人工浇筑，现场混凝土坍落度为70～80mm；补偿收缩混凝土拌合物黏稠，无离析和泌水现象，因此泵送性能很好，宜于泵送施工。采用泵送混凝土浇筑，现场混凝土的坍落度应为120～140mm。混凝土浇筑时间间隙不得超过2h，否则要事先考虑设置施工缝。施工缝的处理方法与普通混凝土相同。混凝土要求振捣密实。补偿收缩混凝土的凝结时间较短，混凝土浇筑振捣后，抹面和修整时间可以提早，硬化后1～2h内予以抹压，以防止裂缝的出现。

（6）补偿收缩混凝土的浇筑温度不宜超过35℃。

（7）由于不泌水，容易产生早期塑性收缩裂缝，因此补偿收缩混凝土浇筑后的保湿养护十分重要。浇筑后立即开始养护，养护时间不少于7~14d，以充分供应膨胀过程中需要的水分。养护方法最好是蓄水，也可洒水和用塑料薄膜覆盖。

# 第六章　预应力工程

为了避免钢筋混凝土结构的裂缝过早出现，充分利用高强材料，人们在长期的生产实践中创造了预应力混凝土结构。预应力混凝土虽然只有几十年的历史，但人们对预应力原理的应用却由来已久。混凝土的抗压强度虽高，而抗拉强度却很低，通过对预期受拉部位施加预压应力的方法，就能克服混凝土抗拉强度低的弱点，达到利用预压应力建成不开裂的结构。

## 第一节　预应力钢材与锚具

### 一、预应力钢材性能

根据预应力混凝土工程自身的要求，预应力钢材需满足下列要求：

1. 强度高

结构构件中混凝土预应力的大小，取决于钢筋张拉应力的大小。考虑到在制作及使用过程中将出现各种预应力损失，因此只有采用高强度钢材，才可能建立较高的预应力值，以达到预期的效果。

2. 具有一定的塑性

为了避免结构构件发生脆性破坏，要求预应力钢材在拉断时，具有一定的伸长率。当构件处于低温或受到冲击荷载作用时，更应注意对钢材塑性和抗冲击韧性的要求。一般对冷拉钢筋要求极限伸长率≥6%（HRB500 级）、≥8%（HRB400 级）和≥10%（HRB335级）；对碳素钢丝和钢绞线≥4%。

3. 良好的加工性能

具有良好的可焊性，同时要求钢筋镦粗后并不影响其原来的物理力学性能。

4. 与混凝土之间有良好的粘结力

先张法构件的预应力主要依靠钢筋与混凝土之间的粘结力以保证共同工作。同时，后张法构件亦要求水泥浆与钢筋之间有良好的粘结力以保证共同工作。为此，当采用光面高强钢丝时，表面应经刻痕或压波等处理措施，或把钢丝扭绞而成钢绞线。

### 二、预应力钢材种类

预应力筋通常由单根或成束的钢丝、钢绞线或钢筋组成。用于预应力工程的预应力筋，按材料品种可分为：钢丝；钢绞线（建筑用不锈钢钢绞线）；高强钢筋；钢棒和高强纤维筋。根据预应力筋深加工工艺或施工方法的不同，预应力筋又可分为有粘结预应力筋、缓粘结预应力筋、无粘结预应力筋和体外预应力筋。在我国预应力工程中，目前大量使用的是预应力钢绞线和钢丝，粗钢筋、热处理钢筋及钢棒和高强纤维筋使用量较少。

（一）高强钢丝

高强钢丝根据深加工的要求不同又可分为：冷拉钢丝、消除应力钢丝、刻痕钢丝、低松弛钢丝和镀锌钢丝等。钢丝的直径为 3~7mm，抗拉强度分为 1470、1570 和 1670MPa 三级。

1. 冷拉钢丝

冷拉钢丝是经冷拔后直接用于预应力混凝土的钢丝。其盘径基本等于拔丝机卷筒的直径，开盘后钢丝呈螺旋状，没有良好的伸直性。这种钢丝存在残余应力，屈强比低，伸长率小，仅用于铁路轨枕、压力水管和电杆等。

2. 消除应力钢丝（碳素钢丝）

消除应力钢丝（又称矫直回火钢丝）是冷拔后经高速旋转的矫直辊筒矫直，并经回火（350~400℃）处理的钢丝，属于普通松弛级钢丝。钢丝经矫直回火后，可消除钢丝冷拔中产生的残余应力，提高钢丝的比例极限、屈强比和弹性模量，并改善塑性；同时获得良好的伸直性，施工方便。

3. 刻痕钢丝

刻痕钢丝是用冷拉或经冷拔方法使钢丝表面产生规则变化的凹痕和凸纹的钢丝。其性能与消除应力钢丝相同。表面凹痕和凸纹可增加钢丝与混凝土的握裹力。刻痕钢丝的外形有两面刻痕与三面刻痕两种，都可用于先张法预应力混凝土构件中。

4. 低松弛钢丝

低松弛钢丝（又称稳定化处理钢丝）是经冷拔后在张力状态下经回火处理的钢丝。经稳定化处理的钢丝，弹性极限和屈服强度提高，应力松弛率大大降低，但单价稍贵。

5. 镀锌钢丝

镀锌钢丝是用热镀或电镀方法在表面镀锌的钢丝。其性能与低松弛钢丝相同。镀锌钢丝的抗腐蚀能力强，价格较贵，主要用于悬索桥和斜拉桥的拉索，以及环境条件恶劣的工程结构物拉杆。

高强钢丝的品种和性能应符合国家标准《预应力混凝土用钢丝》GB/T 5223—2002 的规定。后张预应力结构中所用的预应力钢丝为国标《预应力混凝土用钢丝》GB/T 5223—2002 中的光面消除应力高强度圆形碳素钢丝，常用规格为 $\phi 5$、$\phi 7$ 钢丝。

（二）钢绞线

是用冷拔钢丝绞扭而成，其方法是在绞线机上以一种稍粗的直钢丝为中心，其余钢丝则围绕其进行螺旋状绞合（图 6-1），再经低温回火处理即可。

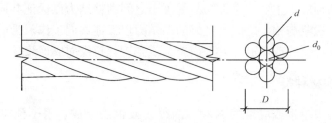

图 6-1　预应力钢绞线截面

D—钢绞线直径；$d_0$—中心钢丝直径；d—外层钢丝直径

用作预应力筋的钢绞线按捻制结构不同可分为：1×2 钢绞线、1×3 钢绞线和 1×7 钢绞线等，1×7 钢绞线是由 6 根外层钢丝围绕着一根中心钢丝（直径加大 2.5%）绞成，用途广泛。1×2 钢绞线和 1×3 钢绞线仅用于先张法预应力混凝土结构。目前应用最多的是 7 股钢绞线 7φ3、7φ4 和 7φ5 三种。由于经绞制的钢丝呈螺旋形，故其弹性模量（实际上是变形模量）较单根钢丝略低，整根钢绞线的平均强度亦比单根钢丝略低。

钢绞线根据深加工的要求不同又可分为：普通松弛钢绞线、低松弛钢绞线、镀锌钢绞线、环氧涂层钢绞线、模拔钢绞线等。模拔钢绞线是在捻制成型后，再经模拔处理制成。钢绞线的规格和力学性能应符合国家标准《预应力混凝土用钢绞线》（GB/T 5224—2003）的规定。后张预应力结构中常用的钢绞线规格为 φ15.2 和 φ12.7 钢绞线。

预应力钢绞线的表面质量要求：成品钢绞线的表面不得带有润滑剂、油渍等，钢绞线表面允许有轻微的浮锈；钢绞线的伸直性，取弦长为 1m 的钢绞线，其弦与弧的最大自然矢高不大于 25mm。

（三）高强钢筋

预应力工程所用钢筋包括：冷拉钢筋、热处理钢筋、精轧螺纹钢筋以及冷轧带肋钢筋。

1. 热处理钢筋

热处理钢筋是由普通热轧中碳低合金钢筋经淬火和回火的调质热处理或轧后控制冷却方法制成。按其螺纹外形，可分为带纵肋和无纵肋两种。这种钢筋的强度高、松弛值低、粘结性好，大盘卷供货。无需焊接与调直，但易出现匀质性差，主要用于铁路轨枕，也有用于先张法预应力楼板等。热处理钢筋的尺寸、化学成分和力学性能，应符合国家标准《预应力混凝土用钢棒》GB/T 5223.3—2005 的规定。

2. 精轧螺纹钢筋

精轧螺纹钢筋是由热轧方法在整根钢筋表面轧出不带纵肋而横肋为不相连梯形螺纹制成。这种钢筋在任意截面都能拧上带有内螺纹的连接器进行接长，或拧上特制的螺母进行锚固，无需冷拉与焊接，施工方便，主要用于桥梁、房屋与构筑物等直线筋。

（四）无粘结预应力钢筋

一种在施加预应力后沿全长与周围混凝土不粘结的预应力筋，它由预应力筋、涂料层和包裹层组成（图 6-2b）。

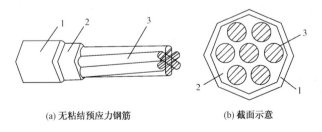

(a) 无粘结预应力钢筋　　(b) 截面示意

图 6-2　无粘结预应力钢筋
1—高密度聚乙烯塑料套管；2—保护油脂；3—钢绞线

用于制作无粘结筋的钢材由 7 根直径为 5mm 或 4mm 的钢丝绞合而成的钢绞线，其质量应符合现行国家标准。无粘结预应力筋的制作，采用挤压涂塑工艺，外包高密度聚乙烯套管，内涂防腐建筑油脂，经过挤压成型后，塑料包裹层一次成型在钢绞线上。无粘结预应力筋专用防腐油脂的技术要求见《无粘结预应力筋专用防腐润滑脂》JG 3007—1993。

无粘结预应力筋的护套材料，宜采用高密度聚乙烯，不得采用聚氯乙烯。护套材料应具有足够的韧性、抗磨及抗冲击性，对周围材料应无侵蚀作用，在规定的温度范围内，低温不脆化，高温化学稳定性好。

目前有 φ12、φ15 钢绞线及几种规格的无粘结预应力筋。

### 三、预应力钢材、锚具等进场监理见证检验

预应力钢材进场后，应分批组织验收。现场检查厂家质量合格证书、包装情况、标识内容、材料规格及外观质量。按合同规范或监理要求的项目和频率检查承包单位材料性能自检报告。

所有材料在工程验收之前的任何时候都可被检查、抽样测试、复试。承包单位应按指示在规定的时间或定期，在监理工程师的监督下，用承包单位提供的抽样试验仪器，进行材料抽样测试。任何不合格和未经授权使用的材料将不予支付使用，并由承包单位自费拆除。

监理复核项目及抽检频率应不低于规范规定，由监理工程师视进场预应力筋情况，结合承包单位自检报告情况研究决定，施工单位材料取样员在监理单位见证员现场见证下按照规范规定现场取样，并在见证人陪同下送有资质的第三方检测单位检测。对材料的监控，监理工程师务必严格掌握。

（一）预应力钢筋进场检验

预应力筋出厂时，在每捆（盘）上都挂有标牌，并附有出厂质量证明书。预应力筋进场时，按下列规定验收。

1. 碳素钢丝检验

（1）检查数量

钢丝应成批验收，每批应由同一牌号、同一规格、同一生产工艺的钢丝组成，每批重量不大于 60t。

（2）检验项目

1）外观检查

钢丝外观应逐盘检查。钢丝表面不得有裂缝、小刺、劈裂、机械损伤、氧化铁皮和油迹，但表面上允许有浮锈和回火色。钢丝直径检查按 10% 盘选取，但不得少于 6 盘。

2）力学性能试验

钢丝外观检查合格后，从每批中任意选取 10% 盘（不少于 6 盘）的钢丝，从每盘钢丝的两端各截取一个试样，一个做拉伸试验（抗拉强度与伸长率），一个做反复弯曲试验。

钢丝屈服强度检验，按 2% 盘选取，但不得小于 3 盘。

（3）结果判定

如有某一项试验结果不符合《预应力混凝土用钢丝》GB/T 5223—2002 标准要求，则该盘钢丝为不合格品；并从同一批未经试验的钢丝盘中载取双倍数量的试样复验（包括该项实验要求的任意指标）。如仍有一个指标不合格，则该批钢丝为不合格品，钢丝将拒收并退场。

2. 钢绞线检验

（1）检查数量

钢绞线应成批验收，每批应由同一牌号、同一规格、同一生产工艺的钢绞线组成，每批重量不大于60t。

（2）检验项目

从每批钢绞线中任意取3盘，进行表面质量、直径偏差、捻距和力学性能试验。屈服强度和松弛试验每季度由生产厂家抽检一次，每次不少于一根。

（3）伸长率检测方法

钢绞线伸长率的量测方法：在测定伸长率为1%时的负荷后，卸下引伸计，量取试验机上、下工作台之间的距离$L_1$，然后继续加负荷直至钢绞线的一根或几根钢丝破坏，此时量出上、下工作台的最终距离$L_2$，$L_2 - L_1$值与$L_2$比值的百分数加上引伸计测得的1%，即为钢绞线的伸长率。

如果任何一根钢丝破坏之前，钢绞线的伸长率已达到所规定的要求，此时可以不继续测定最后伸长率。如因夹具原因剪切断裂，所得最大负荷及延伸未满足标准要求，试验是无效的。

（4）检验结果判定

从每盘所选的钢绞线端部正常部位取一根试样进行试验。试验结果，如有一项不合格时则该不合格盘报废，再从未试验过的钢绞线中取双倍数量的试样进行该不合格项的复验；如仍有一项不合格，则该批判为不合格品。

3. 热处理钢筋检验

（1）检查数量

热处理钢筋应成批验收，每批应由同一外形截面尺寸、同一热处理制度和同一炉罐号的钢筋组成，每批重量不大于60t。公称容量不大于30t炼钢炉冶炼的钢轧成的钢材，允许交同钢号组成的混合批，但每批中不得多于10个炉号。各炉号间钢的含碳量差不大于0.02%，含锰量差不大于0.15%，含硅量差不得大于0.20%。

（2）检验项目及判定

1）外观检查

从每批钢筋中选取10%盘数（不少于25盘）进行表面质量与尺寸偏差检查。钢筋表面不得有裂纹、结疤和折叠，钢筋表面允许有局部凸块，但不得超过螺纹筋的高度。如检查不合格，则应将该批钢筋进行逐盘检查。

2）拉伸试验

从每批钢筋中选取10%盘数（不少于25盘）进行拉伸试验。如有一项不合格，则该不合格盘报废。再从未试验过的钢筋中取双倍数量的试样进行复验，如仍有一项不合格，则该批判为不合格品。

（二）预应力筋用锚具、夹具及连接器进场检验

预应力筋用锚具、夹具及连接器的技术性能要求及试验、验收等相关条款，应符合《预应力筋用锚具、夹具及连接器》GB/T 14370—2007、《预应力筋用锚具、夹具和连接器应用技术规程》JGJ 85—2010规定。

锚具、夹具和连接器进场时，除应按出厂合格证和质量证明书核查其锚固性能类别、型号、规格及数量外，还应按下列规定进行验收。

1. 外观检查

从每批中抽取 2% 且不少于 10 套锚具检查其外观和尺寸，如有一套表面超过产品规定尺寸的允许偏差，则应另取双倍数量的锚具重新进行检查，如仍有一套不符合要求；或有一套表面有裂纹，则不得使用或逐套检查，合格者方可使用。

2. 硬度检查

对硬度有严格要求的锚具零件应做硬度检查。应从每批中抽取 3% 且不少于 5 套锚具，按产品质量保证书规定的表面位置和硬度范围做硬度检验。每个零件测试三点，其硬度应在设计要求的范围内。如有一个零件不合格，则应另取双倍数量的零件重做实验，如仍有一个零件不合格，则不得使用或逐个检查，合格者方可使用。

3. 静载锚固性能试验

经过上述两项检验合格后，应从同批中抽取 6 套锚具（夹具或连接器），与符合实验要求的预应力筋组成 3 个预应力筋-锚具（夹具或连接器）组装件，进行静载性能试验。如有一个试件不符合要求，则应另取双倍数量的锚具重做实验，如仍有一个不合格，则该批锚具（夹具或连接器）为不合格品。

锚具（夹具或连接器）的静载性能试验，对于一般工程，也可由生产厂家提供试验报告。对预应力夹具和先张法预应力筋连接器的进场验收，只做静载性能试验。对连接器的静载锚固性能，可从同批中抽取 3 套组成 3 个预应力筋-连接器进行试验。

4. 预应力筋锚具、夹具和连接器验收批

在同种材料和同一生产工艺条件下，锚具宜以不超过 2000 套组为一个验收批，连接器宜以不超过 500 套组为一个验收批，夹具不宜超过 500 套。

## 四、监理验收

常用的预应力筋有钢丝、钢绞线、热处理钢筋等，其质量应符合相应现行国家标准《预应力混凝土用钢丝》GB/T 5223—2002、《预应力混凝土用钢绞线》GB/T 5224—2003、《预应力混凝土用钢棒》GB/T 5223.3—2005 等的要求。预应力筋是预应力分项工程中最重要的原材料，进场时应根据进场批次和产品的抽样检验方案确定检验批，进行进场复验。由于各厂家提供的预应力筋产品合格证内容与格式不尽相同，为统一及明确有关内容，要求厂家除了提供产品合格证外，还应提供反映预应力筋主要性能的出厂检验报告，两者也可合并提供。进场复验可仅作主要的力学性能试验。本章中，涉及原材料进场检查数量和检验方法时，参照上述内容进行检验。

无粘结预应力筋的涂包质量对保证预应力筋防腐及准确地建立预应力非常重要。涂包质量的检验内容主要有涂包层油脂用量、护套厚度及外观。当有工程经验，并经观察确认质量有保证时，可仅作外观检查。

目前国内锚具生产厂家较多，各自形成配套产品，产品结构尺寸及构造也不尽相同。为确保实现设计意图，要求锚具、夹具和连接器按设计规定采用，其性能和应用应分别符合国家现行标准《预应力筋用锚具、夹具和连接器》GB/T 14370—2007 和《预应力筋用锚具、夹具和连接器应用技术规程》JGJ 85—2010 的规定。锚具、夹具和连接器的进场检验主要作锚具（夹具、连接器）的静载试验，材质及加工尺寸等只需按出厂检验报告中所列指标进行核对。

预应力筋进场后可能由于保管不当引起锈蚀、污染等，故使用前应进行外观质量检查。对有粘结预应力筋，可按各相关标准进行检查。对无粘结预应力筋，若出现护套破损，不仅影响密封性，而且增加预应力摩擦损失，故应根据不同情况进行处理。

当锚具、夹具及连接器进场入库时间较长时，可能造成锈蚀、污染等，影响其使用性能，故使用前应重新对其外观进行检查。

预应力钢材进场检验合格后，应存放在通风良好的仓库中。若露天堆放时，应搁置在方木支垫上，离地高度不小于200mm。钢绞线堆放时支点数不少于4个，方木宽度不少于100mm，堆放高度不大于3盘。无粘结筋堆放时支点数不少于6个，垫木宽度不少于300mm，码放层数不多于2盘。预应力筋存放应按供货批号分组、每盘标牌整齐，上面覆盖防雨布。预应力筋吊放应采用专用支架，三点起吊。

# 第二节 预应力筋制作与安装

## 一、施工工艺

（一）预应力筋下料与编束

预应力筋一般均为高强钢材，如局部加热或急剧冷却，将引起该部位的马氏体组织脆性变态，小于允许张拉力的荷载即可造成脆断，危险性很大。因此在现场加工或组装预应力筋时，不得采用加热、焊接和电弧切割。

在预应力筋近旁进行烧割或焊接操作时，应非常小心，使预应力筋不受过高温度、焊接火花或接地电流的影响。

1. 钢丝束下料与编束

（1）钢丝下料

下料一般应在平坦的场地上进行，长度测量误差应控制在 −50 ～ +100mm 以内，不应使钢丝直接接触地面。矫直回火钢丝放开后是直的，可直接下料。钢丝下料时如发现钢丝表面有电接头或机械损伤，应随时剔除。

采用镦头锚具时，钢丝的等长要求较严。同束钢丝下料长度的相对差值（指同束最长与最短钢丝之差）不应大于 $L/500$，且不得大于5mm（$L$ 为钢丝下料长度）。

长度为6m及小于6m的先张法构件，当钢丝采用镦头夹具成组张拉时，其下料长度的相对差值不得大于2mm。

（2）钢丝编束

为了保证钢丝束两段钢丝的排列顺序一致，穿束与张拉时不致紊乱，每束钢丝都必须进行编束。随所用锚具形式的不同，编束方法也有差异。

采用镦头锚具时，根据钢丝分圈布置的特点，首先将内圈和外圈钢丝分别用铁丝顺序编扎，然后将内圈钢丝放在外圈钢丝内扎牢。为了简化钢丝编束，钢丝的一端可直接穿入锚杯，另一端距端部约200mm处编束，以便穿锚板时钢丝不紊乱。钢丝束的中间部分可根据长度适当编扎几道。

2. 钢绞线下料与编束

钢绞线下料场应平坦，下垫方木或彩条布，不得将钢绞线直接接触地面以免生锈，也不得在混凝土地面上生拉硬拽磨伤钢绞线，下料长度误差控制在 −50 ~ +100mm 以内。钢绞线的盘重大、盘卷小、弹力大，为了防止在下料过程中钢绞线紊乱并弹出伤人，事先应制作一个简易铁笼。下料时，将钢绞线盘卷装在铁笼内，从盘卷中央逐步抽出，较为安全。

钢绞线下料宜用砂轮切割机切割，不得采用电弧切割。

钢绞线编束用 20 号铁丝绑扎，间距 1 ~ 1.5m。编束时应将钢绞线理顺，并尽量使各钢绞线松紧一致。如单根穿入孔道，则不编束，但应在每个筋上贴上标签，表明长度及代号以利分类存放和穿束。

3. 钢筋束下料与编束

钢筋束的钢筋直径一般在 12mm 左右。钢筋束的制作包括开盘冷拉、下料、编束等工作。用镦头锚具时还需增加镦头工序。

钢筋束下料，可在冷拉和镦粗后进行。下料后的钢筋，按规定的根数编织成束，方法同钢丝束。

采用镦头的钢筋束时，在编束时先将钢筋头相互错开 50 ~ 100mm，待穿入孔道后再用锤敲平。

4. 下料安全事项

预应力筋下料应有安全技术交底，交底内容包括：用电设备安全，操作安全事项等。

（二）预留孔道

1. 预应力筋孔道布置

预应力筋的孔道形状有直线、曲线和折线三种。孔道的直径与布置，主要根据预应力混凝土构件或结构的受力性能，并参考预应力筋锚固体系特点与尺寸确定。

（1）孔道直径

对粗钢筋，孔道的直径应比预应力筋直径、钢筋对焊接头处外径、需穿过孔道的锚具或连接器外径大 10 ~ 15mm。

对钢丝或钢绞线，孔道的直径应比预应力束外径大 5 ~ 10mm，且孔道面积应大于预应力筋面积的 2 倍。

（2）孔道布置

预应力筋孔道端头之间的净距不应小于 50mm，孔道至构件边缘的净距不应小于 40mm，凡需要起拱的构件，预留孔道宜随构件同时起拱。

2. 孔道端头排列

预应力筋孔道端头连接钢垫板或铸铁喇叭管，由于锚具局部承压要求及张拉设备工作空间的要求，预留孔道端部排列间距往往与构件内部排列间距不同。此外由于成束预应力筋的锚固工艺要求，构件孔道端常常需要扩大孔径，形成喇叭口孔道。构件端部排列间距及扩孔直径各不相同，详细尺寸可参见相关的张拉锚固体系技术资料。

3. 孔道成形事项

（1）基本要求

孔道的尺寸与位置应正确，孔道应平顺，接头不漏浆，端部预埋钢板垂直于孔道中心线等。孔道成形的质量，对孔道摩阻损失的影响较大，应严格把关。

（2）孔道成形基本方法和检查事项

1）预埋波纹管法

波纹管的安装，应事先按设计图中预应力筋的曲线坐标在梁侧模和箍筋上定出曲线位置。波纹管的固定应采用钢筋马凳支托，马凳间距为 600~800mm。钢筋支托应焊在箍筋上，箍筋底部应垫实。

波纹管位置的垂直偏差一般不宜大于 ±20mm。从梁上看，波纹管在梁内应平坦顺直，从梁侧看，波纹管应平滑连续。

2）钢管抽芯法

钢管抽芯用于直线孔道。钢管表面必须圆滑，预埋前应除锈、刷油。

抽管时间与水泥的品种、气温和养护条件有关。抽管宜在混凝土初凝之后、终凝以前进行，以手指按压混凝土表面不显指纹时为宜。抽管顺序宜先上后下进行。

3）其他埋管法

预埋管成形孔道除使用金属波纹管外，还可采用薄壁钢管、镀锌钢管或塑料波纹管。薄壁钢管和镀锌钢管仅用于混凝土一次浇筑高度大的竖向孔道或者有特殊要求的部位。塑料波纹管采用的塑料为聚丙烯或高密度聚乙烯，管道壁厚建议不小于2mm，肋的形态能将预应力通过粘结力传递给管道外的混凝土。

4）灌浆孔、排气孔、排水孔与泌水管

在构件两端及跨中应设置灌浆孔或排气孔，孔距不宜大于12m。灌浆孔或排气孔也可设置在锚具或铸铁喇叭处，灌浆孔用于进水泥浆，其孔径一般不小于166mm；排气孔是为了保证孔道内气流通畅，不形成封闭死角，保证水泥浆充满孔道，对直径要求不严。一般施工中将灌浆孔与排气孔统一都做成灌浆孔，灌浆孔（或排气孔）在跨内高点处应设在孔道上侧，在跨内低点处应设在下侧。

排水孔一般设在每跨曲线孔道的最低点，开口向下，主要用于排除灌浆前孔道内冲洗用水或养护时进入孔道内的水分。泌水管设在每跨曲线孔道的最高点处，开口向上，露出梁面的高度一般不小于500mm。泌水管用于排除灌浆后水泥浆的泌水，并可二次补充水泥浆。泌水管一般可与灌浆孔统一留用。

（三）钢筋工程及混凝土工程

预应力筋预留孔道的施工过程与钢筋工程同步进行，施工时应对节点钢筋进行放样，调整钢筋间距及位置，保证预留孔道顺畅通过节点。在钢筋绑扎过程中应小心操作，确保预留孔道位置、形状及外观。在电气焊操作时，更应小心，禁止电气焊火花触及波纹管，焊渣也不得堆落在孔道表面，应切实保护好预留孔道。

混凝土浇筑是一道关键工序，禁止将振捣器直接振动波纹管，混凝土入模时，严禁将下料出口对准孔道布料。此外混凝土材料中不应有含氯离子的外加剂或其他侵蚀性离子。

混凝土浇筑完成后，对抽拔管成孔应按时组织人员抽拔钢管或浇灌，检查孔道及灌浆孔等是否通畅。对预埋金属波纹管成孔，应在混凝土终凝能上人后，派人用通孔器清理孔道，或抽动孔道内的预应力钢筋，以确保孔道及灌浆孔通畅。

（四）预应力筋穿束

预应力筋穿入孔道，简称穿束。穿束需要解决两个问题：穿束时机与穿束方法。

1. 根据穿束与混凝土浇筑之间的先后关系，可分为先穿束和后穿束两种。

（1）先穿束法

先穿束法即在浇筑混凝土之前穿束。对埋入式固定端或采用连接器施工，必须采用先穿法。此法穿束省力，但穿束占用工期，束自重引起的波纹管摆动会增大摩擦损失，束端保护不当易生锈。

（2）后穿束法

后穿束法即在浇筑混凝土之后穿束。此法可在混凝土养护期内进行，不占工期，便于用通孔器或高压水辅助通孔，穿束后即行张拉，但穿束较为费力。

2. 穿束方法

根据一次穿入数量，可分为整束穿和单根穿。钢丝束应整束穿；钢绞线优先采用整束穿，也可用单根穿。穿束工作可由人工、卷扬机或穿束机进行。

## 二、监理要点

在预应力筋的制作与安装过程中，监理工程师在现场巡视检查要点是：

（1）预应力筋下料长度的计算，应考虑预应力钢材品种、锚具形式、焊接接头、镦粗头、冷拉伸长率、弹性回缩率、张拉伸长值、台座长度、构件孔道长度、张拉设备与施工方法等因素；

（2）检查施工单位现场加工或组装预应力筋时，有无采用加热、焊接和电弧烧割等违章现象；

（3）检查现场预应力钢筋加工的安全措施落实情况；

（4）孔道的尺寸及位置应正确，孔道应平顺、通畅，接头不漏浆，严把孔道成形质量关；

（5）预应力筋穿束后混凝土未浇筑前，注意现场保护措施的落实；

（6）预应力钢材编束要领；

（7）胶管、橡胶管、波纹管、钢管等制孔材料的检查。

## 三、金属波纹管（螺旋管）监理见证试验

后张预应力构件中，预埋制孔用管材有金属波纹管（螺旋管）、钢管、塑料波纹管等。目前常用的制孔材料为金属波纹管（螺旋管），金属波纹管（螺旋管）规格应按设计要求选用，其尺寸和性能应符合国家现行标准《预应力混凝土用金属波纹管》JG 225—2007 等的规定，其截面形状分为圆形和扁形。波纹管在外荷载作用下应有足够的抵抗变形能力，在浇筑混凝土的过程中不应漏浆。

扁形波纹管规格和圆形波纹管规格见表 6-1 和表 6-2。

扁形波纹管规格（mm） 表 6-1

| | | | | | | | |
|---|---|---|---|---|---|---|---|
| 内 短 轴 | 长 度 | 20 | | | 22 | | |
| | 允许偏差 | 0，+1.0 | | | 0，+1.5 | | |
| 内 长 轴 | 长 度 | 52 | 65 | 78 | 60 | 76 | 90 |
| | 允许偏差 | ±1.0 | | | ±1.5 | | |

圆形波纹管规格（mm） 表 6-2

| 管 内 径 | 40 | 45 | 50 | 55 | 60 | 65 | 70 | 75 | 80 | 85 | 90 | 95 | 96 | 102 | 108 | 114 | 120 | 126 | 132 |
|---|---|---|---|---|---|---|---|---|---|---|---|---|---|---|---|---|---|---|---|
| 允许偏差 | ±0.5 | | | | | | | | | | | | | | | | | | |
| 钢带厚度 标准型 | 0.28 | | | 0.30 | | | | | 0.35 | | | | 0.40 | | | | | | |
| 钢带厚度 增强型 | 0.30 | | 0.35 | | | 0.40 | | | 0.45 | | — | | 0.50 | | | | | | 0.60 |

注：圆管内径小于等于 95mm 的最小波纹高度为 2.5mm，圆管内径大于 95mm 的最小波纹高度为 3.0mm。

波纹管的内径、波纹高度和壁厚等尺寸偏差不应超过允许值。对波纹管使用量较少的一般工程，当有可靠依据时，可不做刚度、抗渗性能或密封性的现场复试。

金属波纹管的内外表面应清洁，无油污、无锈蚀、无空洞，无不规则的褶皱，咬口不应有开裂或脱扣。塑料波纹管的外观应光滑，色泽均匀，内外壁不允许有破裂、气泡、裂口、硬块和影响使用的划伤。

### 四、监理验收

（一）主控项目

（1）预应力筋安装时，其品种、级别、规格、数量必须符合设计要求。

检查数量：全数检查。

检验方法：观察，钢尺检查。

（2）先张法预应力施工时应选用非油质类模板隔离剂，并应避免沾污预应力筋。

检查数量：全数检查。

检验方法：观察。

（3）施工过程中应避免电火花损伤预应力筋；受损伤的预应力筋应予以更换。

检查数量：全数检查。

检验方法：观察。

（二）一般项目

（1）预应力筋下料应符合下列要求：

1）预应力筋应采用砂轮锯或切断机切断，不得采用电弧切割；

2）当钢丝束两端采用镦头锚具时，同一束中各根钢丝长度的极差不应大于钢丝长度的 1/5 000，且不应大于 5mm。当成组张拉长度不大于 10m 的钢丝时，同组钢丝长度的极差不得大于 2mm。

检查数量：每工作班抽查预应力筋总数的 3%，且不少于 3 束。

检验方法：观察，钢尺检查。

（2）预应力筋端部锚具的制作质量应符合下列要求：

1）挤压锚具制作时压力表油压应符合操作说明书的规定，挤压后预应力筋外端应露出挤压套筒 1~5mm；

2）钢绞线压花锚成形时，表面应清洁、无油污，梨形头尺寸和直线段长度应符合设计要求；

3）钢丝镦头的强度不得低于钢丝强度标准值的 98%。

检查数量：对挤压锚，每工作班抽查 5%，且不应少于 5 件；对压花锚，每工作班抽查 3 件；对钢丝镦头强度，每批钢丝检查 6 个镦头试件。

检验方法：观察，钢尺检查，检查镦头强度试验报告。

（3）后张法有粘结预应力筋预留孔道的规格、数量、位置和形状除应符合设计要求外，尚应符合下列规定：

1）预留孔道的定位应牢固，浇筑混凝土时不应出现移位和变形；

2）孔道应平顺，端部的预埋锚垫板应垂直于孔道中心线；

3）成孔用管道应密封良好，接头应严密且不得漏浆；

4）灌浆孔的间距：对预埋金属波纹管不宜大于 30m；对抽芯成形孔道不宜大于 12m；

5）在曲线孔道的曲线波峰部位应设置排气兼泌水管，必要时可在最低点设置排水孔；

6）灌浆孔及泌水管的孔径应能保证浆液畅通。

检查数量：全数检查。

检验方法：观察，钢尺检查。

（4）预应力筋束形控制点的竖向位置偏差应符合表 6-3 的规定，并作出检查记录。

束形控制点的竖向位置允许偏差　　　　　　　　　　表 6-3

| 截面高(厚)度(mm) | $h \leqslant 300$ | $300 < h \leqslant 1\,500$ | $h > 1\,500$ |
|---|---|---|---|
| 允许偏差（mm） | ±5 | ±10 | ±15 |

检查数量：在同一检验批内，抽查各类型构件中预应力筋总数的 5%，且对各类型构件均不少于 5 束，每束不应少于 5 处。

检验方法：钢尺检查。

注：束形控制点的竖向位置偏差合格点率应达到 90% 及以上，且不得有超过表中数值 1.5 倍的尺寸偏差。

（5）无粘结预应力筋的铺设除应符合规范规定外，尚应符合下列要求：

1）无粘结预应力筋的定位应牢固，浇筑混凝土时不应出现移位和变形；

2）端部的预埋锚垫板应垂直于预应力筋；

3）内埋式固定端垫板不应重叠，锚具与垫板应贴紧；

4）无粘结预应力筋成束布置时应能保证混凝土密实并能裹住预应力筋；

5）无粘结预应力筋的护套应完整，局部破损处应采用防水胶带缠绕紧密。

检查数量：全数检查。

检验方法：观察。

（6）浇筑混凝土前穿入孔道的后张法有粘结预应力筋，宜采取防止锈蚀的措施。

检查数量：全数检查。

检验方法：观察。

## 第三节　预应力筋张拉与放张

### 一、施工工艺

#### （一）预应力筋张拉顺序

预应力筋的张拉顺序，应使结构及构件受力均匀、同步，不产生扭转、侧弯，不应使混凝土产生超应力，不应使其他构件产生过大的附加内力及变形等。因此，无论对结构整体，还是对单个构件而言，都应遵循同步、对称张拉的原则。此外，安排张拉顺序还应考虑到尽量减少张拉设备的移动次数。

#### （二）分级张拉、一次锚固

（1）安装锚具与张拉设备。根据预应力张拉锚固体系不同，分述如下：

1）粗钢筋螺杆锚固体系：应事先选择配套的张拉头，将垫板与螺母安装在构件端头，但应注意垫板的排气槽不得装反。

2）钢丝束锥形锚固体系：由于钢丝沿锚环周边排列且紧靠孔壁，因此安装钢质锥形锚具时必须严格对中，钢丝在锚环周边应分布均匀。

3）钢丝束镦头锚固体系：由于穿束关系，其中一端锚具要后装并进行镦头。配套的工具式拉杆与连接套筒应事先准备好；此外，还应注意千斤顶的撑脚是否适用。

4）钢绞线夹片锚固体系：安装锚具时应注意工作锚环或锚板对中，夹片均匀打紧并外露一致；千斤顶上的工具锚孔位与构件端部工具锚孔位排列要一致，以防钢绞线在千斤顶穿心孔内打叉。

5）安装张拉设备时，对直线预应力筋，应使张拉力的作用线与孔道中心线重合。

（2）油泵供油给千斤顶张拉油缸，按五级加载过程依次上升油压，分级方式为20%、40%、60%、80%、100%，每级加载均应量测伸长值，并随时检查伸长值与计算值的偏差。

（3）张拉到规定油压后，持荷复验伸长值，合格后，实施锚固。对粗钢筋螺杆式锚具，通过专用工具拧紧螺母后，千斤顶卸载锚固；对钢丝束锥形锚具，持荷后实施预压锚固工艺，然后卸载锚固；对钢丝束镦头锚具，通过专用工具拧紧螺母后，千斤顶卸载锚固；对钢绞线夹片式群锚体系（如QM体系），千斤顶卸载即可锚固，也可预压后卸载锚固（如XM体系）。

（4）千斤顶回油，拆卸工具锚，换束重新安装锚具、设备。

#### （三）分级张拉、分级锚固

预应力筋张拉用液压千斤顶的张拉行程一般为150～200mm，对较长的预应力筋束（一般当预应力筋长度大于25m时），其张拉伸长值会超过千斤顶的一次张拉行程，必须分级张拉、分级锚固。对超长预应力筋束（如大跨度桥梁、电视塔等结构），其张拉伸长值甚至达到千斤顶行程的好几倍，必须经过多次张拉，多次锚固，才能达到最终张拉力和伸长值。

分级张拉、分级锚固应根据计算伸长值，将张拉过程分为若干次，每次均实施一轮张拉锚固工艺，每一轮的初始油压即为上一轮的最终油压，每一轮的拉力差应取相同值，以便控制，一直到最终设计油压值锚固。

（四）一端张拉工艺

一端张拉工艺就是将张拉设备放置在预应力筋一端的张拉形式，主要用于埋入式固定端、分段施工采用固定式连接器连接的预应力筋和其他可以满足一端张拉要求的预应力筋。

一端张拉工艺过程可以是分级张拉、一次锚固，也可以是分级张拉、分级锚固。

（五）两端张拉工艺

两端张拉工艺就是将张拉设备同时布置在预应力筋两端同步张拉的施工工艺，适用于较长的预应力筋束。原则上讲，两端张拉应同时同步进行，但当张拉设备数量不足或由于张拉顺序安排关系，也可在一端张拉完成后，再移至另一端补足张拉力后锚固。

对一端张拉完成后，另一端损失值不大，再补张另一端时，出现张拉力达到要求而伸长值没有增加的情况时，应考虑采用两端同步张拉工艺。出现这种情况是因为夹片式锚具锚固楔紧后，若要重新打开夹片，必须同时克服夹片与锚环锥孔的楔紧摩擦力和预应力筋中的锚固力，方能重新打开夹片，此时预应力筋中张拉力才与油表显示值一致。

（六）先张法预应力构件放张工艺

先张法预应力钢筋放张时，混凝土的强度应符合设计要求。如设计无规定，则不应低于强度等级的75%，且不应低于C30。

对先张法板类构件，高强预应力钢丝的放张，可直接用氧-乙炔焰切割。放张工作宜从生产线中间开始，以减少回弹且有利于脱模。对每块板，应从外向内对称放张，以免构件扭转而端部开裂。

单根钢绞线的放张，可采用以下两种方法：一是从台座中部开始，用两台手提切割机对称切割；二是在张拉端用千斤顶分级逐步放张，然后用氧-乙炔焰切割所有板端之间的钢绞线。

对有横肋的构件（如大型屋面板），其端横肋的内侧面与板面交接处应作出一定的坡度或作成大圆弧，以便钢筋放张时能沿着坡面滑动。

为了检查构件放张时钢丝与混凝土之间的粘结是否可靠，可测定钢丝往混凝土内的回缩情况。其简易测试方法是在板端贴玻璃片，和在靠近板端的钢丝上贴有色胶带纸用游标卡尺读数，测量精度可达0.1mm。高强钢丝的回缩值不应大于1.5mm，如果最多只有20%的测试数据超过上述规定值的20%，则检查结果是令人满意的。如果回缩值大于上述数值，则应加强构件端部区域的分布钢筋，提高放张时混凝土的强度。

## 二、监理要点

（一）预应力工艺准备工作

（1）承包单位质量、安全自检体系，重要工序岗位责任制的建立和执行；

（2）预应力工程场地布置，先张法施工横梁、台座设计及验算，模板设计，后张法施工预制台座设计及验算；

（3）确定张拉方法和张拉程序，超张拉值、张拉控制应力值、持荷时间确定等；

（4）后张法张拉应分批对称进行，确定是否需要实测锚圈孔孔道摩阻损失值；

（5）张拉机具性能校核及标定，定期检查办法及实施；

（6）后张法大跨径预制梁合理设置反向拱，支架浇筑预应力梁应考虑支架和梁的变形设置预拱度。

（二）施工过程旁站检查

（1）按审定工艺施加预应力，执行张拉程序，控制张拉应力值、持荷时间等；

（2）应力法控制张拉时，应以伸长值校核；当实测值与计算值相差过大时，应停止张拉，找出原因；

（3）按合同规范要求，检查控制断丝、滑丝情况和预应力钢筋应力不均匀情况；简单的测定是用敲击法；

（4）后张法张拉时，千斤顶轴线与预应力钢材轴线应一致；锚固应在张拉应力稳定后进行；

（5）先张法松索混凝土强度控制；后张法张拉混凝土强度控制；

（6）先张法松索、后张法张拉时严格控制应力变化速度，注意观察梁的反向拱起以及梁体混凝土开裂情况。

（三）浇筑混凝土

1. 准备

除按常规模板、钢筋、混凝土浇筑工艺要求外应注意：

（1）先张法

1）预加应力值及均匀性（断丝情况）；

2）空心板梁胶囊气压及定位情况；

3）设计文件中非预应力钢材范围外的塑料套管包裹情况。

（2）后张法

预应力成孔管道位置和固定情况；管缝、制孔管材料刚度检查等。

2. 浇筑混凝土

（1）除结构上应注意部位外，尚应注意预应力管集中处和锚固端的振捣；

（2）胶囊气压及定位情况；

（3）应注意浇筑中制孔管道位移、变形以及灌缝漏浆情况；

（4）浇筑后，制孔钢管道及时转动，抽拔时间审定，抽芯后（及时）通孔检查。

## 三、监理见证试验

预应力张拉施工是预应力混凝土结构施工的关键工序，张拉施工的质量直接关系到结构安全、人身安全。在施工过程中为确保施工质量，应进行如下几方面的试验和检验。

（一）混凝土强度检验

预应力筋张拉前，应提供结构构件混凝土的同条件养护试块试压报告，当混凝土强度满足设计要求后，方可施加预应力。当设计无具体要求时，预应力筋张拉前，混凝土不应低于设计要求的混凝土强度等级的75%。

如后张法构件为了搬运等需要，可提前施加一部分预应力，使梁体建立较低的预应力，足以承受自重荷载，但混凝土强度不应低于设计强度等级的60%。

（二）预应力筋张拉值测定

施工人员如遇到实际施工情况所产生的预应力损失与设计取值不一致，则调整张拉力，以准确建立预应力值。

1. 预应力筋设计张拉力

预应力筋设计张拉力 $P_j$，按下式计算：

$$P_j = \sigma_{con} A_p$$

式中　$\sigma_{con}$——预应力筋设计张拉控制应力；

　　　$A_p$——预应力筋的截面积。

2. 预应力筋施工张拉力

预应力筋施工时，相应于设计所考虑的松弛损失计算方法，采用以下施工程序及张拉力值。

（1）设计时松弛损失按一次张拉程序取值：$0 \rightarrow P_j$ 锚固。

（2）设计时松弛损失按超张拉程序取值

对镦头锚等可卸载锚具：$0 \rightarrow 1.05 P_j \rightarrow$ 持荷 2min $\rightarrow P_j$ 锚固。

对夹片锚等不可卸载锚具：$0 \rightarrow 1.03 P_j$ 锚固。

以上各种张拉操作程序，均可分级加载，分级测量伸长值。

（3）张拉力值测量

预应力筋施工张拉力值应通过千斤顶、油压表配套标定的油压表 – 张拉力关系曲线换算成相应的张拉油压表数值，油压表的精度不宜低于 1.5 级，张拉油压值不宜大于压力表量程的 75%。

## 四、监理验收

（一）主控项目

（1）预应力筋张拉或放张时，混凝土强度应符合设计要求；当设计无具体要求时，不应低于设计的混凝土立方体抗压强度标准值的 75%。

检查数量：全数检查。

检验方法：检查同条件养护试件试验报告。

（2）预应力筋的张拉力、张拉或放张顺序及张拉工艺应符合设计及施工技术方案的要求，并应符合下列规定：

1）当施工需要超张拉时，最大张拉应力不应大于国家现行标准《混凝土结构设计规范》GB 50010—2010 的规定；

2）张拉工艺应能保证同一束中各根预应力筋的应力均匀一致；

3）后张法施工中，当预应力筋是逐根或逐束张拉时，应保证各阶段不出现对结构不利的应力状态；同时宜考虑后批张拉预应力筋所产生的结构构件的弹性压缩对先批张拉预应力筋的影响，确定张拉力；

4）先张法预应力筋放张时，宜缓慢放松锚固装置，使各根预应力筋同时缓慢放松；

5）当采用应力控制方法张拉时，应校核预应力筋的伸长值。实际伸长值与设计计算理论伸长值的相对允许偏差为 ±6%。

检查数量：全数检查。

检验方法：检查张拉记录。

（3）预应力筋张拉锚固后实际建立的预应力值与工程设计规定检验值的相对允许偏差

为 ±5%。

检查数量：对先张法施工，每工作班抽查预应力筋总数的 1%，且不少于 3 根；对后张法施工，在同一检验批内，抽查预应力筋总数的 3%，且不少于 5 束。

检验方法：对先张法施工，检查预应力筋应力检测记录；对后张法施工，检查见证张拉记录。

（4）张拉过程中应避免预应力筋断裂或滑脱；当发生断裂或滑脱时，必须符合下列规定：

1）对后张法预应力结构构件，断裂或滑脱的数量严禁超过同一截面预应力筋总根数的 3%，且每束钢丝不得超过一根；对多跨双向连续板，其同一截面应按每跨计算；

2）对先张法预应力构件，在浇筑混凝土前发生断裂或滑脱的预应力筋必须予以更换。

检查数量：全数检查。

检验方法：观察，检查张拉记录。

（二）一般项目

（1）锚固阶段张拉端预应力筋的内缩量应符合设计要求；当设计无具体要求时，应符合表 6-4 的规定。

检查数量：每工作班抽查预应力筋总数的 3%，且不少于 3 束。

检验方法：钢尺检查。

张拉端预应力筋的内缩量限值

表 6-4

| 锚 具 类 别 | | 内缩量限值（mm） |
|---|---|---|
| 支撑式锚具（镦头锚具等） | 螺帽缝隙 | 1 |
| | 每块后加垫板的缝隙 | 1 |
| 锥塞式锚具 | | 5 |
| 夹片式锚具 | 有 顶 压 | 5 |
| | 无 顶 压 | 6~8 |

（2）先张法预应力筋张拉后与设计位置的偏差不得大于 5mm，且不得大于构件截面短边边长的 4%。

检查数量：每工作班抽查预应力筋总数的 3%，且不少于 3 束。

检验方法：钢尺检查。

## 第四节 预应力筋灌浆与封锚

### 一、施工工艺

（一）灌浆用水泥浆搅拌

灌浆用水泥浆的配合比应在灌浆前试配确定，也可根据以往的配合比复验确定。

首先把水加入搅拌机，开动机器后，加入水泥和外加剂，材料计量应以水泥质量50kg的整数倍计算水量和外加剂用量。

搅拌时间应保证水泥浆混合均匀，一般需要2～3min。灌浆过程中，水泥浆的搅拌应不间断，当灌浆过程短暂停顿时，应让水泥浆在搅拌机和灌浆机内循环流动。

（二）灌浆工艺

1. 孔道准备

对抽拔管成孔，灌浆前应用压力水冲洗孔道，一方面湿润管道壁，保证水泥浆流动正常；另一方面检查灌浆孔、排气孔是否正常。

对金属波纹管或钢管成孔，孔道可不用冲洗，但应先用空气泵检查通气情况。

2. 孔道灌浆

将灌浆机出口与孔道相连，保证密封，开动灌浆泵注入压力水泥浆，从近至远逐个检查出浆口，待出浓浆后逐一封闭，待最后一个出浆孔出浆后，封闭出浆孔，继续加压至0.5～0.6MPa，封闭进浆孔阀门，待水泥浆凝固后，再拆卸连接接头，并及时清理现场浮浆及杂物。

3. 低温灌浆

首先用气泵检查孔道是否被结冰堵孔。水泥应选用早强型普通硅酸盐水泥，掺入一定量防冻剂。水泥浆也可用温水拌和，灌浆后将梁体保温，梁体应选用木制模板做底模、侧模，待水泥浆强度上升后，再拆除模板。

（三）封锚工艺

清洁梁端部位，绑扎梁端非预应力钢筋；在预应力钢筋张拉完成并锚固后，按照梁体的设计尺寸进行支模，用不低于梁体混凝土强度等级的混凝土完成梁体的最后浇筑工艺，把锚具封闭保护。

## 二、监理要点

预应力钢筋张拉后应及时灌浆，在高应力作用下如不及时灌浆，容易生锈；采用电热法时，孔道灌浆应在预应力钢筋冷却后进行。同样，梁端锚固区的保护也是至关重要，直接关系到预应力混凝土结构的耐久性和可靠性，最后应做好锚具的封锚工作。

督促施工单位尽早进行孔道灌浆，以保护处于高应力状态的预应力筋。

灌浆质量的检验应着重于现场巡视和观察检查，必要时采用无损检查或凿孔检查。

封闭保护应遵照设计要求执行，并要求施工单位在施工技术方案中作出具体规定，施工中应采取防止锚具锈蚀和遭受机械损伤的有效措施。

锚具外多余预应力筋应及时切断。实际工程中，也可采用氧-乙炔焰切割方法切断多余预应力筋，但为了确保锚具正常工作及考虑切断时热影响可能波及锚具部位，应采取锚具降温等措施，并要求切割位置不宜距离锚具太近，同时也不应影响构件安装。

现场检查并控制灌浆泌水率，以获得饱满、密实的灌浆效果。

检查边长为70.7mm的立方体水泥浆试件的标准养护抗压强度不应小于30MPa，以确保水泥浆的强度满足要求。

### 三、灌浆及封锚监理见证试验

（一）灌浆及封锚材料要求

孔道灌浆用的水泥，应采用普通硅酸盐水泥和水拌制。水泥浆的水灰比为 0.4～0.45。搅拌后 3h 的泌水率宜控制在 2%，最大不得超过 3%。

水泥浆中宜掺入高性能外加剂，外加剂中严禁含有氯化物，预应力孔道灌浆剂匀质性指标应满足表 6-5 的要求。

预应力孔道灌浆剂匀质性指标 表 6-5

| 试验项目 | 性能指标 |
| --- | --- |
| 含水率（%） | ≤3.0 |
| 细度（%） | ≤8.0 |
| 氯离子含量（%） | ≤0.06 |

注：配制灌浆材料时，预应力孔道灌浆剂引入到浆体中的氯离子总量不应超过 0.1kg/m³，摘自《预应力孔道灌浆剂》GB/T 25182—2010。

所采购的外加剂和水泥应做适应性试验并确定掺量后方可投入使用。以往试验证明，在水泥浆中掺入适量的减水剂（如掺入占水泥中 0.25% 的木质磺酸钙、0.25% 的 FDN 等），一般可减水 10%～15%，水灰比降为 0.36～0.40，泌水率也大为减少，对保证灌浆质量有明显效果。在波纹管曲线孔道内也具有同样效果。

锚具的封头材料一般使用与预应力混凝土相同强度等级的细石混凝土，必要时采用微膨胀混凝土，对外露的锚具和预应力筋必须有严密的防护材料，严防水汽进入腐蚀锚具和预应力筋。无粘结筋及端部锚固区的防护措施应符合有关部门的相关规定。

（二）灌浆用水泥浆流动度及泌水率检测试验

检查数量：每工作班检查各不少于两次。

试验方法：

（1）水泥浆流动度测试方法采用流锥法，通过测量一定体积（1725mL）的水泥浆从一个标准尺寸的流锥中流出的时间来确定。试验表明，当水泥浆的水灰比为 0.40～0.45 时，流动度为 12～18s，即可满足工艺要求。

（2）水泥浆泌水率的测试方法，采用 1000mL 的量筒，将调制好的水泥浆约 800mL 注入量筒内，记下体积数值，将量筒上口加盖封好，从水泥浆体注入量筒时算起，每小时将上口盖打开，倾斜量筒，用吸管吸出泌水，加以记录，泌水体积除以试样浆体的含水量即为泌水率，计算公式如下：

$$泌水率(\%) = 泌水体积(mL)/[试样浆体重量(g) \times 浆体含水率(\%)] \times 100\%$$

利用金属波纹管作曲线管道，水泥浆水化作用后多余的水分能不能排出，这是使用金属波纹管要考虑的问题。

（三）水泥浆试件抗压强度试验

检查数量及试验方法：用砂浆试模对每种配比的水泥浆都制作一组（6 块）边长为 70.7mm 的立方体试块，标养至 28d，测其抗压强度，要求符合相关标准要求。

### 四、监理验收

（一）主控项目

（1）后张法有粘结预应力筋张拉后应尽早进行孔道灌浆，孔道内水泥浆应饱满、密实。

检查数量：全数检查。

检验方法：观察，检查灌浆记录。

（2）锚具的封闭保护应符合设计要求；当设计无具体要求时，应符合下列规定：

1）应采取防止锚具腐蚀和遭受机械损伤的有效措施；

2）凸出式锚固端锚具的保护层厚度不应小于50mm；

3）外露预应力筋的保护层厚度：处于正常环境时，不应小于20mm；处于易受腐蚀的环境时，不应小于50mm。

检查数量：在同一检验批内，抽查预应力筋总数的5%，且不少于5处。

检验方法：观察，钢尺检查。

（二）一般项目

（1）后张法预应力筋锚固后的外露部分宜采用机械方法切割，其外露长度不宜小于预应力筋直径的1.5倍，且不宜小于30mm。

检查数量：在同一检验批内，抽查预应力筋总数的3%，且不少于5束。

检验方法：观察，钢尺检查。

（2）灌浆用水泥浆的水灰比不应大于0.45，搅拌后3h泌水率不宜大于2%，且不应大于3%。泌水应能在24h内全部重新被水泥浆吸收。

检查数量：同一配合比检查一次。

检验方法：检查水泥浆性能试验报告。

（3）灌浆用水泥浆的抗压强度不应小于30N/mm²。

检查数量：每工作班留置一组边长为70.7mm的立方体试件。

检验方法：检查水泥浆试件强度试验报告。

# 第七章 防水工程

我国现行的《地下工程防水技术规范》GB 50108—2008 规定了地下工程的防水等级分为四级，各级的防水标准应符合表7-1的规定。按照工程的重要性和使用中对防水的要求，规范提出了各级防水等级的适用范围，具体见表7-2，在实际工程中可参照选取相应的防水等级。

地下工程防水等级标准　　　　　　　　　　　　　　　　　　　　　　　表7-1

| 防水等级 | 标　　准 |
|---|---|
| 一　级 | 不允许渗水，结构表面无湿渍 |
| 二　级 | 不允许渗水，结构表面可有少量湿渍<br>工业与民用建筑：总湿渍面积不应大于总防水面积（包括顶板、墙面、地面）的 1/1 000；任意 $100m^2$ 防水面积上的湿渍不超过2处，单个湿渍的最大面积不大于 $0.1m^2$<br>其他地下工程：总湿渍面积不应大于总防水面积的 2/1 000；任意 $100m^2$ 防水面积上的湿渍不超过3处，单个湿渍的最大面积不大于 $0.2m^2$；其中，隧道工程还要求平均渗水量不大于 $0.05L/（m^2 \cdot d）$，任意 $100m^2$ 防水面积上的渗水量不大于 $0.15L/（m^2 \cdot d）$ |
| 三　级 | 有少量漏水点，不得有线流和漏泥砂<br>任意 $100m^2$ 防水面积上的漏水或湿渍点数不超过7处，单个漏水点的最大漏水量不大于 $2.5L/d$，单个湿渍的最大面积不大于 $0.3m^2$ |
| 四　级 | 有漏水点，不得有线流和漏泥砂<br>整个工程平均漏水量不大于 $2L/（m^2 \cdot d）$；任意 $100m^2$ 防水面积上的平均漏水量不大于 $4L/（m^2 \cdot d）$ |

不同防水等级的适用范围　　　　　　　　　　　　　　　　　　　　　　表7-2

| 防水等级 | 标　　准 |
|---|---|
| 一　级 | 人员长期停留的场所；因有少量湿渍会使物品变质、失效的贮物场所及严重影响设备正常运转和危及工程安全运营的部位；极重要的战备工程、地铁车站 |
| 二　级 | 人员经常活动的场所；在有少量湿渍的情况下不会使物品变质、失效的贮物场所及基本不影响设备正常运转和工程安全运营的部位；重要的战备工程 |
| 三　级 | 人员临时活动的场所；一般战备工程 |
| 四　级 | 对渗漏水无严格要求的工程 |

地下工程的防水设防要求，应根据使用功能、使用年限、水文地质、结构形式、环境条件、施工方法及材料性能等因素合理确定。

明挖法地下工程的防水设防要求应按表7-3选用；暗挖法地下工程的防水设防要求应按表7-4选用。

**明挖法地下工程防水设防要求** 表 7-3

| 防水等级 | 主体结构 | | | | | | | 施工缝 | | | | | | | 后浇带 | | | | | 变形缝（诱导缝） | | | | | |
|---|---|---|---|---|---|---|---|---|---|---|---|---|---|---|---|---|---|---|---|---|---|---|---|---|---|
| | 防水混凝土 | 防水卷材 | 防水涂料 | 塑料防水板 | 膨润土防水材料 | 防水砂浆 | 金属防水板 | 遇水膨胀止水条（胶） | 外贴式止水带 | 中埋式止水带 | 外抹防水砂浆 | 外涂防水涂料 | 水泥基渗透结晶型防水涂料 | 预埋注浆管 | 补偿收缩混凝土 | 外贴式止水带 | 预埋注浆管 | 遇水膨胀止水条（胶） | 防水密封材料 | 中埋式止水带 | 外贴式止水带 | 可卸式止水带 | 防水密封材料 | 外贴防水卷材 | 外涂防水涂料 |
| 一级 | 应选 | 应选一至二种 | | | | | | 应选二种 | | | | | | | 应选 | 应选二种 | | | | 应选 | 应选一至二种 | | | | |
| 二级 | 应选 | 应选一种 | | | | | | 应选一至二种 | | | | | | | 应选 | 应选一至二种 | | | | 应选 | 应选一至二种 | | | | |
| 三级 | 应选 | 宜选一种 | | | | | | 首选一至二种 | | | | | | | 应选 | 宜选一至二种 | | | | 应选 | 宜选一至二种 | | | | |
| 四级 | 宜选 | — | | | | | | 宜选一种 | | | | | | | 应选 | 宜选一种 | | | | 应选 | 宜选一种 | | | | |

**暗挖法地下工程防水设防要求** 表 7-4

| 防水等级 | 衬砌结构 | | | | | | 内衬砌施工缝 | | | | | | 内衬砌变形缝（诱导缝） | | | | |
|---|---|---|---|---|---|---|---|---|---|---|---|---|---|---|---|---|---|
| | 防水混凝土 | 塑料防水板 | 防水砂浆 | 防水涂料 | 防水卷材 | 金属防水层 | 外贴式止水带 | 预埋注浆管 | 遇水膨胀止水条（胶） | 防水密封材料 | 中埋式止水带 | 水泥基渗透结晶型防水涂料 | 中埋式止水带 | 外贴式止水带 | 可卸式止水带 | 防水密封材料 | 遇水膨胀止水条（胶） |
| 一级 | 必选 | 应选一至二种 | | | | | 应选一至二种 | | | | | 应选 | 应选 | 应选一至二种 | | | |
| 二级 | 应选 | 应选一种 | | | | | 应选一种 | | | | | 应选 | 应选 | 应选一种 | | | |
| 三级 | 宜选 | 宜选一种 | | | | | 宜选一种 | | | | | 应选 | 应选 | 宜选一种 | | | |
| 四级 | 宜选 | 宜选一种 | | | | | 宜选一种 | | | | | 应选 | 应选 | 宜选一种 | | | |

　　对于处于侵蚀性介质中的工程，应采用耐侵蚀的防水混凝土、防水砂浆、卷材或涂料等防水材料。处于冻土层中的混凝土结构，其混凝土的抗冻融循环不得少于 300 次。结构刚度较差或受振动作用的工程，应采用卷材、涂料等柔性防水材料。

## 第一节 防水混凝土

防水混凝土结构是由具有一定防水能力的整体式混凝土或整体式钢筋混凝土承重结构本身构成。防水混凝土是人为地从材料和施工两方面采取措施提高混凝土本身的密实性，抑制和减少混凝土内部孔隙生成，改变孔隙特性，堵塞渗水通路，从而达到防水的目的。

本节适用于防水等级为一~四级的地下整体式混凝土结构，不适用在环境温度高于80℃中使用的地下工程。处于侵蚀性介质中防水混凝土的耐侵蚀性要求应根据介质的性质按有关标准执行。

### 一、防水混凝土原材料要求

（一）水泥

水泥品种宜采用硅酸盐水泥、普通硅酸盐水泥，采用其他品种水泥时应经试验确定。不得使用过期或受潮结块水泥；不得将不同品种或强度等级的水泥混合使用。在受侵蚀性介质或冻融作用时，可以根据侵蚀介质的不同，选择相应的水泥品种或矿物掺合料。受冻融作用时，优选先用普通硅酸盐水泥，不宜采用火山灰质硅酸盐水泥和粉煤灰硅酸盐水泥。防水混凝土水泥品种选择见表7-5。

**防水混凝土水泥品种选择** 表7-5

| 水泥品种 | 普通硅酸盐水泥 | 火山灰质硅酸盐水泥 | 矿渣硅酸盐水泥 |
|---|---|---|---|
| 优 点 | 早期及后期强度都较高，在低温下强度增长比其他水泥快，泌水性小，干缩率小，抗冻耐磨性好 | 耐水性强，水化热低，抗硫酸盐侵蚀能力较好 | 水化热低，抗硫酸盐侵蚀性能也优于普通水泥 |
| 缺 点 | 抗硫酸盐侵蚀能力及耐水性比火山灰水泥差 | 早期强度低，在低温环境中强度增长比较慢，干缩形变大，抗冻耐磨性差 | 泌水性和干缩变形大，抗冻和耐磨性均较差 |
| 适用范围 | 一般地下和水中结构及受冻融作用及干湿交替的防水工程，应优先采用本品种水泥，含硫酸盐地下水侵蚀时不宜采用 | 适用于有硫酸盐地下水侵蚀介质的地下防水工程，受反复冻融作用及干湿交替作用的防水工程不宜采用 | 必须采取提高水泥研磨细度或掺入外加剂的办法减小或消除泌水现象后，方可用于一般地下防水工程 |

（二）骨料

石子最大粒径不应大于40mm，含泥量不应大于1.0%，泥块含量不应大于0.5%；泵送时其最大粒径不应大于输送管径的1/4；吸水率不应大于1.5%；不得使用碱活性骨料。其他要求应符合《普通混凝土用砂、石质量及检验方法标准》JGJ 52—2006的规定。

砂宜采用中粗砂，含泥量不应大于3.0%，泥块含量不宜大于1.0%，不宜使用海砂；其他要求应符合《普通混凝土用砂、石质量及检验方法标准》JGJ 52—2006的规定。

防水混凝土用的砂、石材质要求见表7-6。

（三）其他

防水混凝土可根据工程需要掺入减水剂、膨胀剂、防水剂、密实剂、引气剂、复合型外加剂及水泥基渗透结晶型材料，其品种和掺量应经试验确定，所有外加剂应符合国家现行有关标准的质量要求。使用减水剂时，减水剂宜预溶成一定浓度的溶液。

**防水混凝土砂、石材质要求** 表7-6

| 项目名称 | 砂 | | | | | | 石 | | |
|---|---|---|---|---|---|---|---|---|---|
| 筛孔尺寸（mm） | 0.16 | 0.315 | 0.63 | 1.25 | 2.5 | 5 | 5 | $0.5D_{max}$ | $D_{max} \leq 40mm$ |
| 累计筛余 | 100 | 70~95 | 45~75 | 20~55 | 10~35 | 0~5 | 95~100 | 30~65 | 0~5 |
| 含泥量 | ≤3%，泥土不得呈块状或包裹砂子表面 | | | | | | ≤1%，且不得呈块状或包裹石子表面 | | |
| 材质要求 | 1. 宜选用洁净的中砂，内含一定的粉细料；<br>2. 颗粒坚实的天然砂或由坚硬岩石粉碎制成的人工砂 | | | | | | 1. 坚硬的卵石、碎石（包括矿渣碎石）均可；<br>2. 石子粒径宜为5~40mm | | |

粉煤灰的级别不应低于Ⅱ级，掺量宜为胶凝材料总量的20%~30%；硅粉掺量宜为胶凝材料总量的2%~5%，其他掺合料的掺量应通过试验确定。

每立方米防水混凝土中各类材料的总碱量（$Na_2O$ 当量）不得大于3kg；氯离子含量不应超过胶凝材料总量的0.1%。

## 二、防水混凝土配合比审查要点

防水混凝土应通过调整配合比，掺加外加剂、掺合料配制，其抗渗等级不得小于P6。其施工配合比应通过试验确定，抗渗等级应比设计要求提高一级（0.2MPa）。

防水混凝土的设计抗渗等级，应符合表7-7的规定。

**防水混凝土设计抗渗等级** 表7-7

| 工程埋置深度 H（m） | 设计抗渗等级 |
|---|---|
| H<10 | P6 |
| 10≤H<20 | P8 |
| 20≤H<30 | P10 |
| H≥30 | P12 |

注：1. 本表适用于Ⅰ、Ⅱ、Ⅲ类围岩（土层及软弱围岩）；
2. 山岭隧道防水混凝土的抗渗等级可按国家现行有关标准执行。

监理工程师在配合比设计审查中的注意点有：

（1）提高砂浆不透水性，增加石子拨开系数（拨开系数＝砂浆体积/石子空隙体积），在混凝土粗骨料周边形成一定数量和良好质量的砂浆包裹层，提高砂浆抗渗性，并使粗骨料彼此隔离，有效地阻隔沿粗骨料互相连通的渗水孔网是混凝土防水的关键，也是普通防水混凝土配合比设计的总原则。

（2）防水混凝土除满足强度要求外，还应满足抗渗要求。

（3）防水混凝土配合比设计选定时，其他各项技术指标应符合下列规定：

1）每立方米混凝土的胶凝材料总用量不宜少于320kg；其中，水泥用量不宜少于260kg；

2）含砂率以35%~40%为宜，泵送时可增至45%，具体数值可根据砂、石粒径、石子空隙率按表7-8选定。

普通防水混凝土砂率选择　　　　　　　　　　　表 7-8

| 砂子细度模数 | 砂 率（%） | | | | |
|---|---|---|---|---|---|
| | 石 子 空 隙 率（%） | | | | |
| | 30 | 35 | 40 | 45 | 50 |
| 0.70 | 35 | 35 | 35 | 35 | 35 |
| 1.18 | 35 | 35 | 35 | 35 | 36 |
| 1.62 | 35 | 35 | 35 | 36 | 37 |
| 2.16 | 35 | 35 | 36 | 37 | 38 |
| 2.71 | 35 | 36 | 37 | 38 | 39 |
| 3.25 | 36 | 37 | 38 | 39 | 40 |

注：1. 石子空隙率 =（1 - 石子堆积密度/石子表观密度）×100%；

　　2. 本表是按石子粒径为 5～30mm 计算的，若采用 5～20mm 石子时，砂率可增加 2%。

对于钢筋稠密，厚度较小，埋设件较多等不易浇捣施工的混凝土工程，亦可将砂率提高到 40% 左右。

在防水混凝土砂率及最小水泥用量均已确定的情况下，还应对灰砂比进行验证，此时灰砂比对抗渗性的影响更为直接，它可直接反映水泥砂浆的浓度以及水泥包裹砂粒的情况，灰砂比以 1:1.5～1:2.5 为宜。

3）水胶比不得大于 0.50，有侵蚀性介质时，水胶比不宜大于 0.45。水胶比的最大值可按表 7-9 选用。

4）坍落度一般不大于 50mm，可按表 7-10 选用。如采用外加剂时不受此限。采用泵送混凝土泵送时入泵坍落度宜为 120～160mm。

普通防水混凝土水胶比选择　　　表 7-9

| 抗渗等级 | 最大水胶比 | |
|---|---|---|
| | C20～C30 | ＞C30 |
| P6 | 0.60 | 0.55 |
| P8～P12 | 0.55 | 0.50 |
| ＞P12 | 0.50 | 0.45 |

普通防水混凝土坍落度选择　　　表 7-10

| 结构种类 | 坍落度（mm） |
|---|---|
| 厚度≥25cm 结构 | 20～30 |
| 厚度＜25cm 或钢筋稠密结构 | 30～50 |
| 厚度大的少筋结构 | ＜30 |
| 大体积混凝土或立墙 | 沿高度逐渐减小坍落度 |

### 三、防水混凝土施工巡视与旁站

在混凝土拌制和浇筑过程中，监理工程师应进行旁站，旁站时应注意控制下列施工要求：

（1）拌制混凝土所用材料的品种、规格和用量，每工作班检查不应少于两次。每盘混凝土各组成材料计量结果的偏差应符合表 7-11 的规定。使用减水剂时，减水剂宜预溶成一定浓度的溶液。

**混凝土组成材料计量结果允许偏差（％） 表7-11**

| 混凝土组成材料 | 每盘计量 | 累计计量 |
|---|---|---|
| 水泥、掺合料 | ±2 | ±1 |
| 粗、细骨料 | ±3 | ±2 |
| 水、外加剂 | ±2 | ±1 |

注：累计计量仅适用于微机控制计量的搅拌站。

（2）防水混凝土拌合物必须采用机械搅拌，搅拌时间不宜小于2min。掺外加剂时，应根据外加剂的技术要求确定搅拌时间。防水混凝土拌合物在运输后如出现离析，必须进行二次搅拌。当坍落度损失后不能满足施工要求时，应加入原水胶比的水泥浆或掺加同品种的减水剂进行搅拌，严禁直接加水。

（3）防水混凝土采用预拌混凝土时，入泵坍落度宜控制在120~160mm，坍落度每小时损失值不应大于20mm，坍落度总损失值不应大于40mm。

（4）防水混凝土结构内部设置的各种钢筋或绑扎铁丝，不得接触模板。固定模板用的螺栓必须穿过混凝土结构时，可采用工具式螺栓或螺栓加堵头，螺栓上应加焊方形止水环。拆模后应采取加强防水措施将留下的凹槽用密封材料封堵密实，并应用聚合物水泥砂浆抹平（图7-1）。采用对拉螺栓固定模板时，应在预埋螺栓或套管上加焊止水环，止水环必须满焊，其直径一般为80~100mm，至少一环，具体环数由设计决定。

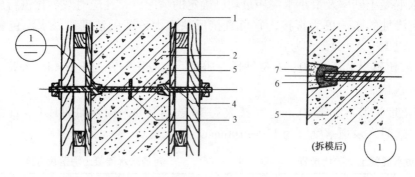

图7-1 固定模板用螺栓的防水构造

1—模板；2—结构混凝土；3—止水环；4—工具式螺栓；5—固定模板用螺栓；
6—密封材料；7—聚合物水泥砂浆

（5）防水混凝土必须采用高频机械振捣密实，振捣时间宜为10~30s，以混凝土泛浆和不冒气泡为准，应避免漏振、欠振和超振。掺加引气剂或引气型减水剂时，应采用高频插入式振捣器振捣。

（6）防水混凝土应连续浇筑，宜少留施工缝。当留设施工缝时，施工缝防水的构造形式应符合防水技术规范的规定，并应遵守下列规定：

1）墙体水平施工缝不应留在剪力最大处或底板与侧墙的交接处，应留在高出底板表面不小于300mm的墙体上。拱（板）墙结合的水平施工缝，宜留在拱（板）墙接缝线以下150~300mm处。墙体有预留孔洞时，施工缝距孔洞边缘不应小于300mm。

2）垂直施工缝应避开地下水和裂隙水较多的地段，并宜与变形缝相结合。

（7）施工缝的施工应符合下列规定：

1) 水平施工缝浇筑混凝土前，应将其表面浮浆和杂物清除，然后铺设净浆或涂刷混凝土界面处理剂、水泥基渗透结晶型防水涂料等材料，再铺 30～50mm 厚的 1:1 水泥砂浆，并及时浇筑混凝土；

2) 垂直施工缝浇筑混凝土前，应将其表面清理干净，再涂刷混凝土界面处理剂或水泥基渗透结晶型防水涂料，并应及时浇筑混凝土；

3) 选用的遇水膨胀止水条（胶）应具有缓胀性能，其 7d 的净膨胀率不宜大于最终膨胀率的 60%，最终膨胀率宜大于 220%；

4) 遇水膨胀止水条（胶）应与接缝表面密贴；

5) 采用中埋式止水带或预埋式注浆管时，应确保位置准确、固定牢靠。

(8) 大体积防水混凝土的施工，应采取以下措施：

1) 在设计许可的情况下，掺粉煤灰混凝土设计强度等级的龄期宜为 60d 或 90d；

2) 宜选用水化热低和凝结时间长的水泥；

3) 宜掺入减水剂、缓凝剂等外加剂和粉煤灰、磨细矿渣粉等掺合料；

4) 炎热季节施工时，应采取降低原材料温度、减少混凝土运输时吸收外界热量等降温措施，入模温度不应大于 30℃；

5) 混凝土内部预埋管道，宜进行水冷散热；

6) 应采取保温保湿养护。混凝土中心温度与表面温度的差值不应大于 25℃，混凝土表面温度与大气温度的差值不应大于 20℃，温降梯度不得大于 3℃/d，养护时间不应少于 14d。

(9) 防水混凝土终凝后应立即进行养护，养护时间不得少于 14d。

(10) 防水混凝土的冬期施工，应符合下列规定：

1) 混凝土入模温度不应低于 5℃；

2) 混凝土养护应采用综合蓄热法、蓄热法、暖棚法、掺化学外加剂等方法，不得采用电热法或蒸汽直接加热法；

3) 应采取保温保湿措施。

(11) 特殊部位的防水做法：

1) 预埋件防水做法：埋件锚筋末端加焊止水钢板。

2) 穿墙套管防水做法：

①套管加焊止水环，套管与止水环应满焊严密，套管位置应安装正确，管道与套管间孔隙用防水材料填嵌密实；

②穿墙管埋设：在管道四周直接加焊止水环。

3) 后浇带：适用于后期变形趋于稳定的结构。施工时应注意以下几点：

①混凝土应采用补偿收缩混凝土，其抗渗和抗压强度等级应不低于两侧混凝土；

②后浇带应在其两侧混凝土龄期达到 42d 后再施工，高层建筑后浇带的施工应按规定时间进行；

③后浇带两侧的接缝处理应按照施工缝的处理进行，后浇带混凝土应一次浇筑，不得留设施工缝；混凝土浇筑后应及时养护，养护时间不得少于 28d；

④后浇带混凝土施工温度应低于两侧混凝土的施工温度，并宜选择在气温较低的季节施工。

### 四、防水混凝土施工见证试验

监理工程师在旁站防水混凝土施工时，应经常检查混凝土的坍落度，并按规范规定见证取样混凝土抗渗试件。

混凝土在浇筑地点的坍落度，每工作班至少检查两次。

混凝土的坍落度试验应符合现行《普通混凝土拌合物性能试验方法标准》GB/T 50080—2002 的有关规定。

混凝土实测坍落度与要求坍落度之间的偏差应符合表 7-12 的规定。

混凝土坍落度允许偏差　　表 7-12

| 要求坍落度（mm） | 允许偏差（mm） |
| --- | --- |
| ≤40 | ±10 |
| 50～90 | ±15 |
| >90 | ±20 |

防水混凝土抗渗性能，应采用标准条件下养护混凝土抗渗试件的试验结果评定。试件应在浇筑地点制作。

连续浇筑混凝土每 500m³ 应留置一组抗渗试件（一组为 6 个抗渗试件），且每项工程不得少于两组。采用预拌混凝土的抗渗试件，留置组数应视结构的规模和要求而定。

抗渗性能试验应符合现行《普通混凝土长期性能和耐久性能试验方法标准》GB/T 50082—2009 的有关规定。

### 五、防水混凝土监理验收

防水混凝土的施工质量检验数量，应按混凝土外露面积每 100m² 抽查 1 处，每处 10m²，且不得少于 3 处；细部构造应按全数检查。

（一）主控项目

（1）防水混凝土的原材料、配合比及坍落度必须符合设计要求。

检验方法：检查产品合格证、产品性能检测报告、计量措施和材料进场试验报告。

（2）防水混凝土的抗压强度和抗渗性能必须符合设计要求。

检验方法：检查混凝土抗压强度、抗渗性能试验报告。

（3）防水混凝土的变形缝、施工缝、后浇带、穿墙管道、埋设件等设置和构造，均须符合设计要求，严禁有渗漏。

检验方法：观察检查和检查隐蔽工程验收记录。

（二）一般项目

（1）防水混凝土结构表面应坚实、平整，不得有露筋、蜂窝等缺陷；埋设件位置应正确。

检验方法：观察和尺量检查。

（2）防水混凝土结构表面的裂缝宽度不应大于 0.2mm，且不得贯通。

检验方法：用刻度放大镜检查。

（3）防水混凝土结构厚度不应小于 250mm，其允许偏差为 +8mm、-5mm；主体结构迎水面钢筋保护层厚度不应小于 50mm，其允许偏差为 ±5mm。

检验方法：尺量检查和检查隐蔽工程验收记录。

## 第二节　水泥砂浆防水层

水泥砂浆防水层包括聚合物水泥防水砂浆、掺外加剂或掺合料防水砂浆等，宜采用多层抹压法施工。水泥砂浆防水层可用于结构主体的迎水面或背水面。

水泥砂浆防水层应在基础垫层、初期支护、围护结构及内衬结构验收合格后方可施工。

本节内容适用于混凝土或砌体结构的基层上采用多层抹面的水泥砂浆防水层。不适用于受持续振动或环境温度高于80℃的地下工程。

### 一、水泥砂浆防水层材料要求

水泥砂浆防水层所用材料应符合下列规定：

（1）应使用硅酸盐水泥、普通硅酸盐水泥或特种水泥，不得使用过期或受潮结块水泥；

（2）砂宜采用中砂，含泥量不应大于1%，硫化物和硫酸盐含量不应大于1%；

（3）水符合《混凝土用水标准》JGJ 63—2006的规定为一般饮用水，不含有害物质的天然洁净水；

（4）聚合物乳液的外观：应为均匀液体，无杂质、无沉淀、不分层，其质量应符合《建筑防水涂料用聚合物乳液》JC/T 1017—2006的有关规定；

（5）外加剂的技术性能应符合国家现行有关标准的质量要求。

### 二、水泥砂浆防水层配合比选用

水泥砂浆品种和配合比设计应根据防水工程要求确定。

防水砂浆的配合比和施工方法应符合所掺材料的规定，其中聚合物砂浆的用水量应包括乳液中的含水量。

防水砂浆的性能应符合表7-13的规定。

防水砂浆主要性能要求　　　　　　　　　　　　　　　　表7-13

| 防水砂浆种类 | 粘结强度（MPa） | 抗渗性（MPa） | 抗折强度（MPa） | 干缩率（%） | 吸水率（%） | 冻融循环（次） | 耐　碱　性 | 耐水性（%） |
|---|---|---|---|---|---|---|---|---|
| 掺外加剂、掺合料的防水砂浆 | >0.6 | ≥0.8 | 同普通砂浆 | 同普通砂浆 | ≤3 | >50 | 10% NaOH 溶液浸泡14d无变化 | — |
| 聚合物水泥防水砂浆 | >1.2 | ≥1.5 | ≥8.0 | ≤0.15 | ≤4 | >50 | — | ≥80 |

聚合物水泥防水砂浆厚度单层施工宜为6~8mm，双层施工宜为10~12mm，掺外加剂、掺合料等的水泥防水砂浆厚度宜为18~20mm。

### 三、水泥砂浆防水层巡视与旁站要点

（一）施工前监理工程师检查要求

基层表面应平整、坚实、洁净，并应充分润湿、无明水。其混凝土强度等级，或砌体结构砌筑用的砂浆强度等级不应低于设计值的80%。基层表面的孔洞、缝隙，应用与防水层相同的防水砂浆堵塞抹平。

混凝土模板拆除后应立即用钢丝刷将表面刷毛，或用尖凿凿毛，在抹灰前用压力水冲洗干净。混凝土表面凹凸不平、蜂窝、孔洞，应按下列方法进行处理：

（1）超过10mm棱角凹凸不平，应凿成缓坡形，浇水冲洗干净，用素灰和水泥分层补平；

（2）蜂窝孔洞，先凿去表面浮石，冲洗干净后用素灰和水泥砂浆交替抹至与基层相平；

（3）混凝土表面蜂窝麻面不深，石子粘结牢固，只需用水冲洗干净后，用素灰打底，水泥砂浆补平压实。

水泥砂浆防水层，无论在迎水面或背水面，其高度均应超出室外地坪不小于150mm。水池、水箱均应做到顶。施工前应将预埋件、穿墙管预留凹槽内嵌填密封材料后，再施工防水砂浆层。

（二）施工过程中监理工程师巡视要点

1. 水泥砂浆防水层施工要求

（1）分层铺抹或喷涂，铺抹时应压实、抹平，最后一层表面应提浆压光。

（2）防水层各层应紧密粘合，每层宜连续施工；必须留施工缝时，应采用阶梯坡形槎，但离开阴阳角处不得小于200mm；施工缝的接茬应依层次顺序操作，层层搭接紧密。

（3）防水层的阴阳角处应做成圆弧形。

（4）水泥砂浆防水层不得在雨天、五级及以上大风中施工。冬期施工时，气温不应低于5℃，且基层表面温度应保持0℃以上。夏季施工时，不宜在30℃以上或烈日照射下施工。否则应采取防冻、降温、挡风、防雨等措施。

（5）为了防止离析、凝固，以保证砂浆的和易性，砂浆的最大存放时间应符合表7-14的规定。聚合物水泥砂浆拌合后应在规定时间内用完，且施工中不得任意加水。

砂浆的最大存放时间（min）

表 7-14

| 使用材料 | 气 温 | |
|---|---|---|
| | 5~20℃ | 20~30℃ |
| 普通硅酸盐水泥 | 60 | 45 |
| 矿渣硅酸盐水泥 | 90 | 50 |

（6）掺外加剂的水泥砂浆防水层，均需分两层铺抹，表面层应压光，总厚度不应小于20mm。

2. 刚性多层作法防水层施工要点

刚性多层作法防水层，在迎水面宜采用五层交叉抹压作法，在背水面宜用四层交叉抹压作法。混凝土顶板及墙板操作顺序一般为先平面后立面。

（1）第一层：素灰厚2mm。在浇水湿润的基层上先抹1mm厚，用铁板往返用力刮抹5~6遍，使其填实基层的孔隙，并与基层牢固结合，随即再抹1mm找平，厚度应均匀，应听不到抹子碰基层的声音，在素灰初凝前用排笔蘸水依次均匀水平涂刷一遍，以堵塞和填平毛细孔道从而形成一层坚实不透水的水泥结晶层。

（2）第二层：水泥砂浆层，厚4~5mm。应在素灰层初凝后、终凝前进行，应掌握素灰层硬结情况，过硬粘结不牢，过软易破坏素灰层，应使砂浆压入素灰层厚度的1/4，抹完后在水泥砂浆初凝时，用扫帚按顺序一个方向扫出横向条纹。

（3）第三层：素灰层厚2mm。在第二层水泥浆凝固后（常温下间隔24h），适当浇水湿润，按第一层操作法进行第三层操作。

（4）第四层：水泥砂浆层厚4～5mm。按第二层操作方法，将水泥砂浆抹在第三层上，抹后在水泥砂浆凝固前的水分蒸发过程中，用铁板分次抹压5～6遍，以增加密实性，最后用铁板压光。

（5）每遍抹压的间隔时间，应根据施工时的温度、湿度、水泥品种而定，一般抹压前三遍，间隔1～2h，最后从抹压至压光为10(夏天)～14(冬天)h。

（6）第五层：在第四层砂浆抹压两遍后，用毛刷均匀涂刷水泥浆一道，随第四层抹实压光。

（7）混凝土地面防水层操作与墙面、顶棚不同，主要是第一、三层素灰不用刮抹，而是用棕刷涂刷。

3. 掺外加剂的水泥砂浆防水层施工要点

（1）抹压法防水层施工：先在处理好的基层上湿润，再涂刷一层水泥浆，配合比为水泥：水＝1:4（质量比）。涂刷水泥浆后，分层铺抹防水砂浆，每层厚度应控制在5～10mm，各层叠加总厚度不宜小于20mm。每层均应抹压密实，待下层养护凝固后，再铺抹上一层防水砂浆。

（2）扫浆法防水层施工：在处理好的基层上，先薄摊一层防水砂浆，随即用棕刷往返涂擦。分层铺抹防水砂浆，第一层防水砂浆铺抹后经养护凝固后，再铺抹第二层，每层厚度为10mm，两层铺抹方向应相互垂直。最后将防水砂浆层表面扫出条纹。

（3）氯化铁防水砂浆施工：在处理好的基层上先涂刷一道掺氯化铁防水剂的防水砂浆。底层防水砂浆厚约12mm，分两次抹，第一层应用力抹，使防水层与基层结成一体，在凝固前用木抹子均匀搓压，形成毛面，待阴干后按相同方法抹压第二层，即为底层防水砂浆。底层砂浆抹后约12h，抹压面层防水砂浆，厚约13mm，分两次抹，在抹面层前先在底层砂浆层上涂刷一道氯化铁防水净浆，随即抹第一层防水砂浆，厚度超过7mm，阴干后再扶第二层（面层）防水砂浆，并在凝固前分次抹压密实。

4. 水泥砂浆防水层养护

（1）水泥砂浆终凝后应及时进行养护，养护温度不宜低于5℃，并应保持湿润，养护时间不得少于14d。

（2）聚合物水泥砂浆末达到硬化状态时，不得浇水养护或直接受雨水冲刷，硬化后应采用干湿交替的养护方法。在潮湿环境中，可在自然条件下养护。

（3）使用特种水泥、外加剂、掺合料的防水砂浆，养护应按产品有关规定执行。

**四、水泥砂浆防水层监理验收**

水泥砂浆防水层分项工程检验批的抽样检验数量，应按施工面积每100m² 抽查1处，每处10m²，且不得少于3处。对于防水层施工的细部处理，监理工程师应逐个检查。

（一）主控项目

（1）砂浆防水层的原材料及配合比必须符合设计要求。

检验方法：检查产品合格证、产品性能检测报告、计量措施和材料进场检验报告。

（2）砂浆防水层与基层之间应结合牢固，无空鼓现象。

检验方法：观察和用小锤轻击检查。

（3）防水砂浆的粘结强度和抗渗性能必须符合设计要求。

检验方法：检查砂浆粘结强度、抗渗性能检验报告。

（二）一般项目

（1）水泥砂浆防水层表面应密实、平整，不得有裂纹、起砂、麻面等缺陷。

检验方法：观察检查。

（2）水泥砂浆防水层施工缝留槎位置应正确，接槎应按层次顺序操作，层层搭接紧密。

检验方法：观察检查和检查隐蔽工程验收记录。

（3）水泥砂浆防水层的平均厚度应符合设计要求，最小厚度不得小于设计厚度的85%。

检验方法：用针测法检查。

（4）水泥砂浆防水层表面平整度的允许偏差应为5mm。

检验方法：用2m靠尺和楔形塞尺检查。

## 第三节 卷材防水层与涂料防水层

地下工程的卷材防水层和涂料防水层与屋面工程的中卷材防水层和涂料防水层有很多的相同之处。在本节主要介绍验收的主要要求。

### 一、卷材防水层

（一）地下工程卷材防水层巡视要求

（1）卷材防水层适用于受侵蚀性介质或受振动作用的地下工程，卷材防水层应铺设在主体迎水面。

（2）卷材防水层应采用高聚物改性沥青防水卷材和合成高分子防水卷材。所选用的基层处理剂、胶粘剂、密封材料等配套材料，均应与铺贴的卷材相匹配。

（3）铺贴防水卷材前，基面应干净、干燥，并应在基面上涂刷基层处理剂；当基面潮湿时，应涂刷湿固化型胶粘剂或潮湿界面隔离剂。

（4）防水卷材厚度选用应符合表7-15的规定。

**防水卷材厚度** 表7-15

| 防水等级 | 设防道数 | 合成高分子防水卷材 | 高聚物改性沥青防水卷材 |
|---|---|---|---|
| 一 级 | 三道或三道以上设防 | 单层：≥1.5mm；双层：每层≥1.2mm | 单层：≥4mm；双层：每层≥3mm |
| 二 级 | 二道设防 | | |
| 三 级 | 一道设防 | ≥1.5mm | ≥4mm |
| | 复合设防 | ≥1.2mm | ≥3mm |

（5）不同品种卷材的搭接宽度，应符合表 7-16 的要求。铺贴双层卷材，上下两层和相邻两幅卷材的接缝应错开 1/3 ~ 1/2 幅宽，且两层卷材不得相互垂直铺贴。

（6）冷粘法铺贴卷材应符合下列规定：

防水卷材的搭接宽度

表 7-16

| 卷 材 品 种 | 搭 接 宽 度（mm） |
|---|---|
| 弹性体改性沥青防水卷材 | 100 |
| 改性沥青聚乙烯胎防水卷材 | 100 |
| 自粘聚合物改性沥青防水卷材 | 80 |
| 三元乙丙橡胶防水卷材 | 100/60（胶粘剂/胶粘带） |
| 聚氯乙烯防水卷材 | 60/80（单焊缝/双焊缝） |
| | 100（胶粘剂） |
| 聚乙烯丙纶复合防水卷材 | 100（粘结料） |
| 高分子自粘胶膜防水材料 | 70/80（自粘胶/胶粘带） |

1）胶粘剂涂刷应均匀，不露底，不堆积；

2）铺贴卷材时应根据胶粘剂的性能，控制胶粘剂涂刷与卷材铺贴的间隔时间；铺帖时不得用力拉伸卷材，排除卷材下面的空气，并辊压粘结牢固，不得有空鼓；

3）铺贴卷材应平整、顺直，搭接尺寸正确，不得有扭曲、皱折；

4）卷材接缝部位应用材料专用胶粘剂或胶粘带满贴，接缝口应用密封材料封严，其宽度不应小于 10mm。

（7）热熔法铺贴卷材应符合下列规定：

1）火焰加热器加热卷材应均匀，不得过分加热或烧穿卷材；厚度小于 3mm 的高聚物改性沥青防水卷材，严禁采用热熔法施工；

2）卷材表面热熔后应立即滚铺卷材，排除卷材下面的空气，并粘结牢固；

3）卷材接缝部位应溢出热熔的改性沥青胶，并粘结牢靠，封闭严密；

4）铺贴后的卷材应平整、顺直，搭接尺寸正确，不得有扭曲、皱折。

（8）卷材防水层完工并经验收合格后应及时做保护层。保护层应符合下列规定：

1）顶板的细石混凝土保护层与防水层之间宜设置隔离层；

2）底板的细石混凝土保护层厚度不应小于 50mm；

3）侧墙宜采用软质保护材料，或铺抹 20mm 厚 1:2.5 水泥砂浆。

（9）卷材防水层分项工程检验批的抽样检验数量，应按铺贴面积每 100m² 抽查 1 处，每处 10m²，且不得少于 3 处。

（二）卷材防水层监理验收主控项目

（1）卷材防水层所用卷材及其配套材料必须符合设计要求。

检验方法：检查产品合格证、产品性能检测报告和材料进场检验报告。

（2）卷材防水层在转角处、变形缝、穿墙管道等细部做法必须符合设计要求。

检验方法：观察检查和检查隐蔽工程验收记录。

（三）卷材防水层监理验收一般项目

（1）卷材防水层的搭接缝应粘贴（焊接）牢固，密封严密，不得有扭曲、皱折、翘边和起泡等缺陷。

检验方法：观察检查。

（2）采用外防外贴法铺设卷材防水层时，立面卷材接槎的搭接宽度，高聚物改性沥青类卷材应为150mm，合成高分子类卷材应为100mm，且上层卷材应盖过下层卷材。

检验方法：观察和尺量检查。

（3）侧墙卷材防水层的保护层与防水层应结合紧密，保护层厚度应符合设计要求。

检验方法：观察和尺量检查。

（4）卷材搭接宽度的允许偏差为－10rnm。

检验方法：观察和尺量检查。

## 二、涂料防水层

（一）地下工程涂料防水层巡视要求

（1）涂料防水层适用于受侵蚀性介质或受振动作用的地下工程，有机防水涂料宜用于主体结构的迎水面，无机防水涂料宜用于主体结构的迎水面或背水面。

（2）有机涂料应采用反应型、水乳型、聚合物水泥等涂料，无机防水材料应采用掺外加剂、掺合料的水泥基或水泥基渗透结晶型防水涂料。

（3）防水涂料厚度选用应符合表7-17的规定。

**防水涂料厚度（mm）** 表7-17

| 防水等级 | 设防道数 | 有 机 涂 料 | | | 无 机 涂 料 | |
| --- | --- | --- | --- | --- | --- | --- |
| | | 反 应 型 | 水 乳 型 | 聚合物水泥 | 水 泥 基 | 水泥基渗透结晶型 |
| 一 级 | 三道或三道以上设防 | 1.2～2.0 | 1.2～1.5 | 1.5～2.0 | 1.5～2.0 | ≥0.8 |
| 二 级 | 二道设防 | 1.2～2.0 | 1.2～1.5 | 1.5～2.0 | 1.5～2.0 | ≥0.8 |
| 三 级 | 一道设防 | — | — | ≥2.0 | ≥2.0 | — |
| | 复合设防 | — | — | ≥1.5 | ≥1.5 | — |

（4）涂料防水层的施工应符合下列规定：

1）涂料涂刷前应先在基面上涂一层与涂料相容的基层处理剂；

2）涂膜应多遍完成，涂刷应待前遍涂层干燥成膜后进行；

3）每遍涂刷时应交替改变涂层的涂刷方向，同层涂膜的先后搭压宽度宜为30～50mm；

4）涂料防水层的施工缝（甩槎）应注意保护，搭接缝宽度不应小于100mm，接涂前应将其甩茬表面处理干净；

5）涂刷程序应先做转角处、穿墙管道、变形缝等部位的涂料加强层，后进行大面积涂刷；

6）涂料防水层中铺贴的胎体增强材料，同层相邻的搭接宽度不应小于100mm，上下层接缝应错开1/3幅宽。

（5）防水涂料的保护层应符合有关规范的规定。

（6）涂料防水层分项工程检验批的抽样检验数量，应按涂层面积每 $100m^2$ 抽查 1 处，每处 $10m^2$，且不得少于 3 处。

（二）涂料防水层监理验收主控项目

（1）涂料防水层所用材料及配合比必须符合设计要求。

检验方法：检查产品合格证、产品性能检测报告、计量措施和材料进场检验报告。

（2）涂料防水层的平均厚度应符合设计要求，最小厚度不得小于设计厚度的90%。

检验方法：用针测法检查。

（3）涂料防水层在转角处、变形缝、施工缝、穿墙管道等部位做法必须符合设计要求。

检验方法：观察检查和检查隐蔽工程验收记录。

（三）涂料防水层监理验收一般项目

（1）涂料防水层应与基层粘结牢固，涂刷均匀，不得流淌、鼓泡、露槎。

检验方法：观察检查。

（2）涂层间夹铺胎体增强材料时，应使防水涂料浸透胎体覆盖完全，不得有胎体外露现象。

检验方法：观察检查。

（3）侧墙涂料防水层的保护层与防水层应结合紧密，保护层厚度应符合设计要求。

检验方法：观察检查。

# 第四节　金属板防水层

以金属做防水层很早就已在我国应用，以钢材为主，多用于大型机械和冶金工业的特种构筑物。

由于金属防水层较其他形式的防水层重量大、工艺繁、造价高。故一般地下防水工程极少采用。尽管如此，对于一些抗渗性能要求较高的构筑物来说，金属防水层仍占有重要位置和实用价值。

金属防水层设在构筑物外壁的内侧或外侧均可，可为整体式或装配式。

## 一、材料要求

金属防水层应按设计规定选用材料。所采用的金属材料和保护材料应符合设计要求。金属材料及焊条（剂）的规格、外观质量和主要物理性能，应符合国家现行标准的规定。所用材料应有出厂合格证、抽样检验报告。

金属防水层所用的连接材料，如焊条、螺栓、型钢、铁件等，亦应具有质量证明书，并符合设计及国家标准的规定。

对于有缺陷的材料，均不应用做金属防水层，以避免降低金属防水层的抗渗性。

## 二、金属防水层施工工艺要点

（一）整体式金属防水层

多用于体积不太大的构筑物,以浇筑高压供电地井为例,其施工步骤为:

(1) 先浇筑 150mm 厚 C10 混凝土垫层;

(2) 按设计规定在垫层四周砌好保护墙;

(3) 在垫层和保护墙上抹水泥砂浆找平层;

(4) 在坑底和四壁的找平层上铺设二毡三油防水层,或改性沥青卷材、高分子防水卷材;

(5) 将预先按设计尺寸拼装好并焊成箱体的金属防水层(包括型钢埋设件)连同装好的四壁模板一起,整体吊装至设计位置并固定牢固,箱体内可设临时支撑,以防吊装时及以后的施工中箱体产生变形;

(6) 先浇筑底板防水混凝土,为施工方便和保证质量,可在金属箱底板留设浇筑振捣孔;

(7) 再浇筑四壁防水混凝土;

(8) 最后拆除四周模板,补焊底板浇筑振捣孔,盖好钢盖板。

（二）装配式金属防水层

多在已做好构筑物之后进行拼装焊接施工:

(1) 先浇筑垫层,制作安装基础、底板及侧壁结构钢筋;

(2) 将钢板防水层作为部分内侧模板固定牢固,必要时设临时支撑,以防施工时钢板防水层变形;

(3) 浇筑混凝土;

(4) 焊好剩余的钢板防水层;

(5) 焊接周边的角钢,形成封闭的金属防水层。

### 三、金属防水层施工巡视与旁站

(1) 监理工程师应检查金属防水层表面是否完整无损,当金属板表面有锈蚀、麻点或划痕等缺陷时,其深度不得大于该板材厚度的负偏差值,否则应要求施工人员更换。安装偏差及变形应不超过规范规定的限值。

(2) 结构施工前在其内侧设置金属防水层时,金属板应与围护结构内的钢筋焊牢,也可在金属防水层上焊接一定数量的锚固件,同时金属板上要加临时支撑,如图 7-2 所示。

(3) 在结构外侧设置金属防水层时,金属板应焊在混凝土或砌体的预埋件上。金属防水层经焊缝检验合格后,应将其与结构间的空隙用水泥砂浆灌实如图 7-3 所示。

(4) 金属表面焊接的焊缝应均匀,不应有裂纹、夹渣、焊瘤、弧坑、烧穿或气孔等缺陷,质量标准应符合规范规定。

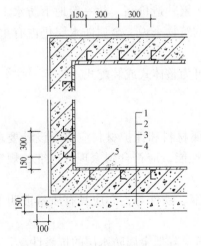

图 7-2 金属板防水层(一)

1—金属防水层;2—结构;3—砂浆防水层;
4—垫层;5—锚固件

（5）检查金属防水层抗渗的严密性，应用 X 射线或超声波进行检验。检验的方法应遵循焊缝射线探伤标准和承压设备无损检测的相关规定，对全部所有焊缝进行检验，对不合格的焊缝应采取措施重新补焊严密。也可以用气泡法或煤油渗透法进行检验，做法如下：

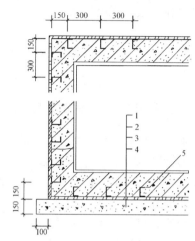

图 7-3　金属板防水层（二）
1—砂浆防水层；2—结构；3—金属防水层；
4—垫层；5—锚固件

气泡法：

1）将钢板防水层内侧焊缝表面涂抹溶解好的肥皂液；

2）将四周钢盖板边缝封严；

3）经盖板通气孔向钢板防水层与防水混凝土之间的空隙内充气加压；

4）在浇筑坑内侧检查焊缝表面有无气泡产生；如产生气泡，说明该处焊缝不严密，需要重焊；

5）检验达到规范要求后再把空隙用砂浆或细石混凝土灌实。

（6）监理工程师要检查金属防水层是否采取金属防锈措施。

### 四、金属防水层见证试验

对金属板的拼接焊缝进行 X 射线或超声波检验。焊缝检验应按不同长度的焊缝各抽查 5%，但均不得少于 1 条。长度小于 500mm 的焊缝，每条检查 1 处；长度 500~2000mm 的焊缝，每条检查 2 处；长度大于 2000mm 的焊缝，每条检查 3 处。

### 五、金属防水层监理验收

金属板的拼接及金属板与建筑结构的锚固件连接应采用焊接。金属板的拼接焊缝应进行外观检查和无损检验。

金属板防水层的施工质量检验数量，应按铺设面积每 $10m^2$ 抽查 1 处，每处 $1m^2$，且不得少于 3 处。

（一）主控项目

（1）金属防水层所采用的金属板材和焊条（剂）必须符合设计要求。

检验方法：检查出厂合格证、质量检验报告和现场抽样试验报告。

（2）焊工必须经考试合格并取得相应的执业资格证书。

检验方法：检查焊工执业资格证书和考核日期。

（二）一般项目

（1）金属板表面不得有明显凹面和损伤。

检验方法：观察检查。

（2）焊缝不得有裂纹、未熔合、夹渣、焊瘤、咬边、烧穿、弧坑、针状气孔等缺陷。

检验方法：观察检查和无损检验。

（3）焊缝的焊波应均匀，焊渣和飞溅物应清除干净；保护涂层不得有漏涂、脱皮和反锈现象。

检验方法：观察检查。

## 第五节 地下工程混凝土结构细部构造

### 一、变形缝施工旁站要点

地下工程设置变形缝的目的是为了在工程伸缩、沉降变形条件下，结构不致破坏，因此变形缝防水设置要考虑满足密封防水、适应变形的要求。但是由于变形缝等处是防水的薄弱部位，用于伸缩的变形缝宜不设或少设，可根据不同的工程结构类别及工程地质情况采用诱导缝、加强带、后浇带等替代措施。变形缝应满足密封防水、适应变形、施工方便、检修容易等要求。

变形缝处混凝土结构的厚度不应小于 300mm。

用于沉降的变形缝最大允许沉降差值不应大于 30mm。当计算沉降差值大于 30mm 时，应在设计时采取措施。变形缝的宽度宜为 20~30mm。监理工程师进行防水工程监理时应对照防水技术标准和有关防水材料的技术指标对防水设计进行审查。

（一）材料要求

（1）橡胶止水带的外观质量、尺寸偏差、物理性能应符合《高分子防水材料 第2部分：止水带》GB 18173.2—2000 的规定，且无裂缝和气泡；接头应采用热接，不得叠接，接缝平整、牢固，不得有裂口和脱胶现象。

（2）变形缝用橡胶止水带的物理力学性能应符合表 7-18 的规定。

橡胶止水带物理性能 表 7-18

| 项 目 | | | 性 能 要 求 | | |
|---|---|---|---|---|---|
| | | | B 型 | S 型 | J 型 |
| 硬度（邵尔 A，度） | | | 60±5 | 60±5 | 60±5 |
| 拉伸强度（MPa） | | | ≥15 | ≥12 | ≥10 |
| 扯断伸长率（%） | | | ≥380 | ≥380 | ≥300 |
| 压缩永久变形 | 70℃×24h，% | | ≤35 | ≤35 | ≤25 |
| | 23℃×168h，% | | ≤20 | ≤20 | ≤20 |
| 撕裂强度（kN/m） | | | ≥30 | ≥25 | ≥25 |
| 脆性温度（℃） | | | ≤−45 | ≤−40 | ≤−40 |
| 热空气老化 | 70℃×168h | 硬度变化（邵尔 A，度） | +8 | +8 | — |
| | | 拉伸强度（MPa） | ≥12 | ≥10 | — |
| | | 扯断伸长率（%） | ≥300 | ≥300 | — |
| | 100℃×168h | 硬度变化（邵尔 A，度） | — | — | +8 |
| | | 拉伸强度（MPa） | — | — | ≥9 |
| | | 扯断伸长率（%） | — | — | ≥250 |
| 橡胶与金属粘合 | | | 断面在弹性体内 | | |

注：1. B 型适用于变形缝用止水带，S 型适用于施工缝用止水带，J 型适用于有特殊耐老化要求的接缝用止水带；

2. 橡胶与金属粘合指标仅适用于具有钢边的止水带。

（3）遇水膨胀橡胶条的性能指标应符合表7-19中的规定。

遇水膨胀橡胶条物理性能　　　　　　　　　　表7-19

| 序号 | 项　　　目 | | 性　能　要　求 | | |
|------|-----------|---|---------|---------|---------|
| | | | PZ-150 | PZ-250 | PZ-400 |
| 1 | 硬度（邵尔A，度） | | 42±7 | 42±7 | 45±7 |
| 2 | 拉伸强度（MPa） | | ≥3.5 | ≥3.5 | ≥3 |
| 3 | 扯断伸长率（%） | | ≥450 | ≥450 | ≥350 |
| 4 | 体积膨胀倍率（%） | | ≥150 | ≥250 | ≥400 |
| 5 | 反复浸水试验 | 拉伸强度（MPa） | ≥3 | ≥3 | ≥2 |
| | | 扯断伸长率（%） | ≥350 | ≥350 | ≥250 |
| | | 体积膨胀倍率（%） | ≥150 | ≥250 | ≥500 |
| 6 | 低温弯折-20℃×2h | | 无裂纹 | 无裂纹 | 无裂纹 |
| 7 | 防霉等级 | | 达到与优于2级 | | |

（4）嵌缝材料最大拉伸强度不应小于0.2MPa，最大伸长率应大于300%，拉伸-压缩循环性能的级别不应小于8020。

（二）变形缝施工旁站要点

（1）中埋式止水带施工应符合下列规定：

1）止水带埋设位置应准确，其中间空心圆环应与变形缝的中心线重合。

2）止水带应妥善固定，不得穿孔或用铁钉固定，顶、底板内止水带应成盆状安设。止水带宜采用专用钢筋套或扁钢固定。采用扁钢固定时，止水带端部应先用扁钢夹紧，并将扁钢与结构内钢筋焊牢。固定扁钢用的螺栓间距宜为500mm 见图7-4。

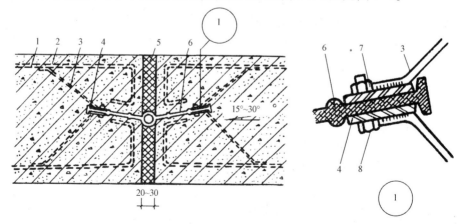

图7-4　顶（底）板中埋式止水带的固定

1—结构主筋；2—混凝土结构；3—固定用钢筋；4—固定止水带用扁钢；
5—填缝材料；6—中埋式止水带；7—螺母；8—双头螺杆

3）中埋式止水带混凝土浇筑前，监理工程师应检查校正止水带位置，表面是否干净，止水带是否有损坏，损坏处应修补；顶、底板止水带的下侧混凝土应振捣密实，边墙止水带内外侧混凝土应均匀，保持止水带位置正确、平直，无卷曲现象；当先施工一侧混凝土时，其端模应支撑牢固，严防漏浆。

4）止水带的接缝宜为一处，应设在边墙较高位置上，不得设在结构转角处，接头宜采用热压焊。

5）中埋式止水带在转弯处宜采用直角专用配件，并应做成圆弧形，（钢边）橡胶止水带的转角半径不应小于200mm，且转角半径应随止水带的宽度增大而相应加大。

（2）安设于结构内侧的可卸式止水带施工时应符合下列要求：

1）所需配件应一次配齐；

2）转角处应做成45°折角；

3）转角处应增加紧固件的数量。

（3）当变形缝与施工缝均用外贴式止水带时，其相交部位和外贴式止水带的转角部位宜采用防水技术规范所给出的专用配件。

（4）宜采用遇水膨胀橡胶与普通橡胶复合的复合型橡胶条、中间夹有钢丝或纤维织物的遇水膨胀橡胶条、中空圆环型遇水膨胀橡胶条，当采用遇水膨胀橡胶条时，应采取有效的固定措施，防止止水条胀出缝外。

（5）嵌缝材料嵌填施工时，应符合下列要求：

1）缝内两侧应平整、清洁、无渗水，并涂刷与嵌缝材料相容的基层处理剂；

2）嵌缝时应先设置与嵌缝材料隔离的背衬材料；

3）嵌填应连续、饱满，与两侧粘结牢固。

（6）在缝上粘贴卷材或涂刷涂料前，应在缝上设置隔离层，然后再行施工。

## 二、后浇带施工旁站要点

（1）后浇带应设在受力和变形较小的部位，间距宜为30～60m，宽度宜为700～1000mm。后浇带可做成平直缝，结构主筋不宜在缝中断开，如必须断开，则主筋搭接长度应大于45倍主筋直径，并应按设计要求加设附加钢筋。后浇带的防水构造措施可在施工缝中部埋设遇水膨胀止水条、迎水面贴外贴式止水带，后浇带的混凝土应采用补偿收缩混凝土。

（2）后浇带需超前止水时，后浇带部位混凝土应局部加厚，并增设外贴式或中埋式止水带，见图7-5。

（3）后浇带的施工应符合下列规定：

1）后浇带应在其两侧混凝土龄期达到42d后再施工，但高层建筑的后浇带施工应按规定时间进行；

2）后浇带的接缝处理应按防水混凝土施工缝的规定进行；

3）后浇带混凝土施工前，后浇带部位和外贴式止水带应予以保护，严防落入杂物和损伤外贴式止水带；

4）后浇带应采用补偿收缩混凝土，其抗渗和抗压强度等级不应低于两侧混凝土；

5）后浇带混凝土的养护时间不得少于28d。

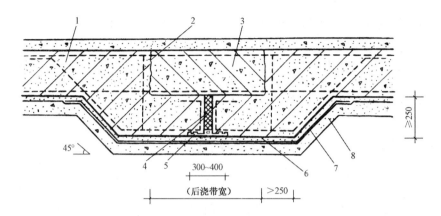

图 7-5 后浇带超前止水构造

1—混凝土结构；2—钢丝网片；3—后浇带；4—填缝材料；5—外贴式止水带；

6—细石混凝土保护层；7—卷材防水层；8—垫层混凝土

### 三、穿墙管（盒）巡视检查要点

（1）穿墙管（盒）应在浇筑混凝土前预埋。

（2）穿墙管与内墙角、凹凸部位的距离应大于 250mm。

（3）结构变形或管道伸缩量较小时，穿墙管可采用主管直接埋入混凝土内的固定式防水法，主管应加焊止水环或环绕遇水膨胀止水圈，并应在迎水面预留凹槽，槽内用密封材料嵌填密实。

（4）结构变形或管道伸缩量较大或有更换要求时，应采用套管式防水法，套管应加焊止水环。

（5）穿墙管防水施工时应符合下列规定：

1）金属止水环应与主管或套管满焊密实，采用套管式穿墙管防水构造时，翼环与套管应满焊密实，并应在施工前将套管内表面清理干净；

2）管与管的间距应大于 300mm；

3）采用遇水膨胀止水圈的穿墙管，管径宜小于 50mm，止水圈应用胶粘剂满粘固定于管上，并应涂缓胀剂或采用缓胀型遇水膨胀止水圈；

4）穿墙管线较多时，宜相对集中，采用穿墙盒方法。穿墙盒的封口钢板应与墙上的预埋角钢焊严，并应从钢板上的预留浇注孔注入柔性密封材料或细石混凝土。

### 四、埋设件巡视检查要点

（1）结构上的埋设件应采用预埋或预留孔（槽）等。

（2）埋设件端部或预留孔（槽）底部的混凝土厚度不得小于 250mm，当厚度小于 250mm 时，应采取局部加厚或其他防水措施。

（3）预留孔（槽）内的防水层，宜与孔（槽）外的结构防水层保持连续。

### 五、预留通道接头巡视检查要点

（1）预留通道接头处的最大沉降差值不得大于 30mm。预留通道接头应采取变形缝防水构造形式，具体应符合有关技术规范的规定。

（2）预留通道接头的防水施工应符合下列规定：

1）中埋式止水带、遇水膨胀橡胶条（胶）、预埋注浆管、密封材料、可卸式止水带的施工应符合变形缝防水施工的有关规定；

2）预留通道先施工部位的混凝土、中埋式止水带和防水相关的预埋件等应及时保护，并应确保端部表面混凝土和中埋式止水带清洁，埋设件不得锈蚀；

3）当通道接头处采用中埋式止水带防水构造时，在接头混凝土施工前应将先浇混凝土端部表面凿毛，露出钢筋或预埋的钢筋接驳器钢板，与待浇混凝土部位的钢筋焊接或连接好后再行浇筑；

4）当先浇混凝土中未预埋可卸式止水带的预埋螺栓时，可选用金属或尼龙的膨胀螺栓固定可卸式止水带。采用金属膨胀螺栓时，可选用不锈钢材料或用金属涂膜、环氧涂料等深层进行防锈处理。

### 六、桩头巡视检查要点

桩头防水构造形式见图7-6、图7-7。

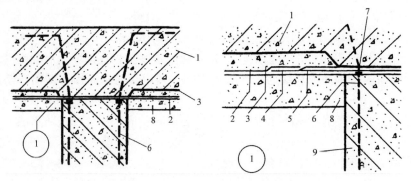

图7-6　桩头防水构造（一）

1—结构底板；2—底板防水层；3—细石混凝土保护层；4—防水层；
5—水泥基渗透结晶型防水涂料；6—桩基受力筋；7—遇水膨胀止水条（胶）；
8—混凝土垫层；9—桩基混凝土

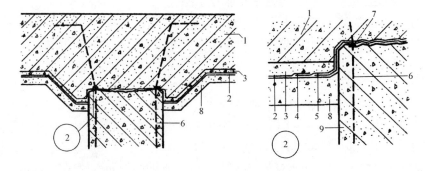

图7-7　桩头防水构造（二）

1—结构底板；2—底板防水层；3—细石混凝土保护层；4—聚合物水泥防水砂浆；
5—水泥基渗透结晶型防水涂料；6—桩基受力筋；7—遇水膨胀止水条（胶）；
8—混凝土垫层；9—桩基混凝土

桩头防水施工应符合下列要求：

（1）破桩后如发现渗漏水，应及时采取措施将渗漏水止住；

（2）采用其他防水材料进行防水时，基面应符合防水层施工要求；

（3）应对遇水膨胀止水条（胶）进行保护。

### 七、孔口与坑、池防水构造措施

（1）地下工程通向地面的各种孔口应设置防地面水倒灌措施。人员出入口高出地面宜为500mm，汽车出入口设明沟排水时，其高度宜为150mm，并应有防雨措施。

（2）窗井的底部在最高地下水位以上时，窗井的底板和墙应做防水处理，并宜与主体结构断开。

（3）窗井或窗井的一部分在最高地下水位以下时，窗井应与主体结构连成整体，其防水层也应连成整体，并在窗井内设集水井。

（4）无论地下水位高低，窗台下部的墙体和底板应做防水层。

（5）窗井内的底板，应比窗下缘低300mm。窗井墙高出地面不得小于500mm。窗井外地面应做散水，散水与墙面间应采用密封材料嵌填。

（6）通风口应与窗井同样处理，竖井窗下缘离室外地面高度不得小于500mm。

（7）坑、池、储水库宜用防水混凝土整体浇筑，内部应设防水层。受振动作用时应设柔性防水层。

（8）底板以下的坑、池，其局部底板应相应降低，并应使防水层保持连续。

### 八、密封材料防水施工巡视检查要点

（1）检查粘结基层的干燥程度以及接缝的尺寸，接缝内部的杂物应清除干净。

（2）热灌法施工应自下向上进行并尽量减少接头，接头应采用斜槎；密封材料熬制及浇灌温度，应按有关材料要求严格控制。

（3）冷嵌法施工应分次将密封材料嵌填在缝内，压嵌密实并与缝壁粘结牢固，防止裹入空气。接头应采用斜槎。

（4）接缝处的密封材料底部应嵌填背衬材料，外露密封材料上应设置保护层，其宽度不得小于100mm。

### 九、细部构造监理验收

防水混凝土结构细部构造的施工质量检验应按全数检查。

（一）主控项目

（1）细部构造所用止水带、填缝材料和接缝密封材料必须符合设计要求。

检验方法：检查出厂合格证、质量检验报告和进场抽样试验报告。

（2）变形缝、施工缝、后浇带、穿墙管道、埋设件等细部构造作法必须符合设计要求，严禁有渗漏。

（3）中埋式止水带中心线应与变形缝中心线重合，止水带应固定牢靠、平直，不得有扭曲现象。

检验方法：观察检查和检查隐蔽工程验收记录。

（二）一般项目

（1）穿墙管止水环与主管或翼环与套管应连续满焊，并做防腐处理。

检验方法：观察检查和检查隐蔽工程验收记录。

（2）接缝处混凝土表面应密实、洁净、干燥；密封材料应嵌填严密、粘结牢固，不得有开裂、鼓泡和下塌现象。

检验方法：观察检查。

## 第六节　地下连续墙防水

地下连续墙是一种将临时支撑结构与永久结构结合在一起的围护结构，具有墙体刚度大、对周围干扰小、施工工期短、可用于逆作法、施工噪音小等优点。但是其施工机械化程度高，工艺较为复杂，技术要求高。如果操作不当，易引起塌孔、混凝土夹层、表面粗糙和渗漏等问题。

### 一、地下连续墙防水施工巡视与旁站要点

（1）地下连续墙应根据工程要求和施工条件划分单元槽段，宜尽量减少槽段数量。墙体幅间接缝应避开拐角部位。监理工程师在审查施工方案时要给予指出。

（2）地下连续墙用作结构主体墙体时应符合下列规定：

1）单层地下连续墙不应直接用于防水等级为一级的地下工程墙体。单墙用于地下工程墙体时，应使用高分子聚合物泥浆护壁材料。

2）墙的厚度宜大于600mm。

3）监理工程师应检查泥浆配合比和检查降低地下水位等措施，以防止塌方。挖槽期间，泥浆面必须高于地下水位500mm以上，遇有地下水含盐或受化学污染时应采取措施不得影响泥浆性能指标。

4）单元槽段整修后墙面平整度的允许偏差不宜大于50mm。

5）浇筑混凝土前要求施工单位必须清槽、置换泥浆和清除沉渣，并检查沉渣厚度，沉渣厚度不应大于100mm，并将接缝面的泥皮、杂物用专用刷壁器清刷干净。

6）检查钢筋笼浸泡泥浆时间不应超过10h，如果违反应要求施工人员吊起钢筋笼冲洗。钢筋保护层厚度不应小于70mm。

7）幅间接缝方式应采用工字钢或十字钢板接头，并应符合设计要求。墙体幅间接缝应避开拐角部位。使用的锁口管应能承受混凝土浇筑时的侧压力，浇筑混凝土时不得位移和发生混凝土绕管现象。

8）胶凝材料用量不应少于$400kg/m^3$，水胶比应小于0.55，坍落度不得小于180mm，石子粒径不宜大于导管直径的1/8。浇筑导管埋入混凝土深度宜为1.5~3m，在槽段端部的浇筑导管与端部的距离宜为1~1.5m，混凝土浇筑应连续进行。冬期施工时应采取保温措施，墙顶混凝土未达到设计强度50%时，不得受冻。

9）支撑的预埋件应设置止水片或遇水膨胀止水条（胶），支撑部位及墙体的裂缝、孔洞等缺陷应采用防水砂浆及时修补。墙体幅间接缝如有渗漏，应采用注浆、嵌填弹性密封材料等进行防水处理，并应采取引排措施。

10）底板混凝土应达到设计强度后方可停止降水，并应将降水井封堵密实。

11）墙体与工程顶板、底板、中楼板的连接处均应凿毛，并应清洗干净，同时应设置1~2道遇水膨胀止水条（胶），其接驳器处宜喷涂水泥基渗透结晶型防水涂料或涂抹聚合物水泥防水砂浆。

（3）复合式衬砌施工时监理工程师要检查并旁站混凝土的浇筑施工，并检查是否符合下列规定：

1）应用作防水等级为一、二级的工程；

2）墙体施工应符合本节上条3）~10）的要求，并按设计规定对墙面、墙缝渗漏水进行处理，并应在基层找平满足设计要求后施工防水层及浇筑内衬砌混凝土；

3）当地下连续墙与内衬间夹有塑料防水板的复合式衬砌时，应根据排水情况选用相应的缓冲层和塑料防水板，并按有关规范中的规定执行；

4）内衬墙应采用防水混凝土浇筑，其缝应与地下连续墙墙缝互相错开。施工缝、变形缝、诱导缝的防水措施应按《地下工程防水技术规范》GB 50108—2008的要求选用，其施工要求应符合规范中的有关规定。

## 二、地下连续墙施工见证试验

地下连续墙施工时，混凝土应按每1个单元槽段留置一组抗压强度试件，每5个单元槽段留置一组抗渗试件。

地下连续墙墙体内侧采用水泥砂浆防水层、卷材防水层、涂料防水层时，其试验等分别按本书的相关部分要求执行。

地下连续墙分项工程检验批的抽样检验数量，应按每连续5个槽段抽查1个槽段，且不得少于3个槽段。

## 三、地下连续墙施工防水监理验收

（一）主控项目

（1）防水混凝土所用原材料、配合比以及坍落度必须符合设计要求。

检验方法：检查产品合格证、产品性能检验报告、计量措施和材料进场检验报告。

（2）地下连续墙混凝土抗压强度和抗渗性能必须符合设计要求。

检验方法：检查混凝土抗压强度、抗渗性能检验报告。

（3）地下连续墙的渗漏水量必须符合设计要求。

检验方法：观察检查和检查渗漏水检测记录。

（二）一般项目

（1）地下连续墙的槽段接缝构造应符合设计要求。

检验方法：观察检查和检查隐蔽工程验收记录。

（2）地下连续墙墙面不得有露筋、露石和夹泥现象。

检验方法：观察检查。

（3）地下连续墙墙体表面平整度、临时支护墙体的允许偏差应为50mm，单一或复合墙体允许偏差应为30mm。

检验方法：尺量检查。

## 第七节 地下工程渗水治理

### 一、地下工程堵漏治理原则

（1）地下工程渗漏水治理应遵循"堵排结合、因地制宜、刚柔相济、综合治理"的原则。

（2）渗漏水治理时应掌握工程原防、排水系统的设计、施工、验收资料。

（3）治理施工时应按先顶（拱）后墙而后底板的顺序进行，宜少破坏原结构和防水层。

（4）有降水和排水条件的地下工程，治理前应做好降水和排水工作。

（5）治理过程中应选用无毒、低污染的材料。

（6）治理过程中的安全措施、劳动保护必须符合有关安全施工技术规定。

（7）地下工程渗漏水治理，应由防水专业设计人员和有防水资质的专业施工队伍承担。

### 二、堵漏顺序

（一）地下工程渗漏水治理前应调查内容

（1）渗漏水的现状、水源及影响范围。

（2）渗漏水的变化规律。

（3）衬砌结构的损害程度。

（4）结构稳定情况及监测资料。

（二）渗漏水原因分析

渗漏水原因分析应从设计、施工、使用管理等方面进行。

（1）掌握工程原设计、施工资料（包括防水设计等级、防排水系统）及使用的防水材料性能、试验数据。

（2）工程所在位置周围环境的变化。

（3）运营条件、季节变化、自然灾害对工程的影响。

（三）严控工序操作

渗漏水治理过程中，应严格每道工序的操作，上道工序未经验收合格，不得进行下道工序施工。随时检查治理效果，做好隐蔽施工记录，发现问题及时处理。

（四）竣工验收应符合的要求

（1）施工质量应符合设计和规范要求。

（2）施工资料齐全（包括施工技术总结报告、所用材料的技术资料、施工图纸等）。

### 三、堵漏材料选用

（1）衬砌后注浆宜选用特种水泥浆，掺有膨润土、粉煤灰等掺合料的水泥浆或水泥砂浆。

（2）工程结构注浆宜选用水泥类浆液，有补强要求时可选用改性环氧树脂注浆材料；

裂缝堵水注浆宜选用聚氨酯或丙烯酸盐等化学浆液。

（3）防水抹面材料宜选用掺各种外加剂、防水剂、聚合物乳液的水泥砂浆。

（4）防水涂料宜选用与基面粘结强度高和抗渗性好的材料。

（5）卷材防水材料宜选用天然钠基膨润土板（毯），或膨润土与高性能薄板（HDPE）压制成型的双重防水板（毡）及膨润土防水条（粉）等高性能永久防水材料。

（6）导水、排水材料宜选用塑料排水板，铝合金、不锈钢金属排水槽，土工织物与塑料复合排水板，渗水盲管等。

（7）密封材料宜选用钠基膨润土类、聚硫橡胶类、聚氨酯类、硅酮类、丙烯酸酯类等柔性或弹性密封材料，也可选用遇水膨胀类止水条（胶）。

### 四、治理措施

（一）大面积严重渗漏水处理措施

大面积的渗漏水是地下工程渗漏水的主要表现形式之一，它在渗水治理中所占比例高达95%以上，几乎所有的渗水治理都存在这类问题。造成这类渗水的原因来自设计与施工两方面。表现特征为：渗水基面多为麻面；渗水点有大有小，且分布密集；渗水面积大。

大面积严重渗漏水一般采用综合治理的方法，即刚柔结合多道防线。首先疏通漏水孔洞，放水泄压，在分散低压力渗水基面上涂抹速凝防水材料，然后涂抹刚柔性防水材料，最后封堵引水孔洞，并根据需要和工程结构破坏程度采用贴壁混凝土衬砌加强处理。其处理顺序是：大漏引水→小漏止水→涂抹快凝止水材料→柔性防水→刚性防水斗注浆堵水→必要时贴壁混凝土衬砌加强。

大面积严重渗漏水可采用下列处理措施：

（1）衬砌后和衬砌内注浆止水或引水，待基面无明水或干燥后，用掺外加剂防水砂浆、聚合物水泥砂浆、挂网水泥砂浆或防水涂料等加强处理；

（2）引水孔最后封闭；

（3）必要时采用贴壁混凝土衬砌加强。

（二）大面积的一般渗漏水和漏水点处理措施

大面积的一般渗漏水和漏水点是指漏水不十分明显，只有湿迹和少量滴水的点。这种形式的渗水处理一般采用速凝材料直接封堵，也可对漏水点注浆堵漏，然后做防水砂浆抹面或涂抹柔性防水材料、水泥基渗透结晶型防水涂料等。当采用涂料防水时防水层表面要采取保护措施。

（三）裂缝渗漏水处理措施

裂缝渗漏水一般根据漏水量和水压力来采取堵漏措施。对于水压较小和渗水量不大的裂缝，可进行嵌缝或衬砌内注浆处理，表面用防水砂浆抹面或防水涂层加强；也可将裂缝按设计要求剔成一定深度和宽度的"V"槽，槽内用速凝材料填压密实即可。对于水压和渗水量都较大的裂缝常采用注浆方法处理。注浆材料有环氧树脂、聚氨酯等，也可采用超细水泥浆液。裂缝渗漏水处理完毕后，表面用掺外加剂防水砂浆、聚合物防水砂浆或涂料等防水材料加强防水。

如果结构仍在变形、未稳定的裂缝，应待结构稳定后再按上述办法进行处理。

（四）需要补强的渗漏水部位

应选用强度较高的注浆材料，如水泥浆、超细水泥浆、自流平水泥灌浆材料、改性环氧树脂、聚氨酯等浆液处理，必要时可在止水后再做混凝土内衬墙。

（五）细部构造部位渗漏水处理措施

在地下工程渗漏水中细部构造部位占主要部分，尤其是变形缝，几乎是十缝九漏。由于该部位的防水操作困难，质量难以保证，经常出现止水带固定不牢、位置不准确、石子过分集中于止水带附近或止水带两侧混凝土振捣不密实等现象，致使防水失败。施工缝和穿墙管的渗漏水在地下工程中也比较常见。对于这些部位的渗漏水处理可采用以下方法：

（1）施工缝、变形缝一般是采用综合治理的措施即注浆防水与嵌缝和抹面保护相结合，具体做法是将变形缝内的原嵌填材料清除，深度约100mm，施工缝沿缝凿槽，清洗干净，漏水较大部位埋设引水管，把缝内主要漏水引出缝外，对其余较小的渗漏水用快凝材料封堵。然后嵌填遇水膨胀止水条（胶）、G型密封材料或设置可卸式止水带等防水材料，并抹水泥砂浆保护层或压上保护钢板，待这些工序做完后，注浆堵水。

（2）穿墙管与预埋件的渗水处理步骤是将穿墙管或预埋件四周的混凝土凿开，找出最大漏水点后，用快凝胶浆或注浆的方法堵水，然后涂刷防水涂料或嵌填密封防水材料，最后用掺外加剂水泥砂浆或聚合物水泥砂浆进行表面保护。

（3）施工缝可根据渗水情况采用注浆、嵌填密封防水材料及设置排水暗槽等方法处理，表面增设水泥砂浆、涂料防水层等加强措施。

（六）有自流排水条件的工程

除应做好防水措施外，还应采用排水措施。

（七）铺喷支护工程

可采用引水带、导管排水，喷涂快凝材料及化学注浆堵水。

## 第八节　建筑室内防水工程

以上七节内容介绍了地下防水工程的监理，下面对建筑室内防水工程做简要介绍。

建筑室内防水工程涵盖在建筑房屋内的防水工程，如厕浴间、厨房、泳池、水池等需作防水的工程。

### 一、室内防水工程基本规定

（1）室内防水工程采用的防水材料应符合国家现行的相关标准和现行国家标准《民用建筑工程室内环境污染控制规范》GB 50325—2010 对环保要求的规定，保障施工过程中和使用中的人身安全和健康。

（2）室内需进行防水设防的区域，不应跨越变形缝、抗震缝等部位。

（3）自身无防护功能的柔性防水层应设置保护层，保护层或饰面层应符合下列规定：

1）地面饰面层为石材、厚质地砖时，防水层上应用不小于20mm厚的1:3水泥砂浆做保护层；

2）地面饰面层为瓷砖、水泥砂浆时，防水层上应浇筑不小于30mm厚的细石混凝土做保护层；

3）墙面防水高度高于250mm时，防水层上应采取防止饰面层起壳剥落的措施。

（4）楼地面向地漏处的排水坡度不宜小于1%，地面不得有积水现象。

（5）地漏应设置在人员不经常走动且便于维修和便于组织排水的部位。

（6）铺贴墙（地）面砖宜用专用粘贴材料或符合粘贴性能要求的防水砂浆。

## 二、厕浴间基本要求

（一）厕浴间楼地面基本做法

（1）结构楼面。

（2）找坡层：向地漏处找坡2%。

（3）10～20mm厚1:2.5水泥砂浆找平层，抹平压光。

（4）地面防水层：小管必须做套管。先做管根防水，用建筑密封材料封严（管根周围一圈凿成斜坡槽），再作地面防水层与建筑密封材料连成一体，四周卷起100mm高，与立墙防水交接并密封好。

（5）面层：一般做20～25mm厚1:2.5水泥砂浆抹面、压光。

（6）厕浴间墙面防水：根据隔墙材料做防水饰面，较高级工程做贴面砖防水，一般工程下部做水泥踢脚，上部做涂膜防水，也可满做防水涂料。

（二）电气防水要求

（1）电气管线须走暗管敷线，接口须封严。电气开关、插座及灯具须采取防水措施。

（2）电气设施定位应避开直接用水的范围，保证安全。电气安装、维修由专业电工操作。

（三）设备防水要求

设备管线明、暗管兼有。一般设计明管要求接口严密，节门开关灵活，无漏水。暗管设有管道间，便于维修，使用方便。

（四）装修防水要求

要求装修材料耐水。面砖的粘结剂除强度、粘结力好外，还要具有耐水性。

## 三、建筑室内防水工程旁站监理要点

（一）厕浴间、厨房防水工程旁站监理要点

（1）厕浴间和厨房的防水设计应遵循以下原则：

1）以排为主，以防为辅；

2）防水层须做在楼地面面层下面；

3）厕浴间地面标高，应低于门外地面标高，地漏标高应比厕浴间地面标高再低。

（2）厕浴间、厨房的墙体，宜设置高出楼地面150mm以上的现浇混凝土泛水。主体结构为装配式房屋结构的厕所、厨房等部位的楼板应采用现浇混凝土结构。厕浴间、厨房四周墙根防水层泛水高度不应小于250mm，其他墙面防水以可能溅到水的范围为基准向外延伸不应小于250mm。浴室花洒喷淋的临墙面防水高度不得低于2m。

（3）有填充层的厨房、下沉式卫生间，宜在结构板面和地面饰面层下设置两道防水层。单道防水时，防水应设置在混凝土结构板面上，材料厚度参照水池防水设计选用。填充层应选用压缩变形小、吸水率低的轻质材料。填充层面应整浇不小于40mm厚的钢筋混凝土地面。排水沟应采用现浇钢筋混凝土结构，坡度不应小于1%，沟内应设置防水层。

（4）墙面与楼地面交接部位、穿楼板（墙）的套管宜用防水涂料、密封材料或易粘贴的卷材进行加强防水处理。加强层的尺寸应符合下列要求：

1）墙面与楼地面交接处、平面宽度与立面高度均不应小于100mm；

2）穿过楼板的套管，在管体的粘结高度不应小于20mm，平面宽度不应小于150mm。用于热水管道防水处理的防水材料和辅料，应具有相应耐热性能。

（5）地漏与地面混凝土间应留置凹槽，用合成高分子密封胶进行密封防水处理。地漏四周应设置加强防水层，加强层宽度不应小于150mm。防水层在地漏收头处，应用合成高分子密封胶进行密封防水处理。

（6）组装式厕浴间的结构地面与墙面应设置防水层，结构地面应设置排水措施。

（7）墙体为现浇钢筋混凝土时，在防水设防范围内的施工缝应做防水处理。长期处于蒸汽环境下的室内，所有的墙面、楼地面和顶面均应设置防水层。

（8）穿楼板管道防水设计应符合下列规定：

1）穿楼板管道应临墙安设，单面临墙的管道套管离墙净距不应小于50mm；双面临墙的管道一面临墙不应小于50mm，另一面不应小于80mm；套管与套管的净距不应小于60mm。

2）穿楼板管道应设置止水套管或其他止水措施，套管直径应比管道大1~2级标准；套管高度应高出装饰地面20~50mm。

3）套管与套管间用阻燃密实材料填实，上口应留10~20mm凹槽嵌入高分子弹性密封材料。

（9）洗脸盆台板、浴盆与墙的交接角应用合成高分子密封材料进行密封处理。

（二）游泳池、水池防水工程旁站监理要点

（1）池体宜采用防水混凝土，混凝土厚度不应小于200mm。对刚度较好的小型水池，池体混凝土厚度不应小于150mm。

（2）室内游泳池等水池，应设置池体附加内防水层。受地下水或地表水影响的地下池体，应做内外防水处理，外防水设计与施工应按现行国家标准《地下工程防水技术规范》GB 50108—2008要求进行。

（3）水池混凝土抗渗等级经计算后确定，但不应低于S6。

（4）当池体所蓄的水对混凝土有腐蚀作用时，应按防腐工程进行防腐防水设计。

（5）游泳池内部的设施与结构连接处，应根据设备安装要求进行密封防水处理。

（6）池体水温高于60℃时，防水层表面应做刚性或块体保护层。

### 四、建筑室内防水工程材料要求

（1）厕浴间、厨房等室内小区域复杂部位楼地面防水，宜选用防水涂料或刚性防水材料做迎水面防水，也可选用柔性较好且易于与基层粘贴牢固的防水卷材。墙面防水层宜选用刚性防水材料或经表面处理后与粉刷层有较好结合性的其他防水材料。顶面防水层应选用刚性防水材料做防水层。厕浴间、厨房有较高防水要求时，应做两道防水层，防水材料复合使用时应考虑其相容性。

（2）在水池中使用的防水材料应具有良好的耐水性、耐腐性、耐久性和耐菌性。高温池防水，宜选用刚性防水材料。当选用柔性防水层时，材料应具有良好的耐热性、热老化性能稳定性、热处理尺寸稳定性。

（3）在饮用水水池和游泳池中使用的防水材料及配套材料，必须符合现行国家标准《生活饮用水输配水设备及防护材料的安全性评价标准》GB/T 17219—1998 的有关规定和国家现行有关标准的规定。

（4）室内防水工程防水层最小厚度应符合表 7-20 的规定。

室内防水工程防水层最小厚度（mm）                           表 7-20

| 序号 | 防水层材料类型 | | 厕所、卫生间、厨房 | 浴室、游泳池、水池 | 两道设防或复合防水 |
|---|---|---|---|---|---|
| 1 | 聚合物水泥、合成高分子涂料 | | 1.2 | 1.5 | 1.0 |
| 2 | 改性沥青涂料 | | 2.0 | — | 1.2 |
| 3 | 合成高分子卷材 | | 1.0 | 1.2 | 1.0 |
| 4 | 弹（塑）性体改性沥青防水卷材 | | 3.0 | 3.0 | 2.0 |
| 5 | 自粘橡胶沥青防水卷材 | | 1.2 | 1.5 | 1.2 |
| 6 | 自粘聚酯胎改性沥青防水卷材 | | 2.0 | 3.0 | 2.0 |
| 7 | 刚性防水材料 | 掺外加剂、掺合料防水砂浆 | 20 | 25 | 20 |
| | | 聚合物水泥砂浆Ⅰ类 | 10 | 20 | 10 |
| | | 聚合物水泥砂浆Ⅱ类、刚性无机防水材料 | 3.0 | 5.0 | 3.0 |

### 五、建筑室内防水工程监理验收

建筑室内防水工程的质量应符合下列要求：

（1）防水层不得有渗漏或积水现象。使用的材料应符合设计要求和质量标准的规定。

（2）找平层表面应平整、坚固，不得有疏松、起砂、起皮现象，基层排水坡度、含水率应符合设计要求。

（3）墙（立）面防水设防高度应符合设计要求。

（4）卷材铺贴方法和搭接顺序应符合设计要求，搭接宽度正确，接缝严密，不得有皱折、鼓泡和翘边等现象。涂膜防水层涂层应无裂纹、皱折、流淌、鼓泡和露胎体现象。平均厚度不应小于设计厚度，最薄处不应小于设计厚度的 80%。

（5）砂浆防水层表面应平整、牢固、不起砂、不起皮、不开裂，防水层平均厚度不应小于设计厚度，最薄处不应小于设计厚度的 80%。密封材料嵌填严密，粘结牢固，表面平整，不得有开裂、鼓泡现象。

（6）地面和水池、泳池的蓄水试验应达到 24h 以上，墙面间歇淋水应达到 30min 以上进行检验不渗漏。

（7）建筑室内防水工程所使用的防水材料应有产品合格证和出厂检验报告，材料的品种、规格、性能等应符合国家现行标准和设计要求。对进场的防水材料应按相关规定抽样复检，并提出试验报告，不合格的材料不得在工程中使用。

（8）对于分项工程的监理验收按照本章前文内容进行，此处不再赘述。

## 第九节　建筑外墙防水工程

外墙渗漏水属于建筑物的四漏之一，必须引起重视，在外墙防水设计与施工中应严格按高要求进行。外墙渗漏水不但影响了建筑物的使用寿命和安全，而且直接影响了室内的装饰效果，造成涂料起皮、壁纸变色、室内物质发霉等危害。我国南方地区东西山墙渗漏水严重，特别是顶层外墙渗漏水更加严重，因此在这些地区和部位必须加强外墙防水设计并且精心施工。

外墙渗漏水不仅影响建筑物的使用功能和寿命，而且给人民的生活和工作带来极大的不便，特别是高层建筑墙面成片渗漏，其危害更大，涉及的住户更多。

### 一、外墙防水施工方法

第一种做法：外墙砂浆要抹平压实，施工 7d 后连续喷涂有机硅防水涂料两遍。

第二种做法：粘贴外墙瓷砖要密实平整，最好选用专用瓷砖胶粘剂，瓷砖或清水墙均应喷涂有机砖防水涂料。

第三种做法：采用密封材料时，应在缝中衬垫闭孔聚乙烯泡沫条或在缝中贴不粘纸，以避免三面粘结而破坏密封材料。

外墙防水施工宜选用脚手架或双人吊篮、单人吊篮，以确保防水施工质量和人身安全。

### 二、建筑外墙防水范围

建筑外墙防水应具有阻止雨水、雪水侵入墙体的基本功能，并应具有抗冻融、耐高低温、承受风荷载等性能。

在正常使用和合理维护的条件下，有下列情况之一的建筑外墙，宜进行墙面整体防水：

（1）年降水量大于等于 800mm 地区的高层建筑外墙；

（2）年降水量大于等于 600mm 且基本风压大于等于 0.50kN/m² 地区的外墙；

（3）年降水量大于等于 400mm 且基本风压大于等于 0.40kN/m² 地区有外保温的外墙；

（4）年降水量大于等于 500mm 且基本风压大于等于 0.35kN/m² 地区有外保温的外墙；

（5）年降水量大于等于 600mm 且基本风压大于等于 0.30kN/m² 地区有外保温的外墙。

此外，年降水量大于等于 400mm 地区的其他建筑外墙应采用节点构造防水措施。

居住建筑外墙外保温系统的防水性能应符合现行行业标准《外墙外保温工程技术规程》JGJ 144—2004 的规定。建筑外墙防水采用的防水材料及配套材料除应符合外墙各构造层的要求外，尚应满足安全及环保的要求。

### 三、外墙防水材料要求

建筑外墙防水工程所用材料应与外墙相关构造层材料相容。防水材料的性能指标应符合国家现行有关材料标准的规定。

（一）防水材料

（1）普通防水砂浆主要性能应符合表 7-21 的规定，检验方法应按现行国家标准《预

《硅酮建筑密封胶》GB/T 14683—2003 的相关规定执行。

防水透气膜主要性能 表 7-26

| 项 目 | | 指 标 | | 检 验 方 法 |
|---|---|---|---|---|
| | | Ⅰ类 | Ⅱ类 | |
| 水蒸气透过量[g/(m²·24h),23℃] | | ≥1000 | | 应按现行国家标准《塑料薄膜和片材透水蒸气性试验方法 杯式法》GB 1037—1988 中 B 法的规定执行 |
| 不透水性(mm,2h) | | ≥1000 | | 应按《建筑防水卷材试验方法》CB/T 328.10 2007 中 A 法的规定执行 |
| 最大拉力(N/50mm) | | ≥100 | ≥250 | 应按《建筑防水卷材试验方法》GB/T 328.9—2007 中 A 法的规定执行 |
| 断裂伸长率(%) | | ≥35 | ≥10 | 应按《建筑防水卷材试验方法》GB/T 328.9—2007 中 A 法的规定执行 |
| 撕裂性能(N,钉杆法) | | ≥40 | | 应按《建筑防水卷材试验方法》GB/T 328.18—2007 的规定执行 |
| 热老化 (80℃,168h) | 拉力保持率(%) | ≥80 | | 应按《建筑防水卷材试验方法》GB/T 328.9—2007 中 A 法的规定执行 |
| | 断裂伸长率保持率(%) | | | |
| | 水蒸气透过量保持率(%) | | | 应按现行国家标准《塑料薄膜和片材透水蒸气性试验方法 杯式法》GB 1037—1988 中 B 法的规定执行 |

硅酮建筑密封胶主要性能 表 7-27

| 项 目 | | 指 标 | | | |
|---|---|---|---|---|---|
| | | 25HM | 20HM | 25LM | 20LM |
| 下垂度（mm） | 垂直 | ≤3 | | | |
| | 水平 | 无变形 | | | |
| 表干时间（h） | | ≤3 | | | |
| 挤出性（mL/min） | | ≥80 | | | |
| 弹性恢复率（%） | | ≥80 | | | |
| 拉伸模量（MPa） | | >0.4（23℃时）或 >0.6（−20℃时） | | ≤0.4（23℃时）或 ≤0.6（−20℃时） | |
| 定伸粘结性 | | 无破坏 | | | |

（2）聚氨酯建筑密封胶主要性能应符合表 7-28 的规定，检验方法应按现行行业标准《聚氨酯建筑密封胶》JC/T 482—2003 的相关规定执行。

（3）聚硫建筑密封胶主要性能应符合表 7-29 的规定，检验方法应按现行行业标准《聚硫建筑密封胶》JC/T 483—2006 的有关规定执行。

（4）丙烯酸酯建筑密封胶主要性能应符合表 7-30 的规定，检验方法应按现行行业标准《丙烯酸酯建筑密封胶》JC/T 484—2006 的有关规定执行。

聚氨酯建筑密封胶主要性能 　　表 7-28

| 项 目 | | 指　　标 | | |
|---|---|---|---|---|
| | | 20HM | 25LM | 20LM |
| 流 动 性 | 下垂度(N 型)(mm) | ≤3 | | |
| | 流平性(L 型) | 光滑平整 | | |
| 表干时间(h) | | ≤24 | | |
| 挤出性(mL/min) | | ≥80 | | |
| 适用期(h) | | ≥1 | | |
| 弹性恢复率(%) | | ≥70 | | |
| 拉伸模量(MPa) | | >0.4(23℃时)<br>或>0.6(-20℃时) | ≤0.4(23℃时)<br>或≤0.6(-20℃时) | |
| 定伸粘结性 | | 无 破 坏 | | |

注：1. 挤出性仅适用于单组分产品；

　　2. 适用期仅适用于多组分产品。

聚硫建筑密封胶主要性能 　　表 7-29

| 项 目 | | 指　　标 | | |
|---|---|---|---|---|
| | | 20HM | 25LM | 20LM |
| 流 动 性 | 下垂度（N 型）（mm） | ≤3 | | |
| | 流平性（L 型） | 光滑平整 | | |
| 表干时间（h） | | ≤24 | | |
| 拉伸模量（MPa） | | >0.4（23℃时）<br>或>0.6（-20℃时） | ≤0.4（23℃时）<br>或≤0.6（-20℃时） | |
| 适用期（h） | | ≥2 | | |
| 弹性恢复率（%） | | ≥70 | | |
| 定伸粘结性 | | 无 破 坏 | | |

丙烯酸酯建筑密封胶主要性能 　　表 7-30

| 项 目 | 指　　标 | | |
|---|---|---|---|
| | 12.5E | 12.5P | 7.5P |
| 下垂度（mm） | ≤3 | | |
| 表干时间（h） | ≤1 | | |
| 挤出性（mL/min） | ≥100 | | |
| 弹性恢复率（%） | ≥40 | 报告实测值 | |
| 定伸粘结性 | 无破坏 | — | |
| 低温柔性（℃） | -20 | -5 | |

（三）配套材料

（1）耐碱玻璃纤维网布主要性能应符合表 7-31 的规定，检验方法应按现行行业标准《耐碱玻璃纤维网布》JC/T 841—2001 的相关规定执行。

耐碱玻璃纤维网布主要性能 表 7-31

| 项　目 | 指　标 |
|---|---|
| 单位面积质量（g/m²） | ≥130 |
| 耐碱断裂强力（经、纬向）（N/50mm） | ≥900 |
| 耐碱断裂强力保留率（经、纬向）（%） | ≥75 |
| 断裂伸长率（经、纬向）（%） | ≤4.0 |

（2）界面处理剂主要性能应符合表 7-32 的规定，检验方法应按现行行业标准《混凝土界面处理剂》JC/T 907—2002 的有关规定执行。

界面处理剂主要性能 表 7-32

| 项　目 | | | 指　标 | |
|---|---|---|---|---|
| | | | Ⅰ 型 | Ⅱ 型 |
| 剪切粘结强度（MPa） | 7d | | ≥1.0 | ≥0.7 |
| | 14d | | ≥1.5 | ≥1.0 |
| 拉伸粘结强度（MPa） | 未处理 | 7d | ≥0.4 | ≥0.3 |
| | | 14d | ≥0.6 | ≥0.5 |
| | 浸水处理 | | ≥0.5 | ≥0.3 |
| | 热处理 | | | |
| | 冻融循环处理 | | | |
| | 碱处理 | | | |

（3）热镀锌电焊网主要性能应符合表 7-33 的规定，检验方法应按现行行业标准《镀锌电焊网》QB/T 3897—1999 的有关规定执行。

热镀锌电焊网主要性能 表 7-33

| 项　目 | 指　标 |
|---|---|
| 工艺 | 热镀锌电焊网 |
| 丝径（mm） | 0.90±0.04 |
| 网孔大小（mm） | 12.7×12.7 |
| 焊点抗拉力（N） | >65 |
| 镀锌层质量（g/m²） | ≥122 |

（4）密封胶粘带主要性能应符合表 7-34 的规定，检验方法应按现行行业标准《丁基橡胶防水密封胶粘带》JC/T 942—2004 的有关规定执行。

密封胶粘带主要性能 表 7-34

| 试 验 项 目 | | 指 标 |
| --- | --- | --- |
| 持粘性（min） | | ≥20 |
| 耐热性（80℃，2h） | | 无流淌、龟裂，变形 |
| 低温柔性（-40℃） | | 无裂纹 |
| 剪切状态下的粘合性（N/mm） | | ≥2.0 |
| 剥离强度（N/mm） | | ≥0.4 |
| 剥离强度保持率（%） | 热处理（80℃，168h） | ≥80 |
| | 碱处理（饱和氧氧化钙溶液，168h） | |
| | 浸水处理（168h） | |

注：剪切状态下的粘合性仅针对双画胶粘带。

### 四、外墙防水旁站监理要点

（1）建筑外墙的防水层应设置在迎水面。不同结构材料的交接处应采用每边不少于 150mm 的耐碱玻璃纤维网布或热镀锌电焊网作抗裂增强处理。外墙相关构造层之间应粘结牢固，并宜进行界面处理。界面处理材料的种类和做法应根据构造层材料确定，建筑外墙防水材料应根据工程所在地区的气候环境特点选用。

（2）防水材料进场时应抽样复验。每道工序完成后，应经检查合格后再进行下道工序的施工。外墙门框、窗框、伸出外墙管道、设备或预埋件等应在建筑外墙防水施工前安装完毕。

（3）外墙防水层的基层找平层应平整、坚实、牢固、干净，不得酥松、起砂、起皮。块材的勾缝应连续、平直、密实，无裂缝、空鼓。外墙防水工程完工后，应采取保护措施，不得损坏防水层。

（4）外墙防水工程严禁在雨天、雪天和五级风及其以上时施工，施工的环境气温宜为 5~35℃。施工时应采取安全防护措施。

（5）无外保温外墙防水工程施工要注意以下几点：

1）外墙结构表面的油污、浮浆应清除，孔洞、缝隙应堵塞抹平；不同结构材料交接处的增强处理材料应固定牢固；

2）外墙结构表面宜进行找平处理，外墙基层表面应清理干净后再进行界面处理，找平层砂浆的厚度超过 10mm 时，应分层压实、抹平；

3）窗台、窗楣和凸出墙面的腰线等部位上表面的排水坡度应准确，外口下沿的滴水线应连续、顺直；门框、窗框、伸出外墙管道、预埋件等与防水层交接处应留 8~10mm 宽的凹槽，并应进行密封处理；

4）砂浆防水层分格缝的留设位置和尺寸应符合设计要求，嵌填密封材料前，应将分

格缝清理干净,密封材料应嵌填密实;砂浆防水层转角宜抹成圆弧形,圆弧半径不应小于5mm,转角抹压应顺直;

5)砂浆防水层未达到硬化状态时,不得浇水养护或直接受雨水冲刷,聚合物水泥防水砂浆硬化后应采用干湿交替的养护方法;普通防水砂浆防水层应在终凝后进行保湿养护。养护期间不得受冻。

(6)外保温外墙防水工程施工要做到:防水层的基层表面应平整、干净,防水层与保温层应相容。

### 五、外墙防水监理验收

(一)外墙防水监理验收一般规定

(1)建筑外墙防水工程的质量应符合下列规定:

1)防水层不得有渗漏现象;

2)采用的材料应符合设计要求;

3)找平层应平整、坚固,不得有空鼓、酥松、起砂、起皮现象;

4)门窗洞口、伸出外墙管道、预埋件及收头等部位的防水构造,应符合设计要求;

5)砂浆防水层应坚固、平整,不得有空鼓、开裂、酥松、起砂、起皮现象;

6)涂膜防水层厚度应符合设计要求,无裂纹、皱褶、流淌、鼓泡和露胎体现象;

7)防水透气膜应铺设平整、固定牢固,不得有皱褶、翘边等现象;搭接宽度应符合要求,搭接缝和节点部位应密封严密。

(2)外墙防水材料应有产品合格证和出厂检验报告,材料的品种、规格、性能等应符合国家现行有关标准和设计要求;进场的防水材料应抽样复验;不合格的材料不得在工程中使用。

(3)外墙防水层完工后应进行检验验收。防水层渗漏检查应在雨后或持续淋水30min后进行。

(4)外墙防水应按照外墙面面积500~1 000m² 为一个检验批,不足500m² 时也应划分为一个检验批;每个检验批每100m² 应至少抽查一处,每处不得小于10m²,且不得少于3处;节点构造应全部进行检查。

(5)外墙防水材料现场抽样数量和复验项目应按表7-35的要求执行。

**外墙防水材料现场抽样数量和复验项目**　　　　表7-35

| 序号 | 材料名称 | 现场抽样数量 | 复验项目 | |
|---|---|---|---|---|
| | | | 外观质量 | 主要性能 |
| 1 | 普通防水砂浆 | 每10m³ 为一批,不足10m³ 按一批抽样 | 均匀,无凝结团状 | 应满足本节前文所列要求 |
| 2 | 聚合物水泥防水砂浆 | 每10t 为一批,不足10t 按一批抽样 | 包装完好无损,标明产品名称、规格、生产日期、生产厂家、产品有效期 | 应满足本节前文所列要求 |
| 3 | 防水涂料 | 每5t 为一批,不足50t 按一批抽样 | 包装完好无损,标明产品名称、规格、生产日期、生产厂家、产品有效期 | 应满足本节前文所列要求 |

续表

| 序号 | 材料名称 | 现场抽样数量 | 复验项目 | |
|---|---|---|---|---|
| | | | 外观质量 | 主要性能 |
| 4 | 防水透气膜 | 每3 000m² 为一批，不足3 000m² 按一批抽样 | 包装完好无损，标明产品名称、规格、生产日期、生产厂家、产品有效期 | 应满足本节前文所列要求 |
| 5 | 密封材料 | 每1t 为一批，不足1t 按一批抽样 | 均匀膏状物，无结皮、凝胶或不易分散的固体团状 | 应满足本节前文所列要求 |
| 6 | 耐碱玻璃纤维网布 | 每3 000m² 为一批，不足3 000m² 按一批抽样 | 均匀，无团状，平整，无褶皱 | 应满足本节前文所列要求 |
| 7 | 热镀锌电焊网 | 每3 000m² 为一批，不足3 000m² 按一批抽样 | 网面平整，网孔均匀，色泽基本均匀 | 应满足本节前文所列要求 |

（二）砂浆防水层监理验收

1. 主控项目

（1）砂浆防水层的原材料、配合比及性能指标，应符合设计要求。

检验方法：检查出厂合格证、质量检验报告、配合比试验报告和抽样复验报告。

（2）砂浆防水层不得有渗漏现象。

检验方法：雨后或持续淋水30min 后观察检查。

（3）砂浆防水层与基层之间及防水层各层之间应结合牢固，不得有空鼓。

检验方法：观察和用小锤轻击检查。

（4）砂浆防水层在门窗洞口、伸出外墙管道、预埋件、分格缝及收头等部位的节点做法，应符合设计要求。

检验方法：观察检查和检查隐蔽工程验收记录。

2. 一般项目

（1）砂浆防水层表面应密实、平整，不得有裂纹、起砂、麻面等缺陷。

检验方法：观察检查。

（2）砂浆防水层留茬位置应正确。接茬应按层次顺序操作，应做到层层搭接紧密。

检验方法：观察检查。

（3）砂浆防水层的平均厚度应符合设计要求，最小厚度不得小于设计值的80%。

检验方法：观察和尺量检查。

（三）涂膜防水层监理验收

1. 主控项目

（1）防水层所用防水涂料及配套材料应符合设计要求。

检验方法：检查出厂合格证、质量检验报告和抽样复验报告。

（2）涂膜防水层不得有渗漏现象。

检验方法：雨后或持续淋水30min 后观察检查。

（3）涂膜防水层在门窗洞口、伸出外墙管道、预埋件及收头等部位的节点做法，应符合设计要求。

检验方法：观察检查和检查隐蔽工程验收记录。

2. 一般项目

（1）涂膜防水层的平均厚度应符合设计要求，最小厚度不应小于设计值的80%。

检验方法：针测法或割取20mm×20mm实样用卡尺测量。

（2）涂膜防水层应与基层粘结牢固，表面平整，涂刷均匀，不得有流淌、皱褶、鼓泡、露胎体和翘边等缺陷。

检验方法：观察检查。

（四）防水透气膜防水层监理验收

1. 主控项目

（1）防水透气膜及其配套材料应符合设计要求。

检验方法：检查出厂合格证、质量检验报告和抽样复验报告。

（2）防水透气膜防水层不得有渗漏现象。

检验方法：雨后或持续淋水30min后观察检查。

（3）防水透气膜在门窗洞口、伸出外墙管道、预埋件及收头等部位的节点做法，应符合设计要求。

检验方法：观察检查和检查隐蔽工程验收记录。

2. 一般项目

（1）防水透气膜的铺贴应顺直，与基层应固定牢固，膜表面不得有皱褶、伤痕、破裂等缺陷。

检验方法：观察检查。

（2）防水透气膜的铺贴方向应正确，纵向搭接缝应错开，搭接宽度的负偏差不应大于10mm。

检验方法：观察和尺量检查。

（3）防水透气膜的搭接缝应粘结牢固，密封严密；收头应与基层粘结并固定牢固，缝口应封严，不得有翘边现象。

检验方法：观察检查。

# 第八章　钢结构基本材料与连接

钢结构材料的质量直接关系到钢结构的安全，是钢结构工程质量控制的基础。所以，监理工程师应该对钢结构常用材料的品种、牌号、机械性能及选用有所了解，以便在现场做好钢材的见证取样检验等工作。钢结构工程中常用的材料分主材和辅材，主材主要是钢材，包括钢板和型钢，辅材为连接材料和其他材料。钢的种类很多，性能差别很大，适用于钢结构的钢材只是其中的一小部分。用于钢结构的材料必须符合下列要求：足够的强度，较高的塑性、韧性及耐疲劳性能，且具有良好的工艺性能（包括冷加工、热加工和可焊性能）。本章主要介绍钢结构中常用的几种基本材料性能及检验方法。

## 第一节　钢结构基本材料与检验

### 一、建筑钢结构用钢分类

建筑结构钢的含义是指用于建筑工程金属结构的钢材。我国建筑钢结构所用的钢材可主要归纳为碳素结构钢、低合金钢两大类，其他细分能满足特殊要求的桥梁用结构钢、耐候钢、铸钢、高强钢等专用结构钢。

（一）碳素结构钢

碳素结构钢是最常用的建筑用钢，根据含碳量的多少划分钢号，一般把含碳量 <0.25% 的钢称为低碳钢，含碳量在 0.25%～0.6% 之间的称为中碳钢，含碳量 >0.6% 的称为高碳钢。

建筑钢结构主要使用低碳钢。

1. 普通碳素结构钢

按现行国家标准《碳素结构钢》GB/T 700—2006 规定，碳素钢分四种牌号，即 Q195、Q215、Q235 和 Q275，其牌号由代表屈服强度的拼音字母、屈服强度数值、质量等级符号、脱氧方法四个部分按顺序组成，Q 表示屈服强度"屈"的汉语拼音首位字母，A、B、C、D——分别为质量级别，F 表示沸腾钢"沸"字汉语拼音首位字母，GB/T 700—2006"脱氧方法"取消了半镇静钢，Z 表示镇静钢"镇"字汉语拼音首位字母，TZ 表示特殊镇静钢"特镇"字汉语拼音首位字母。在牌号组成表示方法中，"Z"、"TZ"可以省略。例如 Q235AF 表示屈服强度为 235N/mm² 质量等级为 A 级的沸腾钢。不同牌号、不同等级的钢材对化学成分和力学性能指标要求不同。

2. 优质碳素结构钢

优质碳素结构钢是以满足不同的加工要求，而赋予相应性能的碳素钢，价格较贵，一般不用于建筑钢结构，一定条件下发生少量规格采购困难而作替代材料代用。

（二）低合金高强度结构钢

低合金高强度结构钢是在碳素钢冶炼过程中，加入一定量的合金元素，总量不超过5%，以提高钢材性能，使钢结构构件的强度、刚度、稳定控制指标能有充分发挥，尤其在大跨度、重负载结构中优点更为突出，一般可比碳素结构钢节约20%左右的用钢量。

根据国家标准《低合金高强度结构钢》GB/T 1591—2008 中规定，低合金高强度结构钢的牌号表示方法与碳素结构钢一致，即由代表屈服强度的汉语拼音字母 Q、屈服强度数值、质量等级（A、B、C、D、E）符号三个部分按顺序排列表示。钢的牌号共有 Q345、Q390、Q420、Q460、Q500、Q550、Q620、Q690 八种。

（三）耐候结构钢

耐候结构钢是在钢的冶炼过程中，加入少量特定的合金元素，一般指 Cu、P、Cr、Ni等，使钢材在金属基体表面形成保护层，以提高钢材耐大气腐蚀的性能。

我国现行生产的耐候结构钢分为高耐候结构钢和焊接结构用耐候钢两类。

根据国家标准《耐候结构钢》GB/T 4171—2008 规定，耐候结构钢的牌号由"屈服强度"、"高耐候"或"耐候"的汉语拼音首位字母"Q"、"GNH"或"NH"、屈服强度的下限值以及质量等级（A、B、C、D、E）组成（例：Q355GNHC）。

现行国标《耐候结构钢》GB/T 4171—2008 已对《高耐候结构钢》GB/T 4171—2000、《焊接结构用耐候钢》GB/T 4172—2000 和《集装箱用耐腐蚀钢板及钢带》GB/T 18982—2003 进行了整合修订。

（四）铸钢

建筑钢结构，尤其在大跨度空间结构的情况下，常常需要使用铸钢件的支座和铰节点，按设计规范要求，铸钢材质应符合国家标准《一般工程用铸造碳钢件》GB/T 11352—2009，标准规定了 ZG200—400、ZG230—450、ZG270—500、ZG310—570、ZG340—640 五个牌号。

另外，国标《焊接结构用铸钢件》GB/T 7659—2010 规定了 ZG200—400H、ZG230—450H、ZG270—480H、ZG300—500H、ZG340—550H 五个牌号的焊接结构用铸钢件。

**二、结构钢材品种和规格**

建筑结构使用的钢材主要有热轧钢板和型钢以及冷弯成型的薄壁型钢和压型钢板。

（一）钢板和钢带

建筑钢结构使用的钢板（钢带）按轧制方法有冷轧板和热轧板之分。热轧钢板是建筑钢结构应用最多的钢材之一。有关钢板和钢带的不同，在于成品形状；钢板是指平板状、矩形的，可直接轧制或由宽钢带剪切而成的板材；而钢带是指成卷交货，宽度大于或等于600mm 的宽钢带（宽度小于600mm 的称为窄钢带）。按板厚划分为薄板、厚板、特厚板。划分界限为 4mm 以下为薄钢板，4～60mm 为厚钢板，厚度大于 60mm 的称为特厚板。其规格用符号"—"和"宽度×厚度"或"宽度×长度×厚度"的毫米数表示。如"—300×10"表示宽度为300mm、厚度为10mm 的钢板。

（二）热轧型钢

常用的热轧型钢有角钢、工字钢、槽钢、L 形钢和 H 形钢。国家标准《热轧型钢》GB/T 706—2008 对热轧等边角钢、不等边角钢、工字钢、槽钢、L 形钢的外形尺寸、规格、重量及允许偏差、技术要求作出了规定。

角钢分等边角钢和不等边角钢，等边角钢的牌号用符号"∟"和"肢宽×肢厚"的毫米数表示，不等边角钢的牌号用符号"∟"和"长肢宽×短肢宽×肢厚"的毫米数表示。工字钢有普通工字钢和轻型工字钢之分，其牌号分别用符号"I"和"QI"及截面高度的厘米数表示。槽钢也分为普通槽钢和轻型槽钢两种，分别用符号"［"和"Q［"及截面高度的厘米数表示。H 型钢与工字钢的区别有几个方面，首先是翼缘宽，故早期有宽翼缘工字钢之说；其次翼缘内表面不需要有斜度、上下表面平行；从材料分布形式来看，工字钢截面中材料主要集中在腹板左右，愈向两面三刀侧延伸，钢材愈少，而轧制 H 型钢中，材料分布在翼缘部分，正因为如此，H 型钢的截面特性明显优于传统的工、槽、角钢及它们的组合截面，使用 H 型钢有较好的经济效果。

《热轧 H 型钢和剖分 T 型钢》GB/T 11263—2010 将 H 型钢分四类：宽翼缘 H 型钢代号为 HW、中翼缘 H 型钢代号为 HM、窄翼缘 H 型钢代号为 HN、薄壁 H 型钢代号为 HT；同样，剖分 T 型钢分为 TW、TM 和 TN 三类。H 型钢和剖分 T 型钢的标记方式分别采用"H"和"T"及"高度 $H$（$h$）×宽度 $B$×腹板厚度 $t_1$×翼缘厚度 $t_2$"的毫米数表示。

（三）冷弯型钢

建筑中使用的冷弯型钢常用厚度为 1.5～5mm 薄钢板或钢带经冷轧（弯）或模压而成，故也称为冷弯薄壁型钢，其截面形式有等边角钢、卷边等边角钢、Z 型钢、卷边 Z 型钢、槽钢、卷边槽钢等开口截面以及方形、矩形闭口截面。方钢管结构是近年来在国内外发展迅速的一种新型钢结构，以其外形线条简洁、流畅，连接构造方便而在大跨度钢结构中占有不容忽视的地位。

（四）压型钢板

压型钢板是冷弯型钢的另一种形式，它是用厚度为 0.4～2mm 的钢板、镀锌钢板、彩色涂层钢板经冷轧（压）而成的各种波形板。

建筑用压型钢板一般采用彩色有机涂层的钢板、钢带，简称彩色钢板。

压型钢板型号由压型代号、用途代号、板型特征代号组成，压型代号为字母"Y"，用途代号屋面板为字母"W"、墙面板为字母"Q"、楼盖板为字母"L"，板型特征代号为"波高尺寸—覆盖宽度"的毫米数表示，如 YW51—760 表示波高 51mm、覆盖宽度 760mm 的屋面用压型钢板。

### 三、钢材性能检验

钢材复验分为化学分析和力学性能试验两部分。

（一）钢材化学成分分析

钢材的化学成分分析有熔炼分析和成品分析，复验属于成品分析，试样取样应按《钢和铁　化学成分测定用试样的取样和制样方法》GB/T 20066—2006 的规定制取，制取必须在钢材具有代表性的部位，均匀一致，能代表每一批钢材的化学成分，并应具有足够的数量，一般不少于 100g。样屑可以刨取或钻取，并应粉碎并混合均匀。制取样屑时不能用水、油或其他润滑剂，并应去除表面氧化铁皮、杂物、涂（镀）层。

分析结果应符合国家标准《钢的成品化学成分允许偏差》GB/T 222—2006 的规定。

（二）钢材力学性能试验

1. 钢材机械性能

钢材的机械性能是钢材在各种作用下反映的各种特性，它包括强度、塑性、韧性等方面，须由试验测定。

（1）屈服强度（屈服点）

钢材屈服强度试验一般在拉伸试验机上进行。通常把在试验机上试验时出现塑性流动时，单位截面上的最低作用荷载称为屈服强度或屈服点。当构件受到的应力达到屈服强度时，钢材因屈服而产生很大的残余变形，使构件失去使用价值，因此屈服强度是衡量钢材承载能力的重要指标，也是确定钢结构强度设计值的依据。

（2）抗拉强度

钢材抗拉强度是衡量钢材经过巨量变形后的抗拉能力。在实际构件中是不允许达到的，构件应力达到抗拉强度时就认为构件失效，当应力大于抗拉强度时则不但失效而且破坏，后果甚为严重。故抗拉强度与屈服强度的比值大小可以看作是衡量钢材强度储备的一个系数。

（3）塑性

钢材受力屈服后，能产生显著的残余变形（塑性变形）而不立即断裂的性质称为塑性。衡量钢材塑性好坏的主要指标是伸长率和断面收缩率。钢材的塑性实际上是钢材受巨量变形时抵抗断裂的能力。因此，建筑结构选用的钢材无论是在静载或动载作用下还是在加工过程中对塑性都有严格的要求和控制指标。

（4）冷弯性能

钢材的冷弯试验是衡量钢材质量的一个综合性指标。它是指钢材在冷加工产生塑性变形时，对产生裂缝的抵抗能力。试验以通过冷弯冲头对试件加压弯曲到一定角度不出现裂纹、断层或分层等为合格标准。通过冷弯试验可以检验钢材是否适合于结构件在制作和安装中的冷加工工艺过程，同时其可检验钢材颗粒组织、结晶情况和非金属杂物分布等缺陷，在一定程度上也是鉴定焊接性能的一个指标。

（5）冲击韧性

冲击韧性指钢材在塑性变形和断裂过程中抵抗冲击荷载的能力。冲击韧性试验是在冲击试验机上进行，钢材的韧性值大小与试验温度、轧制方向等有密切关系。

2. 钢材力学性能试验

钢材的力学性能试验包括拉伸试验、夏比摆锤冲击试验和弯曲试验，试验的试样应按国家标准《钢及钢产品 力学性能试验取样位置及试样制备》GB/T 2975—1998 的规定制取。取样应在样坯外观及尺寸合格的钢材上切取，切取时应防止因受热加工硬化剂变形而影响其力学及工艺性能；用烧割法切取时，必须留有足够的加工余量，一般不小于钢材的厚度，也不得少于20mm。

钢材力学性能试验的试样及方法应符合国家标准《金属材料 拉伸试验 第1部分：室温试验方法》GB/T 228.1—2010、《金属材料 夏比摆锤冲击试验方法》GB/T 229—2007、《金属材料 弯曲试验方法》GB/T 232—2010 的规定。

**四、钢材质量验收和见证取样**

（一）钢材检验方法

钢材的质量检验方法有书面检验、外观检验、理化检验和无损检验等四种。

（1）书面检验：通过对提供的材料质量保证资料、试验报告等进行审核，取得认可后方能使用。

（2）外观检验：对材料从品种、规格、标志、外形尺寸等进行直观检查，看其有无质量问题。

（3）理化检验：借助试验设备和仪器对材料样品的化学成分、机械性能等进行科学的鉴定。

（4）无损检验：在不破坏材料样品的前提下，利用超声波、X射线、表面探伤仪等进行检测。

钢材的质量检验项次要求如表8-1所示。

材料的检验项目                                    表8-1

| 序 号 | 材料名称 | 书面检验 | 外观检验 | 理化检验 | 无损检验 |
|---|---|---|---|---|---|
| 1 | 钢板 | 必须 | 必须 | 必要时 | 必要时 |
| 2 | 型钢 | 必须 | 必须 | 必要时 | 必要时 |

（二）钢材质量检验程度

根据钢材信息和保证资料的具体情况，其质量检验程度分免检、抽检和全部检查三种。

（1）免检：免去质量检验过程。对有足够质量保证的一般材料，以及实践证明质量长期稳定、且质量保证资料齐全的材料，可予免检。

（2）抽检：按随机抽样的方法对材料进行抽样检验。当对材料的性能不清楚，或对质量保证有怀疑，或对成批生产的构配件，均应按一定比例进行抽样检验。

（3）全检：凡对进口的材料、设备和重要工程部位的材料，以及贵重的材料，应进行全部检验，以确保材料和工程质量。

（三）钢材主控项目检查验收

（1）钢结构所用的钢材品种、规格、性能等应符合现行国家产品标准和设计要求。进口钢材产品的质量应符合设计和合同规定的标准要求。所有钢材进场后，监理工程师首先要进行书面检查。

检查数量：全数检查。

检验方法：主要检查钢材质量合格证明书、中文标志及检验报告等。不论钢材的品种、规格、性能如何都要求三证齐全。为防止假冒伪劣钢材进行钢结构市场，在进行书面检查时，监理工程师一定要注意仔细辨别钢材质量合格证明、中文标志及检验报告的真伪，最好要求厂家提供书面资料原件，并加盖生产厂家及销售单位的公章。质量证明书应注明供方名称、需方名称、合同号、品种名称、标准号、规格、级别（如有必要）、牌号及能够追踪从钢材到冶炼的识别号码、交货状态（如有必要）、质量件数、供方有关部门的印记或签字、发货日期或生产日期、相关标准规定的认证标记等。

（2）对属于下列情况之一的钢材，应进行抽样复验，其复验结果应符合国家产品标准和设计要求：

1）国外进口钢材；

2）钢材混批；

3）板厚等于或大于40mm，且设计有 Z 向性能要求的厚板；

4）建筑结构安全等级为一级，大跨度钢结构中主要受力构件所采用的钢材；

5）设计有复检要求的钢材；

6）业主或监理工程师对质量有疑义时，或当合同有特殊要求需作跟踪追溯的材料。

检查数量：全数检查。

检验方法：检查复验报告。

根据原建设部文件《关于印发＜房屋建筑工程和市政基础设施工程实行见证取样和送检的规定＞的通知》（建建［2000］211号），为保证工程质量，房屋建筑工程和市政基础设施工程中涉及结构安全的试块、试件和材料实行见证取样和送检制度。施工企业取样人员在现场进行原材料和试样取样时，项目监理单位中的材料取样见证员一定要在现场见证监督施工单位取样，见证人员应对试样进行封样、监护，并和施工单位取样人员一起将试样送至有相应检测资质的检测单位。检测单位在对试样进行理化检验后，应在检测报告上加盖"有取样见证检测"印章。所有对于上述情况的钢材，监理单位必须做好取样见证工作，不仅要全数检查试样复验报告中各项具体物理力学指标是否达到国家标准要求及复检结论意见，而且要特别注意检测单位是否在复检报告上加盖"有取样见证检测"印章。

常用钢材试样（化学成分和力学性能）取样要求与数量见表8-2所示。

**常用钢材试样取样要求** 表8-2

| 检 验 项 目 | 化学成分 | 拉伸试验 | 弯曲试验 | 冲击试验 | 时效冲击 | 表 面 | 厚度方向性能 | 超声波探伤 |
|---|---|---|---|---|---|---|---|---|
| 碳素结构钢 GB/T 700—2006 | 1/每炉罐号 | 1/批 | 1/批 | 3/批 | — | — | — | — |
| 优质碳素结构钢 GB/T 699—1999 | 1/每炉罐号 | 2/批 | — | 2/批 | — | 逐根 | — | 逐根 |
| 低合金高强度结构钢 GB/T 1591—2008 | 1/每炉罐号 | 1/批 | 1/批 | 3/批 | — | 逐张 | 3/批 | — |
| 耐候结构钢 GB/T 4171—2008 | 1/每炉罐号 | 1/批 | 1/批 | 3/批 | 1/批 | — | — | — |
| 桥梁用结构钢 GB/T 714—2008 | 1/每炉罐号 | 1/批 | 1/批 | 3/批 | 2/批 | 逐张 | 3/批 | — |
| 高层建筑结构用钢板 YB 4104—2000 | 1/每炉罐号 | 1/批 | 1/批 | 3/批 | — | — | 3/批 | 逐张 |

注：批的组成：每批应由同一牌号、同一质量等级、同一炉罐号、同一规格、同一轧制制度或同一热处理制度的钢材组成，每批质量不大于60t（Q235、Q345 且板厚小于40mm 的钢板，每批质量不大于150t）。碳素结构钢、低合金高强度结构钢同一冶炼浇注和脱氧方法、不同炉号、同一牌号的A级或B级钢，允许组成混合批，且各炉号C含量之差不得大于0.02%，Mn含量之差不得大于0.15%。

**（四）钢材一般项目检查验收**

钢材进场后，除了要进行主控项目的检查之外，还要进行一般项目的检查，一般项目的检查主要采用外观检查和用量具量测的方法来检查。钢材的一般项目检查主要有下面三项内容。

1. 钢板厚度及允许偏差检查

钢板的厚度及截面尺寸偏差直接影响结构的承载能力、整体稳定性和局部稳定性，直接关系结构的安全度和可靠性，监理工程师必须对钢板截面尺寸的检查高度重视。设计文件对构件所用的钢板厚度有明确要求，国家钢结构有关规范对钢板的厚度允许偏差也有明确规定，钢结构所用的钢板厚度和允许偏差都有要满足设计文件和国家标准的要求。

检查数量：每一品种、规格的钢板随机抽查 5 处。

检验方法：用游标卡尺进行量测。

2. 型钢规格尺寸及允许偏差检查

型钢的截面尺寸及允许偏差均要满足设计文件要求和国家标准规定。

检查数量：每一品种、规格的型钢随机抽查 5 处。

检验方法：用钢尺和游标卡尺量测。

3. 钢材表面外观质量检查

钢材的表面外观质量除应符合国家现行有关标准的规定外，还应符合下列规定：

（1）当钢材的表面有锈蚀、麻点或划痕等缺陷时，其深度不得大于该钢材厚度负允许偏差值的 1/2。

（2）钢材表面的锈蚀等级应符合现行国家标准《涂覆涂料前钢材表面处理 表面清洁度的目视评定 第 1 部分：未涂覆过的钢材表面和全面清除原有涂层后的钢材表面的锈蚀等级和处理等级》GB/T 8923.1—2001 规定的 C 级及 C 级以上。

按 GB/T 8923.1—2001 的规定，锈蚀等级分 A、B、C、D 四级，A：全面地覆盖着氧化皮而几乎没有铁锈的钢材表面；B：已发生锈蚀，并且部分氧化皮已经剥落的钢材表面；C：氧化皮已因锈蚀而剥落，或者可以刮除，并且有少量点蚀的钢材表面；D：氧化皮已因锈蚀而全面剥离，并且已普遍发生点蚀的钢材表面。

（3）钢材端边或断口处不应有分层、夹渣等缺陷。

检查数量：全数检查。

检验方法：用小锤敲击，观察检查。

## 第二节　钢结构焊接工程

焊缝连接是现代钢结构的最主要连接方法。其优点是构造简单，任何形式的构件都可直接相连；用料经济，不削弱截面；制作加工方便，可实现自动化操作；连接的密封性好，结构刚度大。其缺点是在焊缝附近的热影响区内，钢材的金相组织发生改变，导致局部材质变脆；焊接过程中产生的残余应力和残余变形使受压构件承载力降低；焊接结构对裂纹很敏感，局部一旦产生裂纹，就容易扩展到整体，低温冷脆问题较为突出。

### 一、焊接材料

#### （一）手工电弧焊焊条

手工电弧焊是用焊条作为一个电极，一方面起传导电流和引熄电弧的作用，另一方面作为填充金属与熔化母材形成的焊缝。焊条的种类较多，常用的有结构焊条、低温钢焊条、不锈钢焊条、铸铁焊条、铜及铜合金焊条、铝及铝合金焊条等。

1. 焊条组成

焊条一般由焊芯和药皮组成，药芯焊条则是由药芯和焊皮组成。

（1）焊芯　也称焊丝，在焊接各种钢材时，可选用相应的焊丝作为焊芯。焊接低碳钢和低合金高强度钢时，一般选用低碳钢钢丝作为焊芯。

（2）焊条药皮　焊接时由焊条药皮形成的气体和熔渣覆盖熔池，起到保护电弧使其稳定并隔绝空气中的氧、氮等有害气体与液体金属的作用。根据药皮组成不同可以分为钛铁矿型、氧化钛型、氧化铁型、纤维素型、低氢型等。

（3）焊剂　焊剂和焊丝都是埋弧焊和电渣焊焊接时使用的焊接材料。焊丝的作用相当于焊条芯，焊剂的作用相当于焊条药皮，在焊接过程中，焊剂除隔离空气，保护焊接金属免受空气侵害之外，对焊接金属还有和焊条药皮类似的一系列冶金作用。

2. 手工电弧焊焊条型号表示方法

国家标准 GB/T 5117—1995 规定低碳钢焊条的型号表示为 "E $*_1 *_2 *_3 *_4 *_5$"。

字母 "E" 表示焊条；"$*_1 *_2$" 表示熔敷金属抗拉强度的最小值；"$*_3$" 表示焊条的焊接位置，"0" 及 "1" 表示适用于全位置焊接（平、立、仰、横），"2" 表示焊条适用于平焊和平角焊，"4" 表示焊条适用于向下立焊；"$*_3 *_4$" 数字组合时表示焊接电流种类及药皮类型；"$*_5$" 为附加位，"R" 表示耐吸潮焊条，"M" 表示耐吸潮和力学性能有特殊规定的焊条，"-1" 表示冲击性能有特殊规定的焊条。

3. 手工电弧焊焊条外观质量要求

焊条直径的极限偏差为 ±0.05。焊条直径不大于 2.5mm，偏心度不应大于 7%；焊条直径为 3.2 mm 和 4.0mm，偏心度不应大于 5%；焊条直径不小于 5.0mm，偏心度不应大于 4%。

（二）埋弧焊用焊剂与焊丝

1. 埋弧焊用碳钢焊丝和焊剂（GB/T 5293—1999）

焊丝-焊剂组合的型号表示为 "F $*_1 *_2 *_3$—H$***$"。

字母 "F" 表示焊剂；"$*_1$" 表示焊丝-焊剂组合的熔敷金属抗拉强度的最小值；"$*_2$" 表示试件的热处理状态，为 "A" 表示焊态，为 "P" 表示焊后热处理状态；"$*_3$" 表示熔敷金属冲击吸收功不小于 27J 时的最低试验温度；"—H$***$" 表示焊丝牌号，按 GB/T 14957—1994 规定。

"$*_1$" 为 "4" 表示为抗拉强度 415～550MPa，屈服强度 ≥330MPa，伸长率 ≥22%，为 "5" 表示抗拉强度 480～650MPa，屈服强度 ≥400MPa，伸长率 ≥22%。

"$*_3$" 为 "0、2、3、4、5、6" 分别表示最低试验温度为 0℃、-20℃、-30℃、-40℃、-50℃、-60℃。

2. 埋弧焊用低合金焊丝和焊剂（GB/T 12470—2003）

低合金焊丝-焊剂组合的表示为 "F $*_1 *_2 *_3 *_4$—H$***$"。字母 "F" 表示焊剂；"$*_1 *_2$" 表示焊丝-焊剂组合的熔敷金属抗拉强度的最小值；"$*_3$" 表示试件的热处理状态，为 "A" 表示焊态，为 "P" 表示焊后热处理状态；"$*_4$" 表示熔敷金属冲击吸收功不小于 27J 时的最低试验温度；"—H$***$" 表示焊丝牌号，按 GB/T 14957—1994 和 GB/T 3429—2002 规定。

3. 焊剂和焊丝质量要求

（1）焊剂的硫含量不大于 0.060%，磷含量不大于 0.080%。

（2）焊剂的含水量不大于 0.10%，机械夹杂物不大于 0.30%。

（3）焊丝的不圆度不大于直径公差的 1/2，精度应符合表 8-3 要求。

焊丝的精度 表 8-3

| 公 称 直 径（mm） | 极 限 偏 差（mm） | |
| --- | --- | --- |
| | 普通精度 | 较高精度 |
| 1.6，2.0，2.5，3.0 | -0.10 | -0.06 |
| 3.2，4.0，5.0，6.0，6.4 | -0.12 | -0.08 |

注：根据供需双方协议，也可生产使用其他尺寸的焊丝。

（三）$CO_2$ 气体保护焊及自保护焊材料

1. 实芯焊丝

$CO_2$ 气体保护焊的电弧及熔池处于氧化性气氛中，使用的焊丝必须考虑加入脱氧成分硅并补充母材中锰、硅的损失。根据国家标准《气体保护电弧焊用碳钢、低合金钢焊丝》GB/T 8110—2008，焊丝型号标识为"ER $*_1*_2$—$*_3*_4$—H$*_5$"，字母"ER"表示焊丝，"$*_1*_2$"表示焊丝熔敷金属的最低抗拉强度，"$*_3*_4$"表示焊丝化学成分代号，"H$*_5$"表示熔敷金属扩散氢含量的控制值。

焊丝按化学成分分为碳钢、碳钼钢、铬钼钢、镍钢、锰钼钢和其他低合金钢等六类。

2. 药芯焊丝

亦称粉芯焊丝，即在空心焊丝中填充焊剂而焊丝外表并无药皮。

药芯焊丝通过填充的焊剂及金属粉末，参与熔池的冶金反应过程，提高焊缝的力学性能、熔敷率和焊接操作性能。芯内焊剂材料包括各种矿物质、铁合金和铁粉等与药皮焊条一样起到造气剂、稳弧剂、造渣剂及还原剂作用的物质。

现行药芯焊丝国家标准为《碳钢药芯焊丝》GB/T 10045—2001 和《低合金钢药芯焊丝》GB/T 17493—2008。

（四）焊钉与瓷环

栓焊又称螺柱焊，是在栓钉与母材之间通过电流，局部加热熔化栓钉端头和局部母材，并同时施加压力挤出液态金属，使栓钉整个截面与母材形成牢固结合的焊接方法，瓷环保护罩的作用是集中电焊热量，隔离外部空气，保护电弧和熔化金属免受氮、氧的侵入。

栓焊技术在钢结构制造与安装中，主要用于钢柱、梁宇外浇混凝土以及钢-混凝土组合楼板中的剪力件。

焊钉和瓷环的规格和质量要求应满足国家标准《电弧螺柱焊用圆柱头焊钉》GB/T 10433—2002 的规定。

（五）焊接材料进场检验

1. 主控项目

（1）焊接材料的品种、规格、性能等应符合现行国家产品标准和设计要求。

检查数量：全数检查。

检验方法：检查焊接材料的质量合格证明文件、中文标志及检验报告等。要重点检查焊接材料的品种、型号和性能是否与被焊件的性能相一致，严禁使用与焊件性能不一致的焊条去施焊。焊接材料的品种、规格、性能等的检验是《钢结构工程施工质量验收规范》GB 50205—2001 的强制性条文，质量检查时一定严格遵守和检查。

（2）对于重要钢结构所采用的焊接材料则应现场取样进行复验，复验结果应符合现行国家产品标准和设计要求。监理单位要做好取样见证工作，确保所取试样的代表性和复验结果的真实性。复验时焊丝宜按五个批次取一组试验，焊条宜按三个批取一组试验。

检查数量：全数检查。

检验方法：监理工程师要检查所有样品的复验报告，复验报告只有加盖"有取样见证检测"方有效。

2．一般项目

（1）焊钉及焊接瓷环的规格、尺寸及偏差应符合现行国家标准《电弧螺柱焊用圆柱头焊钉》GB/T 10433—2002 的规定。

检查数量：按量抽查1%，且不应少于10套。

检验方法：用钢尺和游标卡尺量测。

（2）焊条进场后，要对焊条进行外观检查，焊条外观不应有药皮脱落、焊芯生锈等缺陷，焊剂不应受潮结块。监理工程师要督促施工单位做好焊接材料的管理，防止和减少焊接材料受潮。焊条受潮后不仅影响焊接质量，而且容易造成焊条变质（如焊芯生锈及药皮酥松脱落），焊条在使用前必须进行烘焙。

检查数量：按量抽查1%，且不应少于10包。

检验方法：观察检查。

## 二、焊接方法及焊接工艺

（一）焊接方法及焊接作业流程

1．焊接方法

焊接方法很多，有熔化焊接、压力焊接和钎焊等。建筑钢结构一般采用电弧焊，它设备简单，易于操作，且焊缝质量可靠。按其自动化程度可分为手工电弧焊、自动或半自动埋弧焊及气体保护焊。

2．焊接作业流程

一般焊接作业流程如图8-1所示。

（二）焊接工艺通用规定

1．焊接接头坡口形状和尺寸

对焊接接头坡口形状和尺寸的基本要求是能保证得到致密的焊缝。为此坡口应有足够角度，便于电极与坡口面之间形成足够角度，以避免未熔合和夹渣；坡口间隙应足够大，以使电极电弧能达到坡口底部，避免焊透深度不足。然而现代大型建筑钢结构的焊接还要求坡口角度和间隙尽可能减小，以控制焊接应力和变形。此外，由于建筑钢结构的体形和连接节点较复杂，工地安装焊接节点数量很大，为避免仰焊位置施焊或由于反面无法施焊，一般较多采用单面焊部分焊透或带钢垫板单面焊全焊透焊接坡口。

2．焊接材料保管与烘干

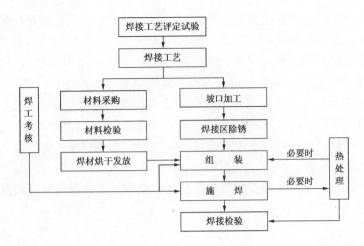

图 8-1　建筑钢结构常用焊接方法

焊条、焊剂用前应用专用设备烘干并设专人负责。烘干温度及时间符合使用说明书的规定。焊条烘干后应放在 100～120℃ 的高温箱内保存以备领用。焊条发放、回收均需有记录，当班使用的焊条领取时应立即置于保温筒中随用随取，尽量当班用完。低氢型焊条暴露于空气中允许时间为 4h，对当班用剩和置于空气中的焊条及焊剂，回收后需重新烘干方可使用。焊条重复烘干次数不应超过 1 次，已经受潮或生锈的焊条不得再使用。

3. 接头区钢材要求

应用钢丝刷、砂轮等工具彻底清除待焊处表面的氧化皮、锈迹、油污。焊接坡口边缘上钢材的夹层缺陷长度超过 25mm 时，应探查其深度，如深度不大于 6mm，应铲或刨除缺陷；如深度大于 6mm，应刨除后焊接填满；缺陷深度大于 25mm 时，应用超声波测定其尺寸，当其面积或聚集缺陷总面积不超过被切割钢材总面积的 4% 时为合格，否则该板不宜使用。如板材内部的夹层缺陷尺寸不超过上述规定，位置离母材坡口表面距离不小于 25mm 时不需要修理，如该距离小于 25mm 时，则应进行修补。

4. 焊接坡口加工要求

焊接坡口可用火焰切割或机械加工。火焰切割时，切面上不得有裂纹，并不宜有大于 1.0mm 的缺棱。当缺棱为 1～3mm 时，应修磨平整；当缺棱超过 3mm 时则应用直径不超过 3.2mm 的低氢型焊条补焊，并修磨平整。用机械加工坡口时，加工表面不应有台阶。

5. 焊接接头组装精度要求

施焊前，焊工应检查焊接部位的组装质量，如不符合要求，应割磨补焊修整合格后方能施焊。坡口间隙超过公差规定时，可在坡口单侧或两侧堆焊、修磨后使其符合要求，但如坡口间隙超过较薄板厚度 2 倍、或大于 20mm 时，不应用堆焊方法增加构件长度和减小间隙。搭接及角接接头间隙超出允许值时，在施焊时应比设计要求增加焊脚尺寸。但角接接头间隙超过 5mm 时应事先在板端堆焊或在间隙内堆焊填补并修磨平整合格后施焊。禁止在过大的间隙中堵塞焊条头、铁块等物，仅在表面覆盖焊缝的做法。

6. 定位焊

定位焊必须由持焊工合格证的工人施焊。定位焊缝与正式焊缝应具有相同的焊接工艺和焊接质量要求。定位焊缝厚度不应小于 3mm，不宜超过设计焊缝厚度的 $\frac{2}{3}$，定位焊缝长度不宜小于 40mm 和接头中较薄部件厚度的 4 倍，间距宜为 300～600mm，并应填满弧坑。定位焊预热温度宜高于正式施焊预热温度 20～50℃。如发现定位焊缝上有气孔或裂纹，必须清除干净后重焊。

7. 引弧板和引出板规定

T 形接头、十字形接头、角接接头和对接接头主焊缝两端，必须配置引弧板和引出板，而不应在焊缝以外的母材上打火、引弧。引弧板、引出板材质和坡口形式应与被焊工件相同，禁止随意用其他铁块充当引弧板、引出板。焊接完成后，应用气割切除引弧板和引出板并修磨平整，不得用锤击落。

8. 厚板多层焊

厚板多层焊应连续施焊，每一层焊道焊完后应及时清理焊渣及表面飞溅物，在检查时如发现影响焊接质量的缺陷，应清除后再焊。在连续焊接过程中应检测焊接区母材温度，使层间最低温度与预热温度保持一致，层间最高温度符合工艺指导书要求。遇有不测情况而不得不中断施焊时，应采取适当的后热、保温措施，再焊时应重新预热并根据节点及板厚情况适当提高预热温度。

9. 焊接预热、后热

（1）焊前预热

不同的钢材、板厚、节点形式、拘束度、扩散氢含量、焊接热输入条件下有不同的焊前预热要求。对于屈服强度等级超过 345MPa 的钢材，其预热、层间温度应按钢厂提供的指导参数，或由施工企业通过焊接性试验和焊接工艺评定加以确定。焊前预热及层间温度的检测和控制，工厂焊接时宜用电加热板、大号气焊、割枪或专用喷枪加热；工地安装焊接宜用火焰加热器加热。测温器具应采用表面测温仪。预热时的加热区域应在焊接坡口两侧，宽度应为焊件施焊处厚度的 1.5 倍以上，且不应小于 100mm。测温时间应在火焰加热器移开以后。测温点应在离电弧经过前的焊接点处各方向至少 75mm 处。必要时应在焊件反面测温。

（2）焊后消氢处理

1）焊后消氢处理应在焊缝完成后立即进行。

2）消氢热处理加热温度应达到 250～350℃，在此温度下保温时间依据构件板厚而定，应为每 25mm 板厚不小于 0.5h，且总保温时间不得小于 1h。然后使之缓冷至常温。

3）消氢热处理加热方法及测温方法与预热相同。

4）调质钢的预热温度、层间温度控制范围应按钢厂提供的指导性参数进行，并应优先采用控制扩散氢含量的方法来防止延迟裂纹产生。

5）对于屈服强度等级高于 345MPa 的钢材，应通过焊接性试验确定焊后消氢处理的要求和相应的加热条件。

（三）焊接工艺评定

1. 焊接工艺评定一般规定

（1）以下情况之一者，应在钢结构构件制作及安装施工之前进行焊接工艺评定：

1）国内首次应用于钢结构工程的钢材（包括钢材牌号与标准相符但微合金强化元素

的类别不同和供货状态不同，或国外钢号国内生产）；

2）国内首次应用于钢结构工程的焊接材料；

3）设计规定的钢材类别、焊接材料、焊接方法、接头形式、焊接位置、焊后热处理制度以及施工单位所采用的焊接工艺参数、预热后热措施等各种参数的组合条件为施工单位首次采用。

（2）焊接工艺评定应由结构制作、安装单位根据所承担钢结构的设计节点形式、钢材类型、规格、采用的焊接方法、焊接位置等，制定焊接工艺评定方案，拟定相应的焊接工艺评定指导书，按《钢结构焊接规范》GB 50661—2011 的规定施焊试件、切取试样并由具有国家技术质量监督部门认证资质的检测单位进行检测试验。

（3）焊接工艺评定的施焊参数，包括焊接热输入、预热、后热制度等应根据被焊材料的焊接性制订。

（4）焊接工艺评定所用设备、仪表的性能应与实际工程施工焊接相一致并处于正常工作状态。焊接工艺评定所用的钢材、栓钉、焊接材料必须与实际工程所用材料一致并符合相应标准要求，具有生产厂家出具的质量证明文件。

（5）焊接工艺评定试件应由该工程施工单位中持证的焊接人员施焊。

（6）焊接工艺评定试验完成后，应由评定单位根据检测结果提出焊接工艺评定报告，连同焊接工艺评定指导书、评定记录表、评定试样检验结果表及检验报告一起报工程质量监督验收部门和有关单位审查备案。焊接工艺评定试验方法和要求，以及免于工艺评定的限制条件，应符合《钢结构焊接规范》GB 506611—2011 的规定。

2. 焊接工艺评定替代规则

（1）不同焊接方法的评定结果不得互相代替。

（2）除栓钉焊外，不同钢材的焊接工艺评定替代规则应符合下列规定：

1）不同类别钢材的焊接工艺评定结果不得互相代替；

2）Ⅰ、Ⅱ类同类别钢材中当强度和质量等级发生变化时，在相同供货状态下，高级别钢材的焊接工艺评定结果可替代低级别钢材；Ⅲ、Ⅳ类同类别钢材中的焊接工艺评定结果不得相互代替；除Ⅰ、Ⅱ类别钢材外，不同类别的钢材组合焊接时应重新评定，不得用单类钢材的评定结果替代。

常用钢材分类，见表8-4。

（3）接头形式变化时应重新评定，但十字形接头评定结果可代替T形接头评定结果，全焊透或部分焊透的T形或十字形接头对接与角接组合焊缝评定结果可替代角焊缝评定结果。

（4）板材对接的焊接工艺评定结果适用于外径不小于600mm的管材对接。

（5）评定试件的焊后热处理条件应与钢结构制造、安装焊接中实际采用的焊后热处理条件基本相同。

**常用钢材分类** 表 8-4

| 类 别 号 | 标称屈服强度 |
|---|---|
| Ⅰ | ≤295MPa |
| Ⅱ | >295MPa 且≤370MPa |
| Ⅲ | >370MPa 且≤420MPa |
| Ⅳ | >420MPa |

注：国内新材料和国外钢材按其屈服强度级别归入相应类别。

（6）焊接工艺评定结果不合格时，应分析原因，制订新的评定方案，按原步骤重新评定，直到合格为止。

（7）施工单位已具有同等条件焊接工艺评定资料时，可不必重新进行相应项目的焊接工艺评定试验。

3. 重新进行工艺评定规定

（1）焊条手工电弧焊时，下列条件之一发生变化，应重新进行工艺评定：

1）焊条熔敷金属抗拉强度级别变化；

2）由低氢型焊条改为非低氢型焊条；

3）焊条规格改变；

4）直流焊条的电流极性改变；

5）多道焊和单道焊的改变；

6）清焊根改为不清焊根；

7）立焊方向改变；

8）焊接实际采用的电流值、电压值的变化超出焊条产品说明书的推荐范围。

（2）熔化极气体保护焊时，下列条件之一发生变化，应重新进行工艺评定：

1）实芯焊丝与药芯焊丝的相互变换；

2）单一保护气体类别的变化；混合保护气体的混合种类和比例的变化；

3）保护气体流量增加25%以上或减少10%以上的变化；

4）焊炬摆动幅度超过评定合格值的±20%的变化；

5）焊接实际采用的电流值、电压值和焊接速度的变化分别超过评定合格值的10%、7%和10%；

6）实心焊丝气体保护焊时溶滴颗粒过渡与短路过渡的变化；

7）焊丝型号改变；

8）焊丝直径改变；

9）多道焊和单道焊的改变；

10）清焊根改为不清焊根。

（3）非熔化极气体保护焊时，下列条件之一发生变化，应重新进行工艺评定：

1）保护气体种类的变换；

2）保护气体流量增加25%以上或减少10%以上的变化；

3）添加焊丝或不添加焊丝的变换；冷态送丝和热态送丝的变换；焊丝类型、强度级别型号的变换；

4）焊炬摆动幅度超过评定合格值的±20%的变化；

5）焊接实际采用的电流值和焊接速度的变化分别超过评定合格值的25%和50%；

6）焊接电流极性改变。

（4）埋弧焊时，下列条件之一发生变化，应重新进行工艺评定：

1）焊丝规格变化；焊丝和焊剂型号变换；

2）多丝焊与单丝焊的变化；

3）添加与不添加冷丝的变化；

4）焊接电流种类和极性的变换；

5）焊接实际采用的电流值、电压值和焊接速度变化分别超过评定合格值的10%、7%和15%；

6）清焊根改为不清焊根。

（5）电渣焊时，下列条件之一发生变化，应重新进行工艺评定：

1）板极与丝极的变换，有、无熔嘴的变换；单丝与多丝的变换；

2）熔嘴截面积变化大于30%，熔嘴牌号的变换；焊丝直径的变化；焊剂型号的变换；单、多熔嘴的变换；

3）单侧坡口与双侧坡口焊接的变化；

4）焊接电流种类和极性变换；

5）焊接电源伏安特性为恒压或恒流的变换；

6）焊接电流值变化超过20%或送丝速度变化超过40%，垂直行进速度变化超过20%，焊接电压值变化超过10%；

7）偏离垂直位置超过10°；

8）成形水冷滑块与挡板的变换；

9）焊剂装入量变化超过30%。

（6）气电立焊时，下列条件之一发生变化，应重新进行工艺评定：

1）焊丝型号与直径的变化；

2）保护气类别或混合比例的变化；

3）保护气流量增加25%以上或减少10%以上的变化；

4）焊接电流极性的变换；

5）焊接电流变化超过15%或送丝速度变化超过30%，焊接电压变化超过10%；

6）偏离垂直位置超过10°的变化；

7）成形水冷滑块与挡板的变换。

（7）栓钉焊时，下列条件之一发生变化，应重新进行工艺评定：

1）栓钉材质的变换；

2）瓷环材料与规格的变换；

3）栓钉标称直径的变换；

4）栓钉焊接方法的变换；

5）非穿透焊（被焊钢材上无压型板直接焊接）与穿透焊（被焊钢材上有压型板焊接）的变换；

6）穿透焊中被穿透板材厚度、镀层厚度与种类的变换；

7）预热温度比评定合格的焊接工艺降低20℃或高出50℃以上；

8）焊接实际采用的提升高度、伸出长度、焊接时间、电流值、电压值的变化超过评定合格值的±5%；

9）栓钉焊接位置偏离平焊位置25°以上的变化或立焊、横焊、仰焊位置的变换；

10）采用电弧焊时焊接材料的变换。

（8）各种焊接方法时，下列条件之一发生变化，应重新进行工艺评定：

1）坡口形状的变化超出规程规定或坡口尺寸变化超出规定允许偏差；

2）板厚变化超过规定的适用范围；

3）有衬垫改为无衬垫；清焊根改为不清焊根；

4）规定的最低预热温度下降15℃以上或最高层间温度增高50℃以上；

5）当热输入有限制时，热输入增加值超过 10%；

6）改变施焊位置；

7）焊后热处理的条件发生变化。

### 三、焊接工程巡视与旁站检查

焊接是建筑钢结构中应用最广泛的连接技术之一，在我国各类钢结构工程中得到日益广泛的应用。由于焊接过程中会伴随出现不可避免的缺陷或残余应力。钢材某些局部缺陷因难以抵抗荷载和内部应力的作用而产生裂缝，如果不加强质量检查，局部的微小裂缝一旦发生便可能扩展到整体，造成结构发生断裂。现实生活中，一些钢结构建筑物倒塌、贮罐爆炸都与焊接质量有直接关系。因此，在钢结构工程中，焊接属于特殊工序，应建立材料供应、焊前准备、焊接工艺、焊后处理和成品检验等全过程的质量控制系统。在钢结构工程的监理过程中，更应高度重视焊接工程的巡视与旁站检查工作。

（一）钢结构焊接质量检验

钢结构焊接质量的检查系统如图 8-2 所示。

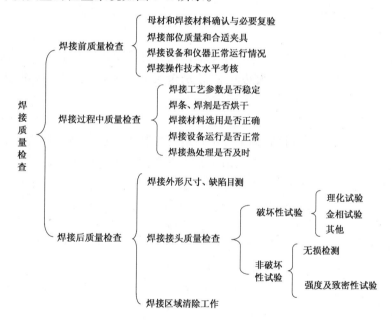

图 8-2 焊接质量检验系统

（二）焊接工程巡视与旁站检查

1. 焊接前质量检查

（1）母材与焊接材料确认及复验

焊接前，监理工程师要对焊条、焊丝、焊剂等焊接材料与母材的匹配性进行全数检查和确认，焊接材料与母材的匹配应符合设计要求及国家现行行业标准《建筑钢结构焊接技术规程》JGJ 81—2002 的规定。要重点检查焊接材料的质量保证书、中文标志及检验报告。当质保资料不全或对焊接材料的质量有疑义时，可以抽样复验，只有复验合格后方可允许使用。

（2）焊工操作技术水平考核

《钢结构工程施工质量验收规范》GB 50205—2001 对焊工资格进行了相应的强制性规定：焊工必须经考试合格并取得合格证书，持证焊工必须在其考试合格项目及其认可范围内施焊。焊工的技术水平直接关系到焊接质量的好坏，焊接工程的质量又直接关系到结构的安全与否，所以，焊工的资格认证与审查是钢结构施工阶段监理的一项十分重要工作，必须引起监理工程师的高度重视。监理工程师要全数检查参加施工的所有焊工是否具有焊工合格证、上岗证，是否在焊工合格证有效期内担任合格项目的焊接工作，严禁无证焊工上岗施焊。焊工停焊时间超过 6 个月，应重新考试取得合格证后方可上岗担任相应项目的焊接工作。当对持证焊工的技术水平有疑义时，监理工程师也可现场对其考核。

（3）焊接设备及仪器检查

焊接设备是实现焊接过程自动化和机械化的重要物质基础，是现代钢结构施工中必不可少的设施，对工程项目的施工进度和质量均有直接的影响。为此，监理工程师必须综合考虑施工现场条件、焊接类型、焊接设备性能、焊接工艺与方法、施工组织与管理等各种因素，对焊接设备和仪器进行检查。监理工程师应着重从焊接设备和仪器选型、主要性能和使用操作等三方面予以控制。

（4）焊接部位处理

在正式施焊前，监理工程师还要对焊接部位的处理情况进行检查。重点检查焊接部位的剖口位置、角度、焊件间隙、钝边尺寸等是否符合设计要求，焊接部位是否清理干净等。

（5）焊接方法检查

焊接方法正确与否，是直接影响工程项目进度控制、质量控制、投资控制目标能否顺利实现的关键。施工过程中，往往出现由于施工方案考虑不周而拖延进度、影响质量、增加投资。为此，监理工程师在审核焊接方案时，必须结合工程实际，从技术、组织、管理、工艺、操作、经济等方面进行全面分析、综合考虑，力求方案技术可行、经济合理、工艺先进、措施得力、操作方便，有利于提高质量、加快进度、降低成本。施工单位对其首次采用的钢材、焊接材料、焊接方法、焊后热处理等，应进行焊接工艺评定，并应根据评定报告确定焊接工艺。在审核焊接方案时要注意以下几点：

1）选择合理的装配焊接顺序。总的原则是，将结构件适当分为几个部件，尽可能使不对称或收缩量大的焊接工作放在部件组装时进行，以使焊缝自由收缩，在总装中减少焊接变形。

2）注意检查合理的焊接顺序和方向。尽量使焊缝在焊接时处于自由收缩状态，先焊收缩量比较大的焊缝或工作时受力较大的焊缝。

3）多层焊时，宜采用小圆弧面风枪或手锤锤击辗压焊接区，使焊缝得到延伸，降低内应力。

4）厚板焊接中在结构适当部位加热伸长，使其带动焊接部位伸长，焊接后加热区与焊缝同时收缩，从而降低内应力。

5）不得任意加大焊缝的宽度和高度，厚板多边焊时不应采用横向摆动焊接以减少焊接内应力。

2. 焊接过程中旁站检查

（1）检查焊接工艺参数是否稳定

在焊接过程中，监理工程师要时刻检查焊接工艺参数（如焊接电流、电弧电压等）是否稳定，焊接层数、焊接速度、电流种类及极性的选择是否合理。

（2）焊接材料烘干

焊接所使用的手工焊条药皮是各种颗粒状物质粘结而成，极易受潮、脱落、结块、变质。焊条、焊剂的受潮对焊接质量影响较大。因此，除了注意焊条运输、贮存过程防潮外，在使用前应按规定的烘干时间和温度进行烘干与取出。施焊过程中，监理工程师要检查焊条、焊剂是否正确烘干，要检查施工单位的烘干记录。检查施工单位焊接材料的烘干应注意以下几点：

1）低氢型焊条的取出应随即放入焊工保温筒，在常温下使用，一般控制在4h内。超过时间，应重新烘干，同一焊条，重复烘干次数不应超过1次。

2）焊条烘干时，严禁将焊条直接放入高温炉内，或从高炉内直接取出。

3）焊条、焊剂烘干，应由管理人员及时、准确填写烘干记录，记录上应有牌号、规格、批号、烘干温度和时间等项内容，并应有专职质控人员对其核查，认证签字，每批焊条不少于1次。

4）焊条烘干时，不得成捆堆放，应铺平浅放，每层高度约3根焊条高度。

5）现场焊接时焊条保温筒应接通电源，保持焊条的温度，减缓受潮。

（3）检查焊接材料选用是否正确

焊接过程，监理工程师要根据焊接主材的性能检查施工单位所选用的焊接材料是否正确，凡是焊接材料与焊接主材不匹配时，均不得施焊。

（4）检查焊接设备运转是否正常

焊接设备的正常运转是保证焊接工艺参数稳定的前提。所以在旁站检查时，监理工程师要重点检查焊接设备运转是否正常。

（5）检查焊接热处理是否及时

由于焊接过程中焊件受到局部不均匀加热、焊缝在结构上的位置或焊缝截面不对称以及施焊顺序和施焊方向不合适，导致在焊缝区域内会产生不同程度的焊接变形和内应力，如横向和纵向收缩、角变形、弯曲变形、扭曲变形、内应力导致焊缝根部开裂等。这种变形超过允许偏差值，或内应力导致产生裂缝，便将影响结构的使用。为减少焊接过程中出现的焊接残余应力和残余变形的不利影响，要求焊接过程中及时进行热处理。不同材质、不同规格和不同焊接方法，对焊接热处理有不同的要求。凡是需要焊前预热、中间热处理、焊后热处理的焊件，必须严格遵照相应的热处理工艺规范进行热处理。其主要的热处理参数应由仪表自动记录或操作工人巡回记录，记录经专职检验员签字并经责任负责人签字后归档。

（6）焊接区装配应符合质量要求

焊接质量好坏与装配质量有很密切的关系。焊接前除了组装满足相关标准规定的焊接连接组装允许偏差外，尚应满足下列条件：

1）焊接区边缘30～50mm范围内的铁锈、毛刺、污垢、冰雪等必须清除干净，以减少产生焊接气孔等缺陷。

2）定位焊必须由持定位焊资格证的合格焊工施焊，定位焊不合格的焊接质量，如裂缝、焊接高度过高等，应处理纠正后才能进入正式焊接。

3）引出板应与母材材质、焊缝坡口形式相同，长度应符合标准的规定。引出弧板严禁用锤击落，避免损伤焊缝端部。

4）衬板焊时，垫板要与母材底面贴紧，以保证焊接金属与垫板完全熔合。

（7）全焊透时清根要求

要求全焊透的焊缝不加垫板时，不论单面坡还是双面坡口，均应在第一道焊缝的反面清根。用碳弧气刨方法清根后，刨槽表面不应残留夹碳或夹渣，必要时，宜用角向砂轮打磨干净，方可继续施焊。

3. 焊接作业区环境温度检查

（1）作业区环境温度在0℃以上时

1）焊接作业区风速超过下列规定时，应设防风棚或采取其他防风措施：手工电弧焊：8m/s；气体保护及自保护焊：2m/s。制作车间内焊接区有穿堂风或鼓风机时，也应设挡风设施。

2）焊接作业区的相对湿度不得大于90%。

3）当焊件表面潮湿或有冰雪覆盖时，应采取加热去潮湿措施。

（2）低温作业环境时

焊接作业区环境温度低于0℃但不低于-10℃时，常温时不须预热的构件也应对焊接区各方向不小于2倍板厚且不小于100mm范围内加热到20℃以上后方可施焊。常温时须预热的构件则应根据构件焊接节点类型、板厚、拘束度、钢材碳当量、强度级别、冲击韧性等级、焊接方法、焊接材料熔敷金属扩散氢含量及焊接热输入等各种因素，综合考虑后由焊接责任工程师制订出比常温下焊接预热温度更高和加热范围更宽的作业方案，并经认可后方可实施。作业方案并应考虑焊工操作技能的发挥不受环境低温的影响，同时对构件采取适当和充分的保温措施。

4. 熔化焊焊缝缺陷返修质量巡视与旁站检查

（1）焊缝表面缺陷超过施工质量验收标准的规定时

对气孔、夹渣、焊瘤、余高过大之缺陷，应用砂轮打磨、铲凿、钻、铣方法去除；对焊缝尺寸不足、局部缺陷、咬边、弧坑不满等缺陷应进行焊补。

（2）经无损检测确定焊缝内部的超标缺陷必须返修时

1）返修前应由施工单位编写返修方案，报监理单位审批。

2）应根据无损检测确定缺陷位置、深度，用砂轮打磨或碳弧气刨清除缺陷。缺陷为裂纹时，在碳弧气刨前应在裂纹两端钻止裂孔并应清除裂纹两端各50mm长的母材。

3）应将刨槽开成每侧边坡口面角度大于15°的坡口形状，并修整表面、磨除气刨渗碳层，必要时应用渗透或磁粉探伤方法确认裂纹已彻底清除。

4）焊补时应坡口内引弧，熄弧时应填满弧坑，多层焊层间应错开接头，焊接长度应在100mm以上，补焊长度小于500mm时，可从中部起弧，并采用逆向焊接法。熄弧处宜超出槽边20mm。如长度超过500mm时应采用分段退焊法。焊条直径宜用3.2mm，焊接热输入视钢材碳当量、板厚及凹槽尺寸比正常焊接适当增大。

5）返修焊接部位应一次连续焊成，如因故需中断焊接时，应采取后热、保温措施，防止产生裂纹。再次焊接前应用磁粉或渗透方法检测，确认无裂纹产生后方可继续补焊。

6）焊接修补的预热温度应比同样条件下的正常焊接预热温度高 30 ~ 50℃，并根据工程节点的实际情况确定是否需要用超低氢焊条或增加焊后消氢处理。

7）同一部位（焊缝正、反面各作为一个部位）焊补次数不宜超过 2 次。对 2 次返修后仍不合格的部位应分析原因采取有效措施，返修前应先对焊接工艺进行工艺评定，并应评定合格后再进行后续的返修焊接。返修后的焊接接头区域应增加磁粉或着色检查。

8）返修焊接应填报返修施工记录及返修前后的无损检验报告，以供工程验收及存档。

### 四、焊接工程见证取样试验

焊接过程中，监理工程师除做好现场巡视、旁站检查工作外，还要做好见证取样和平行检验工作。

1. 监理工程师对焊接材料进行书面检查、外观检查时，若发现质量保证资料不全、外观存在质量缺陷，或对焊接材料的质量有疑义，或焊接重要部位的焊接材料，应要求施工单位在现场取样，进行复验。监理单位严格按照国家有关见证取样工作的规定，切实做好见证取样工作，确保所取样品具有代表性。

2. 施工单位首次采用的钢材、焊接材料、焊接方法、焊后热处理等，监理单位应要求施工单位制订焊接工艺。焊接工艺报监理单位批准后，施工单位进行试焊，监理单位要对试焊作品进行见证取样、封样、送样，送有相应资质的检测单位进行试验和检测，监理单位根据试样的试验报告，决定施工单位制订的焊接工艺是否可行。

3. 试件和检验试样

（1）试件和检验试样制备

母材材质及规格、焊接材料、坡口形式、尺寸和试件的焊接必须符合焊接工艺评定指导书的要求。试件的尺寸应满足制备试样种类、尺寸的要求。检验试样取样种类按不同焊接接头和板厚确定。

（2）试件和试样检验

对已焊好的试件或检验试样，除必须进行外观检验并符合外观质量标准外，还根据规范要求，必须进行焊缝的无损检测。

焊缝无损检测的目的是检查焊缝内部和表面的缺陷。其主要方法有超声波探伤（UT）、射线探伤（RT）、磁粉探伤（MT）和渗透探伤（PT）等。

1）超声波探伤法

超声波是一种人耳不可闻的振荡频率在 20kHz 以上的高频率机械波，它是通过根据压电效应原理制成的压电材料超声波换能器获得的。压电材料具有可逆性，当在压电晶体二个面上加以交变电场，则其厚度方向就会产生伸缩变形，引起机械振荡，随即产生超声波。对于焊缝的超声波探伤来说，主要有脉冲反射式直接接触法垂直探伤和斜角探伤两种，应根据产品技术要求选用合适的探伤方法。

2）射线探伤法

射线穿透物质时，由于物质完好部位和缺陷处对射线的吸收不同，使穿过物质后的射线强度发生变化，将这种强弱变化差异记录在感光胶片上，通过观察处理后的照相底片上不同黑度差，就能掌握射线强弱变化情况，从而就能确定被透照物体内部质量情况。

3）磁粉探伤法

利用在强磁场中铁磁性材料表层缺陷产生的漏磁场吸附磁粉现象而进行的无损检验法，叫磁粉探伤。铁磁性材料在外磁场感应作用下被磁化，具有磁性，若材料中没有缺陷，磁导率是均匀的，磁力线的分布也是均匀的；若材料中存在缺陷，则有缺陷部位的磁导率发生变化，磁力线发生弯曲。如果缺陷位于材料的表面或近表面，弯曲的磁力线一部分泄露到空气中，在工件表面形成漏磁通，漏磁通在缺陷的两端形成新的 S 极和 N 极——即漏磁场。磁力线总是沿磁阻最小的路径通过，如果在漏磁场处撒上磁导率很高的磁粉，因为磁力线穿过磁粉比穿过空气更容易，所以，漏磁场就会吸引磁粉，在有缺陷的位置形成磁粉堆积。探伤时，可根据磁粉堆积的图形来判断缺陷的形状和位置。

4）渗透探伤法

渗透探伤的基本原理是将具有良好渗透性能的渗透剂喷涂在被检工件表面，如果工件表面有开口性缺陷，则渗透剂便迅速渗入缺陷中，然后，用清洗剂清洗掉工件表面多余的渗透剂，再在工件的表面喷涂一层显像剂，显像剂中的白色粉末能将缺陷里的红色渗透剂吸到工件表面，这样，就在显像剂的白色衬底上出现了红色的图像，其位置就是缺陷所在位置，其外形则是被放大了的缺陷形状。

由于焊缝或钢材中缺陷所处的位置不同，不同的检测方法得到不同的检测结果，表8-5列举了各类检测对检测缺陷的适应性。表8-6列举了各类检测对检测缺陷形状的适应性。

**缺陷位置对探测结果影响** 表 8-5

| 探 测 方 法 | 表面开口性缺陷 | 近 表 面 缺 陷 | 内 部 缺 陷 |
|---|---|---|---|
| 射线探伤法 | 合适 | 合适 | 合适 |
| 超声波探伤法 | 一般 | 一般 | 合适 |
| 磁粉探伤法 | 合适 | 一般 | 困难 |
| 渗透探伤法 | 合适 | 困难 | 困难 |

**缺陷形状对探伤结果的影响** 表 8-6

| 探 测 方 法 | 片 状 夹 渣 | 气 孔 | 未 焊 透 | 表面裂缝和气孔 |
|---|---|---|---|---|
| 射线探伤法 | 一般 | 合适 | 合适 | 一般 |
| 超声波探伤法 | 合适 | 一般 | 合适 | 困难 |
| 磁粉探伤法 | 困难 | 困难 | 困难 | 合适 |
| 渗透探伤法 | 困难 | 困难 | 困难 | 合适 |

## 五、焊接工程质量验收

焊接质量检查是钢结构质量保证体系中的一个关键环节，涉及焊接工作的全过程，包括焊接前检查、焊接中检查和焊接后检查。钢结构或构件焊接完成后，施工单位要进行自检、自评，自检自评合格后，书面上报监理单位检查验收。监理单位收到施工单位上报的工序质量检验单后，要对焊接工程进行详细的评价验收。

（一）焊接工程质量检验系统

焊接工程的质量检验评定系统如图8-3所示。

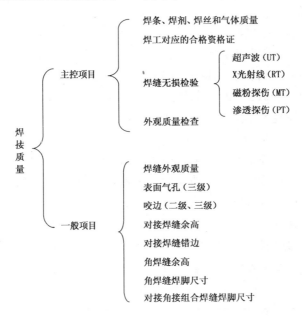

图8-3 钢结构焊接工程质量检验系统

（二）焊接工程主控项目质量检查验收

1. 焊接材料质量验收

焊条、焊丝、焊剂、电渣焊熔嘴等焊接材料与母材的匹配应符合设计要求及国家现行行业标准《建筑钢结构焊接技术规程》JGJ 81—2002的规定。焊条、焊剂、药芯焊丝、熔嘴等在使用前，应按其产品说明书及焊接工艺文件的规定进行烘焙和存放。

检查数量：全数检查

检验方法：书面检查，即检查质量证明书、中文标志、试验报告及烘焙记录。

2. 焊工资格检查

焊工必须经考试合格并取得合格证书。持证焊工必须在其考试合格项目及其认可范围内施焊。

检查数量：全数检查。

检验方法：检查焊工合格证及其认可范围、有效期。

焊接是钢结构工程中最常用的连接方法之一。焊接质量的好坏直接影响到结构的安全与否，直接涉及结构的安全性，而焊接质量的好坏又与焊工的技术水平息息相关，因此，《钢结构工程施工质量验收规范》GB 50205—2001将焊工的资格检查列为强制性条文，钢结构工程焊接施工时必须严格遵守，监理单位要对焊工的资格严格把关并将焊工的资格证书作为一项重要资料放进备案文件中。

3. 焊接工艺检查

施工单位对其首次采用的钢材、焊接材料、焊接方法、焊后热处理等，应进行焊接工艺评定，并应根据评定报告确定焊接工艺。

检查数量：全数检查。

检验方法：检查焊接工艺评定报告。

4. 焊缝无损检验

设计要求全焊透的一、二级焊缝应采用超声波探伤进行内部缺陷的检验，超声波探伤不能对缺陷作出判断时，应采用射线探伤，其内部缺陷分级及探伤方法应符合现行国家标准《钢焊缝手工超声波探伤方法和探伤结果分级》GB/T 11345—1989 或《金属熔化焊焊接接头射线照相》GB/T 3323—2005 的规定。

焊接球节点网架焊缝、螺栓球节点网架焊缝及圆管 T、K、Y 形节点相关线焊缝，其内部缺陷分级及探伤方法应分别符合国家现行标准《钢结构超声波探伤及质量分级法》JG/T 203—2007 和《建筑钢结构焊接技术规程》JGJ 81—2002 的规定。

此项检查也是《钢结构工程施工质量验收规范》GB 50205—2001 规定的强制性条款，监理单位在验收时要重点检查验收，确保焊接质量。

检查数量：全数检查。

检验方法：检查超声波或射线探伤记录。

一级、二级焊缝的质量等级及缺陷分级应符合表 8-7 的规定。

一、二级焊缝质量等级及缺陷分级 表 8-7

| 焊缝质量级别 | | 一 级 | 二 级 |
|---|---|---|---|
| 内部缺陷超声波探伤 | 评定等级 | Ⅱ | Ⅲ |
| | 检验等级 | B 级 | B 级 |
| | 探伤比例 | 100% | 20% |
| 内部缺陷射线探伤 | 评定等级 | Ⅱ | Ⅲ |
| | 检验等级 | AB 级 | AB 级 |
| | 探伤比例 | 100% | 20% |

注：探伤比例的计数方法应按以下原则确定：（1）对工厂制作焊缝，应按每条焊缝计算百分比，且探伤长度应不小于 200mm，当焊缝长度不足 200mm 时，应对整条焊缝进行探伤；（2）对现场安装焊缝，应按同一类型、同一施焊条件的焊缝条数计算百分比，探伤长度应不小于 200mm，并应不少于 1 条焊缝。

5. 焊脚尺寸检查

对于 T 形接头、十字接头、角接接头等要求熔透的对接和角对接组合焊缝，其焊脚尺寸不应小于 $t/4$（图 8-4a、b、c）；设计有疲劳验算要求的吊车梁或类似构件的腹板与上翼缘连接焊缝的焊脚尺寸为 $t/2$（图 8-4d），且不应大于 10mm。焊脚尺寸的允许偏差为 0～4mm。

检查数量：资料全数检查；同类焊缝抽查 10%，且不应少于 3 条。

检验方法：观察检查，用焊缝量规抽查测量。

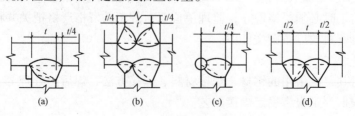

(a)  (b)  (c)  (d)

图 8-4 焊脚尺寸

6. 外观检查

焊缝表面不得有裂纹、焊瘤等缺陷。一级、二级焊缝不得有表面气孔、夹渣、弧坑裂纹、电弧擦伤等缺陷。且一级焊缝不得有咬边、未焊满、根部收缩等缺陷。

检查数量：每批同类构件抽查10%，且不应少于3件；被抽查构件中，每一类型焊缝按条数抽查5%，且不应少于1条；每条检查1处，总抽查数不应少于10处。

检验方法：主要是目视观察，用焊缝检验尺检查。即采用肉眼或低倍放大镜（5倍）、标准样板、钢尺和焊缝量规等检测工具检查焊缝的外观，查看焊缝成型是否完好，焊道与焊道过渡是否平滑，焊渣、飞溅物等是否清理干净，其外形尺寸应符合国家现行相关标准的规定。当存在疑义时，采用渗透或磁粉探伤检查。

（三）焊接工程一般项目质量检查验收

1. 焊缝热处理检查

对于需要进行焊前预热或焊后热处理的焊缝，其预热温度或后热温度应符合国家现行有关标准的规定或通过工艺试验确定。预热区在焊道两侧，每侧宽度均应大于焊件厚度的1.5倍以上，且不应小于100mm；后热处理应在焊后立即进行，保温时间应根据板厚按每25mm板厚1h确定。

检查数量：全数检查。

检验方法：检查预、后热施工记录和工艺试验报告。

2. 焊缝外观检查

检查数量：每批同类构件抽查10%，且不应少于3件；被抽查构件中，每一类型焊缝按条数抽查5%，且不应少于1条；每条检查1处，总抽查数不应少于10处。

检验方法：观察检查或使用放大镜、焊缝量规和钢尺检查。

3. 焊缝尺寸允许偏差检查

焊缝尺寸应符合设计要求。焊缝尺寸允许偏差应符合《钢结构工程施工质量验收规范》GB 50205—2001附表A.0.2的规定。

检查数量：每批同类构件抽查10%，且不应少于3件；被抽查构件中，每一类型焊缝按条数抽查5%，且不应少于1条；每条检查1处，总抽查数不应少于10处。

检验方法：用焊缝量规检查。

4. 凹形角焊缝检查

焊成凹形的角焊缝，焊缝金属与母材间应平缓过渡；加工成凹形的角焊缝，不得在其表面留下切痕。

检查数量：每批同类构件抽查10%，且不应少于3件。

检验方法：观察检查。

5. 焊缝观感检验

焊缝观感应达到：外形均匀、成型较好，焊道与焊道、焊道与基本金属间过渡较平滑，焊渣和飞溅物基本清除干净。

检查数量：每批同类构件抽查10%，且不应少于3件；被抽查构件中，每种焊缝按数量各抽查5%，总抽查数不应少于5处。

检验方法：观察检查。

## 第三节 高强度螺栓连接工程

钢结构紧固件连接是通过螺栓、铆钉等紧固件产生紧固力，从而使被连接件连接成为一体的一种连接方法。紧固件连接因开孔而对构件截面有一定削弱，有时在构造上还必须增设辅助连接件，故构造较复杂，用料较多。螺栓连接制孔较费工，且拼装和安装时须对孔，故对制造的精度要求较高，必要时须将构件组装套钻。但钢结构的螺栓连接的紧固工具和工艺均较简单，易于实施，进度和质量也较容易保证，加之拆装维护方便，所以，螺栓连接在钢结构安装连接中得到广泛的应用。

螺栓作为钢结构主要连接紧固件，可分为普通螺栓连接和高强度螺栓连接两种。螺栓连接的工作机理分为两种，第一种为摩擦型高强度螺栓连接，通过对高强度螺栓施加紧固轴力，将被连接的连接钢板夹紧产生摩擦效应，当连接节头受外力作用时，外力靠连接板接触面间的摩擦来传递，应力流通过接触面平滑传递，无应力集中现象；第二种是螺栓连接受外力后，节点连接板即产生滑动，外力通过螺栓杆受剪和连接板孔壁承压来传递。

目前钢结构工程实际应用中，高强度螺栓连接是主要采用形式，本节依据《钢结构高强度螺栓连接技术规程》JGJ 82—2011，对高强度螺栓及其连接工艺和要求作主要介绍。

### 一、螺栓连接检验

（一）常用螺栓

1. 螺栓材料特性

常用的紧固件有普通螺栓、扭剪型高强度螺栓、高强度大六角头螺栓、钢网架螺栓球节点用高强度螺栓等。

螺栓按照性能等级分 3.6、4.6、4.8、5.6、5.8、6.8、8.8、9.8、10.9、12.9 等十个等级，其中 8.8 级以上螺栓材质为低碳合金钢或中碳钢并经热处理（淬火、回火），通称高强度螺栓，8.8 级以下（不含 8.8 级）通称普通螺栓。

螺栓性能等级标号由两部分数字组成，分别表示螺栓的公称抗拉强度和材质的屈强比。如性能等级为 10.9 级螺栓的含义为：第一部分数字（如 10.9 级中的"10"）为螺栓材质公称抗拉强度（$N/mm^2$）的 1/100；第二部分数字（如 10.9 级中的"9"）为螺栓材质屈强比的 10 倍；两部分数字的乘积（如 10.9 级中的"10"×"9"＝90）为螺栓材质公称屈服点（$N/mm^2$）的 1/10。

2. 螺栓规格

普通螺栓按照形式可分为六角头螺栓、双头螺栓、沉头螺栓等；按制作精度可分为A、B、C 三个等级，A、B 级为精制螺栓，C 级为粗制螺栓，钢结构用连接螺栓，除特别注明外，一般即为普通粗制 C 级螺栓。

钢结构常用的螺母，其公称高度 $h$ 大于或等于 $0.8D$（$D$ 为与其相匹配的螺栓直径），螺母强度设计应选用与之匹配螺栓中最高性能等级的螺栓强度，当螺母拧紧至螺栓保证荷载时，必须不发生螺纹脱扣。螺母的性能等级分 4、5、6、8、9、10、12 等，其中 8 级（含 8 级）以上螺母与高强度螺栓匹配，8 级以下螺母与普通螺栓匹配。螺母的螺纹应和螺栓相一致，一般应为粗牙螺纹，螺母的机械性能主要是螺母的保证应力和硬度。

常用钢结构螺栓连接的垫圈，按形状及其使用功能可以分成以下几类：圆平垫圈、方型垫圈、斜垫圈和弹簧垫圈。

高强度螺栓从外形上可分为大六角头和扭剪型两种；按性能等级可分为8.8、10.9、12.9级等，目前我国使用的大六角头高强度螺栓有8.8级和10.9级两种，扭剪型高强度螺栓只有10.9级一种。大六角头高强度螺栓连接副由一个螺栓、一个螺母、两个垫圈（螺头和螺母两侧各一个垫圈）组成；扭剪型高强度螺栓连接副由一个螺栓、一个螺母、一个垫圈组成。螺栓、螺母、垫圈在组成一个连接副时，其性能等级要匹配。

高强度大六角头螺栓（性能等级8.8s和10.9s）连接副的材质、性能等应分别符合现行国家标准《钢结构用高强度大六角头螺栓》GB/T 1228—2006、《钢结构用高强度大六角螺母》GB/T 1229—2006、《钢结构用高强度垫圈》GB/T 1230—2006以及《钢结构用高强度大六角头螺栓、大六角螺母、垫圈技术条件》GB/T 1231—2006的规定。

（二）普通螺栓及高强度螺栓连接副取样与试验

1. 螺栓连接所用的螺栓进场后，监理工程师要进行书面检查和外观检查。螺栓要有出厂合格证、技术性能、技术试验参数等，螺栓外观应表面光滑、成型规整，无明显缺陷。当设计有要求或对其质量有疑义时，应在现场取样进行检验，检验结果应符合现行国家标准《紧固件机械性能 螺栓、螺钉和螺柱》GB/T 3098.1—2010的规定，高强度螺栓连接副应符合现行国家标准《钢结构用高强度大六角头螺栓、大六角螺母、垫圈技术条件》GB/T 1231—2006及《钢结构用扭剪型高强度螺栓连接副》GB/T 3632—2008的规定。

当高强螺栓连接副保管时间超过6个月后使用时，应按相关要求重新进行扭矩系数或紧固轴力试验，并应在合格后再使用。

取样数量：每一规格的螺栓抽查8个。

2. 螺栓实物最小载荷检验

用专用卡具将螺栓实物置于拉力试验机上进行拉力试验，为避免试件承受横向载荷，试验机的夹具应能自动调正中心，试验时夹头张拉的移动速度不应超过25mm/min。

螺栓实物的抗拉强度应根据螺纹应力截面积（$A_s$）计算确定，其取值应按现行国家标准《紧固件机械性能 螺栓、螺钉和螺柱》GB/T 3098.1—2010的规定取值。

进行试验时，承受拉力的未旋合螺纹长度应为6倍以上螺距；当试验拉力达到现行国家标准《紧固件机械性能 螺栓、螺钉和螺柱》GB/T 3098.1—2010中规定的最小拉力载荷（$A_s \cdot \sigma_b$）时不得断裂。当超过最小拉力载荷直至拉断时，断裂应发生在杆部或螺纹部分，而不应发生在螺头与杆部的交接处。

3. 扭剪型高强度螺栓连接副预拉力复验

高强度螺栓进场后，监理工程师应在施工现场待安装的螺栓批中随机抽取，每批应抽取8套连接副进行复验。

连接副预拉力可采用经计量检定、校准合格的轴力计进行测试。试验用的电测轴力计、油压轴力计、电阻应变仪、扭矩扳手等计量器具，应在试验前进行标定，其误差不得超过2%。

采用轴力计方法复验连接副预应力时，应将螺栓直接插入轴力计。紧固螺栓分初拧、终拧两次进行，初拧应采用手动扭矩扳手或专用定扭扳手；初拧值应为预拉力标准值的50%左右。终拧应采用专用电动扳手，至尾部梅花头拧掉，读出预拉力值。每套螺栓副只应做一次试验，不得重复使用。在紧固中垫圈发生转动时，应更换连接副，重新试验。

4. 高强度螺栓连接副施工扭矩检验

高强度螺栓连接副扭矩检验含初拧、复拧、终拧扭矩的现场无损检验。检验所用的扭矩扳手其扭矩精度误差应不大于3%。

高强度螺栓连接副扭矩检验分扭矩法检验和转角法检验两种，原则上检验法与施工法应相同。扭矩检验应在施拧 1h 后、48h 内完成。

（1）扭矩法检验

在螺尾端头和螺母相对位置画线，将螺母退回 60° 左右，用扭矩扳手测定拧回至原来位置时的扭矩值。该扭矩值与施工扭矩值的偏差在 10% 以内为合格。

高强度螺栓连接副终拧扭矩值计算公式：

$$T_c = KP_c d$$

式中　$T_c$——终拧扭矩值（N·m）；

　　　$d$——螺栓公称直径（mm）；

　　　$P_c$——施工预拉力值（kN），见表 8-8；

　　　$K$——扭矩系数，按规定试验确定。

高强度螺栓连接副施工预拉力标准值 $P_c$（kN）　　　　表 8-8

| 螺栓公称直径（mm） | M16 | M20 | M22 | M24 | M27 | M30 |
|---|---|---|---|---|---|---|
| 8.8s | 75 | 120 | 150 | 170 | 225 | 275 |
| 10.9s | 110 | 170 | 210 | 250 | 320 | 390 |

扭剪型高强度螺栓连接副初拧扭矩值计算公式：$T_o = 0.065P_c d$，或按表 8-9 选用。

扭剪型高强度螺栓连接副初拧扭矩值（N·m）　　　　表 8-9

| 螺栓公称直径（mm） | M16 | M20 | M22 | M24 | M27 | M30 |
|---|---|---|---|---|---|---|
| 初拧扭矩 | 115 | 220 | 300 | 390 | 560 | 760 |

（2）转角法检验

检验方法：检查初拧后在螺母与相对位置所画的终拧起始线和终止线所夹的角度是否达到规定值；在螺尾端头和螺母相对位置画线，然后全部卸松螺母，再按规定的初拧扭矩和终拧角度重新拧紧螺栓，观察与原画线是否重合。终拧转角偏差在 10° 以内为合格。终拧转角与螺栓的直径、长度等因素有关，应由试验确定。

（3）扭剪型高强度螺栓施工扭矩检验

检验方法：观察尾部梅花头拧掉情况。尾部梅花头被拧掉者视同其终拧扭矩达到合格质量标准；尾部梅花头未被拧掉者应按上述扭矩法或转角法检验。

5. 高强度大六角头螺栓连接副扭矩系数复验

高强度大六角头螺栓连接副进场后，监理工程师应在施工现场待安装的螺栓批中随机抽取，每批应抽取 8 套连接副进行复验。

连接副扭矩系数复验用的计量器具应在试验前进行标定，误差不得超过 2%。每套螺栓副只应做一次试验，不得重复使用。在紧固中垫圈发生转动时，应更换连接副，重新试验。

扭矩系数计算公式：

$$K = \frac{T}{P \cdot d}$$

6. 高强度螺栓连接摩擦面抗滑移系数检验

（1）试验基本要求

制造厂和安装单位应分别以钢结构制造批为单位进行抗滑移系数试验。制造批可按分部（子分部）工程划分规定的工程量每2 000t为一批，不足2 000t的可视为一批。选用两种及两种以上表面处理工艺时，每种处理工艺应单独检验。每批要取样三组试件。抗滑移系数试验应采用双摩擦面的二栓拼接的拉力试件。

抗滑移系数试验用的试件应由制造厂加工，试件与所代表的钢结构构件应为同一材质、同批制作、采用同一摩擦面处理工艺和具有相同的表面状态，并应用同批同一性能等级的高强度螺栓连接副，在同一环境条件下存放。试件板面应平整，无油污，孔和板的边缘无飞边、毛刺。

（2）试验方法

紧固高强度螺栓应分初拧、终拧。初拧应达到螺栓预拉力标准值的50%左右。终拧后，螺栓预拉力应符合下列规定：

1）对装有压力传感器或贴有电阻片的高强度螺栓，采用电阻应变仪实测控制试件每个螺栓的预拉力值应在0.95~1.05P（P为高强度螺栓设计预拉力值）之间；

2）不进行实测时，扭剪型高强度螺栓的预拉力值（紧固轴力）可按同批复验预拉力的平均值取用。

## 二、普通螺栓连接工艺过程和构造要求

（一）普通螺栓连接形式

1. 螺栓（单头螺栓）连接

螺栓一端有螺纹，拧上螺母，可将被连接件连成一体，螺母与被连接件之间常放置垫圈。由于不需要加工螺纹孔，比较方便，应用广泛，主要用于被连接件不太厚，并能从连接件两边进行装配的场合。

常用的螺栓连接件有两种：一种见图8-5（a），这种螺栓连接其螺栓杆与孔之间有间隙，主要用于承受轴向拉伸载荷的连接；另一种见图8-5（b），螺栓连接是用铰制孔用螺栓，其螺栓杆上有螺纹部分较细，无螺纹部分的螺杆与孔采用基孔制的过渡配合或静配合，因此，能精确地固定被连接件的相对位置，并能承受横向作用力所引起的剪切和挤压。

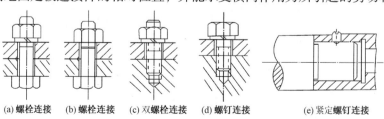

(a) 螺栓连接　(b) 螺栓连接　(c) 双螺栓连接　(d) 螺钉连接　　(e) 紧定螺钉连接

图8-5　螺纹连接

### 2. 双头螺栓连接

双头螺栓是两头有螺纹的杆状连接件。一头拧入被连接件的螺孔中，另一头穿过其余被连接的孔，拧上螺母，就能将被连接件连成一体（图 8-5c），在拆卸时，只要拧开螺母，就可以使被连接零件分开。双头螺栓连接主要用于盲孔、经常装拆、结构比较紧凑或工件较厚不宜用单头螺栓连接的场合。

### 3. 螺钉连接

螺钉连接不用螺母，直接将螺钉拧入被连接件的螺孔中，达到连接的目的（图 8-5d）。螺钉的构造基本上与螺栓相同。螺钉头除了六角头和方头外，还有圆柱头内六角和带槽圆头（圆柱头、半圆头、沉头和半沉头等）。

六角头、方头螺钉和内六角螺钉用于夹紧力大的场合，内六角螺钉还可用于结构紧凑的地方。圆柱头、半圆柱、沉头和半沉头螺钉适用于受力不大或一些轻小零件的连接。

### 4. 紧定螺钉连接

紧定螺钉全长上都有螺纹，它用来拧入一零件的螺孔内而用钉杆末端顶住另一零件的表面，以固定两零件的相对位置（图 8-5e）。

（二）普通螺栓连接施工工艺

### 1. 双头螺栓装配方法

（1）应保证双头螺栓与工件螺孔的配合有足够的紧固性，即在装拆螺母的过程中，双头螺栓不能有任何松动现象。

（2）双头螺栓的轴心线必须与工件垂直，通常用角尺进行检验。

（3）装配双头螺栓时，首先将螺纹和螺孔的接触面清理干净，然后用手轻轻地把螺母拧到螺纹的终止处，如果遇到拧不进的情况，不能用扳手强行拧紧，以免损坏螺纹。

### 2. 螺母与螺钉装配方法

（1）螺母或螺钉与零件贴合的表面要光洁、平整，贴合处的表面应当经过加工，否则容易使连接件松动或使螺钉弯曲。

（2）螺母或螺钉和接触表面之间应保持清洁，螺孔内的脏物要清理干净。

（3）拧紧成组的螺母时，必须按照一定的顺序进行，并做到分次序逐步拧紧（一般分三次拧紧），否则会使零件或螺杆产生松紧不一致，甚至变形。在拧紧长方形布置的成组螺母时，必须从中间开始，逐渐向两边对称扩展（图 8-6a），在拧紧方形或圆形布置的成组螺母时，必须对称进行（图 8-6b、图 8-6c）。

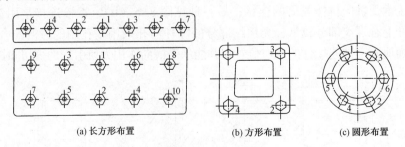

(a) 长方形布置　　　　(b) 方形布置　　　　(c) 圆形布置

图 8-6　拧紧成组螺母方法

（4）装配时，必须按一定的拧紧力矩来拧紧，因为拧紧力矩太大时，会出现螺栓或螺钉拉长，甚至断裂和被连接件变形等现象；拧紧力矩太小时，就不可能保证被连接件在工作时的可靠性和正确性。

3. 螺纹连接防松方法

一般螺纹连接均具有自锁性，在受静载和工作温度变化不大时，不会自行松脱。但在冲击、振动或变载荷作用下，以及在工作温度变化较大时，这种连接有可能松动，影响工作，甚至发生事故。为了保证连接安全可靠，对螺纹连接必须采取有效的防松措施。

一般常用的防松措施有增大摩擦力、机械防松和不可拆三大类。

（1）增大摩擦力防松措施

这类防松措施是使拧紧的螺纹之间不因外载荷变化而失去压力，因而始终有摩擦阻力防止连接松脱。增大摩擦力的防松措施有安装弹簧垫圈和使用双螺母等。

（2）机械防松

这类防松措施是利用各种止动零件，阻止螺纹零件的相对转动来实现防松。机械防松较可靠，所以应用较多。

（3）不可拆防松措施

利用点焊、点铆等方法把螺母固定在螺栓或被连接件上，或者把螺钉固定在被连接件上，达到防松的目的。

（三）普通螺栓连接构造要求

螺栓的最大连接长度随螺栓的直径而异，选用时宜控制其不超过螺栓标准中规定的夹紧长度，普通螺栓一般为 4~6 倍螺栓直径，高强度螺栓不超过 5~7 倍螺栓直径；以便防止因为螺栓过细而夹紧长度过大，导致螺栓弯曲破坏现象的发生。螺栓的长度还应考虑螺栓头部及螺母下各设一个垫圈和螺栓拧紧后外露丝扣不少于 2~3 扣。对直接承受动力荷载的普通螺栓应采用双螺母或其他防止松动的有效措施（如设弹簧垫圈、将螺纹打毛或螺母焊死）。

C 级螺栓的螺孔采用Ⅱ类孔，A、B 级螺栓采用Ⅰ类孔。

螺栓的排列应遵循简单紧凑、整齐划一和便于安装紧固的原则，通常采用并列和错列两种形式。并列排列比较简单，但栓孔削弱截面较大；错列可减少截面削弱，但排列较繁。不论采用哪种排列，螺栓的中距、端距和边距还应满足以下要求：

（1）受力要求

螺栓任意方向的中距、边距和端距均不应过小，以免受力时加剧孔壁周围的应力集中和防止钢板过度削弱而承载力过低，造成沿孔与孔或孔与边间拉断或剪断。当构件承受压力作用时，顺压力方向的中距不应过大，否则螺栓间钢板可能失稳形成鼓曲。

（2）构造要求

螺栓的中距不应过大，否则钢板不能紧密贴合。对外排螺栓的中距、边距和端距更不应过大，以防止潮气侵入引起锈蚀。

（3）施工要求

螺栓间应有足够距离以便于转动扳手，拧紧螺母。

### 三、高强度螺栓连接工艺过程及构造要求

（一）高强度螺栓施工工具与标定

1. 扳手种类

（1）手动扳手

各种高强度螺栓在施工中以手动紧固时，都要使用有示明扭矩值的扳手施拧，使其达到高强度螺栓连接副规定的扭矩和预拉力值。一般常用能显示手动扭矩的扳手有：指针式、带音响式和扭剪型手动扳手三种。

（2）电动扳手

高强度大六角头螺栓紧固用电动扳手有电动扭矩扳手和定扭矩、定转角电动扳手。是安装和拆卸大六角头高强度螺栓专用机械，可以自动控制扭矩和转角，适用于大六角头螺栓初拧、终拧和扭剪型高强度螺栓初拧，以及对螺栓紧固件的扭矩或轴向力有严格要求的场合。

2. 高强度螺栓连接施工工具标定

高强度螺栓连接使用施加和控制预加拉力的方法有扭矩控制法和转角法，目前经常采用的方法是扭矩控制法。扭矩控制法是使用可以直接显示扭矩的特制扳手，并事先测定加在螺母上的紧固扭矩与导入螺栓中的预拉力之间的关系，为了补偿拉力可能出现的松弛，施加扭矩数值超过 5% ~ 10%，以控制扭矩来控制预拉力的方法。转角法是利用螺母的转动角度量与螺栓导入预拉力的关系，以控制螺母的转角来控制预拉力的方法，即先用普通扳手扭紧螺栓（初拧），使被连接件相互紧密贴合，再以初拧后的位置为起始点，用长扳手旋转螺母 1/2 ~ 2/3 圈（各种尺寸的螺栓所需螺母转数也要事先校核）。

由于高强度螺栓连接的实际接合部作业时，无法直接测定高强度螺栓的预拉力。为此，要根据螺栓的扭矩系数关系式（$T = KPd$），通过扭矩值去推定其预拉力。所以，在螺栓紧固后，只有通过检查和控制其扭矩值，以取代预拉力的测定。因此，紧固所使用的扳手一定要进行标定，以明确扭矩指示值。

（二）接触面加工处理

由于设计采用的高强度螺栓连接类型不同，所以对构件间的接触面加工处理要求也不同。其中承压型高强度螺栓连接设计荷载是以杆身不被剪坏和板不被压坏为准则；拉张型连接是以传递高强度螺栓轴向的内力方式来组合，它们与摩擦阻力无多大关系，因此对接触面的摩擦系数要求不高。但规范对采用摩擦型高强度螺栓连接的节点接触面有一定要求，在施工中对接触面的要求如下：

（1）摩擦面处理

高强度螺栓连接的形式和尺寸与普通螺栓连接基本上一样，所不同的是，在安装高强度螺栓时，必须将螺帽拧得很紧，使螺栓中的预拉力达到设计的预拉力值，预拉力值的大小约为屈服强度的80%左右，从而对构件连接处产生很高的预紧力。为了安装方便，孔径比螺栓杆大 1 ~ 2mm，螺栓杆与孔壁之间视为不接触，这样在外力的作用下，高强度螺栓连接就全靠构件连接处的接触面摩擦来防止发生滑动并传递内力。

摩擦面的处理是指高强度螺栓连接时对构件接触面的钢材表面加工。构件表面经过加工，使其接触外表面的抗滑系数达到设计要求的额定值，一般为 0.45 ~ 0.55。

摩擦面的处理方法常有：喷砂（抛丸）后生赤锈；喷砂后涂无机富锌漆；砂轮打磨；钢丝刷削除浮锈；火焰加热清理氧化皮；酸洗等。其中，以喷砂（抛丸）为最佳处理方法。

（2）接触面间隙与处理

由于摩擦型高强度螺栓连接的原理是靠对螺栓施加预拉力，根据作用力与反作用力相等的原理，从而对构件间接触面施加较大的压紧力，通过构件间的摩擦来阻止构件之间滑动达到传递内力的目的。因此，当构件与拼接板面有间隙时，则固定后有间隙处的摩擦面间压力减小，影响抗剪承载力。试验证明，当间隙不大于 1mm 时，它对受力摩擦面滑移影响不大，基本能达到内力正常传递；当间隙大于 1mm 时，抗滑力就要下降 10%。因此，当接触面有间隙时，应分别作如下处理：间隙不大于 1mm 时，可不处理；间隙大于 1mm 且不大于 3mm 时，应将高出部分磨成 1∶10 的斜面，打磨方向应与受力方向垂直；间隙大于 3mm 时，应加设垫板，垫板两面应作摩擦面处理，其方向与构件相同。

## 四、螺栓连接工程巡视与旁站检查

螺栓连接是钢结构施工中非常重要的一个环节，而且属于隐蔽工程，其施工质量好坏直接涉及结构的承载能力，直接关系到结构的安全与稳定性。所以监理工程师必须对钢结构的紧固件工程的质量控制高度重视，在螺栓连接工程施工过程中，监理工程师要加强巡视与旁站检查，并做好隐蔽工程检查验收记录。

（一）普通紧固件连接工程巡视与旁站检查

普通紧固件连接工程施工时，监理工程师应加强旁站和巡视，重点检查：

（1）紧固件原材料的质量；

（2）螺栓孔的成型质量；

（3）螺栓孔的位置是否符合设计要求；

（4）螺栓的排列是否合理，螺栓的中距、边距和端距是否符合规范的有关要求和设计要求；

（5）螺栓施拧是否达到要求；

（6）螺栓头下面放置垫圈一般不应多于 2 个，螺母头下的垫圈一般不应多于 1 个；对于设计有要求防松动的螺栓、锚固螺栓应采用有防松装置的螺母或弹簧垫圈，或用人工方法采取防松措施；对于承受动力荷载或重要部位的螺栓连接，应按设计要求放置弹簧垫圈，弹簧垫圈必须设置在螺母一侧；

（7）对于工字钢、槽钢等类型钢应尽量使用斜垫圈，使螺母和螺栓头部的支承面垂直于螺杆。

（二）高强度螺栓连接工程巡视与旁站检查

高强度螺栓连接工程属于隐蔽工程，高强度螺栓的预拉力是否达到设计要求直接影响结构的承载力，监理工程师必须加强见证、巡视和旁站检查工作。

1. 严格控制施工工具标定质量

高强度螺栓连接工程的各种扳手使用前、后，使用过程及保管、维修过程中，极容易产生输出扭矩值的误差，使用各类没有质量控制的扳手，必然会造成施拧预拉力的误差，这是高强度螺栓连接施工中必须要尽量避免的，因此扳手的标定是施工质量控制的重点，在这方面，监理工程师要重点掌握以下原则：

（1）没有标定过的扳手，不准投入使用。凡是没有标定过的扳手施拧的高强度螺栓，不能进行验收。

（2）施拧及检查用的扭矩扳手，无论是电动扳手，还是带响声或表盘扭矩扳手，班前必须校正标定，班后还须校验，以确定此扳手在使用过程中，扭矩是否有变化。

（3）当班后校验发现扭矩误差超过允许范围，则用此扳手施拧的螺栓应全部视为不合格。扳手重新校正后，是欠拧的应重新施拧，是超拧的高强度螺栓应全部更换，重新按要求施拧。

（4）施工用扳手在使用前标定，误差应控制在±3%以内，使用后校验，误差不应超过±5%；检查用扭矩扳手标定误差不应超过±3%。

2. 检查摩擦面处理情况

高强度螺栓连接的接触面加工处理对于提高高强度螺栓连接抗滑移能力有很大的作用。施拧前，监理工程师必须对接触面进行隐蔽工程检查验收，检查接触面的加工处理方法、摩擦面的保护及接触面间隙的处理等是否符合设计要求和规范规定。

3. 高强度螺栓的穿入，应在结构中心位置调整后进行，其穿入方向应以施工方便为准，力求一致；安装时要注意垫圈的正反面，即螺母带圆台面的一侧应朝向垫圈有倒角的一侧；对于大六角头高强度螺栓连接副靠近螺头一侧的垫圈，其有倒角的一侧朝向螺栓头。

4. 高强度螺栓的安装应能自由穿入孔，严禁强行穿入，如不能自由穿入时，该孔应用铰刀进行修整，修整后孔的最大直径应小于1.2倍螺栓直径。修孔时，为了防止铁屑落入板迭缝中，铰孔前应将四周螺栓全部拧紧，使板迭密贴后再进行，严禁气割扩孔。

5. 初拧与终拧检查

（1）高强度螺栓连接副的拧紧分初拧、终拧。对于大型节点应分为初拧、复拧、终拧。复拧扭矩等于初拧扭矩。初拧、复拧、终拧应在24h内完成。

（2）施拧一般应按螺栓群节点中心位置顺序向外拧紧的方法进行初（复）拧、终拧，终拧后应做好标志。

（3）初拧与终拧扭矩取值

1）扭剪型高强度螺栓初拧扭矩取值

扭剪型高强度螺栓的初拧扭矩按公式 $T_0 = 0.065 P_c d$ 计算。

2）扭剪型高强度螺栓终拧应采用扭剪电动扳手将尾部梅花头拧掉。但是，对于个别部位无法使用扭剪电动扳手的情况，则应按同直径高强度大六角头螺栓所采用的扭矩法施拧，扭矩系数为0.13。

3）高强度大六角头螺栓施工初拧扭矩一般取为终拧扭矩的50%左右。

4）高强度大六角头螺栓施工终拧扭矩按公式 $T_c = k P_c d$ 进行计算。

### 五、螺栓连接工程取样与检测

1. 钢结构用高强度大六角头螺栓连接副、扭剪型高强度螺栓连接副、钢网架用高强度螺栓、普通螺栓、铆钉、自攻钉、拉铆钉、射钉、锚栓、地脚螺栓等标准件及螺母、垫圈等标准配件进场后，监理工程师应对其品种、规格、性能等进行检查，产品验收必须有产品合格证，并注有制造厂名称、产品名称、产品规格标记、件数、制造出厂日期、产品质量标记。当对其质量有疑义或设计有要求时，按每一规格螺栓现场取样抽查8个进行复验。

2. 高强度大六角头螺栓连接副每批应随机抽取 8 套连接副进行扭矩系数复验。

3. 扭剪型高强度螺栓连接副应在施工现场待安装的螺栓批中随机取样，每批应抽取 8 套连接副进行预拉力复验。

4. 摩擦面抗滑移系数试验不只是制造或安装某一方做一次就可以了。它应该在制造前按批作抗滑移系数试验，其最小值应符合设计要求；出厂时应按批附 3 套与构件相同材质、相同处理方法的试件，钢构件进场后，安装单位要在监理工程师的见证下，对高强度螺栓连接的摩擦面取样进行复验，对于现场处理的构件摩擦面应在监理工程师的见证下单独进行摩擦面抗滑移系数试验，其最低值不得低于设计值。

5. 施工前，按出厂批号进行高强度大六角头螺栓连接副的扭矩系数平均值及标准偏差的计算，扭剪型高强度螺栓连接副的紧固轴力平均值及变异系数应符合标准。同时，大六角头高强度螺栓连接副的扭矩系数平均值作为施拧时扭矩计算的主要参数。

### 六、螺栓连接工程质量验收

（一）普通紧固件连接质量验收

螺栓连接是钢结构工程的主要分项工程之一，其施工质量直接影响着整个结构的安全，是质量过程控制的重要一环。

1. 主控项目

（1）普通紧固件连接用的普通螺栓、铆钉、自攻钉、拉铆钉、射钉、锚栓等标准件，其规格、品种、性能等应符合现行国家产品标准和设计要求。

检查数量：全数检查。

检验方法：检查产品的质量合格证明文件、中文标志及检验报告等。

（2）普通螺栓作为永久性连接螺栓时，当设计有要求或对其质量有疑义时，应进行螺栓实物最小拉力载荷复验，其结果应符合现行国家标准《紧固件机械性能 螺栓、螺钉和螺柱》GB/T 3098.1—2010 的规定。

检查数量：每一规格螺栓抽查 8 个。

检验方法：检查螺栓实物复验报告。

（3）连接薄钢板采用的自攻钉、拉铆钉、射钉等其规格尺寸应与被连接钢板相匹配，其间距、边距等应符合设计要求。

检查数量：按连接节点数抽查 1%，且不应少于 3 个。

检验方法：观察和尺量检查。

2. 一般项目

（1）永久性普通螺栓紧固应牢固、可靠，外露丝扣不应少于 2 扣。

检查数量：按连接节点数抽查 10%，且不应少于 3 个。

检验方法：观察和用小锤敲击检查。

（2）自攻螺钉、钢拉铆钉、射钉等与连接钢板应紧固密贴，外观排列整齐。

检查数量：按连接节点数抽查 10%，且不应少于 3 个。

检验方法：观察或用小锤敲击检查。

（二）高强度螺栓连接质量验收

1. 主控项目

（1）钢结构连接用的高强度大六角头螺栓连接副、扭剪型高强度螺栓连接副、钢网架用高强度螺栓等紧固标准件及螺母、垫圈等标准配件，其品种、规格、性能等应符合现行国家产品标准和设计要求。高强度大六角头螺栓连接副和扭剪型高强度螺栓连接副出厂时应分别随箱带有扭矩系数和紧固轴力（预拉力）的检验报告。

检查数量：全数检查。

检验方法：检查产品的质量合格证明文件、中文标志及检验报告等。

（2）高强度大六角头螺栓连接副应按规定检验其扭矩系数，其检验结果应符合规范规定。

检查数量：在施工现场待安装的螺栓批中随机抽取，每批随机抽取 8 套连接副进行复验。

检验方法：检查复验报告。

（3）扭剪型高强度螺栓连接副应按规范规定检验预拉力，其检验结果应符合规范规定。

检查数量：在施工现场待安装的螺栓批中随机抽取，每批应抽取 8 套连接副进行复验。

检验方法：检查复验报告。

（4）钢结构制作和安装单位应按规范规定分别进行高强度螺栓连接摩擦面的抗滑移系数试验和复验，现场处理的构件摩擦面应单独进行摩擦面抗滑移系数试验，其结果应符合设计要求。

检查数量：制造厂和安装单位应分别以钢结构制造批为单位进行抗滑移系数试验。制造批可按分部（子分部）工程划分规定的工程量每 2 000t 为一批，不足 2 000t 的可视为一批。选用两种及两种以上表面处理工艺时，每种处理工艺应单独检验。每批三组试件。

检验方法：检查摩擦面抗滑移系数试验报告和复验报告。

此项检查为《钢结构工程施工质量验收规范》GB 50205—2001 的强制性条文，监理工程师要按规范的要求严格检查验收。

（5）高强度大六角头螺栓连接副终拧完成 1h 后、48h 内应进行终拧扭矩检查，检查结果应符合《钢结构工程施工质量验收规范》GB 50205—2001 的规定。

检查数量：按节点数抽查 10%，且不应少于 10 个；每个被抽查节点按螺栓数抽查 10%，且不应少于 2 个。

检验方法：按《钢结构工程施工质量验收规范》GB 50205—2001 的规定方法进行检验。扭矩检查常采用扭矩法。即先在螺母与螺杆的相对应位置划一条直线，然后将螺母拧松 60°，再拧回到原位（即与该直线重合）时测得的扭矩，该扭矩与施工扭矩的偏差在施工扭矩的 10% 范围内即为合格。

（6）扭剪型高强度螺栓连接副终拧后，除因构造原因无法使用专用扳手终拧掉梅花头者外，未在终拧中拧掉梅花头的螺栓数不应大于该节点螺栓数的 5%。对所有梅花头未拧掉的扭剪型高强度螺栓连接副应采用扭矩法或转角法进行终拧并作标记，且按规范的规定进行终拧扭矩检查。

检查数量：按节点数抽查 10%，但不应少于 10 个节点，被抽查节点中梅花头未拧掉的扭剪型高强度螺栓连接副全数进行终拧扭矩检查。

检验方法：观察检查及规范规定方法。

(7) 注意检查验收资料完整、准确

高强度螺栓连接副施工的原始检验验收记录，反映了钢结构高强度螺栓连接的一些具体数据与质量情况，是工程的重要档案资料，是验收的重要内容之一。整个高强度螺栓连接施工验收资料应包括以下材料：高强度螺栓质量保证书；高强度螺栓连接面抗滑移系数试验报告；高强度大六角头螺栓扭矩系数试验报告；扭剪型高强度螺栓预拉力复验报告；扭矩扳手标定记录；高强度螺栓施工记录；高强度螺栓连接工程质量检验评定表等。

2 一般项目

(1) 高强度螺栓连接副，应按包装箱配套供货，包装箱上应标明批号、规格、数量及生产日期。螺栓、螺母、垫圈外观表面应涂油保护，不应出现生锈和沾染赃物，螺纹不应损伤。

检查数量：按包装箱数抽查5%，且不应少于3箱。

检验方法：观察检查。

(2) 对建筑结构安全等级为一级，跨度40m及以上的螺栓球节点钢网架结构，其连接高强度螺栓应进行表面硬度试验，对8.8级的高强度螺栓其硬度应为HRC21~29；10.9级高强度螺栓其硬度应为HRC32~36，且不得有裂纹或损伤。

检查数量：按规格抽查8只。

检验方法：硬度计、10倍放大镜或磁粉探伤。

(3) 高强度螺栓连接副的施拧顺序和初拧、复拧扭矩应符合设计要求和国家现行行业标准《钢结构高强度螺栓连接技术规程》JGJ 82—2011的规定。

检查数量：全数检查资料。

检验方法：检查扭矩扳手标定记录和螺栓施工记录。

(4) 高强度螺栓连接副终拧后，螺栓丝扣外露应为2~3个丝扣，其中允许有10%的螺栓丝扣外露1扣或4扣。

检查数量：按节点抽查5%，且不应少于10个。

检验方法：观察检查。

(5) 高强度螺栓连接摩擦面应保持干燥、整洁，不应有飞边、毛刺、焊接飞溅物、焊疤、氧化铁皮、污垢等，除设计要求外摩擦面不应涂漆。

检查数量：全数检查。

检验方法：观察检查。

(6) 高强度螺栓应自由穿入螺栓孔。高强度螺栓孔不应采用气割扩孔，扩孔数量应征得设计同意，扩孔后的孔径不应超过1.2d（d为螺栓直径）。

检查数量：被扩螺栓孔全数检查。

检验方法：观察检查及用卡尺检查。

(7) 螺栓球节点网架总拼完成后，高强度螺栓与球节点应紧固连接，高强度螺栓拧入螺栓球内的螺纹长度不应小于1.0d（d为螺栓直径），连接处不应出现有间隙、松动等未拧紧情况。

检查数量：按节点数抽查5%，且不应少于10个。

检验方法：普通扳手及尺量检查。

# 第九章　钢结构加工与安装工程

## 第一节　钢结构零部件加工工程

制作过程是钢结构产品质量形成的过程，为了确保钢结构工程的制作质量，操作和质量控制人员应严格遵守制作工艺，执行"三检"制。

### 一、钢结构零部件加工工艺过程

（一）放样和号料

1. 放样

放样即是根据已审核过的施工详图，按构件（部件）的实际尺寸或一定比例画出该构件的轮廓或将曲面摊成平面，求出实际尺寸，作为制造样板、加工和装配工作的依据。

放样时以1:1的比例在样板台上弹出大样。当大样尺寸过大时，可分段弹出。

用作计量长度依据的钢盘尺，特别注意应经授权的计量部门校核，且附有偏差卡片，使用时按偏差卡片的记录数值校对其误差数。钢结构制作、安装、验收及土建施工用的量具，必须用同一标准进行鉴定，应有相同的精度等级。

2. 号料

以样板（样杆）为依据，在原材料上划出实样，并打上各制造厂内部约定的加工记号。号料的一般工作内容包括：检查核对材料；在材料上划出切割、铣、刨、弯曲、钻孔等加工位置；打孔冲孔；标注出零件的编号。

（二）切割和刨、铣加工

切割和刨、铣加工是将号料画线后的钢材分解成零件，并满足零件边缘质量要求的工序。

在钢结构制造厂中，一般情况下钢板厚度在 12～16mm 以下的直线性切割常采用剪切。气割多数是用于带曲线的零件或厚板的切割。各类型钢以及钢管等下料通常采用锯割，但是一些中小型角钢和圆钢等常常也采用剪切或气割方法。等离子切割主要用于熔点较高的不锈钢材料及有色金属，如铜或铝材料等切割。

（三）弯曲与矫正

1. 弯曲

将材料加工成一定角度或一定形状的工艺方法称弯曲。弯曲时根据材料的温度高低分冷弯和热弯；根据弯曲机械化程度不同可分为手工弯曲和机械弯曲；根据加工方法不同可分为压弯、折弯、滚弯和拉弯。

2. 矫正

钢结构（钢材）表面上如有不平、弯曲、扭曲、尺寸精度超过允许偏差的规定时，必须对有缺陷的构件（钢材）进行矫正，以保证钢结构或构件的质量。

（1）钢构件（钢材）变形原因

1）钢材残余应力引起变形

在钢厂轧制钢材的过程中，可能产生残余应力而引起变形。例如，轧制钢板时，当轧辊沿其长度方向受热不均匀，轧辊弯曲、轧辊调整设备失常等原因，造成轧辊间隙不一致，引起板料在宽度方向的压缩不均匀，压缩大的部分其长度方向的延伸也大。

2）钢材加工过程中引起变形

在加工钢板的过程中，例如将整张钢板割去某一部分后，也会由于使钢板在轧制时造成的内应力得到部分释放而引起变形。钢材经气割、焊接后也会产生变形。

3）钢结构焊接产生变形

焊接是钢结构制作过程中常用的连接方法。焊接是一种不均匀的加热过程，其加热是通过高温移动电弧热源进行的，在焊缝和焊缝附近的金属温度很高，其余大部分金属不受热，由于焊接时受热金属要膨胀，而周围不受热的金属则不膨胀，对受热金属膨胀起到了阻碍和抑制作用，受热金属由于膨胀受到抑制而产生了压缩塑性变形，其压缩塑性变形只能部分恢复，其结果是焊接完成冷却后，焊缝和焊缝附近的金属因收缩而缩短，造成焊件出现残余应力和残余变形。

4）钢构件（钢板）在运输、吊运、存放时处理不当也会引起变形。

（2）矫正原理和方法

假如钢材的厚度方向由很多层的纤维组成，各层纤维长度在任何一段距离内相等，则钢材必然是平直的。若各层纤维长度在某一段距离内不等，则钢材必然是弯曲的，因此，钢材变形后各层纤维的长度必然不等，其中一部分纤维较长，而另一部分纤维较短。矫正的目的就是通过外力或加热的作用，使钢材较短部分的纤维伸长或使较长部分的纤维缩短，最后使各层纤维的长度趋于相等。

矫正的方法很多，根据矫正时钢材的温度分冷矫正和热矫正两种。冷矫正是在常温下进行的矫正，冷矫正时会产生冷硬现象，适用于矫正塑性较好的钢材。对变形十分严重或脆性很大的钢材，如合金钢及长时间放在露天生锈的钢材等，因塑性较差不能用冷矫正。热矫正是将钢材加热至 700～1000℃ 的高温内进行的，当钢材弯曲变形大，钢材塑性差，或在缺少足够动力设备的情况下才应用热矫正。

此外，根据矫正时作用外力的来源和性质来分，矫正可分手工矫正、机械矫正、火焰矫正与高频热点矫正等。

（四）制孔

孔加工在钢结构制造中占有一定的比重，尤其是高强螺栓的采用，使孔加工不仅在数量上，而且在精度要求上都有了很大的提高。

制孔的方法一般有钻孔、冲孔、割孔。

**二、钢结构零部件加工过程巡视、旁站及监造**

（1）监理工程师要检查施工单位放样用尺是否经法定计量部门校验复核。钢结构工程制作所使用的计量器具必须合格，这里所说的"合格"不仅仅是制造意义上的合格，更重要的是指根据计量法规定的定期计量检验意义上的合格。因此制作、安装和检验单位应按有关规定，定期对所使用的计量器具送计量检验部门进行计量检定，所以监理工程师要检查施工单位放样用尺是否具有计量部门出具的校验复核证书，是否在检定有效期内使用。未经校验的用尺不得用于放样。

（2）不同的计量器具具有不同的使用要求。如钢卷尺在测量一定长度的距离时，应使用夹具和拉力计数器，否则，读数会有差异。此外，计量器具在使用中，若温度发生变化则会引起测量值的变化，所以，监理工程师在巡视和旁站时，要注意检查计量器具的使用要求和使用环境温度等条件的变化。

（3）施工单位放样画线后，监理工程师要根据设计图纸对画线进行复核，确保符合设计要求后方可允许施工单位进行加工。

（4）加工前，监理工程师要检查材料的质量，是否有弯曲或其他变形；如有弯曲或其他变形，则要求施工单位事先要进行矫正。

（5）加工过程中，监理工程师要进行加工巡视和旁站检查。重点要检查所选用的加工方法是否合理，机械设备工作是否正常，加工过程是否稳定。

（6）有些不在现场而在工厂进行加工的构件，为便于控制构件的加工质量，监理单位应根据与建设单位签订的构件监造阶段的委托监理合同，做好构件加工监造工作，监理工程师要进驻工厂。监理工程师要审查构件加工制造的生产计划和工艺方案，并报总监理工程师审批。要对主要或关键零件的生产工艺设备、操作规程和相关生产人员的上岗资格进行审查。监理工程师认为构件加工不符合质量要求时，应指令制造单位进行整改、返修或返工。

### 三、钢结构零部件质量检验

钢结构零部件的质量检验首先应对零部件的原材料进行质量检验验收，然后再对加工的各分项工程进行检验验收。

（一）零部件材料质量验收

1. 主控项目

（1）钢材、钢铸件的品种、规格、性能等应符合现行国家产品标准和设计要求。进口钢材产品的质量应符合设计和合同规定标准的要求。

检查数量：全数检查。

检验方法：检查质量合格证明文件、中文标志及检验报告等。

（2）对属于下列情况之一的钢材，应进行抽样复验，其复验结果应符合现行国家产品标准和设计要求。

1）国外进口钢材；

2）钢材混批；

3）板厚等于或大于40mm，且设计有Z向性能要求的厚板；

4）建筑结构安全等级为一级，大跨度钢结构中主要受力构件所采用的钢材；

5）设计有复验要求的钢材；

6）对质量有疑义的钢材。

检查数量：全数检查。

检验方法：检查复验报告。

2. 一般项目

（1）钢板厚度及允许偏差应符合其产品标准的要求。

检查数量：每一品种、规格的钢板抽查5处。

检验方法：用游标卡尺量测。

（2）型钢的规格尺寸及允许偏差符合其产品标准的要求。

检查数量：每一品种、规格的型钢抽查5处。

检验方法：用钢尺和游标卡尺量测。

（3）钢材的表面外观质量除应符合国家现行有关标准的规定外，尚应符合下列规定：

1）当钢材的表面有锈蚀、麻点或划痕等缺陷时，其深度不得大于该钢材厚度负允许偏差值的1/2；

2）钢材表面的锈蚀等级应符合现行国家标准《涂覆涂料前钢材表面处理 表面清洁度的目视评定 第1部分：未涂覆过的钢材表面和全面清除原有涂层后的钢材表面的锈蚀等级和处理等级》GB/T 8923.1—2001规定的C级及C级以上；

3）钢材端边或断口处不应有分层、夹渣等缺陷。

检查数量：全数检查。

检验方法：观察检查。

（二）切割质量验收

1. 主控项目

钢材切割面或剪切面应无裂纹、夹渣、分层和大于1mm的缺棱。

检查数量：全数检查。

检验方法：观察或用放大镜及百分尺检查，有疑义时作渗透、磁粉或超声波探伤检查。

2. 一般项目

（1）气割允许偏差应符合表9-1的规定。

检查数量：按切割面数抽查10%，且不应少于3个。

检验方法：观察检查或用钢尺、塞尺检查。

（2）机械剪切允许偏差应符合表9-2的规定。

| 气割允许偏差（mm） 表9-1 | |
|---|---|
| 项　　　目 | 允　许　偏　差 |
| 零件宽度、长度 | ±3.0 |
| 切割面平面度 | 0.05$t$，且不应大于2.0 |
| 割纹深度 | 0.3 |
| 局部缺口深度 | 1.0 |

注：$t$为切割面厚度。

| 机械剪切允许偏差（mm） 表9-2 | |
|---|---|
| 项　　　目 | 允　许　偏　差 |
| 零件宽度、长度 | ±3.0 |
| 边缘缺棱 | 1.0 |
| 型钢端部垂直度 | 2.0 |

检查数量：按切割面数抽查10%，且不应少于3个。

检验方法：观察检查或用钢尺、塞尺检查。

（三）矫正和成型质量验收

1. 主控项目

（1）碳素结构钢在环境温度低于 −16℃、低合金结构钢在环境温度低于 −12℃时，不应进行冷矫正和冷弯曲。碳素结构钢和低合金结构钢在加热矫正时，加热温度不应超过 900℃。低合金结构钢在加热矫正后应自然冷却。

检查数量：全数检查。

检验方法：检查制作工艺报告和施工记录。

（2）当零件采用热加工成型时，加热温度应控制在 900~1 000℃；碳素结构钢和低合金结构钢在温度分别下降到 700℃和 800℃之前，应结束加工；低合金结构钢应自然冷却。

检查数量：全数检查。

检验方法：检查制作工艺报告和施工记录。

2. 一般项目

（1）矫正后的钢材表面，不应有明显的凹面或损伤，划痕深度不得大于 0.5mm，且不应大于该钢材厚度负允许偏差的 1/2。

检查数量：全数检查。

检验方法：观察检查和实测检查。

（2）冷矫正和冷弯曲的最小曲率半径和最大弯曲矢高应符合《钢结构工程施工质量验收规范》GB 50205—2001 的规定。

检查数量：按冷矫正和冷弯曲的件数抽查 10%，且不应少于 3 个。

检验方法：观察检查和实测检查。

（3）钢材矫正后的允许偏差，应符合《钢结构工程施工质量验收规范》GB 50205—2001 的规定。

检查数量：按矫正件数抽查 10%，且不应少于 3 件。

检验方法：观察检查和实测检查。

（四）边缘加工质量验收

1. 主控项目

气割或机械剪切的零件，需要进行边缘加工时，其刨削量不应小于 2.0mm。

检查数量：全数检查。

检验方法：检查工艺报告和施工记录。

2. 一般项目

边缘加工允许偏差应符合表 9-3 的规定。

边缘加工允许偏差（mm）　　表 9-3

| 项　　目 | 允　许　偏　差 |
|---|---|
| 零件宽度、长度 | ±1.0 |
| 加工边直线度 | $l/3\,000$，且不应大于 2.0 |
| 相邻两边夹角 | ±6′ |
| 加工面垂直度 | $0.025t$，且不应大于 0.5 |
| 加工表面粗糙度 | $\overset{50}{\bigtriangledown}$ |

（五）管、球加工质量验收

1. 主控项目

（1）螺栓球成型后，不应有裂纹、褶皱、过烧。

检查数量：每种规格抽查 10%，且不应少于 5 个。

检验方法：10 倍放大镜观察检查或表面探伤。

（2）钢板压成半圆球后，表面不应有裂纹、褶皱；焊接球其对接坡口应采用机械加工，对接焊缝表面应打磨平整。

检查数量：每种规格抽查10%，且不应少于5个。

检验方法：10倍放大镜观察检查或表面探伤。

2. 一般项目

（1）螺栓球加工允许偏差应符合表9-4的规定。

螺栓球加工允许偏差（mm）　　　　　　　　　　　　　　　表9-4

| 项　　　目 | | 允　许　偏　差 | 检　验　方　法 |
|---|---|---|---|
| 圆　　度 | $d \leqslant 120$ | 1.5 | 用卡尺和游标卡尺检查 |
| | $d > 120$ | 2.5 | |
| 同一轴线上两铣平面平行度 | $d \leqslant 120$ | 0.2 | 用百分表V形块检查 |
| | $d > 120$ | 0.3 | |
| 铣平面距球中心距离 | | ±0.2 | 用游标卡尺检查 |
| 相邻两螺栓孔中心线夹角 | | ±30′ | 用分度头检查 |
| 两铣平面与螺栓孔轴线垂直度 | | 0.005r | 用百分表检查 |
| 球毛坯直径 | $d \leqslant 120$ | +2.0<br>-1.0 | 用卡尺和游标卡尺检查 |
| | $d > 120$ | +3.0<br>-1.5 | |

检查数量：每种规格抽查10%，且不应少于5个。

检验方法：见表9-4。

（2）焊接球加工允许偏差应符合表9-5的规定（表9-5）。

检查数量：每种规格抽查10%，且不应少于5个。

检验方法：见表9-5。

（3）钢网架（桁架）用钢管杆件加工允许偏差应符合表9-6的规定。

焊接球加工允许偏差（mm）　表9-5

| 项　　目 | 允许偏差 | 检验方法 |
|---|---|---|
| 直　　径 | ±0.005d<br>±2.5 | 用卡尺和游标卡尺检查 |
| 圆　　度 | 2.5 | 用卡尺和游标卡尺检查 |
| 壁厚减薄量 | 0.13t，且不应大于1.5 | 用卡尺和测厚仪检查 |
| 两半球对口错边 | 1.0 | 用套模和游标卡尺检查 |

钢网架（桁架）用钢管杆件加工允许偏差（mm）<br>表9-6

| 项　　目 | 允许偏差 | 检验方法 |
|---|---|---|
| 长　　度 | ±1.0 | 用钢尺和百分表检查 |
| 端面对管轴的垂直度 | 0.005r | 用百分表V形块检查 |
| 管口曲线 | 1.0 | 用套模和游标卡尺检查 |

检查数量：每种规格抽查 10% , 且不应少于 5 根。

检验方法：见表 9-6 所示。

（六）制孔质量验收

1. 主控项目

A、B 级螺栓孔（I 类孔）应具有 H12 的精度，孔壁表面粗糙度 $R_a$ 不应大于 12.5 $\mu$m。其孔径允许偏差应符合表 9-7 的规定。

C 级螺栓孔（Ⅱ类孔），孔壁表面粗糙度 $R_a$ 不应大于 25 $\mu$m。其允许偏差应符合表 9-8 的规定。

A、B 级螺栓孔径允许偏差（mm）　　表 9-7

| 螺栓公称直径、螺栓孔直径 | 螺栓公称直径允许偏差 | 螺栓孔直径允许偏差 |
|---|---|---|
| 10 ~ 18 | 0.00<br>- 0.21 | + 0.18<br>0.00 |
| 18 ~ 30 | 0.00<br>- 0.21 | + 0.21<br>0.00 |
| 30 ~ 50 | 0.00<br>- 0.25 | + 0.25<br>0.00 |

C 级螺栓孔径允许偏差（mm）

表 9-8

| 项　　目 | 允　许　偏　差 |
|---|---|
| 直　径 | + 1.0<br>0.0 |
| 圆　度 | 2.0 |
| 垂直度 | 0.03$t$，且不应大于 2.0 |

检查数量：按钢构件数量抽查 10% , 且不应少于 3 件。

检验方法：用游标卡尺或孔径量规检查。

2. 一般项目

（1）螺栓孔孔距允许偏差应符合表 9-9 的规定。

检查数量：按钢构件数量抽查 10% , 且不应少于 3 件。

检验方法：用钢尺检查。

螺栓孔孔距允许偏差（mm）　　　　　　　表 9-9

| 螺栓孔孔距范围 | ≤500 | 501 ~ 1 200 | 1 201 ~ 3 000 | > 3 000 |
|---|---|---|---|---|
| 同一组内任意两孔间距离 | ± 1.0 | ± 1.5 | — | — |
| 相邻两组的端孔间距离 | ± 1.5 | ± 2.0 | ± 2.5 | ± 3.0 |

注：1. 在节点中连接板与一根杆件相连的所有螺栓孔为一组；

2. 对接接头在拼接板一侧的螺栓孔为一组；

3. 在两相邻节点或接头间的螺栓孔为一组，但不包括上述两款所规定的螺栓孔；

4. 受弯构件翼缘上的连接螺栓孔，每米长度范围内的螺栓孔为一组。

（2）螺栓孔孔距的允许偏差超过表 9-9 规定的允许偏差时，应采用与母材材质相匹配的焊条补焊后重新制孔。

检查数量：全数检查。

检验方法：观察检查。

## 第二节 钢结构组装工程

钢结构构件的组装是遵照施工图的要求，把已加工完成的各零件或半成品构件，用组装的手段组合成独立成品的过程。组装根据构件特性以及组装程度，可分为部件组装、组装和预总装。

部件组装是组装的最小单元组合，它由两个或两个以上零件按施工图的要求组装成为半成品的结构部件。

组装是把零件或半成品按施工图的要求组装成为独立的成品构件。

预总装是根据施工总图把相关的两个以上成品构件，在工厂制作场地上，按其各构件空间位置总装起来。其目的是实际地反映出各构件的组装节点，保证构件安装质量。目前已广泛使用在采用高强度螺栓连接的钢结构构件制造中。

### 一、钢结构组装工艺过程

钢结构构件组装通常使用的方法有下面几种：

（1）地样组装方法

地样组装法是组装中常用的一种方法，它是将构件的形状按1∶1的实际尺寸直接绘制在组装平台上，然后根据零件间接合线的位置进行组装。地样组装法适用于桁架式结构的组装。

（2）仿形复制组装法

对于断面形状对称的结构，如屋架、梁柱等结构，可以用仿形复制法组装。先组装成单面结构，然后以此为样板组装另一面。

（3）立装

立装是自下而上的一种组装方法，适用于高度不大的结构。立装又有正装和倒装之分。正装就是按产品作用时的位置自下而上地进行组装，这种方法适用于下部的基础较大，且易放置平稳的结构。倒装就是把结构按使用时的方向倒过来进行组装，这种方法适用于结构的上部体积比下部大或正装时不易放稳的结构。

（4）卧装

卧装又称平装，适用于断面不大但长度较长的细长构件。这样，构件采用卧装要比立装方便得多。

（5）胎模组装法

胎模组装法适用于产量大和定型产品的组装。组装时，零件的相互位置是靠胎具定位，所以大大提高了组装工作效率，保证了产品质量，同时也易于实现机械化和自动化。

### 二、钢结构组装过程巡视与旁站检查

在钢结构构件的组装与预装过程中，监理工程师在巡视与旁站检查时要注意以下几个方面：

（1）对施工单位提交的组装方案进行审查和审批。重点检查组装次序、装配的支承与夹紧措施、装配方法等。组装时应督促施工单位按监理单位审批的组装方案进行组装。

（2）零部件在组装前应矫正其变形并符合控制偏差范围要求，接触表面和沿焊缝边缘每边 30~50mm 范围内应无铁锈、毛刺、冰雪、污垢和杂物，以保证构件的组装紧密贴合，符合质量标准。

（3）组装时，应有适当的工具和设备，如定位器、夹具、坚固的基础（或胎架）以保证组装有足够的精度。

（4）为减小变形，尽量采取小件组焊，经矫正后再大件组装。胎具及组装出的首件必须经过严格检验，方可大批进行装配工作。

（5）组装时的定位焊缝长度不应小于 40mm，间距宜为 300~600mm，定位焊缝厚度不应小于 3mm。

（6）板材、型材的拼接，应在组装前进行；构件的组装应在部件组装、焊接、矫正后进行，以便减少构件的焊接残余应力，保证产品的制作质量。

（7）为了保证隐蔽部位的质量，应经质控人员检查认可，签发隐蔽工程检查验收记录，方可封闭。构件的隐蔽部位应提前进行涂装。

（8）组装焊接时，监理工程师必须按照焊接工程的质量标准对焊接准备工作、焊工资格、焊接材料、焊接工艺、焊接方案等进行检查，对组装焊接参数进行监督检查，组装焊接完成后，要按焊缝质量检查标准进行质量验收。

（9）组装时采用紧固件连接时，监理工程师必须根据紧固件工程质量标准对组装过程进行旁站检查，尤其对于采用高强度螺栓连接的组装工程，必须严格按高强度螺栓的质量标准、工艺过程进行旁站检查，必要时要见证取样和平行检验，对高强度螺栓的预拉力、连接面的摩擦面处理等隐蔽工程进行逐一验收，高强度螺栓连接副要经现场取样复验合格后方可采用。

（10）装配时要求磨光顶紧的部位，其顶紧接触面应有 75% 以上的面积紧贴，用 0.3mm 的塞尺检查，其塞入面积应小于 25%，边缘间隙不应大于 0.8mm。

（11）拼装好的构件应立即用油漆在明显部位编号，写明图号、构件号和件数，以便查找。监理工程师要检查施工单位编号是否正确。

（12）组装焊接材料的选择。焊接材料的选择应按照施工图的要求选用，并应具有质量证明书或检验报告。制作施工单位必须按施工图的要求备料，不得随意变更，特别是酸性焊条和碱性焊条二者不得混杂使用，否则会造成严重的工程质量事故。焊接材料代换时必须经设计院同意，并应由设计单位签发材料代换通知单。

### 三、钢结构组装工程质量验收

（一）焊接 H 型钢质量验收

（1）焊接 H 型钢的翼缘板拼接缝和腹板拼接缝的间距不应小于 200mm。翼缘板拼接长度不应小于 2 倍板宽；腹板拼接宽度不应小于 300mm，长度不应小于 600mm。

检查数量：全数检查。

检验方法：观察和用钢尺检查。

（2）焊接 H 型钢允许偏差应符合表 9-10 的规定。

检查数量：按钢构件数抽查 10%，宜不应少于 3 件。

检验方法：用钢尺、角尺、塞尺等检查。

**焊接 H 型钢允许偏差（mm）** 表 9-10

| 项 目 | | 允 许 偏 差 | 图 例 |
|---|---|---|---|
| 截面高度 h | $h < 500$ | ±2.0 | |
| | $500 < h < 1000$ | ±3.0 | |
| | $h > 1000$ | ±4.0 | |
| 截面宽度 b | | ±3.0 | 见《钢结构工程施工质量验收规范》GB 50205—2001 附录 C 中表 C.0.1 |
| 腹板中心偏移 | | 2.0 | |
| 翼缘板垂直度 Δ | | $b/100$，且不应大于 3.0 | |
| 弯曲矢高（受压构件除外） | | $l/1000$，且不应大于 10.0 | |
| 扭曲 | | $h/250$，且不应大于 5.0 | |
| 腹板局部平面度 f | $t < 14$ | 3.0 | |
| | $t \geq 14$ | 2.0 | |

（二）组装质量验收

1. 主控项目

吊车梁和吊车桁架不应下挠。

检查数量：全数检查。

检验方法：构件直立，在两端支承后，用水准仪和钢尺检查。

此项检查为《钢结构工程施工质量验收规范》GB 50205—2001 强制性条文，监理工程师要认真检查，严格控制质量。

2. 一般项目

（1）焊接连接组装的允许偏差应符合表 9-11 的规定。

**焊接连接制作组装的允许偏差（mm）** 表 9-11

| 项 目 | | 允 许 偏 差 | 图 例 |
|---|---|---|---|
| 对口错边 Δ | | $t/10$，且不应大于 3.0 | |
| 间隙 a | | ±1.0 | |
| 搭接长度 a | | ±5.0 | |
| 缝隙 Δ | | 1.5 | |
| 高度 h | | ±2.0 | |
| 垂直度 Δ | | $B/100$，且不应大于 3.0 | 见《钢结构工程施工质量验收规范》GB 50205—2001 附录 C 中表 C.0.2 |
| 中心偏移 e | | ±2.0 | |
| 型钢错位 | 连接处 | 1.0 | |
| | 其他处 | 2.0 | |
| 箱形截面高度 h | | ±2.0 | |
| 宽度 b | | ±2.0 | |
| 垂直度 Δ | | $B/200$，且不应大于 3.0 | |

检查数量：按构件数抽查 10%，且不应少于 3 个。

检验方法：用钢尺检验。

（2）顶紧接触面应有 75% 以上的面积紧贴。

检查数量：按接触面的数量抽查 10%，且不应少于 10 个。

检验方法：用 0.3mm 塞尺检查，其塞入面积应小于 25%，边缘间隙不应大于 0.8mm。

（3）桁架结构杆件轴线交点错位的允许偏差不得大于 3.0mm。

检查数量：按构件数抽查 10%，且不应少于 3 个，每个抽查构件按节点数抽查 10%，且不应少于 3 个节点。

检验方法：尺量检查。

（三）端部铣平及安装焊缝坡口质量验收

1. 主控项目

端部铣平的允许偏差应符合表 9-12 的规定。

检查数量：按铣平面数量抽查 10%，且不应少于 3 个。

检验方法：用钢尺、角尺、塞尺等检查。

2. 一般项目

（1）安装焊缝坡口允许偏差应符合表 9-13 的规定。

检查数量：按坡口数量抽查 10%，且不应少于 3 条。

检验方法：用焊缝量规检查。

端部铣平允许偏差（mm）　　　　表 9-12

| 项　　　目 | 允许偏差 |
|---|---|
| 两端铣平时构件长度 | ±2.0 |
| 两端铣平时零件长度 | ±0.5 |
| 铣平面的平面度 | 0.3 |
| 铣平面对轴线的垂直度 | $l/1\,500$ |

安装焊缝坡口允许偏差

表 9-13

| 项　　　目 | 允许偏差 |
|---|---|
| 坡口角度 | ±5° |
| 钝　边 | ±1.0mm |

（2）外露铣平面应防锈保护。

检查数量：全数检查。

检验方法：观察检查。

（四）钢构件外形尺寸质量验收

1. 主控项目

钢构件外形尺寸主控项目允许偏差应符合表 9-14 的规定。

检查数量：全数检查。

检验方法：用钢尺检查。

2. 一般项目

钢构件外形尺寸一般项目的允许偏差应符合《钢结构工程施工质量验收规范》GB 50205—2001 的规定。

检查数量：按构件数量抽查 10%，且不应少于 3 件。

检验方法：见《钢结构工程施工质量验收规范》GB 50205—2001 附录 C 中表 C. 0. 3 ~ 表 C. 0. 9。

钢构件外形尺寸主控项目允许偏差（mm）　　　　表 9-14

| 项　　　　目 | 允　许　偏　差 |
|---|---|
| 单层柱、梁、桁架受力支托（支承面）表面至第一个安装孔距离 | ±1.0 |
| 多节柱铣平面至第一个安装孔距离 | ±1.0 |
| 实腹梁两端最外侧安装孔距离 | ±3.0 |
| 构件连接处的截面几何尺寸 | ±3.0 |
| 柱、梁连接处的腹板中心线偏移 | 2.0 |
| 受压构件（杆件）弯曲矢高 | $l/1\,000$，且不应大于 10.0 |

## 第三节　钢结构安装工程

### 一、钢结构预拼装

（一）钢结构预拼装工艺

为了保证安装的顺序进行，应根据构件或结构的复杂程度、设计要求或合同协议规定，在构件出厂前进行预拼装。另外，大型钢结构构件，由于运输条件限制、现场安装条件等因素，不能整件出厂而必须分成单元，再由各个单元组成整体，连接形式可以是普通螺栓连接、高强度螺栓连接、焊接或铆接。

在制造厂内分单元制造，由于各单元制造误差不尽相同，会造成各单元安装连接上的困难。为确保钢结构总体安装精度，在制造厂内预拼装是必要的。这样可以减少工地现场多余往返，也保证了工程进度。

试组装不仅在于确保总体安装，有些结构的加载试验也在工厂总体组装后进行，如高压输电铁塔。

不是所有钢结构都必须在工厂内要预拼装的，如框架、空间结构、工业厂房等大型多单元钢结构，在工厂条件下无法实现预拼装，这只能靠制作加工精度来保证。在检查中尤其要保证连接部位的加工精度。

（二）钢结构预拼装工程巡视与旁站检查

（1）预装的构件必须是经监理工程师检查并确认符合图纸尺寸和构件精度要求。需预拼装的相同构件应随机抽装。

（2）为保证拼装的穿孔率，零件钻孔时可将孔径缩小一级（3mm），在拼装定位后进行扩孔，扩到设计孔径尺寸。施工中错孔在 3mm 以内时，一般都用铰刀铣孔或锉刀锉孔，其孔径扩大不得超过原孔径的 1.2 倍；错孔超过 3mm，可采用与母材材质相匹配的焊条补焊堵孔，修磨平整后重新打孔。

（3）预拼装所用的支承凳或平台应测量找平，预拼装时不得用大锤锤击，检查时应拆除全部临时固定和拉紧装置。

（4）预拼装的构件应处于自由状态，不得强行固定。预装时，构件应在自由状态条件下进行（特别是网架结构），预装结果应符合《钢结构工程施工质量验收规范》GB 50205—2001 及有关标准规定。

（5）预装检查合格后，应根据预装结果标注中心线、控制基准线等标记，必要时应设置定位器，以便于按预拼装的结果进行安装。

（6）对跨度大于 40m 的重要建筑物网架预装时，最大焊接球或螺栓球节点必须进行复验。

（三）钢结构预拼装质量验收

1. 主控项目

高强度螺栓或普通螺栓连接的多层板叠，应采用试孔器进行检查，并应符合下列规定：

（1）当采用比孔公称直径小 1.0mm 的试孔器检查时，每组孔的通过率不应小于 85%；

（2）当采用比螺栓公称直径大 0.3mm 的试孔器检查时，通过率应为 100%。

检查数量：按预拼装单元全数检查。

检验方法：采用试孔器检查。

2. 一般项目

钢结构预拼装允许偏差应符合表 9-15 的规定。

检查数量：按预拼装单元全数检查。

检验方法：见表 9-15 所示。

**钢结构预拼装允许偏差（mm）**　　　　　　　　　　　　　　表 9-15

| 构件类型 | 项　　目 | | 允许偏差 | 检验方法 |
|---|---|---|---|---|
| 多节柱 | 预拼装单元总长 | | ±5.0 | 用钢尺检查 |
| | 预拼装单元弯曲矢高 | | $l/1500$，且不应大于 10.0 | 用拉线和钢尺检查 |
| | 接口错边 | | 2.0 | 用焊缝量规检查 |
| | 预拼装单元桩身扭曲 | | $h/200$，且不应大于 5.0 | 用拉线、吊线和钢尺检查 |
| | 顶紧面至任一牛腿距离 | | ±2.0 | |
| 梁、桁架 | 跨度最外两端安装孔或两端支承面最外侧距离 | | +5.0<br>−10.0 | 用钢尺检查 |
| | 接口截面错位 | | 2.0 | 用焊缝量规检查 |
| | 拱 度 | 设计要求起拱 | $±l/5000$ | 用拉线和钢尺检查 |
| | | 设计未要求起拱 | $l/2000$<br>0 | |
| | 节点处杆件轴线错位 | | 4.0 | 画线后用钢尺检查 |

续表

| 构件类型 | 项 目 | 允许偏差 | 检验方法 |
|---|---|---|---|
| 管 构 件 | 预拼装单元总长 | ±5.0 | 用钢尺检查 |
| | 预拼装单元弯曲矢高 | $l/1500$，且不应大于10.0 | 用拉线和钢尺检查 |
| | 对口错边 | $t/10$，且不应大于3.0 | 用焊缝量规检查 |
| | 坡口间隙 | +2.0<br>-1.0 | |
| 构件平面<br>总体预拼装 | 各楼层柱距 | ±4.0 | 用钢尺检查 |
| | 相邻楼层梁与梁之间距离 | ±3.0 | |
| | 各层间框架两对角线之差 | $H/2000$，且不应大于5.0 | |
| | 任意两对角线之差 | $\Sigma H/2000$，且不应大于8.0 | |

## 二、单层钢结构安装

钢结构工程项目分为制作和安装两个阶段。这两个阶段往往是在两个不同的单位分别进行。前一阶段是钢结构的各种单体（组合体）构件的制作，是提供钢结构产品的商品化阶段；后一阶段是将各个单体（组合体）构件组合成一个整体，其除具有商品化的性质外，所提供的整体建筑物将直接投入生产使用。安装上出现的质量问题有可能成为永久性缺陷，同时，钢结构安装工程具有作业面广、工序作业点多、交叉立体作业复杂、工程规模大小不一、结构形式各异等特点，因此，钢结构安装过程中更要重视质量控制。

（一）单层钢结构安装工艺过程

1. 构件原材料检验

安装之前，监理工程师要对材料进行检查，在确保钢构件的原材料符合设计及标准的要求后，方可允许内运堆存。构件制作完毕后，监理工程师应根据施工图的要求和《钢结构工程施工质量验收规范》GB 50205—2001 的规定，对成品进行检查和验收。成品的外形和几何尺寸偏差应符合规定。

钢构件的验收一般分两次进行：一次是钢构件焊接质量检验，诊断符合施工图和《建筑钢结构焊接技术规程》JGJ 81—2002 的规定后，对钢构件外观和外形尺寸进行检查；一次是在钢构件除锈、涂装、编号后，对涂装质量和涂装厚度进行检查。

构件出厂时，应按《钢结构工程施工质量验收规范》GB 50205—2001 的规定，提供下列技术文件：

（1）产品合格证；

（2）钢材和其他辅助材料（焊条、焊剂、螺栓、油漆等）质量证明书及必要的试验报告；

（3）施工和设计变更文件，设计变更的内容应在施工图中相应部位注明；有材料代换时，应将代换清单、批准文件一并列出；

（4）制作中对技术问题的处理协议书；

（5）一、二级焊缝的无损检测报告，高强度螺栓摩擦面抗滑移系数实测报告；

（6）主要构件验收记录；

（7）工厂拼装记录；

（8）构件发运清单和包装清单。

2. 组织设计交底和图纸会审

设计图纸是监理单位、设计单位和安装单位进行质量控制的重要依据。为了使安装单位熟悉有关的设计图纸，充分了解拟施工的工程特点、设计意图和工艺与质量要求，同时也为了在施工前能发现和减少图纸差错，防患于未然，事先能消灭图纸中的质量隐患，监理单位要组织设计单位向安装单位进行设计交底和图纸会审。设计交底应在工程安装前，由监理工程师组织设计单位向安装单位有关人员进行。设计交底程序是：首先由设计单位介绍设计意图、结构特点、施工及工艺要求、技术措施和有关注意事项及关键问题；再由施工单位提出图纸中存在的问题及疑点，以及需要解决的技术难题；然后通过三方研究和商讨，拟定出解决办法，并写出会议纪要，以作为对设计图纸的补充、修改以及安装的依据之一。

图纸会审是监理单位、设计单位和施工单位进行质量控制的重要手段，也是监理工程师和安装单位通过审查熟悉图纸，了解工程特点、设计意图和关键部位的工程质量要求，发现和减少设计差错的重要方法。施工图纸会审时，先由设计单位介绍设计意图、设计图纸、设计特点、对施工的要求和技术关键问题；然后，由各方代表对设计图纸中存在的问题及对设计单位的要求进行讨论、协商，解决存在的问题和澄清疑点，并写出会议纪要。对于图纸会审纪要中提出的问题，设计单位应通过书面形式进行解释或提交设计变更通知书。

3. 审查施工单位安装施工组织设计

安装施工组织设计是用于指导施工的文件，是钢结构安装过程中一个科学管理的方法。其内容上必须突出重点，抓住主要技术难点；在编制方法上必须贯彻群众路线；在贯彻执行上必须紧密结合本单位的施工条件和施工现场的实际，才能起到它应有的指导安装施工作用。监理工程师要重点审查安装质量保证体系、安全保证体系是否健全，安装现场总体布置是否合理，安装方案是施工组织设计审查的重中之重。安装方案的审查主要包括以下几个方面：

（1）施工顺序安排

施工顺序的安排包括总体施工顺序，主要、重要构件的吊装顺序和流水、次要构件的吊装顺序等。安装施工顺序要尽量避免干扰、浪费、质量影响，施工流向要合理，平面和立面上都要考虑安装质量保证和安全保证。

（2）机械设备选择

安装机械设备种类繁多、性能各异，选择安装机械设备时，除应考虑施工机械的技术性能、工作效率、工作质量、可靠性及维修难易、能量消耗以及安全、灵活等方面对施工质量的影响与保证外，还应考虑其数量配置对安装质量的影响和保证条件。

（3）吊装方法

吊装方法是安装方案的核心，合理的吊装方法应当是方法可行、符合现场条件及工艺要求，符合国家有关的安装工程施工规范和质量检验评定标准的有关规定，与所选择的施工机械设备和施工组织方式相适应，经济合理。

4. 钢结构构件成品检验

成品指工厂制作的结构产品，可根据起重能力、运输工具、道路状况、结构刚性等因素选择最大质量或最大外廓尺寸出厂。钢结构构件成品检验的依据是前期工作情况，如材料质量保证书、工艺措施、各道工序的自检记录等在完备无误的情况下进行成品检验。成品检验项目基本按该产品的国家标准或行业标准、设计要求的技术条件及使用状况决定，主要内容是外形尺寸、连接相关位置及变形量等。

5. 钢结构工厂预拼装检验

在制造厂内分单元制造，由于各单元制造误差不尽相同，会造成各单元安装连接上的困难。为确保钢结构总体安装精度，在制造厂内预拼装是必要的。监理工程师应按《钢结构工程施工质量验收规范》GB 50205—2001 或相关的设计文件、技术条件进行检验。

预拼装检验完毕后，可以请设计单位、安装单位、业主、监理单位或质量监督单位等有关单位共同验收。

6. 基础复测及垫板设置

由于钢结构工程专业性较强、安装难度大、工序复杂，需要有专项安装资质的施工单位进行施工，所以钢结构工程常常出现基础施工单位与上部安装单位是不同施工单位的情况。基于这种情况，监理工程师一定要做好基础检验交接工作。如果基础交接不好，往往不仅影响工程质量，而且容易出现基础施工单位与上部安装单位之间的矛盾和纠纷。所以，监理单位要组织安装单位和基础施工单位共同对基础进行检查交接。安装单位要根据基础施工单位提交的资料复核各项数据，发现问题要及时与基础施工单位沟通，及时处理问题，并做好垫板设置。基础交接的主要内容如下：

（1）复测混凝土基础的纵横轴线；

（2）复测基础预埋件的预埋尺寸、平整度及标高；

（3）复测预埋螺栓组的纵横轴线及螺杆的垂直度；

（4）检查混凝土试块试验报告，明确养护日期；

（5）设置好标高、调整垫板组，特别要注意吊车梁标高偏差的调整控制。每组垫板不得多于 5 块，垫板与基础面、柱底面的接触应平整、紧密。当采用成对斜垫板时，其叠合长度不应小于垫板长度的 2/3，二次浇筑混凝土前垫板间应焊接固定。当采用无收缩砂浆为底浆时的垫板，可不受上述限制。

7. 吊装就位

在基础交接及垫板处理后，采用合理的吊装方法和吊装设备将构件依次吊装到设计位置，用临时固定螺栓等使钢构件就位。

8. 测量调整

钢构件吊装就位后，不能立即就连接固定，而要由专业测量人员仔细测量，确保构件的位置符合设计要求，安装偏差在规范允许偏差之内后，方可连接固定。

9. 连接固定

经过反复测量和校正，确保符合要求后，可以采用高强度螺栓连接、焊接或其他连接方法进行固定。

10. 检验

所有构件安装固定后，要对照设计图纸对构件逐一检验，确保构件的位置关系符合设计要求，安装偏差在允许范围之内。

（二）起重机械与机具

常用起重机械一般有履带式起重机、塔式起重机、汽车式起重机、轮胎式起重机、叉车等。

（三）单层钢结构安装巡视与旁站检查

在单层钢结构安装过程中，监理工程师要加强巡视与旁站检查工作，以便及时掌握安装情况，做到及时发现问题、解决问题。监理工程师在巡视与旁站检查时要重点检查以下几个方面：

（1）要加强钢构件原材料的检查。钢构件原材料及构件加工制造后虽然已经监理工程师多次检查和质量验收，但在运输或吊装过程中，可能会造成构件的变形、扭曲甚至破坏。构件一旦出现变形、扭曲等现象，势必会影响安装精度，甚至安装不上。监理工程师巡视和旁站时，一旦发现钢材或钢构件出现变形、扭曲等现象，应要求安装单位拿出处理意见，并加以修正和处理，及时将有关情况向专业监理工程师或总监理工程师报告。

（2）组织安装单位、基础施工单位共同对基础进行检查和交接。监理工程师要仔细检查施工单位所放轴线、预埋件位置、标高是否准确，地脚螺栓的位置必须埋设准确，露出部分的丝扣应满足安装要求，并采取保护措施，不应产生锈蚀、弯曲和螺纹损伤等现象；所用测量仪器是否符合要求，是否具有法定计量部门的检测证明并在检测有效期内。及时向专业监理工程师和总监理工程师汇报基础交验情况。

（3）监督安装单位是否按监理工程师批准的施工组织设计及施工规范的要求进行施工，是否符合施工工艺要求。为了减少安装偏差和焊接应力，平面上应从建筑物中央向四周扩散安装，以利安装误差的消除。为保证结构的稳定性和构件不发生永久变形，每日完成的结构应能由梁、柱组成空间稳定体系，以保证其具有抗风稳定性和结构安全性。监理工程师要加强施工工序的检查和工序质量控制，并做好工序质量检查记录。

（4）构件吊装顺序

一般单层钢结构最佳的施工方法是先吊装竖向构件，后吊装平面构件，这样施工的目的是减少建筑物的纵向长度安装累积误差，保证工程质量。竖向构件吊装顺序：柱（混凝土、钢）→连系梁（混凝土、钢）→柱间钢支撑→吊车梁（混凝土、钢）→制动桁架→托架（混凝土、钢）等。单种构件吊装流水作业，既保证体系纵列形成排架、稳定性好，又能提高生产效率。平面构件吊装顺序：主要以形成空间结构稳定体系为原则，第一榀钢屋架→第二榀钢屋架→屋架间上下水平支撑、垂直支撑→屋面板→第一榀钢天窗架→第三榀钢屋架→屋盖支撑→屋面板→依次循环。

（5）监督吊装机械运转

钢结构安装工程中，吊装机械起到了十分重要的作用，吊装机械的性能、数量、配置等均直接影响安装工程的质量和效率。在单层钢结构安装过程中，监理工程师要注意检查吊装机械的运转情况，检查所采用的吊装设备配合是否正常，机械工作效率是否有效发挥。

（6）检查构件进场堆放

构件经验收合格后方可进场。进场后应进行编号，并要按构件类型、规格分类堆放，并挂牌明示，构件应放置在适当的支承台座上，以防止产生扭转或弯曲变形，监理工程师要督促施工单位做好构件的成品保护工作。

（7）检查吊点设置

构件在吊装前应选择好吊点，特别是轻钢结构单层厂房中的大跨度构件和整体起吊构件的吊点需经计算确定，构件起吊时应采取防止构件扭曲和损坏的措施。

（8）厂房吊车梁安装质量控制

钢吊车梁的安装质量与许多因素有关，如吊车梁的制作偏差、钢柱制作偏差、钢柱吊装偏差。对于单层厂房而言，牛腿标高将影响吊车梁标高，柱的位移和垂直度将导致吊车梁中心线的偏移，所以，凡是有吊车梁的工程，就应注意控制以下几点：

1）严格控制柱的定位轴线；

2）预测吊车梁的高度（支承处）及牛腿距柱底的高度，将其偏差放在垫块中处理；

3）认真控制钢柱的位移值和垂直度。

（9）安装工艺试验

安装测量校正、高强度螺栓安装、负温度下施工及焊接工艺等，应在安装前进行工艺试验或评定，并在此基础上制定相应的施工工艺或方案。

（10）检查二次浇筑质量

安装过程中，当结构形成空间刚度单元并连接固定后应进行偏差检查。偏差检查合格后，应及时对柱底板和基础顶面的空隙进行细石混凝土、灌浆料等二次浇筑。监理工程师应巡视和旁站检查二次浇筑细石混凝土的配合比、坍落度、浇筑的密实性及二次浇筑细石混凝土的养护情况。

（四）单层钢结构安装质量验收

单层钢结构安装工程可按变形缝或空间刚度单元等划分成一个或若干检验批。地下钢结构可按不同地下层划分检验批。钢结构安装检验批应在进场验收和焊接连接、紧固件连接、制作等分项工程验收合格的基础上进行验收。

安装时，必须控制屋面、楼面、平台等的施工荷载，施工荷载和冰雪荷载等严禁超过梁、桁架、楼面板、屋面板、平台铺板等的承载能力。

吊车梁或直接承受动力荷载的梁其受拉翼缘、吊车桁架或直接承受动力荷载的桁架其受拉弦杆不得焊接悬挂物和卡具等。

（五）基础和支承面质量验收

1. 主控项目

（1）建筑物的定位轴线、基础轴线和标高、地脚螺栓的规格及其紧固应符合设计要求。

检查数量：按柱基数抽查10%，且不应少于3个。

检验方法：用经纬仪、水准仪、全站仪和钢尺现场实测。

（2）基础顶面直接作为柱的支承面和基础顶面预埋钢板或支座作为柱的支承面时，其支承面、地脚螺栓（锚栓）位置允许偏差应符合表9-16的规定。

检查数量：按柱基数抽查10%，且不应少于3个。

检验方法：用经纬仪、水准仪、全站仪和钢尺实测。

（3）采用座浆垫板时，座浆垫板允许偏差应符合表9-17的规定。

275

检查数量：资料全数检查。按柱基数抽查 10%，且不应少于 3 个。

检验方法：用水准仪、全站仪、水平尺和钢尺现场实测。

支承面、地脚螺栓（锚栓）位置允许偏差（mm） 表 9-16

| 项 目 | | 允 许 偏 差 |
|---|---|---|
| 支 承 面 | 标 高 | ±3.0 |
| | 水平度 | l/1000 |
| 地脚螺栓（锚栓） | 螺栓中心偏移 | 5.0 |
| 预留孔中心偏移 | | 10.0 |

座浆垫板允许偏差（mm）

表 9-17

| 项 目 | 允许偏差 |
|---|---|
| 顶面标高 | 0.0 −3.0 |
| 水平度 | l/1000 |
| 位 置 | 20.0 |

（4）采用杯口基础，杯口尺寸允许偏差应符合表 9-18 的规定。

检查数量：按基础数抽查 10%，且不应少于 4 处。

检验方法：观察及尺量检查。

2. 一般项目

地脚螺栓（锚栓）尺寸偏差应符合表 9-19 的规定。地脚螺栓（锚栓）的螺纹应受到保护。

检查数量：按柱基数抽查 10%，且不应少于 3 个。

检验方法：用钢尺现场实测。

杯口尺寸允许偏差（mm） 表 9-18

| 项 目 | 允 许 偏 差 |
|---|---|
| 底面标高 | 0.0 −5.0 |
| 杯口深度 H | ±5.0 |
| 杯口垂直度 | H/100，且不应大于 10.0 |
| 位 置 | 10.0 |

地脚螺栓（锚栓）尺寸允许偏差（mm）

表 9-19

| 项 目 | 允 许 偏 差 |
|---|---|
| 螺栓（锚栓） 露出长度 | +30.0 0.0 |
| 螺纹长度 | +30.0 0.0 |

（六）安装和校正质量验收

1. 主控项目

（1）钢构件应符合设计要求和《钢结构工程施工质量验收规范》GB 50205—2001 的规定。运输、堆放和吊装等造成的钢构件变形及涂层脱落，应进行矫正和修补。

检查数量：按构件数抽查 10%，且不应少于 3 个。

检验方法：用拉线、钢尺现场实测或观察。

（2）设计要求顶紧的节点，接触面不应少于 70% 紧贴，且边缘最大间隙不应大于 0.8mm。

检查数量：按节点数抽查 10%，且不应少于 3 个。

检验方法：用钢尺及 0.3mm 和 0.8mm 厚的塞尺现场实测。

（3）钢屋（托）架、桁架、梁及受压杆件的垂直度和侧向弯曲矢高允许偏差应符合表 9-20 的规定。

检查数量：按同类构件数抽查 10%，且不应少于 3 个。

检验方法：用吊线、拉线、经纬仪和钢尺现场实测。

钢屋（托）架、桁架、梁及受压杆件垂直度和侧向弯曲矢高允许偏差（mm）　表 9-20

| 项　目 | 允　许　偏　差 | | 图　例 |
|---|---|---|---|
| 跨中垂直度 | $h/250$，且不应大于 15.0 | | 见《钢结构工程施工质量验收规范》GB 50205—2001 表 10.3.3 |
| 侧向弯曲矢高 $f$ | $l \leq 30m$ | $l/1000$，且不应大于 10.0 | |
| | $30m < l \leq 60m$ | $l/1000$，且不应大于 30.0 | |
| | $l > 60m$ | $l/1000$，且不应大于 50.0 | |

（4）单层钢结构主体结构的整体垂直度和整体平面弯曲的允许偏差应符合 9-21 的规定。

检查数量：对主要立面全部检查。对每个所检查的立面，除两列角柱外，尚应至少选取一列中间柱。

检验方法：采用经纬仪、全站仪等测量。

整体垂直度和整体平面弯曲允许偏差（mm）　　　　表 9-21

| 项　目 | 允　许　偏　差 | 图　例 |
|---|---|---|
| 主体结构的整体垂直度 | $H/1000$，且不应大于 25.0 | 见《钢结构工程施工质量验收规范》GB 50205—2001 表 10.3.4 |
| 主体结构的整体平面弯曲 | $L/1500$，且不应大于 25.0 | |

2. 一般项目

（1）钢柱等主要构件的中心线及标高基准点等标记应齐全。

检查数量：按同类构件数抽查 10%，且不应少于 3 件。

检验方法：观察检查。

（2）当钢桁架（梁）安装在混凝土柱上时，其支座中心对定位轴线的偏差不应大于 10mm；当采用大型混凝土屋面板时，钢桁架（梁）间距的偏差不应大于 10mm。

检查数量：按同类构件数抽查 10%，且不应少于 3 榀。

检验方法：用拉线和钢尺现场实测。

（3）钢柱安装的允许偏差应符合《钢结构工程施工质量验收规范》GB 50205—2001 附录 E 中表 E.0.1 的规定。

检查数量：按钢柱数抽查 10%，且不应少于 3 件。

检验方法：见《钢结构工程施工质量验收规范》GB 50205—2001 附录 E 中表 E.0.1。

（4）钢吊车梁或直接承受动力荷载的类似构件，其安装允许偏差应符合表 9-22 的规定。

钢吊车梁安装允许偏差（mm）　　　　　　　　　　表 9-22

| 项　　目 | | 允 许 偏 差 | 图　　例 | 检 验 方 法 |
|---|---|---|---|---|
| 梁的跨中垂直度 Δ | | h/500 | 见《钢结构工程施工质量验收规范》GB 50205—2001 附录 E 中表 E.0.2 | 用吊线和钢尺检查 |
| 侧向弯曲矢高 | | l/1500，且不应大于 10.0 | | 用拉线和钢尺检查 |
| 垂直上拱矢高 | | 10.0 | | |
| 两端支座中心位移 Δ | 安装在钢柱上时，对牛脚中心的偏移 | 5.0 | | |
| 两端支座中心位移 Δ | 安装在混凝土柱上时，对定位轴线的偏移 | 5.0 | | 用拉线和钢尺检查 |
| 吊车梁支座加劲板中心与柱子承压加劲板中心的偏移 Δ₁ | | t/2 | | 用吊线和钢尺检查 |

检查数量：按钢吊车梁数抽查 10%，且不应少于 3 榀。

检验方法：见表 9-22。

（5）檩条、墙架等次要构件安装允许偏差应符合表 9.23 的规定。

检查数量：按同类构件数抽查 10%，且不应少于 3 件。

检验方法：见表 9-23。

檩条、墙架等次要构件安装允许偏差（mm）　　　　　　表 9-23

| 项　　目 | | 允 许 偏 差 | 检 验 方 法 |
|---|---|---|---|
| 墙架立柱 | 中心线对定位轴线的偏移 | 10.0 | 用钢尺检查 |
| 墙架立柱 | 垂直度 | H/1000，且不应大于 10.0 | 用经纬仪或吊线和钢尺检查 |
| 墙架立柱 | 弯曲矢高 | h/1000，且不应大于 15.0 | 用经纬仪或吊线和钢尺检查 |
| 抗风桁架的垂直度 | | h/250，且不应大于 15.0 | 用吊线和钢尺检查 |
| 檩条、墙梁的间距 | | ±5.0 | 用钢尺检查 |
| 檩条的弯曲矢高 | | L/750，且不应大于 12.0 | 用拉线和钢尺检查 |
| 墙梁的弯曲矢高 | | L/750，且不应大于 10.0 | 用拉线和钢尺检查 |

注：1. H 为墙架立柱的高度；

　　2. h 为抗风桁架的高度；

　　3. L 为檩条或墙梁的长度。

（6）钢平台、钢梯、栏杆安装应符合现行国家标准《固定式钢梯及平台安全要求第 1 部分：钢直梯》GB 4053.1—2009、《固定式钢梯及平台安全要求第 2 部分：钢斜梯》GB 4053.2—2009 和《固定式钢梯及平台安全要求第 3 部分：工业防护栏杆及钢平台》GB

4053.3—2009 的规定。钢平台、钢梯和防护栏杆安装允许偏差应符合表 9-24 的规定。

钢平台、钢梯和防护栏杆安装允许偏差（mm） 表 9-24

| 项　目 | 允　许　偏　差 | 检　验　方　法 |
|---|---|---|
| 平台高度 | ±15.0 | 用水准仪检查 |
| 平台梁水平度 | l/1000，且不应大于 20.0 | 用水准仪检查 |
| 平台支柱垂直度 | H/1000，且不应大于 15.0 | 用经纬仪或吊线和钢尺检查 |
| 承重平台梁侧向弯曲 | l/1000，且不应大于 10.0 | 用拉线和钢尺检查 |
| 承重平台梁垂直度 | h/250，且不应大于 15.0 | 用吊线和钢尺检查 |
| 直梯垂直度 | l/1000，且不应大于 15.0 | 用吊线和钢尺检查 |
| 栏杆高度 | ±15.0 | 用钢尺检查 |
| 栏杆立柱间距 | ±15.0 | 用钢尺检查 |

检查数量：按钢平台总数抽查 10%，栏杆、钢梯按总长度各抽查 10%，但钢平台不应少于 1 个，栏杆不应少于 5m，钢梯不应少于 1 跑。

检验方法：见表 9-24。

（7）现场焊缝组对间隙允许偏差应符合表 9-25 的规定。

检查数量：按同类节点数抽查 10%，且不应少于 3 个。

检验方法：尺量检查。

（8）钢结构表面应干净，结构主要表面不应有疤痕、泥沙等污垢。

检查数量：按同类构件数抽查 10%，且不应少于 3 件。

检验方法：观察检查。

现场焊缝组对间隙允许偏差（mm） 表 9-25

| 项　目 | 允　许　偏　差 |
|---|---|
| 无垫板间隙 | +3.0 / 0.0 |
| 有垫板间隙 | +3.0 / -2.0 |

### 三、多层及高层钢结构安装工程

多层及高层钢结构高度较高，构件数量多，节点构造复杂，对构件的制作及安装比一般钢结构要求的精度更高，应由现代化、专业化程度高的钢结构制造和安装企业，在严格的质量管理下完成。

（一）多层及高层钢结构安装工艺

1. 熟悉图纸

由于多层及高层钢结构结构高度大、构件数量多、安装工艺复杂，所以一般说来，多层及高层钢结构施工图纸要比单层钢结构施工图纸复杂得多。多层及高层钢结构的安装应按设计施工图进行，并应遵守《高层民用建筑钢结构技术规程》JGJ 99—1998、《钢结构工程施工质量验收规范》GB 50205—2001 以及其他有关规范和规程的规定，所以要求安装单位在安装前必须仔细地识图、读图，只有消化吸收了施工图，才能做好多、高层钢结构的安装工作。实际安装过程中，当需要修改设计时，需经设计单位同意，并签署设计变更文件。

2. 审核施工组织设计

多层及高层钢结构安装单位在施工前应根据施工图编制安装施工组织设计。施工组织设计是指导安装工作的纲领性文件。在安装工艺比较复杂的多层及高层钢结构中，施工组织设计的作用更加突出。施工组织设计应包括以下内容：施工中依据的标准和规范，材料情况，场地布置，工艺流程，详细的焊接工艺要求，坡口标准，探伤标准以及制作与安装的偏差等。多层及高层钢结构安装施工组织设计是保证钢结构施工做到技术先进、经济合理、安全施工的前提，所以施工组织设计的编制一定要严谨科学、认真仔细，并经项目负责人、企业技术负责人及总承包单位审核后，再报业主和监理单位批准后方能有效。监理单位对安装工程施工组织设计的总平面规划、安装方案、机械设备选择、流水区段、人员组织、测量、安全施工进行重点审查，并提出书面审查意见，对编制不符合要求或不合理的安装施工组织设计，要求安装单位重新编制后报监理单位审查，监理单位审查合格后签署监理单位意见，安装单位在施工过程中应严格按照安装施工组织设计的内容组织施工，不得随意更改。

3. 原材料及构件检查验收

多层及高层钢结构的主要构件有钢柱、主次梁、支撑、剪力墙及压型钢板等。安装前应对构件进行详细检查验收。钢构件的检查验收不仅要检查构件的加工制作质量，而且要检查构件的外形尺寸，为制定安装方案提供准确依据。主要构件的长度和质量是钢结构制作、运输和安装的关键，除个别构件外，一般要求构件的长度控制在15m以内，单件构件的质量控制在12t以内。柱段的长度一般为2~3个楼层高度。为安装方便，柱的工地拼接点位置应设在横梁以上1~1.3m处。对一般框架梁，梁段的长度为柱间的距离；对于外框筒结构，一般周边采用间距为3m的密排柱，周边梁的跨度很小，通常将其切成两段，预先焊在柱子的相应位置上，在现场只作跨中螺栓连接。

和单层钢结构相比，多层及高层钢结构所承受的荷载较大，尤其是水平风荷载和地震作用将成为钢结构设计的主要荷载，从而使高层钢结构的钢材受力更加复杂，这对多层及高层钢结构的材质提出了更高的要求。多、高层钢结构所用钢材国产的主要为Q235等级B、C、D的碳素结构钢，以及Q345等级B、C、D、E的低合金高强度结构钢。在高层钢结构中使用进口钢材的情况较多，国外钢结构所用的钢材牌号和型号虽然不同，但冶炼方法、化学成分、机械性能和加工制作条件差别不大，钢材的强度基本一致。安装之前，要对钢材，尤其是进口钢材进行严格的检查和复验，确保符合国家有关标准规范后方可使用。

4. 基础检查验收

构件安装前，应对基础进行检查验收，按设计要求检查基础定位轴线、基础顶面标高、地脚螺栓定位尺寸等。地脚螺栓的位置必须埋设准确，露出部分的丝扣应满足安装要求，并采取保护措施，不应产生锈蚀、弯曲和损伤。

5. 安装和校正

（1）安装工作开始前，应对构件编号、外形尺寸、螺孔孔距、焊缝质量、摩擦面质量进行认真检查，发现问题及时矫正。并在构件表面弹出安装中心准线和标高基线等，作为构件就位校正的依据。

（2）为了减少高空安装量，在起重设备能力允许的条件下，宜采用扩大安装单元或串吊等安装方法，减少高空作业的起吊次数，提高结构的安装质量。

（3）安装荷载必须经过计算，对受力大的部位进行验算，采用专用吊具，防止构件在吊装中产生永久变形。

（4）柱、梁、楼梯等构件的连接板应附在构件上一起起吊，尺寸较大、重量较重的连接板可以用铰链固定在构件上，使能翻转过来即可安装。

（5）大型构件（如梁和柱等）安装后应立即进行校正，经过校正后的柱应用梁固定，立即拧紧永久螺栓，并紧固到构件接触面密合为止。

（6）安装校正过程中加力时，应采取不损伤构件的措施。

（7）高层钢结构的柱一般由多节柱组成，每一节柱的定位轴线均应从地面控制轴线直接引出，避免误差积累，以保证整根柱的偏差在允许范围内。

（8）高层钢结构安装测量时，应考虑日照、焊接等温度变化产生的热影响对构件伸缩和弯曲引起的变化，并在测量前通过试验，提出热影响参数，在施工组织设计中提出相应的措施。

（9）在楼面安装压型钢板前，在梁的上表面应放出压型钢板位置线，按设计规定的行距、列距顺序排放。相邻两列压型钢板的槽口必须对齐，使组合楼板下层主筋顺利通过。

（10）钢构件的安装和混凝土楼板的施工应相继进行，两项作业相距不宜超过5层。

（11）多、高层钢结构安装时，对楼面上堆放的安装设备和材料必须加以限制，不得超过结构允许的施工荷载限值。

（12）多、高层钢结构在同一单元的安装、校正、拴接、焊接全部完成并检验合格后，才可开始下一单元的安装。

6. 连接与固定

（1）多、高层钢结构连接多采用焊接或高强度螺栓连接。当需要在雨、雪、风等情况下进行焊接时，应采取防护措施。当设计无特殊要求时，现场焊接应以气体保护焊为主，以手工电弧焊为辅，以提高工效，保证焊接质量。

（2）对主要的焊接接头，应进行焊接工艺评定，制定有关焊接工艺参数和技术措施。在充分考虑减小焊接应力的前提下，从预留反变形量和对称焊接两方面控制焊接变形。

（3）焊缝在冷却到环境温度后方可进行质量检查。焊接的外观检查和无损探伤检测，应严格按照《高层民用建筑钢结构技术规程》JGJ 99—98 规定的标准进行。

（4）高强度螺栓在使用前应进行施工试验，复验扭矩系数的平均值和偏差值，并按平均值计算所需的施工扭矩；对扭剪型高强度螺栓应按国家标准复验紧固轴力的平均值和变异系数。

（5）构件安装中发现有孔眼错位现象时，不得强行将螺栓打入，以免损伤螺纹，应先用铰刀修孔，使螺栓能自由穿入。

（6）高强度螺栓的安装应按一定顺序施拧，宜由螺栓群中央向外逐个拧紧，并应在当天全部终拧完毕。高强度螺栓的紧固分初拧和终拧两次进行，初拧扭矩约为终拧扭矩的50%。对大型节点宜增加复拧工序，复拧扭矩等于初拧扭矩，目的在于保持初拧的扭矩值。初拧（复拧）结束后，扭剪型高强度螺栓使用专门机具，拧到螺栓尾部梅花头扭断为止；大六角头螺栓用扭矩法（转角法）进行终拧。为补偿预应力损失，用扭矩法可将施工扭矩增加 5% ~ 10% 。

（7）紧固后的高强度螺栓必须按规定进行检查，扭剪型高强度螺栓以目测尾部梅花头拧掉为合格；大六角头高强度螺栓终拧结束后，宜采用 0.3 ~ 0.5kg 的小锤逐个敲检，检查合格后的高强度螺栓必须作出标记。

（8）高层钢结构梁柱连接的栓焊混合节点，宜按先拧紧腹板上的高强度螺栓，再焊接梁翼缘焊缝的顺序施工，并使焊接热影响对高强度螺栓轴力的损失减少到最小。

（9）栓钉在焊接前应进行试验，取得正确焊接参数后，方允许在结构上焊接。要求穿透压型钢板的栓焊，钢板与构件必须紧密贴合。在压型钢板重叠处进行栓焊时，可先在压型钢板上开洞。

（二）多层及高层钢结构安装工程巡视与旁站检查

正是因为多层及高层钢结构构件品种多、型号多，吊装难度大，连接工艺复杂，所以监理工程师必须在多层及高层钢结构安装过程中加强巡视与旁站检查工作，确保安装符合设计要求和规范规定。

（1）监理工程师在安装巡视和旁站过程中，除了要重视安装质量检查外，还要高度重视安装的安全工作检查。提醒和督促安装单位在选用安装机械时，应根据最大起吊荷载、作业半径、作业效率、建筑规模等，确定安装机械的种类和台数，并对风荷载下起重机运转时的冲击荷载，采取安全措施。当采用内爬、外附塔式起重机安装高层钢结构时，应对机械重量、提升荷载、附着荷载、非工作状态荷载、地震荷载等对钢结构的影响进行必要验算，采取适当的技术措施，保证安装时结构和机械的安全。

（2）安装过程中，监理工程师要加强对构件进场和堆放的检查。接受构件时，安装单位应要求制造厂家提供产品合格证，监理工程师要根据产品合格证进行检查，当对构件的质量有疑义或设计有要求时，应对构件的质量进行复验；构件堆放时，应将构件放置在适当的支承台座上，以防构件产生扭转或弯曲变形等，监理工程师要重点检查构件堆放的环境条件；安装之前，监理工程师要对构件的外观质量进行检查，发现构件有扭曲、弯曲等变形时，应要求安装单位或制造商矫正后方可安装。

（3）多层及高层钢结构的测量复核。和单层钢结构安装相比，多层及高层钢结构的安装测量工作要复杂得多。测量是工程建设中一项十分重要的工作，测量的精度直接影响安装的质量。监理工程师一定要重视多层及高层钢结构的安装测量复核工作。多层及高层钢结构的测量复核通常有以下内容：

1）轴线投测

高层建筑物施工测量的主要工作是将建筑物基础轴线准确地向高层引测，并保证各层相应的轴线位于同一竖直面内，使轴线向上投测的偏差不超过允许偏差值。

高层建筑物的基础轴线是根据建筑方格网或矩形控制网测设的，量距精度要求较高，一般不得低于 1/10000。高层建筑物的基础工程完工后，须用经纬仪将建筑物主轴线精确地投测到建筑物的底部，并设立标志，以供下步施工与向上投测之用。另外，以主轴线为基准，重新把建筑物角点投测到基础底面，并对原来的柱列轴线进行复核。随着建筑物的升高，要逐层将轴线向上投测传递。向上投测的仪器是经纬仪或铅垂仪。

2）高程传递

高层建筑物安装中，传递高程的方法有以下几种：

①利用钢卷尺直接测量，即用钢卷尺沿某一柱脚自标高处起向上直接量取，把高程传递上去。

②悬吊钢卷尺法

在楼梯间悬吊钢卷尺，钢卷尺下端挂一重锤，使钢尺处于铅垂状态，用水准仪在上层和下层分别读取，把高程传递上去。

3）结构吊装测量

在高层吊装中，柱子的定位和校正是很重要的环节，直接关系到整个结构的质量。钢柱的定位校正时要注意以下几点：

①对每根钢柱随着工序流程、荷载变化，需要重复多次校正和观测垂直偏移值。首先在吊装就位后、焊接之前应对钢柱进行一次校正，偏差值在工艺控制范围之内。在吊装梁等构件后，都应进行测量，要确保柱的最终偏移值在规范规定的允许偏差范围之内。

②多节柱分别吊装时，要力求下节柱子位置正确，否则可能会导致上层形成无法矫正的累积偏差。每节柱的定位轴线应从地面控制轴线直接引上，不得从下层柱的轴线引上，以免产生累积误差。

（4）构件就位时，监理工程师要对照设计图纸对构件的位置、标高进行测量复核。要重点检查构件表面弹出的安装中心基准线及标高基线的准确性及与设计图纸的吻合性。

（5）钢框架吊装顺序。竖向构件标准层的钢柱一般为最重构件，由于起重机能力、制作、运输的限制，钢柱一般为 2～3 层为一节；对框架平面而言，除考虑结构本身刚度外尚需考虑塔吊爬升过程中框架稳定性及吊装进度，进行流水段划分。先组成标准的框架体，科学地划分流水段，向四周发展。

（6）在形成空间刚度单元后，应及时对柱底板和基础顶面的空隙进行细石混凝土灌浆料二次浇筑。在二次灌浆之前，监理工程师在巡视和旁站检查时，要反复核查柱的轴线是否符合设计要求，在确保无误后，才能同意安装单位进行二次灌浆。二次灌浆施工时，监理工程师重点检查细石混凝土、灌浆料的配合比是否符合设计强度要求，振捣是否充分，灌缝是否密实等。

（7）吊装过程中，监理工程师要重点检查构件吊点设置是否符合要求，尤其是吊装自重大的构件时，要求安装单位进行吊点验算，防止构件因吊点设置不当而在吊装过程中产生较大的挠度变形。在吊装上层构件时，要注意安装荷载的验算，尤其要注意楼层或其他构件上材料和构件的堆积荷载，防止造成对下层已安装固定构件的破坏。

（8）吊装时，要检查配件及连接板的配套情况。多层及高层钢结构中，节点连接是安装工作的重点，每个节点的连接构造可能各不相同，每个节点的连接板尺寸也可能千差万别，安装时要注意节点连接板与构件的配套问题。由于连接板的尺寸相对于构件而言要小得多，而且数量较多，许多安装单位经常将节点连接板集中吊装，这样往往出现节点连接板安置错误。所以，监理工程师在巡视和旁站时，应要求安装单位将柱、梁、楼梯等构件的连接板附在构件上一起吊装。

（9）焊接连接时，监理工程师要加强对焊接工艺的巡视检查。重点检查焊接前构件坡口的处理情况，焊接电流、焊条类型、焊剂种类等参数是否合理。焊缝连接完成后，监理工程师要等焊缝冷却到环境温度后对焊缝进行检查。焊缝的检查主要包括外观检查和无损探伤检查。

（10）高强度螺栓连接固定时，监理工程师更要做好巡视与旁站检查工作，要重视隐蔽工程的检查验收。高强度螺栓施工前，监理工程师要检查扳手的扭矩值标定工作，要求安装单位进行施工试验，复验扭矩系数的平均值和偏差值。安装前，监理工程师要重点检查连接摩擦面的处理情况，摩擦面不得有浮锈、灰尘、油污、涂料和焊接飞溅物，检查摩擦面的处理与设计要求是否一致，要确保摩擦面摩擦系数值达到设计要求。

（11）高强度螺栓施拧时，监理工程师一定要加强巡视和旁站检查。高强度螺栓连接的施拧质量直接关系到高强度螺栓预拉力的大小，直接影响高强度螺栓连接的承载力，高强度螺栓的施拧属于隐蔽工程。高强度螺栓连接副的紧固分初拧和终拧两次进行，对大型节点应分为初拧、复拧和终拧，复拧扭矩等于初拧扭矩。初拧、复拧和终拧应在24h内完成。施拧一般应按由螺栓群节点中心位置顺序向外拧紧的方法进行初（复）拧、终拧，终拧后应做好标记。紧固后的高强度螺栓应按规定进行检查，扭剪型高强度螺栓要检查螺栓尾部的梅花头是否拧断，大六角头高强度螺栓终拧后应用小锤进行敲击检查。

（12）栓钉与压型钢板的连接往往采用焊接，监理工程师应要求安装单位先进行焊接试验，取得合理的焊接参数后方可正式施焊，监理工程师要加强栓钉焊接的质量检查。栓钉焊接以四周熔化金属形成一个均匀小圈而无缺陷为合格，栓钉的高度偏差为±2mm，偏离垂直方向的倾斜角应小于5°。

（三）多层及高层钢结构安装工程质量验收

多层及高层钢结构安装工程可按楼层或施工段等划分为一个或若干检验批。地下钢结构可按不同地下层划分检验批。

柱、梁、支撑等构件的长度尺寸应包括焊接收缩余量等变形值。

钢结构安装检验批应在进场验收和焊接连接、紧固件连接、制作等分项工程验收合格的基础上进行验收。安装偏差的检测，应在结构形成空间刚度单元并连接固定后进行。

1. 基础和支承面质量验收

（1）主控项目

1）建筑物的定位轴线、基础上柱的定位轴线和标高、地脚螺栓（锚栓）的规格和位置、地脚螺栓（锚栓）紧固应符合设计要求。当设计无要求时，应符合表9-26的规定。

检查数量：按柱基数抽查10%，且不应少于3个。

检验方法：用经纬仪、水准仪、全站仪和钢尺实测。

定位轴线和标高、地脚螺栓（锚栓）允许偏差（mm）　　　　　　　　　表9-26

| 项　　　　目 | 允　许　偏　差 | 图　　　　例 |
|---|---|---|
| 建筑物定位轴线 | L/20000，且不应大于3.0 | 见《钢结构工程施工质量验收规范》GB 50205—2001 第 41 页表11.2.1 |
| 基础上柱的定位轴线 | 1.0 | |
| 基础上柱底标高 | ±2.0 | |
| 地脚螺栓（锚栓）位移 | 2.0 | |

2）多层建筑以基础顶面直接作为柱的支承面，或以基础面预埋钢板或支座作为柱的

支承面时，其支承面、地脚螺栓（锚栓）位置允许偏差应符合表9-16的规定。

检查数量：按柱基数抽查10%，且不应少于3个。

检验方法：用经纬仪、水准仪、全站仪、水平尺和钢尺实测。

3）多层建筑采用座浆垫板时，座浆垫板允许偏差应符合表9-17的规定。

检查数量：资料全数检查。按柱基数抽查10%，且不应少于3个。

检验方法：用水准仪、全站仪、水平尺和钢尺实测。

4）当采用杯口基础时，杯口尺寸允许偏差应符合表9-18的规定。

检查数量：按基础数抽查10%，且不应少于4处。

检验方法：观察及尺量检查。

（2）一般项目

地脚螺栓（锚栓）尺寸允许偏差应符合表9-19的规定。地脚螺栓（锚栓）的螺纹应受到保护。

检查数量：按柱基数抽查10%，且不应少于3个。

检验方法：用钢尺现场实测。

2. 安装和校正质量验收

（1）主控项目

1）钢构件应符合设计要求和《钢结构工程施工质量验收规范》GB 50205—2001的规定。运输、堆放和吊装等造成的钢构件变形及涂层脱落，应进行矫正和修补。

检查数量：按构件数抽查10%，且不应少于3个。

检验方法：用拉线、钢尺现场实测或观察。

2）柱子安装允许偏差应符合表9-27的规定。

检查数量：标准柱全部检查；非标准柱抽查10%，且不应少于3根。

检验方法：用全站仪或激光经纬仪和钢尺实测。

3）设计要求顶紧的节点，接触面不应少于70%紧贴，且边缘最大间隙不应大于0.8mm。

检查数量：按节点数抽查10%，且不应少于3个。

**柱子安装允许偏差（mm）**                                   表9-27

| 项　　　目 | 允　许　偏　差 | 图　　　例 |
|---|---|---|
| 底层柱柱底轴线对定位轴线偏移 | 3.0 | 见《钢结构工程施工质量验收规范》GB 50205—2001第43页表11.3.2 |
| 柱子定位轴线 | 1.0 | |
| 单节柱的垂直度 | $h/1\,000$，且不应大于10.0 | |

检验方法：用钢尺及0.3mm和0.8mm厚的塞尺现场实测。

4）钢主梁、次梁及受压杆件的垂直度和侧向弯曲矢高允许偏差应符合表9-20的规定。

检查数量：按同类构件数抽查10%，且不应少于3个。

检验方法：用吊线、拉线、经纬仪和钢尺现场实测。

5）多层及高层钢结构主体结构整体垂直度和整体平面弯曲允许偏差应符合表9-28的规定。

检查数量：对主要立面全部检查。对每个所检查的立面，除两列角柱外，尚应至少选取一列中间柱。

检验方法：对于整体垂直度，可采用激光经纬仪、全站仪测量，也可根据各节柱的垂直度允许偏差累计（代数和）计算。对于整体平面弯曲，可按产生的允许偏差累计（代数和）计算。

整体垂直度和整体平面弯曲允许偏差（mm）　　　　　表9-28

| 项　目 | 允许偏差 | 图例 |
|---|---|---|
| 主体结构的整体垂直度 | (H/2500 + 10.0)，且不应大于50.0 | 见《钢结构工程施工质量验收规范》GB 50205—2001 表11.3.5 |
| 主体结构的整体平面弯曲 | L/1500，且不应大于25.0 | |

（2）一般项目

1）钢结构表面应干净，结构主要表面不应有疤痕、泥沙等污垢。

检查数量：按同类构件数抽查10%，且不应少于3件。

检验方法：观察检查。

2）钢柱等主要构件的中心线及标高基准点等标记应齐全。

检查数量：按同类构件数抽查10%，且不应少于3件。

检验方法：观察检查。

3）钢构件安装允许偏差应符合表9-29的规定。

检查数量：按同类构件或节点数抽查10%。其中柱和梁各不应少于3件，主梁与次梁连接节点不应少于3个，支承压型金属板的钢梁长度不应少于5m。

检验方法：见表9-29所示。

多层及高层钢结构中构件安装允许偏差（mm）　　　　　表9-29

| 项　目 | 允许偏差 | 图　例 | 检验方法 |
|---|---|---|---|
| 上、下柱连接处的错口 Δ | 3.0 | 见《钢结构工程施工质量验收规范》GB 50205—2001 附录E中表E.0.5 | 用钢尺检查 |
| 同一层柱的各柱顶高度差 Δ | 5.0 | | 用水准仪检查 |
| 同一根梁两端顶面的高差 Δ | l/1000，且不应大于10.0 | | 用水准仪检查 |
| 主梁与次梁表面的高差 Δ | ±2.0 | | 用直尺和钢尺检查 |
| 压型金属板在钢梁上相邻列的错位 Δ | 15.00 | | 用直尺和钢尺检查 |

4）主体结构总高度允许偏差应符合表9-30的规定。

检查数量：按标准柱列数抽查10%，且不应少于4列。

检验方法：用全站仪、水准仪和钢尺实测。

多层及高层钢结构主体结构总高度允许偏差（mm）                 表 9-30

| 项　　　目 | 允　许　偏　差 | 图　　　例 |
|---|---|---|
| 用相对标高控制安装 | $\pm\Sigma\ (\Delta_h + \Delta_z + \Delta_W)$ | 见《钢结构工程施工质量验收规范》GB 50205—2001 附录 E 中表 E.0.6 |
| 用设计标高控制安装 | $H/1000$，且不应大于 30.0<br>$-H/1000$，且不应小于 $-30.0$ | |

注．1．$\Delta_h$ 为每节柱子长度的制造允许偏差；

2．$\Delta_z$ 为每节柱子长度受荷载后的压缩值；

3．$\Delta_W$ 为每节柱子接头焊缝的收缩值。

5）当钢构件安装在混凝土柱上时，其支座中心对定位轴线的偏差不应大于 10mm；当采用大型混凝土屋面板时，钢梁（桁架）间距的偏差不应大于 10mm。

检查数量：按同类构件数抽查 10%，且不应少于 3 榀。

检验方法：用拉线和钢尺现场实测。

6）多层及高层钢结构中钢吊车梁或直接承受动力荷载的类似构件，其安装允许偏差应符合表 9-22 的规定。

检查数量：按钢吊车梁数抽查 10%，且不应少于 3 榀。

检验方法：见表 9-22。

7）多层及高层钢结构中檩条、墙架等次要构件安装允许偏差应符合表 9-23 的规定。

检查数量：按同类构件数抽查 10%，且不应少于 3 件。

检验方法：见表 9-23。

8）多层及高层钢结构中钢平台、钢梯、栏杆安装应符合现行国家标准《固定式钢梯及平台安全要求第 1 部分：钢直梯》GB 4053.1—2009、《固定式钢梯及平台安全要求第 2 部分：钢斜梯》GB 4053.2—2009 和《固定式钢梯及平台安全要求第 3 部分：工业防护栏杆及钢平台》GB 4053.3—2009 的规定。钢平台、钢梯和防护栏杆安装允许偏差应符合表 9-24 的规定。

检查数量：按钢平台总数抽查 10%，栏杆、钢梯按总长度各抽查 10%，但钢平台不应少于 1 个，栏杆不应少于 5m，钢梯不应少于 1 跑。

检验方法：见表 9-24。

9）多层及高层钢结构中现场焊缝组对间隙允许偏差应符合表 9-25 的规定。

检查数量：按同类节点数抽查 10%，且不应少于 3 个。

检验方法：尺量检查。

## 四、钢网架结构安装

网架结构是以多根杆件按照一定的规律组合而成的网格状高次超静定结构。钢网架结构之所以能在大跨度结构中得到越来越广泛的应用，首先是因为网架能起空间作用，由于所有的杆件都能参与工作而具有良好的受力性能，能够充分发挥钢材抗拉能力强的特点，其刚度和整体性优于一般平面结构，能有效地承受各种非对称荷载、集中荷载和动荷载，网架中所有杆件的整体受力在地震作用下也显示了它优异的抗震特性；其次，网架结构的制作安装比较方便，杆件与节点都可在工厂生产，使现场的工作量降到最低；最后，网架结构的平面布置灵活，不论是方形、矩形、圆形、多边形的建筑平面都可以用网架组成，并能满足建筑功能与造型的要求，尤其是对建筑功能有特殊要求的大跨度或大柱网的屋盖，其优越性更为突出。

网架结构的施工要比一般的平面结构复杂，因为它在拼成整体之前还不能起到空间作用。

（一）钢网架安装工艺

1. 小拼单元划分

根据焊接工作应尽量在工厂或预制拼装场内进行的原则，网架的拼装，多数均采用小拼及总拼等施工顺序，有的情况还有中拼（例如分条块状单元时）。一般来说，小拼、中拼以在工厂或预制拼装场内进行为好，因为工厂或预制拼装场内有起重设备，可以翻身焊接，争取较多的平焊，焊接质量比较有保证。

小拼单元应在专用的胎具上进行拼装，小拼胎具有两种类型，即平台型与转动型。

平台型类似钢结构制作时的放样拼装平台，由钢板拼成平台，台面要求水平。根据设计图纸在平台上放出小拼单元的足尺大样并加焊接收缩量。为了确定节点与杆件的位置，在中心线的某一边焊上短的型钢（俗称"靠山"），网架小拼时将杆件及节点靠在"靠山"上，然后用电焊点住以将位置固定（即定位焊），即可用吊车吊离小拼胎具至其他地方进行焊接。

转动型胎具，使用时把节点及杆件夹在此胎具上，先进行定位焊，然后一边转动模架一边焊接，使电焊工始终在比较好的操作条件下施焊，平焊缝较多，焊接质量较高。

小拼单元的划分与网架总拼方案有关。小拼单元基本上可分两种类型：一为平面桁架型，一为锥体型。凡平面桁架系网架，如两向正交类、三向网架等适用于划分成平面桁架型小拼单元。当为锥体体系网架（包括三角锥及四角锥网架）适于划分成锥体型单元。

2. 网架单元预拼装

当网架分成条（块）状单元后，用吊装或滑移的安装方法在高空总拼时，由于条（块）状单元制作造成的偏差（包括尺寸及平面形状两方面），会使总拼后网架尺寸偏差积累起来，严重者会超出相关规程的要求。根据经验，采取先在地面预拼装后拆开，再进行吊装的措施。当场地不够时，也可用"套拼"的办法，即两个或三个单元在地面预拼装，吊支一个单元后，再拼接一个单元。这些措施对消除制作的偏差较为有效。

多点支承的网架采用分条（块）法安装时，如条（块）状单元跨越柱支座，由于柱顶允许偏差较小，为避免柱承受较大的偏心荷载，拼接边的允许偏差应较周边支承情况有所提高。

3. 总拼合理顺序

确定正确的总拼顺序主要是为了减少焊接变形和焊接应力。根据国内多数工程经验，总拼的焊接顺序应从中间向两边或四周发展，最好是由中间向两边发展，因为网架在向前拼接时，两端及前边均可自由收缩；而且在焊完一条节间后，可检查一次尺寸和几何形状，以便由焊工在下一条定位焊时给予调整，如此拼装顺序既减少了焊接应力又保证了几何尺寸。在网架总拼中应避免形成封闭圈，因为这样焊接应力将很大。

对于焊接网架，一般先焊下弦，使下弦收缩而向上拱起，然后焊腹杆及上弦。如果先焊上弦，由于上弦的收缩而使网架下挠，再焊下弦时由于重力的作用下弦收缩时就难以再向上拱而消除上弦的下挠值。

当用散件总拼时（不用小拼单元），如果把所有杆件全部定位焊好，甚至焊得很牢，则在全面施工焊时将容易造成已定位焊的焊缝被拉断，因为在这种情况下全面施焊时焊缝将没有自由收缩边，类似在封闭圈中进行焊接。其解决办法，是减慢总的焊接施工速度，采取循环焊接法，即在 A 节点上焊一条焊缝，然后转向 B 节点，……待 A 节点的焊缝冷却后，再转向 A 节点第二条焊缝；但这样，在现场只能容纳少量电焊工操作，使工期拖长。

4. 焊缝

在钢管球节点的网架结构中，钢管厚度大于 4mm 时必须开坡口，在要求焊缝等强的杆件中，焊接时钢管与球壁之间必须留有 3~4mm 的间隙，为此应加衬管，这样才容易保证焊缝的根部焊透。如将坡口（不留根）钢管直接与球壁顶紧后焊接，则必须用单面焊接双面成型工艺；这种焊接工艺即使焊透而不成型，也是不符合质量要求的（抗弯试验不合格），故必须双面成型。

在钢管与球节点采取焊接连接时，其连接焊缝长度等于钢管的周长，焊缝长度不可能人为地加长，如果其中有某段焊缝不合格，就等于损失了该段钢管的截面积，为此必须保证每段焊缝合格。但是在焊接钢管与球节点的过程中，很多情况下，平、侧、仰焊均存在，称全位置焊。所以，在钢管与球节点的焊接连接中，对焊缝的要求较为严格。

5. 螺栓球节点网架拼装

螺栓球拼装时一般是下弦先拼，将下弦的标高和轴线校正后，全部拧紧螺栓，起定位作用。开始连接腹杆时，螺栓不宜拧紧，但必须使其与下弦连接端的螺栓吃上劲，如不吃上劲，则在周围螺栓都拧紧后，这个螺栓就可能偏歪，那时将无法拧紧。连接上弦时，开始不能拧紧。例如，当分条拼装时，安装好三行上弦球后，即可将前两行抄平和调整中轴线，这时可通过调整下弦球的垫块高低进行；然后，固定第一排锥体的两端支座，同时将第一排锥体的螺栓拧紧；如此逐条循环进行。

正放四角锥网架经试拼后，用高空散装法拼装时，也可在安装一排锥体后（一次拧紧螺栓），用从上弦挂腹杆的办法安装其余锥体。

6. 起拱

由于网架的刚度较好，在一般正常高度情况下，网架在使用阶段的挠度均较小。因此，跨度在 40m 以下的网架，一般可不起拱。

网架起拱按线型分有两类：一是折线型，二是圆弧线型（图 9-1）。网架起拱按找坡方向分有单向起拱和双向起拱两种。

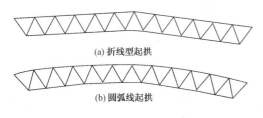

(a) 折线型起拱

(b) 圆弧线起拱

图 9-1 网架起拱方法

（二）钢网架安装方法

1. 高空散装法

高空散装法是指小拼单元或散件（单根杆件及单个节点）直接在设计位置进行总拼的方法。

高空散装法有全支架（即满堂脚手架）法和悬挑法两种。

采用高空散装法应注意以下几个问题：

（1）确定合理拼装顺序

拼装时可从脊线开始，或从中间向两边发展，以减少积累偏差和便于控制标高。具体方案根据各个建筑的具体情况而定。

（2）控制好标高及轴线位置

如为折线型起拱，则可控制脊线标高为准网架；当采用圆弧线起拱时，应逐个节点进行测量。在拼装过程中，应随时对标高和轴线进行测量并依次调整，使网架总拼后纵横向总长度偏差、支座中心偏移、相邻支座高差、最低最高支座差等指标均符合相关规程的要求。

（3）拼装支架

网架高空散装法的拼装支架应进行设计，对于重要的或大型工程，还应进行试压，以检验其使用的可靠性。拼装支架必须满足以下要求：

1）具有足够强度和刚度

拼装支架应通过验算，除满足强度要求外，还应满足单肢及整体稳定的要求。

2）具有稳定沉降量

支架的沉降往往由于支架本身的弹性压缩、接头的压缩变形以及地基沉降等因素造成。支架在承受荷载后必然产生沉降，但要求支架的沉降量在网架拼装过程中趋于稳定。必要时用千斤顶进行调整。如发现支架不稳定下沉，应立即研究解决。

3）支顶拆除

网架拼装完成后，拼装支架各支顶点不能乱拆，以免个别支顶点荷载集中而不易拆除，严重者会造成网架杆件变形弯曲。支顶点拆除时，可根据网架自重挠度曲线分区按比例降落。每次约降10mm左右。对于小型网架可简化为一次同时拆除，但必须速度一致。

2. 分条或分块安装法

分条或分块安装法，就是指网架分成条状或块状单元，分别由起重机吊装至设计位置就位搁置，然后再拼装成整体的安装方法。

所谓条状，是指网架沿长跨方向分割成若干区段，而每个区段的宽度可以是一个网格至三个网格，其长度则为短跨的跨度。所谓块状，是指网架沿纵横方法分割后的单元形状为矩形或正方形。每个单元的重量以现有起重机的起重能力能够胜任为准。

这种方法具有如下特点：首先是大部分焊接、拼装工作量在地面进行，有利于提高工程质量，并可省去大部分拼装支架；其次是由于分条（块）单元的重量与现场现有起重设备相适应，可利用现有的起重设备吊装网架，有利于降低成本。此法易在中小型网架中推广，但仍有一定的高空作业量。当采用分条吊装时，正放类网架一般来说在自重作用下自身形成稳定体系，可不考虑加固措施，比较经济；斜放类网架分成条状单元后需要大量的临时加固杆件，不够经济。当采用分块吊装法时，斜放类网架只需在单元周边加设临时杆件，加固杆件较少。

3. 高空滑移法

高空滑移法是指分条的网架单元在事先设置的滑轨上单条滑移到设计位置拼接成整体的安装方法。此条状单元可以在地面拼成后用起重机吊至支架上，在设备能力不足或其他因素时，也可用小拼单元甚至散件在高空拼装平台上拼成条状单元。高空支架一般设在建筑物的一端，滑移时网架的条状单元由一端滑向另一端。

高空滑移法按滑移方式可分为：

（1）单条滑移法

将条状单元一条一条地分别从一端滑移到另一端就位安装，各条之间分别在高空再行连接，即逐条滑移，逐条连成整体（图9-2a）。

（2）逐条积累滑移法

先将条状单元滑移一段距离后（能连接上第二单元的宽度即可），连接好第二条单元后，两条一起再滑移一段距离（宽度同上），再连接第三条，三条又一起滑移一段距离，如此循环操作直至接上最后一条单元为止（图9-2b）。

按摩擦方式可分为滚动式及滑动式两类。滚动式滑移即网架装上滚轮，网架滑移时是通过滚轮与滑轨的滚动摩擦方式进行的。滑动式滑移即网架支座直接搁置在滑轨上，网架滑移是通过支座底板与滑轨的滑动摩擦方式进行的。

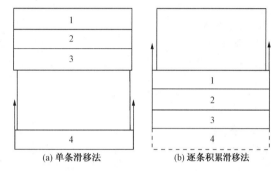

(a) 单条滑移法　　　　(b) 逐条积累滑移法

图9-2　高空滑移法

按滑移坡度可分为水平滑移、下坡滑移及上坡滑移三类。如建筑平面为矩形，可采用水平滑移或下坡滑移；当建筑平面为梯形时，短边高、长边低或上弦节点支承式网架，则应采用上坡滑移；当短边低、长边高或下弦节点支承式网架，则可采用下坡滑移，因下坡滑移可节省动力。

按滑移时力的作用方向可分为牵引法及顶推法两类。牵引法即将钢丝绳钩扎于网架前方，用卷扬机或手扳葫芦拉动钢丝绳，牵引网架前进，作用点受拉力；顶推法即用千斤顶顶推网架后方，使网架前进，作用点受压力。

高空滑移法具有以下特点：由于在土建完成框架、圈梁以后进行，而且网架是架空作业的，因此对建筑物内部施工没有影响；此外，高空滑移法对起重设备、牵引设备要求不高，仅用小型起重机或卷扬机，甚至不用；并且只需搭设局部的拼装支架，如建筑物端部有平台可利用，可不搭设脚手架。

采用单条滑移法时，摩阻力较小，如再加上滚轮，小跨度时用人力撬棍即可撬动前进；当用逐条积累滑移时，牵引力逐渐加大，即使为滑动摩擦方式，也只需用小型卷扬机即可。因为网架滑移时速度不能过快（不大于1m/min），一般均需通过滑轮组变速。

高空滑移法可用于建筑平面为矩形、梯形或多边形等平面。支承情况可为周边简支、或点支承与周边支承相结合等情况。当建筑平面为矩形时滑轨可设在两边圈梁上，实行两点牵引。当跨度较大时，可在中间增设滑轨，实行三点或四点牵引，这时网架不必因分条后加大网架高度。

组合网架采用高空滑移安装时，由于其上弦用钢筋混凝土板代替，选用顶推法较合适。

高空滑移法适用于现场狭窄、山区等地区施工，也适用于跨越施工。

4. 整体吊装法

网架整体吊装法，是指网架在地面总拼后，采用单根或多根拔杆、一台或多台起重机进行吊装就位的施工方法。

这种安装方法的特点是网架地面总拼时可以就地与柱错位或在场外进行。当就地与柱错位总拼时，网架起升后在空中需要平移或转动 1.0~2.0m 再下降就位，由于柱是穿在网架的网格中，因此凡与柱相连接的梁均应断开，即在网架吊装完成后再施工框架梁；而且建筑物在地面以上的结构必须待网架制作安装完成后才能进行，不能平行施工。因此，当场地允许时，可在场外地面总拼网架，然后用起重机抬吊至建筑物上就位，这时虽解决了室内结构拖延工期的问题，但起重机必须负重行驶较长距离。就地与柱错位总拼方案适用于用拔杆吊装，场外总拼方案适用于履带式、塔式起重机吊装。如用拔杆抬吊就应结合滑移法安装。

5. 整体提升法

整体提升法是指在结构柱上安装提升设备提升网架，或在提升网架的同时进行柱子滑模的施工方法。此时网架可作为操作平台。

（1）整体提升法分类

1）单提网架法

网架在设计位置就地总拼后，利用安装在柱子上的小型设备（如升板机、滑模千斤顶等）将其整体提升到设计标高上然后下降、就位、固定。

单提网架法分为两类：一类利用结构柱，网架支座位于两柱中间，在柱顶须搭设专用提升用框架，升板机安置在此提升框架梁中央，直接提升网架支座，当用滑模液压千斤顶提升时，网架支座可用套箍式节点抱在柱上，这时网架支座中心与柱中心重合；另一类是设置专用提升柱，可减少提升设备数量，但此法网架周边杆件须在设计位置另行拼装。

2）升梁抬网法

网架在设计位置就地总拼，同时安装好支承网架的装配式圈梁（提升前圈梁与柱断开，提升网架完成后再与柱连成整体），把网架支座搁置于此圈梁中部，在每个柱顶上安装好提升设备，这些提升设备在升梁的同时，抬着网架升至设计标高。

3）升网滑模法

网架在设计位置就地总拼，柱用滑模施工。网架的提升是利用安装在柱内钢筋上的滑模用液压千斤顶或劲性配筋上的升板机，一面提升网架，一面滑升模板浇筑柱混凝土。

（2）整体提升法特点

1）网架整体提升法使用的提升设备一般较小，如升板机、液压滑模千斤顶等，利用小机群安装大网架，起重设备小，成本比较低。

2）提升阶段网架支承情况不变，除用专用支架外，其他提升方法均利用结构柱，提升阶段网架的支承情况与使用阶段相同，不需要考虑提升阶段而加固等措施，因此和整体吊装法、高空滑移法相比较经济。

3）由于提升设备能力较大，可以将网架的屋面板、防水层、天棚、采暖通风及电气设备等全部在地面及最有利的高度进行施工，从而大大节省施工费用。在提升设备验算中，即使不能全部带上屋面结构，也应尽可能多安装屋面结构后再提升，以减少高空作业量，降低成本。

4）升梁抬网法网架支座应搁置在圈梁中部，升网滑模法网架支座应搁置在柱顶上，单提网架法网架支座可搁置在圈梁中部或柱顶上。

5）网架整体提升法只能在设计坐标垂直上升，不能将网架移动或转动，适宜于施工场地狭窄时使用。

6. 整体顶升法

（1）整体顶升法特点

网架整体顶升法是把网架在设计位置的地面拼装成整体，然后用千斤顶将网架整体顶升到设计标高。

网架整体顶升法可以利用原有结构杜作为顶升支架，也可另设专门的支架或枕木垛垫高。

网架整体顶升法的特点与整体提升法相似。首先，顶升法一般用液压千斤顶顶升，设备较小，当少支柱的大型网架采用顶升法施工时，也可用专用大型千斤顶；其次，为了充分利用千斤顶的起重能力，可将全部屋面结构及电气通风设备在地面安装完毕，一并顶升到设计标高，以便最大限度地扩大地面作业量，降低施工费用；最后，两者在安装过程中只能垂直地上升，不能或不允许平移或转动。

顶升法的千斤顶是安置在网架的下面；而提升法的提升设备是安置在网架的上面，是通过吊杆拉着网架等上升的。两者的作用原因相反，由此也带来一些不同的特点：

1）采用提升法时，只要提升设备安装垂直，网架基本能保证较垂直的上升；顶升法顶升过程中如无导向措施，则极易发生网架偏转；

2）提升法适用于周边支承的网架安装，顶升法则适用于点支承的网架。

（三）组合网架施工

组合网架一般由钢筋混凝土板和钢腹杆及下弦杆组成。钢筋混凝土板可以现浇或预制，可以是平板或带肋板。施工时，监理工程师要注意下列两个方面的质量检查：

（1）钢筋混凝土板施工

钢筋混凝土板的混凝土质量、钢筋材质要求、预制板的几何尺寸及灌缝混凝土要求等均应按设计及规范要求进行施工。组合网架一般情况下对混凝土强度等性能无特殊要求，为了使预制板有足够的搁置长度和灌缝间隙，预制板不能超长或缩短过多，其长度允许偏差为 5mm。

为增强预制板灌缝后的整体性，灌缝混凝土应连续浇筑，不留施工缝。

（2）组合网架安装

组合网架的腹杆与下弦的制作、拼装要求与网架结构相同。

组合网架当采用预制钢筋混凝土板方案时，板与腹杆及下弦有两种拼装方案：一种是预先拼装单锥体，然后翻身吊装拼成条状单元或整体网架；另一种是先拼装腹杆及下弦杆件，然后将预制钢筋混凝土板安装在上弦节点上。

组合网架可以选用高空散装法、分条（分块）法、高空滑移法、整体提升及整体顶升法安装。当采用分条（分块）法及高空滑移法安装时，如前所述，要注意到组合网架不能用千斤顶等调整条状单元的挠度，因为会导致板面混凝土的开裂，因此，网架应设计得高一些。

当预制板安装并电焊后，组合网架尚需灌缝，没有形成整体结构。因此，不能过早拆除拼装支点，必须待灌缝混凝土均达到设计强度的 70% 以上方可拆除支点，待混凝土强度达到 100% 设计要求后，方可进行高空滑移、整体提升、顶升等作业。

（四）钢网架结构安装巡视与旁站检查

（1）网架应在专门的拼装模架上进行小拼，以保证小拼单元形状尺寸的正确性。监理工程师应检查小拼单元的形状尺寸偏差，小拼单元的允许偏差应符合现行国家标准《钢结构工程施工质量验收规范》GB 50205—2001 的规定。

（2）高空总拼前可在地面采用预拼装或其他保证精度的措施以确保总拼后的网架质量。

（3）网架采用高强度螺栓连接时，按有关规定拧紧螺栓后，监理工程师要重点检查高强度螺栓按钢结构防腐蚀要求处理情况。当网架采用螺栓球节点连接时，在拧紧螺栓后，应将多余的螺孔封口，并应用油腻子将所有的接缝处填嵌严密，补刷防腐漆两道或按设计要求进行涂装。在整个网架拼装完成后，必须进行一次全面检查，看螺栓是否拧紧。

（4）将网架分成条状单元或块状单元在高空连成整体时，网架单元应具有足够刚度并保证自身的几何不变性，否则应采取临时加固措施。各种加固件必须在网架形成整体后才能拆除。拆除部位必须进行二次表面处理和补涂装，补涂装质量必须达到设计要求。监理工程师应重点检查网架结构的强度、刚度、稳定性、二次表面处理及涂装质量。

（5）检查滑轨的接头。滑轨的接头必须垫实、光滑。当滑动式滑移时，还应在滑轨上涂刷润滑油，滑橇前后都应做成圆弧导角，否则易产生"卡轨"。

（6）检查网架的牵引速度。为保证网架能平稳的滑移，牵引速度不能过快，牵引速度一般控制在 1m/min 以内。

（7）检查网架各牵引点的同步控制。滑移时各牵引点的速度应尽量同步，当设置导向轮时，两侧牵引的允许不同步值与导向轮间隙及网架积累长度有关。

（8）检查柱子的稳定性。提升或顶升时，一般均用结构柱作为提（顶）升时的临时支承结构，因此可利用原设计的框架体系等来增加施工期间柱的刚度，并要求施工单位对柱子的稳定性进行验算。如果稳定性不够，应采取加固措施。

（9）网架单元宜尽量减少中间运输、翻身起吊、重复堆放。如需现场倒运、翻身起吊、重复堆放时应采取措施防止网架变形。网架单元应尽量在现场附近小拼，小拼顺序应与吊装顺序一致，减少中间吊、运、翻倒环节，从根本上防止网架变形。

（五）钢网架结构安装质量验收

1. 支承面顶板和支承垫块质量验收

（1）主控项目

1）钢网架结构支座定位轴线的位置、支座锚栓的规格应符合设计要求。

检查数量：按支座数抽查 10%，且不应少于 4 处。

检验方法：用经纬仪和钢尺实测。

2）支承面顶板的位置、标高、水平度以及支座锚栓位置允许偏差应符合表 9-31 的规定。

检查数量：按支座数抽查 10%，且不应少于 4 处。

检验方法：用经纬仪、水准仪、水平尺和钢尺实测。

3）支承垫块的种类、规格、摆放位置和朝向，必须符合设计要求和国家现行有关标

**支承面顶板、支座锚栓位置允许偏差（mm）**

表 9-31

| 项 目 | | 允许偏差 |
|---|---|---|
| 支承面顶板 | 位 置 | 15.0 |
| | 顶面标高 | 0<br>−3.0 |
| | 顶面水平度 | $l/1000$ |
| 支座锚栓 | 中心偏移 | ±5.0 |

准的规定。橡胶垫块与刚性垫块之间或不同类型刚性垫块之间不得互换使用。

检查数量：按支座数抽查 10%，且不应少于 4 处。

检验方法：观察和用钢尺实测。

4）网架支座锚栓的紧固应符合设计要求。

检查数量：按支座数抽查 10%，且不应少于 4 处。

检验方法：观察检查。

（2）一般项目

支座锚栓尺寸允许偏差应符合表 9-19 的规定。

检查数量：按支座数抽查 10%，且不应少于 4 处。

检验方法：用钢尺实测。

2. 总拼与安装质量验收

（1）主控项目

1）小拼单元允许偏差应符合表 9-32 的规定。

检查数量：按单元数抽查 5%，且不应少于 5 个。

检验方法：用钢尺和拉线等辅助量具实测。

小拼单元允许偏差（mm）      表 9-32

| 项　　　目 | | | 允　许　偏　差 |
|---|---|---|---|
| 节点中心偏移 | | | 2.0 |
| 焊接球节点与钢管中心的偏移 | | | 1.0 |
| 杆件轴线的弯曲矢高 | | | $L_1/1000$，且不应大于 5.0 |
| 锥体型小拼单元 | 弦杆长度 | | ±2.0 |
| | 锥体高度 | | ±2.0 |
| | 上弦杆对角线长度 | | ±3.0 |
| 平面桁架型小拼单元 | 跨　长 | ≤24m | +3.0 <br> −7.0 |
| | | >24m | +5.0 <br> −10.0 |
| | 跨　中　高　度 | | ±3.0 |
| | 跨中拱度 | 设计要求起拱 | ±L/5000 |
| | | 设计未要求起拱 | +10.0 |

注：1. $L_1$ 为杆件长度；

　　2. $L$ 为跨长。

2）中拼单元允许偏差应符合表 9-33 的规定。

检查数量：全数检查。

检验方法：用钢尺和辅助量具实测。

**中拼单元允许偏差（mm）**　　表 9-33

| 项　　目 | | 允许偏差 |
|---|---|---|
| 单元长度≤20m，拼接长度 | 单　跨 | ±10.0 |
| | 多跨连续 | ±5.0 |
| 单元长度＞20m，拼接长度 | 单　跨 | ±20.0 |
| | 多跨连续 | ±10.0 |

3）对建筑结构安全等级为一级，跨度 40m 及以上的公共建筑钢网架结构，且设计有要求时，应按下列项目进行节点承载力试验，其结果应符合以下规定：

①焊接球节点应按设计指定规格的球及其匹配的钢管焊接成试件，进行轴心拉、压承载力试验，其试验破坏荷载值大于或等于 1.6 倍设计承载力为合格。

②螺栓球节点应按设计指定规格的球最大螺栓孔螺纹进行抗拉强度保证荷载试验，当达到螺栓的设计承载力时，螺孔、螺纹及封板仍完好无损为合格。

检查数量：每项试验做 3 个试件。

检验方法：在万能试验机上进行检验，检查试验报告。

4）钢网架结构总拼完成后及屋面工程完成后应分别测量其挠度值，且所测的挠度值不应超过相应设计值的 1.15 倍。

检查数量：跨度 24m 及以下钢网架结构测量下弦中央一点；跨度 24m 以上钢网架结构测量下弦中央一点及各向下弦跨度的四等分点。

检验方法：用钢尺和水准仪实测。

（2）一般项目

1）钢网架结构安装完成后，其节点及杆件表面应干净，不应有明显的疤痕、泥沙和污垢。螺栓球节点应将所有接缝用油腻子填嵌严密，并应将多余螺孔封口。

检查数量：按节点及杆件数抽查 5%，且不应少于 10 个节点。

检验方法：观察检查。

2）钢网架结构安装完成后，其安装允许偏差应符合表 9-34 的规定。

检查数量：除杆件弯曲矢高按杆件数抽查 5% 外，其余全数检查。

检验方法：见表 9-34。

**钢网架结构安装允许偏差（mm）**　　　　　　　　　　表 9-34

| 项　　目 | 允　许　偏　差 | 检　验　方　法 |
|---|---|---|
| 纵向、横向长度 | $L/2000$，且不应大于 30.0<br>$-L/2000$，且不应大于 -30.0 | 用钢尺实测 |
| 支座中心偏移 | $L/3000$，且不应大于 30.0 | 用钢尺和经纬仪实测 |
| 周边支承网架相邻支座高差 | $L/400$，且不应大于 15.0 | 用钢尺和水准仪实测 |
| 支座最大高差 | 30.0 | |
| 多点支承网架相邻支座高差 | $L_1/800$，且不应大于 30.0 | |

注：1. $L$ 为纵向、横向长度；

　　2. $L_1$ 为相邻支座间距。

### 五、压型金属板安装

（一）压型金属板工程材料

压型金属板工程是指压型金属板按设计要求经工厂（现场）加工成的屋面板或墙面板，用各种紧固件和各种泛水配件组装成的围护结构。按使用功能可分为屋面板、墙面板、保温围护结构和非保温围护结构。金属压型板以彩色有机涂层钢板、钢带（简称彩钢板）应用最为广泛。彩钢板是指金属基材经过彩色辊涂机组后，在表面涂敷上一层或多层有机涂料，并经烘烤固化而成的复合材料。彩色钢板按其基板的用途不同、镀层不同、涂层不同可分为若干类别，彩钢板的选择要对基材、镀层、涂层分别进行确定。

1. 彩色钢板

彩色钢板作为建筑制品的原材料，应具备出厂合格证、产品质量证明书，证明书中应注有产品标准号、钢板牌号、镀锌量、表面结构、表面质量、表面处理、规格尺寸和外形精度等。彩色钢板的性能应符合《彩色深层钢板及钢带》GB/T 12754—2006 的规定。彩色钢板出厂前由供应部门进行检验。当使用中发生质量问题需进行复验时，按照国家标准《彩色深层钢板及钢带试验方法》GB/T 13448—2006 中的试验方法进行检验。

彩色钢板进场后，监理工程师要除对彩色钢板进行书面检查以外，还要进行外观质量、压型钢板长度允许偏差、压型钢板宽度允许偏差、压型钢板波高允许偏差、压型钢板横切允许偏差、压型钢板侧向弯曲允许偏差、压型钢板端部扩张变形、压型钢板边部不平度等进行详细检查。

2. 彩色钢板夹芯板

彩色钢板夹芯板是以彩色钢板为面板，经连续成型机将芯材与面板粘结成整体的建筑用板材。这种复合板材具有承力、保温、装修、防水的综合功能。

彩色钢板夹芯板按芯材不同，分为聚苯乙烯泡沫塑料夹芯板、岩板夹芯板和聚氨酯泡沫塑料夹芯板。彩色钢板夹芯板按功能不同分为屋面夹芯板、墙面夹芯板。彩色钢板夹芯板屋面板按形状分为波形屋面夹芯板和平面夹芯板。彩色钢板夹芯板墙面板按连接方式分为工字型铝材连接和承插口连接两类。

彩色钢板夹芯板的原材料检验应按我国《建筑用金属面绝热夹芯板》GB/T 23932—2009 国家标准执行。重点对其外观质量、尺寸允许偏差、粘结强度、剥离性能、抗弯承载力等方面进行检验。

3. 压型金属板连接件

连接件分为两类，一类为将板与承重构件相连的连接件，也可称为结构连接件；一类是用于将板与板、板与配件、配件与配件等相连的连接件，也可称为构造连接件。常用的连接件有自攻螺丝（自攻自钻螺丝、打孔后自攻螺丝）、拉铆钉、大开花螺栓和小开花螺栓等。

连接件一般由专业厂家生产供应，连接件进场时，监理工程师应检查出厂合格证、材质单和技术性能书等，使用时一般不再做检测，但对成箱到货的产品应进行规格型号和数量的检查。

4. 压型金属板工程密封材料

压型金属板工程密封材料分为防水密封材料和保温隔热密封材料两种。防水密封材料主要使用密封胶和密封胶条。密封胶应为中性硅酮胶，包装多为筒装，并用推进器（挤膏枪）挤出；密封胶条是一种双面有胶粘剂的带状材，多用于彩板与彩板之间的纵向缝搭接。隔热密封材料主要有软泡沫材料、玻璃棉、聚苯乙烯泡沫板、岩棉材料及聚氨酯现场发泡封堵材料。这些材料主要用于封堵保温房屋的保温板材或卷材不能达到的位置。

凡用于压型金属板工程的密封胶或密封胶条，应满足以下要求：

（1）密封材料应为中性，对钢板和彩涂层无腐蚀作用；

（2）要进行粘结性能测试，以保证密封材与彩板间的粘结性能，避免假粘；

（3）要有明确的施工操作温度规定，一般应在 5～40℃ 下有良好的挤出性能和触变性；

（4）要有良好的抗老化性能，耐紫外线、耐臭氧和耐水性能；

（5）固化后要有良好的低温下延展性，高温下不变软、降解，保持良好的弹性。

密封材料进场后，施工单位应向监理单位报检，监理单位对防水密封材料的检验，一般不再进行技术性能的实验室检验，但应进行实物密封试验，检查其使用性能是否与说明书相一致。对防水密封材料应检查其出厂日期和保存时间，检查其每筒的容量是否达到规定的筒装数量，检查其总数量是否准确。并应按储存要求存放，并在使用期内使用完毕。

（二）压型金属板安装工艺

压型金属板一般用于钢结构建筑的墙面、屋面和组合楼盖。压型钢板通常采用热镀锌钢板或彩色镀锌钢板经辊压冷弯成各种波形，具有轻质、高强、美观、耐用、施工方便、抗震、防火等特点。压型钢板由腹板与翼缘组成波状。用作组合楼盖的压型钢板，为了增强与混凝土的粘结力并加强薄板的刚度，有时在翼缘与腹板上压制成凹凸槽纹。翼缘上的槽纹经常是沿纵向通长压制，成为加强纵向刚度的加劲肋。

压型钢板腹板与翼缘水平面之间的夹角一般不宜小于 45°。屋面、墙面压型钢板的公称厚度宜取 0.6～1.6mm，用作楼面模板或组合楼盖的压型钢板公称厚度不宜小于 0.8mm。压型钢板宜采用长尺寸板材，以减少板长方向的搭接。

1. 板型接缝构造

压型金属板是密实不透水的，但由于压型金属板是装配式围护结构，板间的拼接缝成为渗漏雨水的直接来源，因此缝的构造合理与否则成为选择压型板屋面至关重要的因素。板缝的构造直接体现于每块板的两个长边形状上。目前国内外有四种压型板边部的接缝构造方式，即：自然搭接法、防水空腔法、扣盖法和咬口卷边法。

（1）自然扣合式

由于彩钢板的波距一般较大，用作屋面时通常只搭接一处波，这种边部形状使屋面板接缝防水存在一定的隐患，不过当用作墙面时一般不会出现问题。

（2）防水空腔式

是在两个扣合边处形成一个 4mm 左右的空腔。这个空腔切断了两块钢板相附着时会造成的毛细管通路，同时空腔内的水柱还会平衡室内外大气静压差，避免雨水渗入室内，这是一种经济有效的方法。

（3）咬合式

分为 180°和 360°咬合式。这种方法是利用咬边机将板材的两搭接边咬合在一起,180°是一种非紧密式咬合,而 360°是一种紧密咬合,它类似于白铁工的手工咬边形式,因此有一定的气密作用。这种板型是一种理想可靠防水板型。

(4)扣盖式

是两个边对称设置,并在两边部作出卡口构造边,安装完毕后在其上扣以扣盖。这种方法利用了空腔式的原理设置扣盖,防水可靠,但彩钢板用量偏多。

2. 板与檩条和墙梁连接

(1)彩色压型钢板屋面连接

彩色压型钢板的屋面连接有:穿透连接、压板连接、咬边连接三种。

1)穿透连接

是一种外露连接件的连接方式。它是在彩色压型钢板上用自攻自钻的螺丝将板材与屋面轻型钢檩条或墙梁连在一起。凡是外露连接的紧固件必须配以寿命长、防水可靠的密封垫、金属帽和装饰彩色盖。

2)压板连接

压板连接是一种隐蔽连接,按板型需要专门设计压板连接件,压板将压型板扣压在下面,压板与屋面檩条相连接,用以抵抗屋面的负风压(风吸力)。这种方法多用在屋面上,这种方式屋面要求彩色钢板基材为结构用钢材,牌号达到 Q345 以上。

3)咬边连接

是一种隐蔽连接方法,它是利用连接件的底座和支承板的波峰内表面,并利用连接在底座上的钢板钩将两侧的钢板边咬连在一起。钢板钩件起着重要的连接作用,因此宜用结构用钢材。

(2)彩色压型钢板墙面板连接

彩色压型钢板的墙面板连接有外露连接和隐蔽连接两种。

1)外露连接

是将连接紧固件在波谷上将板与墙梁连接在一起,这样的连接使紧固件头处在墙面凹下处,比较美观;在一些波距较大的情况下,也可将连接紧固件设在波峰上。

2)墙面隐蔽连接

墙面隐蔽连接的板型覆盖面较窄,它是将第一块板与墙面连接后,将第二块板插入第一块板的板边凹槽口中,起到抵抗负风压的作用。

(3)上下屋面板搭接连接

在屋面设计时应尽量减少上下屋面板的搭接数量,加大屋面板的长度。在我国不少工程采用了从屋脊到檐口一块板长到底的方法,但是国外则多用工厂生产压型板运至施工现场的方法,这种搭接连接方法要求做好严格的防水处理。我国目前采用的两种方法:直接连接法和压板挤紧法。直接连接法是将上下两块板间设置两道防水密封条,在防水密封条处用自攻螺丝或拉铆钉将其紧固在一起。压板挤紧法是我国最新的上下板搭接连接方法,是将两块彩板的上面和下面设置两块与彩板板型相同厚的镀锌钢板,其下设防水胶条,用紧固螺栓将其紧密挤压连接在一起,这种方法零配件较多,施工工序多,但是防水可靠。

铺设高波压型钢板屋面时,应在檩条上设置固定支架,檩条上翼缘宽度应比固定支架宽 10mm，固定支架用自攻螺钉或射钉与檩条连接，每波设置一个；低波压型钢板可不设置固定支架，宜在波峰处采用带有防水密封胶垫的自攻螺钉或射钉、勾头螺栓与檩条连接，连接点可每波设置一个，但每块压型钢板与同一檩条的连接不得少于 3 个连接件。组合楼盖压型钢板通常通过带头栓钉穿过压型钢板焊于钢梁上或钢筋混凝土梁的预埋钢板上，一方面起着组合板与梁的固定作用，另一方面对组合板端部抵抗混凝土与压型钢板的滑移起着重要作用。

隔热材料宜用带有单面或双面防潮层的玻璃纤维毡。隔热材料的两端应固定，并将固定点之间的毡材拉紧。防潮层应置于建筑物的内侧，其面上不得有孔。防潮层的接头应采用粘接。

（三）压型金属板安装巡视与旁站检查

（1）压型钢板的施工一定要按照设计图纸和规范要求施工，监理工程师要检查施工单位机具、技术、场地、临时设施和组织准备工作。

（2）压型钢板要检查压型钢板的材质、连接材料和涂装材料的质量证明文件，并符合设计文件要求和国家现行有关标准规定。

（3）由于彩色钢板工程围护结构面积大，单件构件长，表面已完成装修面，又涉及防水、保温和美观等重要因素，故而施工中应计划周全，谨慎施工。施工组织设计是保障高质量完成任务的重要环节，彩板围护结构的施工组织设计是工程总组织设计的组成部分，并纳入总施工组织设计中。由于彩板围护结构的特殊性，监理工程师要重点检查彩板围护工程安装对施工总平面的要求、安装工序、施工组织、施工机械及施工机具等方面。

（4）压型钢板进厂后应进行检查。若有积水，应立即擦干，并尽可能存放在干燥、常温环境中。

（5）应检查成叠薄板放置情况。成叠压型钢板放置时应遵守下列规定：

1）应抬高架空，使下部空气流通；

2）薄板存放在库棚时一端应抬高，以防积水；板材应加以覆盖，严禁表面裸露在大气中；

3）禁止在材料上行走。

（6）薄板的切割，宜采用等离子切割机或多头火焰切割机。

（7）压型钢板在运输时宜在下部用方木垫起，卸车时应防止损坏。成叠的板材从车上吊起时，要确保板的边缘和端部不损坏。

（8）所有安装螺栓孔，均不得采用气割扩孔，当板叠错孔超出容许偏差造成连接螺栓不能穿通时，可用铰刀进行修整，但修整后孔的最大直径应小于螺栓直径的 1.2 倍，铰孔时应防止铁屑落入板叠缝隙。永久性普通螺栓连接中，每个螺栓不得垫两个以上垫圈，更不得用大螺母代替垫圈。螺栓紧固后，外露丝扣应不少于 2～3 扣，并应采取必要的防松措施。

（9）在安装墙板和屋面板时，墙梁和檩条应保持平直。

（10）检查压型钢板安装时的安全措施。彩板围护结构是用不到 1mm 的钢板制成，屋面的施工荷载不能过大，因此保证结构安全和施工安全是十分重要的。在屋面上安装压型钢板时，应采用安全绳、安全网等安全措施；施工中工人不可聚堆，以免集中荷载过大，造成板面损坏；施工的工人不得在屋面上奔跑、打闹、抽烟和乱扔垃圾；当天吊至屋面上的板材应安装完毕，如果有未安装完的板材应做临时固定，以免被风刮下，造成事故。安装前压型钢板应擦干，操作时施工人员要穿胶底鞋；搬运压型钢板时应戴手套，板边要有防护措施；不得在未固定牢靠的屋面板上行走。

（11）压型钢板的接缝方向应避开主要视角。当主风向明显时，应将面板搭接边朝向下风向。

（12）安装过程中，监理工程师要重点检查防水施工质量。压型钢板的纵向搭接长度应能防止漏水和腐蚀。

（13）压型钢板搭接处均应设置胶条，纵横方向搭接边设置的胶条应连续。胶条本身应拼接。檐口的搭接边除胶条外尚应设置与压型钢板剖面相应的堵头。

（14）现场切割过程中，切割机械的底面不宜与彩板面直接接触，最好垫以薄三合板材，吊装中不要将彩板与脚手架、柱子、砖墙等碰撞和摩擦。

（四）压型金属板质量验收

1. 压型金属板制作质量验收

（1）主控项目

1）压型金属板成型后，其基板不应有裂纹。

检查数量：按计件数抽查5%，且不应少于10件。

检验方法：观察和用10倍放大镜检查。

2）有涂层、镀层压型金属板成型后，涂层、镀层不应有肉眼可见的裂纹、剥落和擦痕等缺陷。

检查数量：按计件数抽查5%，且不应少于10件。

检验方法：观察检查。

（2）一般项目

1）压型金属板尺寸允许偏差应符合表9-35的规定。

检查数量：按计件数抽查5%，且不应少于10件。

检验方法：用拉线和钢尺检查。

2）压型金属板成型后，表面应干净，不应有明显凹凸和皱褶。

检查数量：按计件数抽查5%，且不应少于10件。

检验方法：观察检查。

压型金属板尺寸允许偏差（mm）     表9-35

| 项 目 | | | 允 许 偏 差 |
|---|---|---|---|
| 波 距 | | | ±2.0 |
| 波 高 | 压型钢板 | 截面高度≤70 | ±1.5 |
| | | 截面高度>70 | ±2.0 |
| 侧向弯曲 | 在测量长度 $l_1$ 的范围内 | | 20.0 |

注：$l_1$ 为测量长度，指板长扣除两端各0.5m后的实际长度（小于10m）或扣除后任选的10m长度。

3）压型金属板施工现场制作允许偏差应符合表 9-36 的规定。

检查数量：按计件数抽查 5%，且不应少于 10 件。

检验方法：用钢尺、角尺检查。

2. 压型金属板安装质量验收

（1）主控项目

1）压型金属板、泛水板和包角板等应固定可靠、牢固，防腐涂料涂刷和密封材料敷设应完好，连接件数量、间距应符合设计要求和国家现行有关标准规定。

检查数量：全数检查。

检验方法：观察检查及尺量。

2）压型金属板应在支承构件上可靠搭接，搭接长度应符合设计要求，且不应小于表 9-37 所规定的数值。

检查数量：按搭接部位总长度抽查 10%，且不应少于 10m。

检验方法：观察和用钢尺检查。

**压型金属板施工现场制作允许偏差（mm）**

表 9-36

| 项 目 | | 允许偏差 |
|---|---|---|
| 压型金属板的覆盖宽度 | 截面高度≤70 | +10.0，−2.0 |
| | 截面高度>70 | +6.0，−2.0 |
| 板 长 | | ±9.0 |
| 横向剪切偏差 | | 6.0 |
| 泛水板、包角板尺寸 | 板 长 | ±6.0 |
| | 折弯面宽度 | ±3.0 |
| | 折弯面夹角 | 2° |

**压型金属板在支承构件上搭接长度（mm）**

表 9-37

| 项 目 | | 搭接长度 |
|---|---|---|
| 截面高度>70 | | 375 |
| 截面高度≤70 | 屋面坡度<1/10 | 250 |
| | 屋面坡度≥1/10 | 200 |
| 墙 面 | | 120 |

3）组合楼板中压型钢板与主体结构（梁）的锚固支承长度应符合设计要求，且不应小于 50mm，端部锚固件连接应可靠，设置位置应符合设计要求。

检查数量：沿连接纵向长度抽查 10%，且不应少于 10m。

检验方法：观察和用钢尺检查。

（2）一般项目

1）压型金属板安装应平整、顺直，板面不应有施工残留物和污物。檐口和墙面下端应呈直线，不应有未经处理的错钻孔洞。

检查数量：按面积抽查 10%，且不应少于 10m²。

检验方法：观察检查。

2）压型金属板安装允许偏差应符合表 9-38 的规定。

检查数量：檐口与屋脊的平行度：按长度抽查 10%，且不应少于 10m；其他项目：每 20m 长度应抽查 1 处，不应少于 2 处。

检验方法：用拉线、吊线和钢尺检查。

## 压型金属板安装允许偏差（mm） 表9-38

| 项 目 | | 允 许 偏 差 |
|---|---|---|
| 屋 面 | 檐口与屋脊的平行度 | 12.0 |
| | 压型金属板波纹线对屋脊的垂直度 | $L/800$，且不应大于25.0 |
| | 檐口相邻两块压型金属板端部错位 | 6.0 |
| | 压型金属板卷边板件最大波浪高 | 4.0 |
| 墙 面 | 墙板波纹线的垂直度 | $H/800$，且不应大于25.0 |
| | 墙板包角板的垂直度 | $H/800$，且不应大于25.0 |
| | 相邻两块压型金属板的下端错位 | 6.0 |

注：1. $L$ 为屋面半坡或单坡长度；

2. $H$ 为墙面高度。

# 第十章　钢结构防腐与防火

## 第一节　钢结构防腐

### 一、钢结构腐蚀原因及防护方法

（一）钢结构腐蚀

钢结构构件在使用中经常与环境中的介质接触，由于环境介质的作用，钢材中的铁与介质产生化学反应，导致钢材被腐蚀，亦称为锈蚀。

钢结构在常温大气环境中使用，钢材受大气中水分、氧和其他污染物的作用而被腐蚀。大气中的水分吸附在钢材表面形成水膜，是造成钢材腐蚀的决定因素，而大气的相对湿度和污染物的含量，则是影响大气腐蚀程度的重要因素。大气的相对湿度保持在60%以下，钢材的大气腐蚀是很轻微的。但当相对湿度增加到某一数值时，钢材的腐蚀速度突然升高，这一数值称为临界湿度。在常温下，一般钢材的临界湿度为60%～70%。

钢材腐蚀，轻者钢材力学性能下降，重者将导致构件破坏，建筑物倒塌，造成严重后果，因此钢结构防腐处理应引起重视。

钢材在大气中的腐蚀，实际上是化学腐蚀和电化学腐蚀同时作用所致，但以电化学腐蚀为主。

（二）钢结构腐蚀程度表示及腐蚀等级标准

钢结构腐蚀程度有两种表示方法。一种以腐蚀质量变化来表示，通常以 $g/(m^2 \cdot h)$ 为单位，按下式计算：

$$K = \frac{W}{ST}$$

式中　$K$——按质量表示的钢材腐蚀速度 $[g/(m^2 \cdot h)]$；

　　　$W$——钢材腐蚀后损失或增加的质量（g）；

　　　$S$——钢材的面积（$m^2$）；

　　　$T$——钢材腐蚀的时间（h）。

另一种以腐蚀深度表示，通常以 mm/a 为单位。它可以利用上述质量变化的腐蚀速度 $K$ 值进行换算：

$$K' = \frac{K \times 24 \times 365 \times 10}{100 \times 100 \times D} = \frac{8.76K}{D}$$

式中　$K'$——按深度表示的腐蚀速度（mm/a）；

　　　$K$——按质量表示的腐蚀速度 $[g/(m^2 \cdot h)]$；

　　　$D$——密度（$g/cm^3$）。

例如：钢材的密度为 $7.87g/cm^3$；如果失重腐蚀速度值为 $K = 1g/(m^2 \cdot h)$，则年腐蚀深度为：

$$K' = \frac{8.76 \times 1}{7.87} = 1.1mm/a$$

金属腐蚀等级标准，是以均匀腐蚀深度来表示，通常为分三级，见表10-1。

进行结构设计时，要考虑材料的均匀腐蚀深度，即结构件的厚度等于计算厚度加上腐蚀裕量（材料的年腐蚀深度乘上设计使用年限）。

**均匀腐蚀三级标准** 表10-1

| 类　别 | 等　级 | 腐蚀深度（mm/a） |
|---|---|---|
| 耐　腐 | 一　级 | <0.1 |
| 可　用 | 二　级 | 0.1~1.0 |
| 不可用 | 三　级 | >1.0 |

（三）钢结构腐蚀防护方法

钢材腐蚀有材质原因，也有使用环境和接触介质等原因，因此防腐蚀方法也有所侧重。目前所采用的方法除设计时考虑冶金防腐蚀成分外，在施工中主要采用防护层的方法防止金属腐蚀，根据钢铁腐蚀的电化学原理，只要防止或破坏腐蚀电池的形成或强烈阻滞阴、阳极过程的进行，就可以防止金属腐蚀。防止电解质溶液在金属表面沉降或凝结、防止各种腐蚀性介质的污染等，均可达到防止金属腐蚀的目的。采用防护层方法防止钢结构腐蚀是目前通用的方法。主要分为金属保护层、化学保护层、非金属保护层。

## 二、钢结构防腐材料

（一）防腐涂料（又称油漆）分类

我国涂料产品按《涂料产品分类和命名》GB/T 2705—2003 的规定，分类方法是以涂料基料中主要成膜物质为基础。若成膜物质为混合树脂，则以漆膜中起主要作用的一种树脂为基础进行分类命名。

我国涂料分为 17 类，它们的代号见表10-2。

**涂料类别代号** 表10-2

| 代　号 | 涂　料 | 代　号 | 涂　料 |
|---|---|---|---|
| Y | 油脂漆类 | X | 烯树脂漆类 |
| T | 天然树脂漆类 | B | 丙烯酸漆类 |
| F | 酚醛树脂漆类 | Z | 聚酯漆类 |
| L | 沥青漆类 | H | 环氧树脂漆类 |
| C | 醇酸树脂漆类 | S | 聚氨酯漆类 |
| A | 氨基树脂漆类 | W | 元素有机漆类 |
| Q | 硝基漆类 | J | 橡胶漆类 |
| M | 纤维素漆类 | E | 其他漆类 |
| G | 过氯乙烯漆类 | — | — |

建筑钢结构工程常用的一般涂料是油改性系列、酚醛系列、醇酸树脂系列、环氧树脂系列、氯化橡胶系列、沥青系列、聚氨酯系列等。

（二）涂层结构

1. 底漆—中间漆—面漆

如：红丹醇酸防锈漆—云铁醇酸中间漆—醇酸磁漆。

特点：底漆附着力强、防锈性能好；中间漆兼有底漆和面漆的性能，是理想的过渡漆，特别是厚浆型的中间漆，可增加涂层厚度；面漆防腐、耐候性好。底、中、面结构形式，既发挥了各层的作用，又增强了综合作用。这种形式为目前国内外采用较多的涂层结构形式。

2. 底漆—面漆

如：铁红酚醛底漆—酚醛磁漆。

特点：只发挥了底漆和面漆的作用，明显不如第一种形式。

3. 底漆和面漆是一种漆

如：有机硅漆。

特点：有机硅漆多用于高温环境，因没有有机硅底漆，只好把面漆也作为底漆使用。

（三）防腐涂料见证取样

钢结构涂装防腐涂料，宜选用醇酸树脂、氯化橡胶、氯磺化聚乙烯、环氧树脂、聚氨酯、有机硅等品种。选用涂料时，首先应选用已有国家或行业标准的品种，其次选用已有企业标准的品种，无标准的产品不得使用。

（1）产品由生产厂家的技术检验部门进行检验，生产厂家应保证所有出厂的产品都符合国家或行业标准要求。每批产品均应附有合格证明。涂料进场应有产品出厂合格证，并应取样复验，符合产品质量标准后，方可使用。

（2）使用部门有权按国家或行业标准规定，对产品质量进行检验，如发现产品质量不符合标准规定时，双方共同复验，如仍不符合标准规定，使用部门有权退货。

（3）供需双方应对产品包装、数量及标志进行检验及核对。如发现包装有漏损、装量有出入、标志不符合规定等现象，即作为不合格。

（4）供需双方在产品质量上发生争议时，由产品质量检验机构执行仲裁检验。

（5）涂料产品进场后，监理工程师应对其进行书面检验，当对产品质量有疑义或产品包装不符合要求时，应现场取样进行复验。取样数量：按每批相同产品总包装桶数的 $\sqrt{\dfrac{n}{2}}$ 取样（批量不足 4 桶者，不得少于 50%），每桶取样不得少于 0.5kg，取出经充分搅匀后的试样。将所取试样混合均匀后，分为两份（约 0.4kg）密封，一份贮存备查，另一份立即进行检验。如果检验结果不符合标准规定时，应从加倍数量的包装中重新取样检验；如仍不符合标准规定时，则整批产品即为不合格。

### 三、钢结构防腐涂料涂装工程巡视与旁站检查

涂装施工质量好坏直接影响涂层效果和使用寿命。人们常说："三分材料、七分施工"，涂料是半成品，必须通过施工涂装到钢构件表面成膜后才能起到防护作用，所以对涂装施工准备工作、施工环境条件、施工方法和施工质量必须加强质量控制。涂装施工质量的控制工作是目前钢结构工程施工过程中较薄弱的环节，安装单位既普遍缺乏质量控制手段，又缺乏质量控制专业人员，因此，监理工程师在安装单位涂装施工过程中，必须加

强巡视与旁站检查工作。

（一）除锈质量巡视与旁站检查

1. 钢材表面处理质量等级

国家标准《涂覆涂料前钢材表面处理 表面清洁度的目视评定 第1部分：未涂覆过的钢材表面和全面清除原有涂层后的钢材表面的锈蚀等级和处理等级》GB/T 8923.1—2011对钢材表面分成A、B、C、D四个锈蚀等级：A——全面地覆盖着氧化皮而几乎没有铁锈；B——已发生锈蚀，并有部分氧化皮剥落；C——氧化皮因锈蚀而落，或者可以刮除，并有少量点蚀；D——氧化皮因锈蚀而全面剥落，并普遍发生点蚀。

标准将除锈等级分成喷射或抛射除锈、手工和动力工具除锈、火焰除锈三种类型：喷射或抛射除锈用字母"Sa"表示，分Sa1、Sa2、Sa2$\frac{1}{2}$、Sa3四个等级；手工和动力工具除锈以字母"St"表示，只有St2、St3两个等级；火焰除锈以字母"Fl"表示，它包括在火焰加热作业后，以动力钢丝刷清除加热后附着在钢材表面的产物，只有一个等级。

钢材表面处理质量等级见表10-3所示。

**钢材表面处理方法与质量等级** 表10-3

| 等 级 | 处理方法 | 处理手段和达到要求 | | |
| --- | --- | --- | --- | --- |
| Sa1 | 喷射或抛射 | 喷（抛）棱角砂、铁丸、断丝和混合磨料 | 轻度除锈 | 只除去疏松氧化皮、锈等附着物 |
| Sa2 | | | 彻底除锈 | 氧化皮、锈等附着物几乎都被除去，至少有2/3面积无任何可见残留物 |
| Sa2$\frac{1}{2}$ | | | 非常彻底除锈 | 氧化皮、锈等附着物残留在钢材表面的痕迹已是点状或条状的轻微污痕，至少有95%面积无任何可见残留物 |
| Sa3 | | | 除锈到出白 | 表面上氧化皮、锈等附着物都完全除去，具有均匀金属光泽 |
| St2 | 手工和动力工具 | 利用铲刀、钢丝刷、机械钢丝刷、砂轮等 | 彻底除锈 | 无可见油脂和污垢，无附着不牢的氧化皮、铁锈和油漆涂层等附着物 |
| St3 | | | 非常彻底除锈 | 同上，除锈比St2更为彻底，底材显露部分的表面应具有金属光泽 |
| 酸 洗 | | 利用酸和金属氧化物进行化学反应 | 非常彻底除锈 | 表面氧化物及锈至少有95%面积无任何可见残留物 |
| Fl | 火 焰 | 火焰加热作业后以动力钢丝刷清除加热后附着在钢材表面的产物 | 非常彻底除锈 | 无氧化皮、铁锈、油漆涂层等附着物及任何残留痕迹，应仅表面变色 |

2. 钢材表面粗糙度控制

表面粗糙度即表面的微观不平整度，钢材表面处理后的粗糙度由初始粗糙度和喷射除锈或机械除锈所产生。钢材表面的粗糙度对漆膜的附着力、防腐蚀性能和使用寿命有很大的影响。漆膜附着于钢材表面主要是靠漆膜中基料分子与金属表面极性基团之间的范德华引力相互吸引。钢材表面在喷射除锈后，随着粗糙度的增加，表面积也显著增大，在这样的表面上进行涂装，漆膜与金属表面之间的分子吸引力也会相应增大，使漆膜与钢材表面间的附着力相应地增大。

钢材表面合适的粗糙度有利于漆膜保护性能的提高。但是粗糙度太大或太小都是不利于漆膜的保护性能。粗糙度太大，如漆膜用量一定时，则会造成漆膜厚度分布的不均匀，特别是在波峰处的漆膜厚度往往低于设计要求，引起早期的锈蚀；此外，还常常在较深的波谷凹坑内截留住气泡，将成为漆膜起泡的根源。粗糙度太小，不利于附着力的提高。因此，为了确保漆膜的保护性能，必须对钢材的表面粗糙度有所限制，监理工程师必须对涂装前钢材表面粗糙度进行控制。表面粗糙度的大小取决于磨料粒度大小、形状、材料和喷射速度、作用时间等工艺参数，其中以磨料粒度大小对粗糙度影响较大。因此，在钢材表面处理时必须针对不同的材质、不同的表面处理要求，制定合适的工艺参数，并加以质量控制。

3. 对镀锌、镀铝钢材表面预处理质量检查

（1）外露构件需热浸锌和热喷锌、铝的，除锈质量等级为 $Sa2\frac{1}{2}$ ～ Sa3 级，表面粗糙度应达 30 ～ 35μm。

（2）对热浸锌构件允许用酸洗除锈，酸洗后必须经 3～4 道水洗，将残留酸完全清洗干净，干燥后方可浸锌。

（二）涂装施工质量巡视与旁站检查

（1）涂装前检查

1）涂装前钢材表面除锈应符合设计要求和国家现行有关标准规定。处理后的钢材表面不应有焊渣、焊疤、灰尘、油污、水和毛刺等。钢材表面处理达到清洁度后，一般应在 4～6h 内涂第一道底漆。涂装前钢材表面不允许再有锈蚀，否则应重新除锈，同时处理后表面沾上油迹或污垢时，应用溶剂清洗后，方可涂装。

2）进厂的涂料应检查是否有产品合格证，并经复验合格后方可使用。

3）涂装环境检查，环境条件应符合前述规定要求。

（2）涂装过程中检查

1）涂装时环境温度宜为 5℃～38℃，相对湿度不应大于 85%，钢材表面温度应高于露点温度 3℃，且钢材表面温度不宜超过 40℃。涂后 4h 内严防雨淋。当使用无气喷涂时，风力超过五级时，不宜喷涂。

2）涂层（漆膜）厚度控制。为了使涂料能够发挥其最佳性能，足够的漆膜厚度是极其重要的，因此，监理工程师应加强漆膜厚度的检查和控制。漆膜厚度应从下面四个方面加以控制：

①施工时应按使用量进行涂装；

②对于边、角、焊缝、切痕等部位，在喷涂之前应先涂刷一道，然后再进行大面积的涂装，以保证凸出部位的漆膜厚度；

③施工时，监理工程师要常用湿膜测厚仪测定湿漆膜厚度，以保证干漆的厚度和涂层的均匀；

④漆膜干透后，应用干膜测厚仪测出干膜厚度。设计最低涂层干漆膜厚度加允许偏差的绝对值作为漆膜的要求厚度。选择测点要有代表性，检测频数应根据被涂物表面的具体情况而定。原则上测量取点：小于 $10m^2$ 时，不少于 5 点（每点数值为 3 个相距约 50mm 测点深层干漆膜厚度的平均值）；大于等于 $10m^2$ 时，每 $2m^2$ 为 1 点，且不少于 9 点。检测处涂层总平均厚度，应达到规定值的 90% 以上，其最低值不得低于规定值的 80%，一处测点厚度差不得超过平均值的 30%。计算时，超过规定厚度 20% 的测点值，按规定厚度 120% 计算，不得按实测值计算平均值。

3）每道漆都不允许有咬底、剥落、漏涂和起泡等缺陷。

（3）对钢构件需在工地现场进行焊接的部位，应按标准留出 30~50mm 的焊接特殊要求宽度不涂刷或涂刷环氧锌车间防锈底漆。

（4）应按不同涂料说明严格控制层间最短间隔时间，保证涂料的干燥时间，避免产生针孔等质量问题。

（5）涂装工程施工完毕后，必须经过验收，符合《钢结构工程施工质量验收规范》GB 50205—2001 钢结构涂装工程的要求后，方可交付使用。

### 四、钢结构防腐涂料涂装工程质量验收

（一）主控项目

1. 涂装前钢材表面除锈应符合设计要求和国家现行有关标准的规定。处理后的钢材表面不应有焊渣、焊疤、灰尘、油污、水和毛刺等。当设计无要求时，钢材表面除锈等级应符合表 10-4 的规定。

检查数量：按构件数抽查 10%，且同类构件不应少于 3 件。

**各种底漆或防锈漆要求最低除锈等级** 表 10-4

| 涂料品种 | 除锈等级 |
| --- | --- |
| 油性酚醛、醇酸等底漆或防锈漆 | St2 |
| 高氯化聚乙烯、氯化橡胶、氯磺化聚乙烯、环氧树脂、聚氨酯等底漆或防锈漆 | Sa2 |
| 无机富锌、有机硅、过氯乙烯等底漆 | Sa2$\frac{1}{2}$ |

检验方法：用铲刀检查和用现行国家标准《涂覆涂料前钢材表面处理 表面清洁度的目视评定 第 1 部分：未涂覆过的钢材表面和全面清除原有涂层后的钢材表面的锈蚀等级和处理等级》GB/T 8923.1—2011 规定的图片对照观察检查。

2. 涂料、涂装遍数、涂层厚度均应符合设计要求。当设计对涂层厚度无要求时，涂层干漆膜总厚度：室外应为 $150\mu m$，室内应为 $125\mu m$，其允许偏差为 $-25\mu m$。每遍涂层干漆膜厚度的允许偏差为 $-5\mu m$。

检查数量：按构件数抽查 10%，且同类构件不应少于 3 件。

检验方法：用干漆膜测厚仪检查。每个构件检测 5 处，每处的数值为 3 个间距 50mm 测点涂层干漆膜厚度的平均值。

涂层厚度是涂装工程的一项重要指标，直接关系到涂装质量的好坏，国家现行标准《钢结构工程施工质量验收规范》GB 50205—2001 将此项检查列为强制性条款，所以，在施工过程中，监理工程师必须加强巡视、旁站检查及平行检验，确保涂层厚度符合设计及

规范要求。

（二）一般项目

（1）构件表面不应误涂、漏涂、涂层不应脱皮和返锈等。涂层应均匀、无明显皱皮、流坠、针眼和气泡等。

检查数量：全数检查。

检验方法：观察检查。

（2）当钢结构处在有腐蚀介质环境或外露且设计要求时，应进行涂层附着力测试，在检测处范围内，当涂层完整程度达到70%以上时，涂层附着力达到合格质量标准的要求。

检查数量：按构件数抽查1%，且不应少于3件，每件测3处。

检验方法：按照现行国家标准《漆膜附着力测定法》GB 1720—1979或《色漆和清漆 漆膜的划格试验》GB/T 9286—1998执行。

（3）涂装完成后，构件的标志、标记和编号应清晰完整。

检查数量：全数检查。

检验方法：观察检查。

## 第二节 钢结构防火

钢材虽不是燃烧体，它却易导热、怕火烧，普通建筑钢的热导率是67.63W/（m·K）。随着温度的升高，钢材的机械力学性能，诸如屈服强度、抗压强度、弹性模量以及承载力等都迅速下降，温度达到600℃时，强度几乎等于零。因此，在火灾作用下，钢结构不可避免地扭曲变形，最终导致结构垮塌毁坏。

我国目前按建筑设计防火规范进行钢结构防火设计。国家标准《建筑设计防火规范》GB 50016—2006、《高层民用建筑设计防火规范》GB 50045—1995、《石油化工企业设计防火规范》GB 50160—2008等规范对各类建筑物的耐火等级及相应构件应达到的耐火极限均有具体规定，当采用钢材作相应构件时，钢结构耐火极限不应低于表10-5的规定。

钢结构耐火极限要求（h）                                  表10-5

| 耐火等级 | 高层民用建筑 | | | 一般工业与民用建筑 | | | | |
|---|---|---|---|---|---|---|---|---|
| | 柱 | 梁 | 楼板屋顶承重构件 | 支承多层的柱 | 支承单层的柱 | 梁 | 楼板 | 屋顶承重构件 |
| 一级 | 3.00 | 2.00 | 1.50 | 3.00 | 2.50 | 2.00 | 1.50 | 1.50 |
| 二级 | 2.50 | 1.50 | 1.00 | 2.50 | 2.00 | 1.50 | 100 | 0.50 |
| 三级 | — | — | — | 2.50 | 2.00 | 1.00 | 0.50 | |

钢构件虽是非燃烧体，但未保护的钢柱、钢梁、钢楼板和屋顶承重构件的耐火极限仅为0.25h，为满足规范规定的1～3h的耐火极限要求，必须施加防火保护。

### 一、钢结构防火材料

（一）防火涂料分类

钢结构防火涂料是施涂于建筑物及构筑物的钢结构表面，能形成耐火隔热保护层以提高钢结构耐火极限的涂料。

钢结构防火涂料按国家标准《钢结构防火涂料》GB 14907—2002 就其涂层厚度及性能特点可分为：

CB 型：超薄型钢结构防火涂料，涂层厚度不大于 3mm，耐火极限可达 0.5~1.5h；

B 型：薄型钢结构防火涂料，涂层厚度一般为大于 3mm 且不大于 7mm，有一定装饰效果，高温时膨胀增厚耐火隔热，耐火极限可达 0.5~1.5h；又称为钢结构膨胀防火涂料；

H 型：厚型钢结构防火涂料，其涂层厚度一般为大于 7mm 且不大于 45mm，粒状表面，密度较小，热导率低，耐火极限可达 0.5~3.0h，又称钢结构防火隔热涂料。

根据使用场所又分为室内型和室外型，分表示为 NCB、NB、NH、WCB、WB、WH。

（二）技术条件与性能指标

（1）用于制造防火涂料的原料应预先检验。不得使用石棉材料和苯类溶剂。

（2）防火涂料可用喷涂、抹涂、滚涂、刮涂或刷涂等方法中的任何一种或多种方便施工，并能在通常的自然环境条件下干燥固化。

（3）防火涂料应呈碱性或偏碱性。复层涂料应相互配套，底层涂料应能同普通的防锈漆配合使用。

（4）涂层实干后不应有刺激性气味。燃烧时一般不产生浓烟和有害人体健康的气体。

（三）防火涂料取样检验

鉴于近年来防火涂料市场较混乱，用于保护钢结构的防火涂料必须有国家检测机构的耐火极限检测报告和理化性能检测报告，必须有防火监督部门核发的生产许可证和生产厂家的产品合格证。不满足上述要求的材料不得使用。材料进场时，应按设计要求核对产品名称、技术性能、颜色、制造批号、贮存期限和使用说明；不合格者，不得验收存放。

（1）有下列情形之一时，产品应进行型式检验，并规定产品定型鉴定时被抽样的产品应从分别不少于 1000kg（超薄型）、2000kg（薄型）kg、3000kg（厚型）的产品中随机抽取超薄型 100kg、薄型 200kg、厚型 400kg：

1）新产品投产或老产品转厂生产的试制定型鉴定；

2）正式生产后，产品的配方、工艺、原材料有较大改变时；

3）产品停产一年以上恢复生产时；

4）出厂检验结果与上次例行试验有较大差异时；

5）正常生产满三年时；

6）国家质量监督机构或消防监督部门提出例行检验的要求时。

（2）上表中所规定的涂料在容器中的状态、干燥时间、初期干燥抗裂性、外观与颜色、干密度、耐水性、耐酸性或耐碱性（附加耐火性能除外）为出厂检验项目。必要时可按产品特点和预定用途增加检验项目。

（3）生产厂家出厂的产品均应符合相关标准的规定。产品应有合格证、使用说明。

（4）对于重大工程，应进行防火涂料的抽样检验。每使用 100t 薄型钢结构防火涂料，应抽样检查一次粘结强度；每使用 500t 厚型防火涂料，应抽样检测一次粘结强度和抗压强度。使用部门有权按相关标准进行验证检验，如发现技术指标不符合相关标准规定时，供需双方可共同取样对不合格项进行复验，如仍不符合规定，该批产品即为不合格，使用部门有权退货。

（5）防火涂料产品按《色漆、清漆和色漆与清漆用原材料 取样》GB/T 3186—2006进行取样时，样品应分为两份，一份密封贮存备查，另一份作检验用。

（6）供需双方应对产品包装及数量进行检查核对，如发现包装有损漏、数量有出入等现象时，应及时通知有关部门。

（7）供需双方在产品质量上发生争议时，由产品质量监督检验机构执行仲裁检验。

（8）抽样、检查和试验所需样品的采取，除另有规定外，应按《色漆、清漆和色漆与清漆用原材料 取样》GB/T 3186—2006 的规定进行。

## 二、钢结构防火涂料涂装过程巡视与旁站检查

### （一）防火涂料质量检查

在涂装之前，监理工程师要详细检查防火涂料的质量。防火涂料进场后，监理工程师要根据设计要求重点核对和检查产品名称、技术性能、颜色、制造批号、贮存期限和使用说明，防火涂料必须有国家检测机构的耐火极限检测报告和理化性能检测报告，并具备防火监督部门核发的生产许可证和生产厂家的产品合格证。必要时要取样复验，进行粘结强度试验和抗压强度试验。

### （二）检查施工人员资格

钢结构防火涂料是一类重要消防安全材料，防火涂料施工质量的好坏，直接影响防火性能和使用要求。由于钢结构防火涂装施工具有一定的技术难度，若操作不当，可能会影响使用效果和结构的耐久性，甚至会影响消防安全。根据国内外经验，钢结构防火喷涂施工，应由经过培训合格的专业施工队施工，或者在研制该防火涂料的工程技术人员指导下施工，以确保工程质量。所以，钢结构防火涂装工程施工之前，监理工程师应对防火涂料施工队伍的资格进行审查，不具备相应施工资格的队伍不得进行防火涂料施工。

### （三）钢结构表面处理质量检查

在喷涂前，钢结构表面的尘土、油污、杂物要清除干净。钢构件连接处 4 ~ 12mm 宽的缝隙应采用防火涂料或其他防火材料，如硅酸铝纤维棉、防火堵料等填补堵平。钢结构表面应除锈，并根据使用要求确定防锈处理。防锈和防火处理应符合现行国家标准《钢结构工程施工质量验收规范》GB 50205—2001 中有关规定。监理工程师要认真检查钢结构表面的锈迹锈斑，并检查一层防锈底漆的涂刷质量，做好隐蔽工程验收记录。

### （四）涂装调配质量检查

当采用薄型钢结构防火涂料、双组分涂装时，施工单位应在现场按产品说明书进行调配，监理工程师应检查调节配制质量，涂料的稠度应适当。对于出厂时已调配好的防火涂料，监理工程师一定要督促施工单位在施工前要搅拌均匀。

### （五）涂层厚度检查

防火涂层厚度是防火涂装一项十分重要的参数，直接关系到结构的耐火极限。所以监理工程师一定要重点检查涂层厚度，确保涂层厚度符合设计要求。防火涂料涂层厚度测定方法如下：

1. 测针与测试图

测针（厚度测量仪），由针杆和可滑动的圆盘组成，圆盘始终保持与针杆垂直，并在其上装有固定装置，圆盘直径不大于 30mm，以保证完全接触被测试件的表面，如果厚度

测量仪不易插入被测试件中，也可使用其他适宜的方法测试。测试时，将测厚仪探针垂直插入防火涂层直至钢基材的表面上（图10-1），记录标尺读数。

2. 测点选定

（1）楼板和防火墙的防火层厚度测定，可选两相邻纵、横轴线相交中的面积为一个单元，在其对角线上，按每米长度选一点进行测试。

（2）全钢框架结构的梁和柱的防火涂层厚度测定，在构件长度内每隔3m取一截面，按图10-2所示的位置测试。

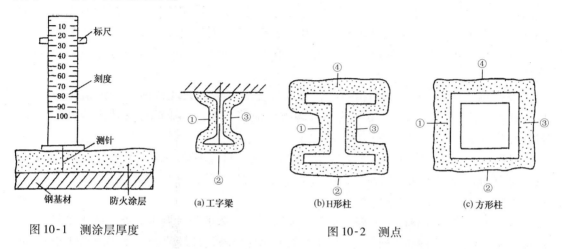

图10-1 测涂层厚度                 图10-2 测点

（3）桁架结构，上弦和下弦按第2款的规定每隔3m取一截面检测，其他腹杆每一根取一截面检测。

3. 测量结果

对于楼板和墙面，在所选择面积中，至少测出5个点；对于梁和柱在选择的位置中，分别测出6个点和8个点；并分别计算出它们的平均值，精确到0.5mm。

（六）检查成品保护工作

施工钢结构防火涂料应在室内装饰之前和不被后期工程所损坏的条件下进行。施工时，对不需作防火保护的墙面、门窗、机器设备和其他构件应采用塑料布遮挡保护。刚施工的涂层，应防止雨淋、脏液污染和机械撞击。

（七）施工环境检查

对大多数防火涂料而言，施工过程中和涂层干燥固化前，环境温度宜保持在5～38℃，相对湿度不宜大于85%，空气应流动。当风速大于5m/s或雨后和构件表面结露时，不宜作业。

（八）检查涂装效果

面涂层应在底涂层经监理工程师检测厚度满足要求，并基本干燥后方可喷涂。防火涂料的喷涂要均匀，不得有误涂、漏涂现象，涂层应无脱层和空鼓。若设计要求涂层表面平整光滑时，待喷完最后一遍后要用抹灰刀将表面抹平。监理工程师还要检查涂装颜色，不能产生过大的色差。

### 三、钢结构防火涂料涂装工程质量验收

（一）主控项目

（1）防火涂料涂装前钢材表面除锈及防锈底漆涂装应符合设计要求和国家现行有关标准的规定。

检查数量：按构件数抽查 10%，且同类构件不应少于 3 件。

检验方法：表面除锈用铲刀检查和用现行国家标准《涂覆涂料前钢材表面处理 表面清洁度的目视评定 第 1 部分：未涂覆过的钢材表面和全面清除原有涂层后的钢材表面的锈蚀等级和处理等级》GB/T 8923.1—2011 规定的图片对照观察检查。底漆涂装用干漆膜测厚仪检查，每个构件检测 5 处，每处的数值为 3 个相距 50mm 测点涂层干漆膜厚度的平均值。

（2）钢结构防火涂料的粘结强度、抗压强度应符合国家现行标准《钢结构防火涂料应用技术规范》CECS 24∶90 的规定。检验方法应符合现行行业标准《建筑构件防火喷涂材料性能试验方法》GA 110—1995 的规定。

检查数量：每使用 100t 或不足 100t 薄型防火涂料应抽检一次粘结强度；每使用 500t 或不足 500t 厚型防火涂料应抽检一次粘结强度和抗压强度。

检验方法：检查复检报告。

（3）薄型防火涂料的涂层厚度应符合有关耐火极限的设计要求。厚型防火涂料涂层的厚度，80% 及以上面积应符合有关耐火极限的设计要求，且最薄处厚度不应低于设计要求的 85%。

检查数量：按同类构件数抽查 10%，且均不应少于 3 件。

检验方法：用涂层厚度仪、测针和钢尺检查。测量方法应符合国家相关标准的规定。

此项检查内容是《钢结构工程施工质量验收规范》GB 50205—2001 的强制性条款，所以，在防火涂料涂装过程中，监理工程师必须加强巡视、旁站检查及平行检验，确保涂层厚度。

（4）薄型防火涂料涂层表面裂纹宽度不应大于 0.5mm；厚型防火涂料涂层表面裂纹宽度不应大于 1mm。

检查数量：按同类构件数抽查 10%，且均不应少于 3 件。

检验方法：观察和用尺量检查。

（二）一般项目

（1）防火涂料涂装基层不应有油污、灰尘和泥砂等污垢。

检查数量：全数检查。

检验方法：观察检查。

（2）防火涂料不应有误涂、漏涂，涂层应闭合无脱层、空鼓、明显凹陷、粉化松散和浮浆等外观缺陷，乳突已剔除。

检查数量：全数检查。

检验方法：观察检查。

# 第十一章　屋面工程

屋面是建筑物最上层的外围护构件，用于抵抗自然界的雨、雪、风、霜、太阳辐射、气温变化等不利因素的影响，保证建筑内部有　个良好的使用环境，屋面应满足坚固耐久、排水、防水、保温、隔热、防火和抵御各种不良影响的功能要求。

屋面工程的渗水与漏水历来是困扰人民群众工作与生活的一大难题。因此，作为监理人员应该高度重视屋面工程质量，精心监理，严格把关。

在本章中，根据《屋面工程质量验收规范》GB 50207—2012，按照屋面工程的主要构造层次，分为找平层、保温层、卷材防水层、涂膜防水层、保护层、瓦屋面、细部构造等七个章节来分别介绍屋面工程的主要现场监理工作。因隔热屋面和油毡瓦屋面、沥青卷材屋面的使用量较少，本章不再细述。

## 第一节　屋面找平层质量监理

找平层是防水层的基层，找平层施工质量是否符合要求，对确保防水层的质量影响极大。找平层开裂会造成卷材防水层开裂，影响屋面防水质量。卷材、涂膜防水层在保温层上的基层应设找平层，找平层宜留设分格缝，纵横缝的间距不宜大于6m，分格缝内宜嵌填密封材料。目前，常见的找平层有水泥砂浆找平层、细石混凝土和混凝土随浇随抹。

### 一、施工工艺

（一）水泥砂浆找平层施工工艺

（1）基层清理：将结构层、保温层上面的松散杂物清扫干净，凸出基层表面的硬块要剔平扫净。

（2）如在板块预制保温层上作业时，应先将板底垫实找平，不宜填塞的立缝、边角破损处，宜用同类保温板块的碎末填实填平。

（3）洒水湿润：在抹找平层之前，应对基层洒水湿润，但不能用水浇透，宜适当掌握，以达到找平层、保温层能牢固结合为度。

（4）对不易于找平材料合的基层应做界面处理。

（5）冲筋贴灰饼：根据坡度要求拉线找平贴灰饼，顺排水方向冲筋，冲筋的间距为1.5m；在排水沟、雨水口处泛水，冲筋后进行找平层抹灰。

（6）找平层要留分格缝，一般分格缝的宽度为20mm；分格缝的位置应留置在板端，其纵横缝的最大间距；水泥砂浆或细石混凝土找平层不宜大于6m；沥青砂浆找平层不宜大于 4m，分格缝内应嵌填密封材料。

（7）找平层的排水坡度应符合设计要求。平屋面采用材料找坡宜为 2%，天沟，檐沟纵向找坡不应小于 1%，沟底水落差不得超过 200mm。

（8）保温层（基层）与突出屋面结构（女儿墙、山墙变形缝、出气孔等）的交接处和基层的转角处，找平层应做成圆弧形，圆弧半径应符合表 11-1 要求。内部排水的水落口周围，找平应做成略低的凹坑。

**转角处圆弧半径** 表 11-1

| 卷 材 种 类 | 圆弧半径（mm） |
| --- | --- |
| 高聚物改性沥青防水卷材 | 50 |
| 合成高分子防水卷材 | 20 |

（9）天沟、拐角、根部等处应在大面积抹灰前先做，有坡度要求的部位，必须满足排水要求。大面积抹灰在两筋中间铺砂浆（配合比应按设计要求），然后用刮杠根据两边冲筋标高刮平，再用抹子找平，然后用木杠检查平整度。

（10）铁抹子压第二遍、第三遍；当水泥砂浆开始凝结，人踩上去有脚印但不下陷时，用铁抹子压第二遍，要注意防止漏压，并将死坑、死角、砂眼抹平，当抹子压不出抹纹时，即可找平、压实，完成第三遍抹压，这道工序宜在砂浆终凝前进行。砂浆的稠度应控制在 70mm 左右。

（11）养护：找平层抹平、压实后，常温时在 24h 后浇水养护，养护时间一般不小于 7d，干燥后即可进行防水层施工。

（二）细石混凝土找平层施工工艺

（1）铺设细石混凝土前，基层表面应清扫干净并洒水湿润；对铺砌的亲水型板块状保温层表面不得湿润过度，憎水型保温板块表面不必湿润，棉毡或松散保温层表面则应予以隔离。

（2）按设计屋面坡度找出找平层铺设准线（俗称找规矩、贴灰饼或打疤子）。按需要，可在每个操作分格块的四角、中间等位置做出标准灰饼或冲筋，一般间隔 1~2m，作为找平层铺设控制标记。

（3）找平基层或以水泥为胶结料的保温层表面，宜先刷水灰比为 0.4~0.5 的水泥浆一道，随刷随摊铺找平材料。

（4）屋面找平层的摊铺按"由远到近、由高到低"的程序进行；每个分格内宜连续铺设、一气呵成，用 2m 左右的长尺杠循标准灰饼指示拍紧刮平，同时找出坡度，再用木抹子搓平、铁抹子压光。

（5）找平层材料宜用机械搅拌，材料要混合均匀、稠度或坍落度适宜、保水性能要好。

（6）压实刮平的细石混凝土稍收水后（表面浮水沉失，人踏有脚印但不下陷为准），用木抹子二次搓压抹平，第二次搓压前、取出嵌缝条、修直压实分格缝边。

（7）当摊铺后水泥胶结料面层的干、湿度不适宜于找平压实操作时，可采取适度淋、洒水湿润表面，或布、撒通过 3mm 筛的干拌水泥砂（体积比 =1:1）混合料来吸水收干表面。

（8）以水泥胶结的找平材料终凝后应及时洒水养护，养护要充分、一般不少于 7d，完工后的找平层表面，少踩踏。

（9）找平层硬化并干燥后，用密封材料嵌填分格缝。

## 二、监理要点

**（一）找平层施工前的监理要点**

找平层施工时，监理员应对基层（结构层或保温隔热层）进行隐蔽工程检查验收。

（1）基层杂物、浮土应清扫干净，并填实补平。

（2）基层为装配式混凝土板时：板端、侧缝应用强度等级不低于 C20 的细石混凝土灌缝；板缝宽度大于 40mm 或上窄下宽时，板缝内应设置构造钢筋；板端缝应进行密封处理。

**（二）找平层施工中的监理要点**

找平层施工过程中的监理，以巡视为主。巡视过程中监理人员主要检查坡度、突出部位的交接处和转角度的处理要求：

（1）作业前是否将基层清理干净并洒水湿润，保证基层与找平层的牢固结合。

（2）作业前是否冲筋或贴灰饼，灰饼间距应控制在 1.2m 以内，以控制排水坡度和找平层厚度。天沟、檐沟纵向找坡不应小于 1%，沟底水落差不得超过 200mm。

（3）找平层的施工顺序是否符合要求。一般应先做细部抹灰，然后进行大面积抹灰。

（4）找平层的振捣、抹光等工序是否符合要求。大面积抹灰一般要求压二、三遍。水泥砂浆开始凝结时，压二遍；初凝前压第三遍，要抹平压实。

（5）找平层的分隔缝间距是否符合要求。基层为装配式混凝土板时，分隔缝应留设在板端缝处。纵横缝的最大间距为：水泥砂浆或细石混凝土找平层，不宜大于 6m；沥青砂浆找平层，不宜大于 4m。

（6）分隔缝是否嵌填密封材料，密封材料嵌填是否符合要求。

（7）成品养护和保护措施是否符合要求。常温时宜在 24h 后浇水养护，养护时间一般不得少于 7d。养护期间尽量不要上人。

（8）找平层的排水坡度应符合设计要求，平屋面结构找坡不应小于 3%，材料找坡宜为 2%。

## 三、材料质量控制要求

（1）水泥：强度等级不低于 42.5 普通硅酸盐水泥或矿渣硅酸盐水泥。

（2）砂：宜用中砂，含泥量不大于 3%，不含有机杂质，级配要良好。

（3）沥青砂浆：沥青砂浆用的沥青可采用 60JHJ 甲、60JHJ 乙的道路石油沥青或 75JHJ 普通石油沥青，骨料最好选用与砂同类性质的矿物粉料，也可用矿渣、页岩粉、滑石粉等，但不得用石灰及粘土粉等，含泥量及有机杂质的要求同砂的要求。

## 四、监理验收

卷材防水屋面找平层作为独立的分项工程，每一检验批均应按主控项目和一般项目进行验收。

**（一）找平层的主控项目监理验收**

（1）找平层的材料质量及配合比，必须符合设计要求。监理人员主要检查材料的出厂合格证、质量检验报告、计量措施及日常的监理记录。

（2）屋面（含天沟、檐沟）找平层的排水坡度，必须符合设计要求。监理人员应用水平仪（水平尺）、拉线和尺量检查。

（二）找平层的一般项目监理验收

（1）基层与突出屋面结构的交接处和基层的转角处，均应做成圆弧形，且整齐平顺。监理人员应观察并尺量检查圆弧半径。

（2）水泥砂浆、细石混凝土找平层应平整、压光，不得有酥松、起砂、起皮现象；沥青砂浆找平层不得有拌合不匀、蜂窝现象。主要通过观察检查。

（3）找平层分隔缝的位置和间距应符合设计要求。通过观察和尺量检查。

（4）找平层表面平整度的允许偏差为5mm。用2m靠尺和楔形塞尺检查。

## 第二节 屋面保温层质量监理

保温层的设置有两种方式。一种是设置在防水层下方，另一种是设置在防水层上方，称为倒置式屋面。

常用屋面保温层包括板状材料、纤维材料、整体现浇或喷涂（现浇泡沫混凝土、喷涂硬泡聚氨酯）保温层。

保温层应干燥，封闭式保温层的含水率应相当于该材料在当地自然风干状态下的平衡含水率。一般情况下，自然干燥不浸水的保温材料可用于保温层。

### 一、施工工艺

（1）基层清理：预制或现浇混凝土的基层表面，应将尘土、杂物等清理干净。

（2）穿过屋面和墙面等结构层的管根部位，应用豆石混凝土（内掺3%微膨胀剂）填塞密实，将管根固定。

（3）板状、纤维保温材料的运输、存放应注意防潮，防止损伤和污染，雨天作业要防止水浸或雨淋。

（4）铺设隔汽层：应按设计要求或规范规定铺好隔汽层。

（5）保温层作业

（6）倒置式屋面：倒置式屋面保温层应采用吸水率小、长期浸水不腐烂的保温材料，找坡坡度不小于3%。保温层上应用混凝土等块材、水泥砂浆或卵石做保护层；其防水层要平整，不得有积水现象；保温层使用憎水性胶结材料，要用机械搅拌均匀。

### 二、监理要点

保温层施工前监理员应检查基层是否平整、干燥和干净。保温层严禁在雨天、雪天和五级风及其以上时施工。粘结保温层，施工环境气温要求：热沥青不低于−10℃；水泥砂浆不低于5℃。

在施工过程中，施工监理以巡视检查为主，检查基层的质量、保温层厚度和配合比等：

（一）板状材料保温层施工的监理要点

板状材料保温层可采用干铺法或粘贴法施工。巡视检查时应注意：

（1）干铺时，板状保温材料应紧靠在需保温的基层表面上，并应铺平垫稳。分层铺设的板块上下层接缝应相互错开；板间缝隙应采用同类材料嵌填密实。

（2）粘贴时，板状保温材料应贴严、粘牢。分层铺设的板块上下层接缝应相互错开。

（二）纤维材料保温层施工的监理要点

纤维保温材料填充后不得上人踩踏。

（1）检查纤维保温材料铺贴应紧贴基层，拼缝严密，表面平整。

（2）检查固定件的规格、间距和数量符合设计要求，垫片应与保温层表面齐平。

（3）检查纤维板材铺钉应牢固，表面平整，龙骨间距和板厚应符合设计要求。

（4）具有抗水蒸气渗透外覆面的玻璃棉制品，检查外覆面，应朝向室内，拼缝应用防水胶带密封。

（三）整体现浇或喷涂保温层施工的监理要点

（1）检查基层，应平整、干燥、干净。

（2）喷涂施工前应检查设备进行调试，并应喷涂试块进行材料性能检测。

（3）喷涂时检查喷嘴与施工基面的间距，应由试验确定最佳距离为准。喷涂硬泡聚氨酯的配比应准确计量，发泡厚度应均匀一致。

（4）一个作业面应分遍喷涂完成，每遍喷涂厚度不宜大于15mm，硬泡聚氨酯喷涂后20min内严禁上人。

（5）泡沫混凝土应按设计要求的干密度和抗压强度进行配合比设计，拌制时应计量准确，并应搅拌均匀。

（6）泡沫混凝土应按设计的厚度设定浇筑面标高线，找坡时宜采取挡板辅助措施。

（7）泡沫混凝土的挠筑出料口离基层的高度不宜超过1m，泵送时应采取低压泵送。

（8）泡沫混凝土应分层浇筑，一次浇筑厚度不宜超过200mm，终凝后应进行保湿养护，养护时间不得少于7d。

（9）喷涂硬泡聚氨酯施工环境温度宜为15~35℃，空气相对湿度宜小于85%，风速不宜大于三级。

（10）现浇泡沫混凝土施工环境温度宜为5~35℃。

（四）排汽道施工的监理要点

排汽道的作用是使保温层或找平层中的水分蒸发时，能沿着排汽道排入大气，从而可以有效地避免卷材其鼓；同时还可以使保温层逐年干燥，达到设计要求的保温效果。一般在下列条件宜采用排汽道：

（1）工程抢工，基层潮湿，且干燥有困难，可能引起卷材其鼓时。

（2）雨季施工，基层干燥困难，很难等找平层干燥后再铺卷材时。

（3）屋面为封闭式保温层，且采用了含水量大的保温材料（如现浇水泥膨胀珍珠岩、现浇水泥膨胀蛭石等）时。

（4）基层整体刚度差，或基层开裂严重，可能引起卷材拉裂时。

排汽道比较适宜于传统的三毡四油（或二毡三油）沥青卷材防水屋面。当设置排汽道时，排汽道的设置应符合设计要求：

1）找平层设置的分隔缝可兼做排汽道。

2）底层卷材铺贴时，宜采用条粘法或点粘法。

3）排汽道的间距宜为6m，纵横贯通，并与大气连通的排汽孔相通。一般屋面面积每36m² 宜设置一个排汽孔。排汽孔应做好防水处理。如图11-1所示。

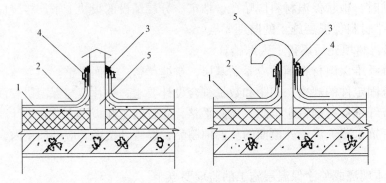

图 11-1 排汽口构造
1—防水层；2—附加防水层；3—密封材料；4—金属箍；5—排汽管

4）巡视检查时应注意，排汽道不得被堵塞。特别要注意在铺贴卷材时，应严禁将胶结材料流入排汽道中。

### 三、保温层材料质量控制要求

保温材料主要是指用以屋面保温层施工的材料。按照保温材料的外观特性，可分为两大类，如图11-2所示。

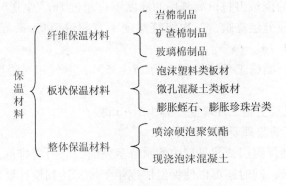

图 11-2 保温材料分类

（1）监理员应在现场按使用的数量确定见证取样的抽检次数，可按随机抽样进行取样。

进场后的保温隔热材料物理性能应检验下列项目：

1）板状保温材料：表观密度，压缩强度，抗压强度；

2）现喷硬质聚氨酯泡沫塑料应先在试验室试配，达到要求后再进行现场施工。

3）进场的保温隔热材料抽样数量，应按使用的数量确定，同一批材料至少应抽样一次。

（2）保温隔热材料的贮运、保管应符合下列规定：

1）保温材料应采取防雨、防潮的措施，并应分类堆放，防止混杂；

2）板状保温材料在搬运时应轻放，防止损伤断裂、缺棱掉角，保证板的外形完整。

### 四、监理验收

卷材防水屋面保温层作为独立的分项工程，每一检验批均应按主控项目和一般项目进行验收。

（一）主控项目

（1）保温材料的干密度、表观密度、压缩强度、导热系数、燃烧性能，必须符合设计要求。监理人员主要检查出厂合格证、质量检验报告和现场抽样复验报告。

（2）保温层的含水率必须符合设计要求。根据现场抽样检验报告检查。

（二）一般项目

（1）通过观察检查保温层的铺设情况：

纤维保温材料：应紧贴基层，拼缝严密，表面平整，找坡正确。

板状保温材料：应紧贴基层，铺平垫稳，拼缝严密，找坡正确。

整体现浇保温层：应拌合均匀，分层铺设，压实适当，表面平整，找坡正确。

喷涂硬泡聚氨酯保温层：应分遍喷涂，粘结牢固，表面平整，找坡正确。

（2）用钢针插入和尺量检查保温层厚度的允许偏差：

纤维保温层正偏差不限，负偏差为4%，且不得大于3mm。

板状保温层正偏差不限，负偏差为5%，且不得大于4mm。

喷涂硬泡聚氨酯保温层正偏差不限，不得有负偏差。

现浇泡沫混凝土整体现浇保温层允许偏差为±5%，且不得大于5mm。

（3）当倒置式屋面保护层采用卵石铺压时，卵石应分布均匀，卵石的质（重）量应符合设计要求。监理人员应观察检查分部是否均匀，并按堆积密度计算其质（重）量是否符合设计要求。

## 第三节 屋面卷材防水层质量监理

卷材防水适用于防水等级为Ⅰ级和Ⅱ级的屋面防水，在Ⅰ级屋面防水做法中，防水层仅作单层卷材时，应符合有关单层防水卷材屋面技术的规定。卷材防水层应优选采用高聚物改性沥青防水卷材、合成高分子防水卷材，所选用的基层处理剂、接缝胶粘剂、密封材料等配套材料应与铺贴的卷材材性相容。卷材防水层的铺贴方法有满粘法、空铺法、点粘法和条粘法四种。

沥青防水卷材属于传统的防水卷材，是采用原纸、纤维织物、纤维毡等胎体浸涂沥青，表面撒布粉状、粒状或片状材料制成可卷曲的片状防水材料，属较低档的防水卷材，因其成本较低，价格低廉，一度是建筑市场上使用量最大的防水材料，但因存在污染环境和容易起鼓、老化和渗漏等工程质量问题，已逐步被其他高性能的防水材料所取代，本章不再赘述。

### 一、施工工艺

（一）高聚物改性沥青防水卷材防水层施工工艺

（1）涂刷基层处理剂：高聚物改性沥青卷材可按照产品说明书配套使用。使用前在清理号的基层表面，将改性沥青胶结剂加入工业汽油稀释，搅拌均匀，用长把滚刷均匀涂布于基层上，常温经过 4h 后，开始铺贴卷材。

（2）附加层施工：女儿墙、水落口、管根、檐口、阴阳角等细部先做附加层。一般用热熔法使用改性沥青卷材施工，必须粘贴牢固。

（3）热熔铺贴卷材：卷材铺贴方向应符合下列规定：

1）屋面坡度小于 9% 时，卷材宜平行屋脊铺贴。

2）屋面坡度在 3% 以上或屋面受震动时，卷材可平行或垂直屋脊铺贴。

3）上下层卷材不得相互垂直铺贴。

（4）卷材末端收头：在卷材铺贴完后，应采用橡胶沥青粘结剂将末端粘结封严，防止张嘴翘边，造成渗漏隐患。

（5）屋面防水保护层：屋面防水保护层分为着色剂涂刷、碎石片粘贴、地砖铺贴。

1）着色剂涂刷：此种做法使用于非上人屋面。首先将防水层表面清擦干净，并要保证表面干燥，着色剂色调应柔和，颜色不能过重，用涂料镘子沾着色剂均匀涂刷在防水层表面且不少于两遍，涂刷后颜色应均匀，无漏刷、透底、掉色。

2）碎石片粘贴：此种做法适用于卷材防水上人屋面。首先将防水层表面清擦干净，并要保证表面干燥，均匀涂刷透明胶粘剂，将用水冲洗过且晾干后的碎石片均匀撒在防水层表面，并进行适当压实，待碎石片和防水层完全粘结牢固后，将表面未粘接的碎石片清扫干净，有露出防水层处进行补粘。要求施工完毕后，保护层表面粘接牢固，厚度均匀一致，无透底、漏粘、浮石。

3）地砖铺贴：此种做法使用于卷材防水上人屋面。在防水层表面铺摊水泥砂浆进行地砖铺贴，铺贴过程中应注意屋面的排水坡向及坡度，雨水口处不得积水。

4）防水保护层施工过程中应加强对防水层的成品保护工作。

（二）合成高分子防水卷材防水层施工工艺

（1）配制底胶：将聚氨酯材料按甲：乙：二甲苯 = 1:1.5:1.5 的比例（重量比）配合搅拌均匀，配制成底胶后，即可进行涂刷。

（2）涂刷底胶（相当于冷底子油）：将配置好的底胶用长把滚刷均匀涂刷在大面积基层上，厚薄要一致，不得有漏刷和白点现象；阴阳角管根等部位可用毛刷涂刷；在常温情况下，干燥 4h 以上，手感不黏时为准，即可进行下道工序。

（三）复杂部位附加层

（1）增补剂配制：将聚氨酯材料按甲：乙组分以 1:1～1.5 的比例（重量比）配合搅拌均匀；配制成底胶后，即可进行涂刷。配制量视需要确定，不宜一次配制过多，防止多余部分固化。

（2）按上述方法配制好以后，用毛刷在阴阳角、排水口、通气孔根部等处，涂刷均匀，做为细部附加层，厚度以 1.5 mm 为宜，待其固化 24h 后，即可进行下道工序。

（四）铺贴卷材防水层

（1）铺贴前在未涂刷的基层表面排好尺寸，弹出标准线，为铺好卷材创造条件。卷材铺贴方向应符合下列规定：屋面坡度小于3%时，卷材宜平行屋脊铺贴。

屋面坡度在3%以上或屋面受震动时，卷材可平行或垂直屋脊铺贴，上下层卷材不得相互垂直铺贴。

（2）基层涂布胶粘剂：已涂在基层的底胶干燥后，在其表面涂刷CX404胶，涂刷用力适当，不要在一处反复涂刷，防止粘起底胶，形成凝聚块，影响铺贴质量。复杂部位可用毛刷轻轻涂刷，用力要均匀。涂胶后指触不黏时，开始铺贴卷材。

（3）铺贴卷材时要减少阴阳角的接头，铺贴平面与里面相连接的卷材，应由下向上进行，使卷材紧贴阴阳角，不得有空鼓或粘结不牢等现象。

（4）排除空气，每铺完一张卷材，应立即用干净的长把滚刷从卷材的一端开始在卷材的横方向顺序用力滚压一遍，以便将空气彻底排出。

（5）为使卷材粘贴牢固，在排除空气后，用30kg重、300mm长的外包橡皮的铁棍滚压一遍，立面用手持压棍滚压粘牢。

（五）接缝处理

（1）在未涂刷CX404胶的长、短边100mm处，每隔1m左右用CX404胶涂一下，待其基本干燥后，将接缝翻开临时固定。

（2）卷材接缝用丁基胶粘剂粘结，先将A、B两组分材料，按1:1的（重量比）配合比搅拌均匀，用毛刷均匀涂刷在翻开的接缝表面，待其干燥30min后（常温15min左右），即可进行粘合，从一端开始用手一边压合一边挤出空气，粘贴好的搭接处，不允许有皱折、气泡等缺陷，然后用铁棍滚压一遍，沿卷材边缘用聚氨酯密封膏封闭。

（六）卷材末端收头

为使卷材末端收头粘贴牢固，防止翘边和渗水漏水，用聚氨酯密封膏等密封材料封闭严密后，再涂刷一层聚氨酯涂膜防水材料。防水层铺贴不得在雨天、雪天、大风天施工。

（七）保护层

参照高聚物改性沥青防水卷材屋面保护层做法。

## 二、监理要点

（一）施工前对作业面的监理要点

在卷材防水层施工前，监理人员对基层应进行检查，达到下列要求后方可同意进行卷材防水层施工。

（1）基层不得积水，屋面平面、檐口、天沟（尤其是水落口处）等坡度、标高符合设计图纸要求，排水顺畅。

（2）女儿墙、变形缝墙、天窗及垂直墙根等转角泛水处理正确。

（3）卷材收头处留设的凹槽尺寸正确，没有遗漏。

（4）伸出屋面的管道、设备或预埋件等已安装完毕，根部处理正确。严禁防水层完工后，在其上凿孔打洞或重物冲击。

（5）基层平整、干净、干燥。

1）卷材基层必须有坚固而平整的表面，不得有凹凸不平和严重裂缝（>1mm），也不允许发生酥松、起砂、起皮等情况。基层平整度用2m直尺检查时，基层与直尺间的空隙不应超过5mm。空隙仅允许平缓变化，每米长度内不得多于一处。超过上述的空隙，可根据情况要求施工单位用热玛蹄脂或沥青砂浆填补。

2）基层需彻底清扫。其标准应达到室内地板用吸尘器后的干净程度。

3）基层干燥一般要求混凝土或水泥砂浆的含水率控制在6%～9%以下。简易的检验方法是：将1m²的卷材平坦地干铺在找平层上，静置3～4h后掀开检查，找平层覆盖部位与卷材上未见水印即可铺设。该检验宜在晴天进行，一般上午9:00～11:00比较合适。

（6）水泥砂浆找平层具备相应的强度。一般要求水泥砂浆找平层应养护7～10d后，方可进行卷材防水层施工。一方面是保证找平层的强度，以利于与卷材层的粘贴。另一方面，7d以前，水泥砂浆找平层体积收缩比较明显，过早施工会引起防水层开裂。

（7）施工环境气温。防水层严禁在雨天、雪天和五级风及其以上时施工。施工环境气温应符合表11-2的规定。

卷材防水层施工环境气温 表11-2

| 项　　　　目 | 施工环境气温 |
| --- | --- |
| 高聚物改性沥青防水卷材 | 自粘法不低于10℃，冷粘法不低于5℃；热熔法不低于－10℃ |
| 合成高分子防水卷材 | 自粘法不低于10℃，冷粘法不低于5℃；热风焊接法不低于－10℃ |

如果检查符合要求，即可进行防水层施工。

（二）施工中监理要点

1. 卷材防水层施工的基本要求

（1）卷材铺贴方向应符合下列规定：

1）屋面坡度小于3%时，卷材宜平行于屋脊铺贴。

2）屋面坡度在3%～15%时，卷材可平行或垂直屋脊铺贴。

3）屋面坡度大于15%或屋面受震动时，沥青防水卷材应垂直屋脊铺贴，高聚物改性沥青防水卷材和合成高分子防水卷材可平行或垂直屋脊铺贴。

4）上下层卷材不得相互垂直铺贴。

应注意，在坡度大于25%的屋面上采用卷材作防水层时，应采取固定措施。固定点应密封严密。

（2）铺贴卷材采用搭接法时，上下层及相邻两幅卷材的搭接缝应错开。高聚物改性沥青防水卷材、合成高分子防水卷材的搭接缝，宜用材性相容的密封材料封严。天沟、檐沟处的卷材搭接缝，宜留在屋面或天沟侧面，不宜留在沟底。

平行于屋脊的搭接缝应顺流水方向搭接；垂直于屋脊的搭接缝应顺年最大频率风向搭接。

由于卷材防水层有多种粘结施工法，不同施工方法有不同的注意要点。下面按不同施工方法分别介绍监理人员巡视检查时的监理要点。

2. 热玛蹄脂粘结法施工监理要点

热玛蹄脂粘结法主要适用于三毡四油叠层铺设的沥青防水卷材屋面。

监理人员应重点检查以下事项：

（1）冷底子油的涂刷要均匀，愈薄愈好，不得留有空白。

（2）冷底子油的涂刷宜在卷材铺贴前 1~2d 内进行。一般冷底子油涂刷后经过风干感觉不黏手后即可铺贴卷材。

（3）屋面受其他热源影响（如高温车间等）或屋面坡度超过 25% 时，应将沥青玛𫠼脂的标号适当提高。

（4）卷材铺贴时，应随刮涂玛𫠼脂随铺贴卷材，并应及时展平压实。

（5）严格控制玛𫠼脂的铺刷厚度：热玛𫠼脂应涂刮均匀，不得过厚或堆积。粘结层厚度宜为 1~1.5mm，面层厚度宜为 2~3mm。

（6）对运至屋面的热玛𫠼脂，要求施工单位派专人测温，并不断搅拌，防止在油桶、油壶内发生沉淀。

（7）如发现卷材有鼓泡或粘结不牢的地方，应立即要求施工人员刺破排气，重新压实，并用玛𫠼脂贴紧封死。

（8）对于油毡边缘挤出的玛𫠼脂，要用胶皮刮板刮去，并将两边封死压平。对天沟、檐口、泛水及转角处，也应用刮板仔细刮平压实。

（9）天沟、槽沟、槽口、泛水和立面卷材收头的端部应裁齐，塞入预留凹槽内，用金属压条钉压固定，最大钉距不应大于 900mm，并用密封材料嵌填封严。

3. 热熔法施工监理要点

热熔法主要适用于高聚物改性沥青防水卷材的施工。

监理人员检查时应着重注意以下事项：

厚度小于 3mm 的高聚物改性沥青防水卷材严禁采用热熔法施工。

火焰加热器加热卷材应均匀、充分、适度，不得过分加热或烧穿卷材。加热程度一般控制为：热熔胶出现黑色光泽（此时沥青温度在 200~230℃ 之间）、发亮并有微泡现象，但不能出现大量气泡。

卷材被热熔粘贴后，要在卷材尚处于较柔软时，就及时进行滚压。

排气压实。卷材下面的空气应排尽，并辊压粘结牢固，不得空鼓。

热熔卷材表面一般都有一层防粘隔离层，在热熔搭接缝之前，应先将下一层卷材表面的防粘隔离层用喷枪熔烧掉，以利搭接缝粘结牢固。

卷材接缝部位必须溢出热熔的改性沥青胶。

铺贴的卷材应平整顺直，搭接尺寸准确，不得扭曲、皱折。

4. 冷玛𫠼脂粘结法施工监理要点

冷玛𫠼脂粘结法是适用于二毡三油叠层铺设的沥青防水卷材屋面的一种施工方法。以冷玛𫠼脂（或专用冷胶料）为胶粘剂。

监理人员检查时应着重注意以下事项：

附加层粘贴一般是用冷胶料将玻璃丝布或聚酯无纺布粘贴在管道根部、水落口、女儿墙、阴阳角等构造部位，而不用油毡粘贴。因为冷胶料一般凝固较慢，若用油毡粘贴，由于它有一定的回弹性，不易粘牢。

配置沥青玛𫠼脂的配合比应视使用条件、坡度和当地历年最高气温，并根据所用的材料经试验确定。

冷玛𫠼脂使用时应搅匀，稠度太大时可加少量溶剂稀释搅匀。

要求施工单位严格按确定的配合比配料，每工作班应检查软化点和柔韧性。

沥青玛琋脂应涂刮均匀，不得过厚或堆积。冷玛琋脂粘结层厚度宜为 0.5 ~ 1mm；面层厚度宜为 1 ~ 1.5mm。

卷材铺贴应符合铺贴的基本要求。铺贴的卷材应平整顺直，搭接尺寸准确，不得扭曲、皱折。卷材铺贴后，应立即用压辊或刮板压实，将气泡赶出。卷材边缘部位通过挤压应挤出冷胶料 10mm。如未挤出，则说明冷胶料用量少，应重新添加。

5. 冷粘法施工监理要点

冷粘法主要是适用于高聚物改性沥青防水卷材、合成高分子防水卷材的施工方法。

监理人员对照标准，施工时应对所有检查着重注意以下事项：

基层处理剂应均匀涂刷于基层表面，不得见白露底。人工涂刷一般应干燥 4h 以上，机器喷涂一般应干燥 12h 左右（视温度与湿度而定），才能进行下一工序施工。

对于阴阳角、水落口、通气孔的根部等复杂部位，应先用聚氨酯涂膜防水材料进行增强处理。

聚氨酯涂膜防水涂料应均匀涂刷于阴阳角、水落口等周围，涂刷宽度应以中心算起约200mm 以上，厚度 1.5mm 以上为宜。涂刷固化 24h 以上，才能进行下一工序的施工。

卷材表面涂刷时，应将卷材展开摊铺在平整、干净的基层上，胶粘剂应均匀涂刷在卷材的背面。并且应注意搭接缝部位不得涂刷胶粘剂。

基层表面涂胶要均匀，应避免在一处反复涂刷，以免将底胶"咬"起，影响防水效果。

应根据胶粘剂的性能，控制胶粘剂涂刷与卷材铺贴的间隔时间。涂刷胶粘剂后，一般应干燥 10 ~ 20min，指触基本不黏手时，方可铺贴卷材。

卷材铺贴应符合铺贴的基本要求。铺贴的卷材应平整顺直，搭接尺寸准确，不得扭曲、皱折。卷材铺贴时，不得任意拉伸卷材，应使卷材在松弛不受拉伸的状态下粘贴在基层上。铺贴的卷材下面的空气应排尽，并辊压粘结牢固。

搭接缝应清理、清洗干净，避免尘土、油污等影响粘结效果。搭接缝的两个粘结面均应均匀涂刷粘结剂，待干燥，手触不黏时，方可进行粘贴。粘贴后，应及时辊压，接缝处不允许有气泡或皱折存在。接缝口应压密封材料封严，宽度不应小于 10mm。

6. 自粘法施工监理要点

自粘法是适用于高聚物改性沥青防水卷材、合成高分子防水卷材的施工方法。

自粘法中涂刷基层处理剂、节点密封处理、卷材铺贴等施工要求以及监理注意事项基本同冷粘法，不同点在于：

铺贴卷材时，应将自粘胶地面的隔离纸全部撕尽。

自粘型卷材上表面有一层防粘层，在铺贴卷材前，应将相邻卷材待搭接部位的上表面防粘层先熔化掉，使搭接缝能搭接牢固。

搭接部位宜采用热风加热，随即粘贴牢固。

由于自粘型卷材与基层的粘结力相对较低，尤其在低温环境下，在立面或坡度较大的屋面上铺贴卷材时，容易产生流坠下滑现象。在此情况下，应将卷材底面的胶粘剂适当加热后再进行粘贴和滚压。

7. 热风焊接法施工监理要点

热风焊接适用于合成高分子卷材搭接部位施工。施工时，监理人员应巡视检查以下内容：

(1) 焊接前卷材的铺设应平整顺直，搭接尺寸准确，不得扭曲、皱折。

(2) 卷材的焊接面应清扫干净，无水滴、油污及附着物。

(3) 焊接时应先焊长边搭接缝，后焊短边搭接缝。

(4) 控制热风加热温度和时间，焊接处不得有漏焊、跳焊、焊焦或焊接不牢现象。

(5) 焊接时不得损害非焊接部位的卷材。

8. 保护层施工监理要点

卷材防水层完工并经验收合格后，应做好成品保护。防水层的保护层主要有以下几种类型：绿豆砂保护层、云母或蛭石保护层、水泥砂浆保护层、块体材料保护层、细石混凝土保护层及浅色涂料保护层等。

保护层施工的基本要求如下：

(1) 防水层上的杂物、浮灰已清理干净。防水层经过雨水或淋水、蓄水试验，未出现渗漏或积水现象。

(2) 绿豆砂应清洁、预热、铺撒均匀，并使其与沥青玛琋脂粘结牢固，不得残留未粘结的绿豆砂。

(3) 云母或蛭石保护层不得有粉料，撒铺应均匀，不得露底，多余的云母或蛭石应清除。

(4) 水泥砂浆保护层的表面应抹平压光，并设表面分格缝，分格面积宜为 $1m^2$。

(5) 块体材料保护层应留设分格缝，分格面积不宜大于 $100m^2$，分格缝宽度不宜小于 20mm。

(6) 细石混凝土保护层，混凝土应密实，表面抹平压光，并留设分格缝，分格面积不大于 $36m^2$。

(7) 浅色涂料保护层应与卷材粘结牢固，厚薄均匀，不得漏涂。

(8) 水泥砂浆、块材或细石混凝土保护层与防水层之间应设置隔离层。

(9) 刚性保护层与女儿墙、山墙之间应预留宽度为 30mm 的缝隙，并用密封材料嵌填严密。

### 三、卷材防水层材料质量控制要求

（一）材料性能

防水卷材是由工厂生产的具有一定厚度的片状防水材料，具有相当的柔性，通常按一定的长度成卷出厂。目前主要防水卷材的分类见图 11-3。

（二）防水卷材的见证取样试验

(1) 进场的卷材抽样复验应符合下列规定：

1) 同一品种、型号和规格的卷材，抽样数量：大于 1000 卷抽取 5 卷；500～1000 卷抽取 4 卷；100～499 卷抽取 3 卷；小于 100 卷抽取 2 卷；

2) 将受检的卷材进行规格尺寸和外观质量检验，全部指标达到标准规定时，即为合格。其中若有一项指标达不到要求，允许在受检产品中另取相同数量卷材进行复检，全部达到标准规定为合格。复检时仍有一项指标不合格，则判定该产品外观质量为不合格；

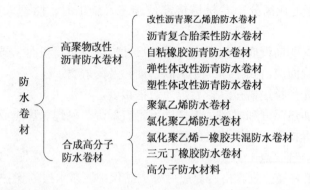

图 11-3 防水卷材的分类

3）在外观质量检验合格的卷材中，任取一卷作物理性能检验，若物理性能有一项指标不符合标准规定，应在受检产品中加倍取样进行该项复检，复检结果如仍不合格，则判定该产品为不合格。

（2）进场的卷材物理性能应检验下列项目：

1）高聚物改性沥青防水卷材：可溶物含量、拉力、最大拉力时延伸率、耐热度、低温柔度、不透水性；

2）合成高分子防水卷材：断裂拉伸强度、扯断伸长率、低温弯折性和不透水性。

（3）进场的基层处理剂、胶粘剂和胶粘带，物理性能应检验下列项目：

1）沥青基防水卷材用基层处理剂的固体含量、耐热性、低温柔性、剥离强度；

2）高分子胶粘剂的剥离强度、浸水 168h 后的剥离强度保持率；

3）改性沥青胶粘剂的剥离强度；

4）合成橡胶胶粘带的剥离强度、浸水 168h 后的剥离强度保持率。

### 四、监理验收

卷材防水屋面防水层作为独立的分项工程，每一检验批均应按主控项目和一般项目进行验收。

（一）主控项目

（1）卷材防水层所有卷材及其配套材料，必须符合设计要求。监理人员应检查材料出厂合格证、质量检验报告和现场抽样复验报告。

（2）卷材防水层不得有渗漏或积水现象。检验方法有雨后或淋水、蓄水检验。雨后或持续淋水应为 2h 以上，蓄水时间不得少于 24h。

（3）卷材防水层在天沟、檐沟、檐口、水落口、泛水、变形缝和伸出屋面管道的防水构造，必须符合设计要求。监理人员主要是观察检查和检查隐蔽工程验收记录。

（二）一般项目

（1）卷材防水层的搭接缝应粘（焊）结牢固，密封严密，不得有皱折、翘边和鼓泡等缺陷；防水层的收头应与基层粘结并固定牢固，缝口封严，不得翘边。通过观察检查。

（2）卷材防水层上的撒布材料和浅色涂料保护层应铺撒或涂刷均匀，粘结牢固；水泥砂浆、块材或细石混凝土保护层与卷材防水层间应设置隔离层；刚性保护层的分隔缝留置应符合设计要求。通过观察检查（保护层的具体要求详见相关章节）。

（3）排汽屋面的排汽道应纵横贯通，不得堵塞。排汽管应安装牢固，位置正确，封闭严密。通过观察检查。

（4）卷材的铺贴方向正确，卷材的搭接宽度的允许偏差为 -10mm。通过观察和尺量检查。

## 第四节　屋面涂膜防水层质量监理

涂膜防水是指在屋面的混凝土或砂浆基层上，抹压或涂布具有防水能力的流态或半流态物质，经过溶剂、水分蒸发固化或交链化学反应，形成具有一定弹性和一定厚度的无接缝的完整薄膜，使基层与水隔绝，起到防水密封作用。

根据《屋面工程质量验收规范》GB 50207—2012 的规定，涂膜防水屋面为防水与密封子分部工程中的一个分项工程。本节主要介绍涂膜防水层施工监理要点。

涂膜防水适用于防水等级为Ⅰ级和Ⅱ级屋面防水。防水材料应采用高聚物改性沥青防水涂料、合成高分子防水涂料。

### 一、施工工艺

（一）清理基层

先以铲刀和扫帚等工具将基层表面的突起物、砂浆疙瘩等异物铲除，并将尘土杂物彻底清扫干净，对凸凹不平处，应用高强度等级水泥砂浆补齐或顺平，对阴阳角、管根部位、地漏和排水口等部位更应认真清理。

（二）涂膜施工

1. 涂膜防水材料的配制

按照生产厂家指定的比例分别称取适量的液料和固体分料组分。搅拌时把分料慢慢倒入液料中并充分搅拌不少于 10min 至无气泡为止。搅拌时不得加水或混入上次搅拌的残液及其他杂质；配好的涂料必须在厂家规定的时间内完成。

2. 涂膜的施工

施工可采用长板刷或圆形滚动涂刷，涂刷要横竖交叉进行，达到平整均匀、厚度一致。每层涂刷完约 4h 后涂料可固结成膜，此后可进行下一层涂刷，为消除屋面因温度变化产生胀缩，应在涂刷第二层涂膜后铺无纺布同时涂刷第三层涂膜，无纺布搭接要求不小于 100mm，屋面涂刷不得少于五遍，厚度不得小于 1.5mm。

（三）保护层

涂膜防水作为屋面面层时，不宜采用着色剂类保护层，一般应铺面砖等刚性保护层。

### 二、监理要点

（一）施工前作业面的监理要点

由于涂膜防水屋面是将液态的防水涂料，在干燥的环境下涂布在屋面基层上，并要经历一定时间的干燥，才能转化为固态的涂膜防水层。因此在涂膜施工时，监理人员还应注意以下问题：

（1）屋面坡度符合设计要求，排水畅通。

（2）基层表面平整，强度符合设计要求，并不得有过大裂缝。

对于裂缝部位，应要求施工单位提出相应的处理措施。

裂缝较大的部位（0.3mm 以上），一般应在裂缝处用密封材料填充，然后铺贴隔离层（如塑料薄膜），宽约 10mm，再增强涂布。或者，在裂缝处涂刷基层处理剂，嵌填密封材料，再作一布二涂。还可以将裂缝处造成凹槽，然后嵌填密封材料。

细微裂缝处（0.3mm 以下），可刮嵌密封材料，然后增强涂布防水涂料，或者在裂缝处作一布二涂加强层。

（3）屋面基层的干燥程度应视所用的涂料特性确定。不同类型的涂膜对基层干燥程度的要求不一样。溶剂型防水涂料对基层干燥程度的要求比水乳型防水涂料严格。

当采用溶剂型涂料时，屋面基层必须干燥（可按简易方法测试），以免产生涂膜鼓泡的质量问题。

当采用水乳型防水涂料时，基层表干后即刻涂布施工。

（4）施工环境气温

防水层严禁在雨天、雪天和五级风及其以上时施工。施工环境气温应符合表 11-3 的规定。

涂膜防水层施工环境气温表　表 11-3

| 项　　　　目 | 施工环境气温 |
| --- | --- |
| 水乳型、反应型及聚合物水泥防水涂料 | 宜为 5℃～35℃ |
| 溶剂型防水涂料 | 宜为 -5℃～35℃ |
| 热熔型防水涂料 | 不宜低于 -10℃ |

如果检查符合要求，即可进行防水层施工。

（二）涂膜防水层施工的监理要点

涂膜防水层施工根据涂料的不同可分为薄质涂料施工与厚质涂料施工两类。所谓薄质涂料是指设计防水涂膜总厚度在 3mm 以下的涂料；3mm 以上的一般成为厚质涂料。

涂膜防水层施工的基本要求

（1）多组分涂料应按配合比准确计量，搅拌均匀，并应根据有效时间确定使用量。

（2）涂膜应根据防水涂料的品种分层分遍涂布，不得一次涂成。

（3）应待先涂的涂层干燥后，方可涂后一遍涂料。

（4）天沟、檐沟、檐口、泛水和立面涂膜，防水层的收头，应用防水涂料多遍涂刷或用密封材料封严。

（5）胎体增强材料施工的基本要求：

1）需铺设胎体增强材料时，屋面坡度小于 15% 时可平行屋脊铺设，屋面坡度大于 15% 时，应垂直于屋脊铺设。

2）胎体长边搭接宽度不应小于 50mm，短边搭接宽度不应小于 70mm。

3）采用二层胎体增强材料时，上下层不得相互垂直铺设，搭接缝应错开，其间距不应小于幅宽的 1/3。

（三）薄质涂料防水层施工监理要点

薄质涂料一般是水乳型或溶剂型的高聚物改性沥青防水涂料或合成高分子防水涂料。我国目前常用的薄质涂料有再生橡胶沥青防水涂料、氯丁橡胶沥青防水涂料、聚氨酯防水涂料、焦油聚氨酯防水涂料、硅橡胶防水涂料等。

薄质涂料的施工工艺主要有两种：二布三涂和一布二涂。二布三涂主要适用于水乳型或溶剂型薄质涂料，一布二涂主要适用于反应型薄质涂料。

监理人员应着重检查以下事项：

1. 喷涂基层处理剂

为了增强涂料与基层的粘结，在涂料涂布前，必须对基层进行处理，即先涂刷一道较稀的涂料作为基层处理剂。

有些防水涂料，如油膏稀释涂料，其浸润性和渗透性强，可不刷基层处理剂而直接施工。

2. 配料搅拌

（1）双组分涂料

采用双组分涂料时，应根据材料生产厂家提供的配合比在现场配制，严禁任意改变配合比。配料时要求计量准确，主剂和固化剂的混合偏差不得大于±5%。

搅拌后的混合料以颜色均匀一致为标准。如涂料稠度太大涂布困难时，应根据厂家提供的品种、数量掺加稀释剂，严禁任意使用稀释剂稀释，以免影响涂料性能。

双组分涂料应根据有效时间确定使用量，不应一次搅拌过多使涂料发生凝聚或固化而无法使用。

混合后的材料存放不得超过规定的使用时间，无规定时以能否涂刷为能否使用的判别标准。

（2）单组分涂料

单组分涂料一般用铁桶或塑料桶密闭包装，打开桶盖后即可施工。如桶内有少量结膜现象，应清除或过滤后使用。

3. 涂料涂刷

涂料涂刷重点控制涂层厚度、涂刷间隔时间以及涂布方法等。

（1）涂层厚度

涂膜防水施工前，必须要求施工单位根据设计要求的每平方米涂料的用量、涂膜厚度与涂料材性，实现通过试验确定每道涂料涂刷的厚度，以及每个涂层需要涂刷的遍数。面层应至少涂刷两遍以上。合成高分子涂料一般要求底涂层有1mm厚才可铺设胎体增强材料。

（2）涂刷间隔时间

在施工前，还应要求施工单位根据气候条件测定每遍涂层的间隔时间。

薄质涂料每遍涂层，表干时实际上已基本达到实干。因此可根据表干时间来控制涂刷的间隔时间。

（3）涂布方法

涂料涂刷可用棕刷、长柄刷、圆辊刷、塑料或胶皮刮板等进行人工涂布，也可用机械喷涂。人工涂刷可采用蘸刷法，也可采用边倒涂料边用刷子刷匀的方法。

涂布时，应先涂立面，后涂平面。里面涂布最好采用蘸刷法，以使涂刷均匀一致。倒料时，应均匀倒撒，不可在一处倒得过多，否则涂料难以刷开，会出现厚薄不匀的现象。涂刷时不能将空气裹进涂层，如发现气泡应立即消除。

涂刷遍数必须按实现试验确定的遍数进行，严禁为了省时省力而一遍涂厚。

每次涂布前，应将前遍涂层的灰尘、杂质清理干净，并严格检查前遍涂层是否有缺陷，如气泡、露底、漏刷、胎体增强材料皱折、翘边、杂物混入等现象，如有上述问题应先进行修补再涂布后遍涂层。

涂料涂布时，涂刷致密是保证质量的关键。涂刷涂料应按规定的厚度均匀仔细的涂刷。各道涂层之间的涂刷方向应相互垂直，以提高防水层的整体性和均匀性。

涂层间的接槎，在每遍涂刷时应退槎 50～100mm，接槎时应超过 50～100mm，以避免在搭接处发生渗漏。

4. 铺设胎体增强材料

胎体增强材料可采用湿铺法或干铺法施工。

湿铺法就是边倒料、边涂刷、边铺贴的操作方法。施工时先在已干燥的涂层上，用刷子将涂料仔细刷匀，然后将成卷的胎体增强材料平放在屋面上，逐渐推滚铺贴于刚刷上涂料的屋面上，然后用辊刷滚压一遍。

干铺法就是在上道涂层干燥后，边干铺胎体增强材料，边在已展平的表面上用胶皮刮板均匀满刮一道涂料。也可将胎体增强材料按要求在已干燥的涂层上展平后，先在边缘部位用涂料点粘固定，然后再在上面满刮一道涂料，使涂料浸入网眼渗透到已固化的涂膜上。涂刷后，再用辊刷滚压一遍。

由于干铺法施工时，上涂层是从胎体增强材料的网眼中渗透到已固化的涂膜上而形成整体，因此当渗透性较差的涂料与比较密实的胎体增强材料配套使用时，就不宜采用干铺法施工。

监理人员在巡视时应注意：

（1）全部布眼都必须浸满涂料，不露白，不显网眼。以使上下两层涂料能良好结合，确保防水效果。

（2）铺布时，不能拉伸过紧，也不宜太松。

（3）铺贴好的胎体材料不得有皱折、翘边、空鼓等现象，也不得有露白现象。

（4）第一层胎体增强材料应越过屋脊 400mm，第二层应越过 200mm，搭接缝应压平，否则容易进水。胎体长边搭接宽度不应小于 50mm，短边搭接宽度不应小于 70mm。搭接缝应顺流水方向或年最大频率风向。采用二层胎体增强材料时，上下层不得相互垂直铺设，搭接缝应错开，其间距不应小于幅宽的 1/3。

（5）所有收头应用密封材料压边，压边宽度不得小于 10mm。收头处的胎体材料应裁剪整齐，有凹槽时应压入凹槽内，不得出现翘边、皱折、露白等现象。否则应先处理，再嵌填密封材料。天沟、檐沟、檐口、泛水和立面涂膜防水层的收头，应用防水涂料多遍涂刷或用密封材料封严。

5. 保护层

涂膜防水完工并经验收合格后，应做好成品保护。保护层具体要求详见上一节卷材防水施工监理中保护层相关章节。

（四）厚质涂料防水层施工监理要点

我国目前常用的厚质涂料有：水性石棉沥青防水涂料、膨润土乳化沥青防水涂料、石灰膏乳化沥青涂料、焦油塑料油膏稀释涂料和聚氯乙烯胶泥等。

厚质涂料一般采用抹压法或刮涂法施工，主要以冷施工为主。但是塑料油膏稀释和聚氯乙烯胶泥需加热塑化后使用。

厚质涂料的涂层厚度一般为 4～8mm，有纯涂层，也有铺衬一层或二层胎体增强材料的。

厚质涂料的检查要点基本同薄质涂料，以下几点监理人员应注意：

（1）厚质防水涂料使用前应特别注意搅拌均匀。如搅拌不均匀，不仅涂刮困难，而且当未拌匀的颗粒杂质残留在涂层中，将成为渗漏的隐患。

（2）厚质涂料的涂布方法应视涂料的流平性能而定。流平性能差的常采用刮板刮平后抹压施工，一般是在涂料刮平后，表面收水尚未结膜时，用铁抹子进行压光抹实。抹压时间应适当，过早抹压起不到作用，过晚抹压会粘住抹子，出现月牙形抹痕。流平性能好的涂料常采用刮板刮涂施工。要求刮涂厚薄均匀一致，不露底，表面平整，涂层内不产生气泡。

（3）严格控制厚质涂料涂层的厚度。一般需刮涂 2～4 遍，总厚度为 4～8mm。

（4）涂层间隔时间的控制，一般以涂层涂布干燥后能上人操作为准。当脚踩不黏脚、不下陷（或下陷能回弹）时，即可进行上面一道涂层的施工；常温下其干燥时间不少于 12h。

（5）每层涂料涂刮前，必须严格检查下涂层表面是否有气泡、皱折不平、凹坑、刮痕等弊病。如出现上述情况，应立即修补完整，才可进行上涂层的施工。

### 三、涂膜防水材料质量控制要求

（一）材料性能

防水涂料（也称涂膜防水材料）是以液体高分子合成材料为主体，用涂布的方法涂刮在结构物表面，经溶剂或水分挥发，或各组分间的化学反应，能形成具有不透水性、一定的耐候性及延伸性的薄膜致密物质的材料。

防水涂料的品种繁多，形态各异。有溶剂型、水乳型、反应型（聚氨酯类），有单组分型、双组分型。目前，常用的防水涂料主要有聚氨酯防水涂料、溶剂型橡胶沥青防水涂料、聚合物乳液建筑防水涂料、聚合物水泥防水涂料等。

（二）涂膜防水涂料见证取样试验

（1）防水涂料抽样检验具体按以下规定执行：

1）每 10t 防水涂料为一批，不足 10t 按一批抽样。产品的液体组分抽样按《色漆、清漆和色漆与清漆用原材料 取样》GB 3186—2006 的规定进行。配套固体组分的抽样按《水泥取样方法》GB/T 12573—2008 中袋装水泥的规定进行。

2）防水涂料施工时，常在两层涂料间增加胎体增强材料。常用的胎体增强材料有玻璃纤维稀型网格布（0.11mm 厚）、玻璃纤维密型平纹布（0.14mm 厚）、玻璃纤维毡、合成纤维毡或聚酯毡。

（2）防水涂料的物理性能应检验下列项目：

1）高聚物改性沥青防水涂料：固含量、耐热度、柔性、不透水性、延伸。

2）合成高分子防水涂料：固体含量、拉伸强度、断裂延伸率、柔性、不透水性。

（3）胎体增强材料的抽样检验按以下规定执行：

1）每 3000m² 为一批，不足 3000m² 按一批抽样。可按随机抽样法进行。

2）胎体增强材料的物理性能应检验：拉力、延伸率。

**四、监理验收**

（一）主控项目

（1）防水涂料和胎体增强材料必须符合设计要求。监理人员应检查材料出厂合格证、质量检验报告和现场抽样复验报告。

（2）涂膜防水层不得有渗漏或积水现象。检验方法有雨后或淋水、蓄水检验。雨后或持续淋水应为 2h 以上，蓄水时间不得少于 24h。

（3）涂膜防水层在天沟、檐沟、檐口、水落口、泛水、变形缝和伸出屋面管道的防水构造（具体要求详见细部构造），必须符合设计要求。监理人员主要是观察检查和检查隐蔽工程验收记录。

（二）一般项目

（1）涂膜防水层的平均厚度应符合设计要求，最小厚度不应小于设计厚度的 80%。通过针测法或取样量测检验。

（2）涂膜防水层的与基层应粘结牢固，表面平整，涂刷均匀，无流淌、皱折、鼓泡、露胎体和翘边等缺陷。通过观察检查。

（3）涂膜防水层上的撒布材料和浅色涂料保护层应铺撒或涂刷均匀，粘结牢固；水泥砂浆、块材或细石混凝土保护层与卷材防水层间应设置隔离层；刚性保护层的分隔缝留置应符合设计要求。通过观察检查。

## 第五节 屋面保护层质量监理

屋面保护层主要指对防水层或保温层起防护作用的构造层。上人屋面保护层可采用块体材料、细石混凝土等材料，不上人屋面保护层可采用浅色涂料、铝箔、矿物粒料、水泥砂浆等材料。

根据《屋面工程质量验收规范》GB 50207—2012 的规定，保护层是基层与保护子分部中一个很重要的分项工程。本章主要介绍使用于上人屋面的细石混凝土保护层质量监理。

**一、施工工艺**

（一）隔离层施工

隔离层可选用干铺卷材、砂垫层、低强度等级砂浆等材料。干铺卷材隔离层做法：在找平层上干铺一层卷材，卷材的接缝均匀粘牢，表面涂刷两道石灰水或掺10%水泥的石灰浆以防止日晒卷材发软，待隔离层干燥有一定强度后进行防水层施工，低强度等级砂浆隔离层采用粘土砂浆或石灰砂浆施工。

铺抹前基层先湿润，铺抹厚度取 10~20m，表面要平整、压实、抹完后养护至基本干燥即可做防水层。

（二）分格缝留置与钢筋网片施工

（1）配筋细石混凝土保护层在屋面板支撑端处、屋面转折处、防水层与突出屋面结构的交接处设置分隔缝，其纵横间距不大于6mm，无配筋细石混凝土除在上述部位留置分隔缝外。板块中间还须留置分隔缝，分隔缝最大间距不超过2mm，分隔缝深度不小于混凝土厚度的2/3，缝宽10~20mm，缝中嵌填密封材料。

（2）分隔缝截面做成上宽下窄形，采用木板或玻璃条做分隔缝模板，分隔缝模板安装位置要准确，并拉通线拉直、固定，确保横平竖直，起条时不得损坏分隔缝处的混凝土。

（3）细石混凝土保护层与女儿墙、山墙交接处施工时在离墙250~300mm处留置分格缝，缝内嵌硅胶或玻璃胶等密封材料。

（4）钢筋网铺设：钢筋网的钢筋规格、间距必须符合设计要求，网片采用绑扎或焊接，分割缝处断开并应弯成90°，绑扎铁丝收口应向下弯，不得露处防水层表面，钢筋网片必须置于细石混凝土中部偏上位置，但保护层厚度应大于10mm。

（三）细石混凝土保护层施工方法

（1）无筋刚性保护层是在40mm厚C20细石混凝土内掺加水泥用量3%的硅质密实剂，在拍实的找坡层或隔离层上直接做刚性防水板块。板块必须设分隔缝，半缝分隔间距为1.5×1.5mm。全缝分割间距为不大于6mm，分隔缝内分别嵌入7mm厚和20mm厚专用密封膏（水乳型丙烯酸建筑密封膏），下部用细砂填充。

（2）配筋刚性保护层是在40mm厚C20细石混凝土内配置ϕ6或冷拔ϕ4的钢筋（双向中距100~200mm），钢筋网片可绑扎（钢丝尾要向下）或点焊，钢筋安放位置以居中偏上为易，但保护层不应小于10mm厚，细石混凝土宜掺加防水剂、减水剂或膨胀剂等外加剂。配筋刚性防水层必须设置分隔缝，分隔缝间距不大于6mm，钢筋网片在分隔缝处相应断开。应在浇筑完毕后6~12h内（夏季可缩短至2~3h）进行养护，浇水养护时间以达到标准条件下养护28d强度的60%左右为宜，一般不得少于14d，浇水次数应能保持混凝土处于湿润状态。一般当气温15℃左右，每天浇水2~4次；炎热及气候干燥时，应适当增加浇水次数。养护完后在分隔缝嵌入20mm厚专用密封膏（水乳型丙烯酸建筑密封膏），下部用细砂填充。

（四）细石混凝土浇捣方法

（1）细石混凝土浇筑时应注意防止分层离析，搅拌时间不少于2min，混凝土浇筑应从远到近，由高到低逐格进行。混凝土浇筑时，要确保钢筋不错位。分格板块内的混凝土应一次整体浇筑，不留置施工缝。

（2）细石混凝土采用平板振捣器振捣密实，然后用滚筒十字交叉来回滚压至表面平整，泛出水泥浆。在分隔缝处，应两侧同时浇筑混凝土后再振捣，以免模板移位，表面刮平、抹压应密实。

（3）表面处理：表面由专人用刮尺刮平，用铁抹子压光压实，达到平整并符合排水坡度设计要求。抹压时不得在表面洒水、加水泥浆或洒干水泥。当混凝土处凝后，起出分格缝模板并修整。混凝土收水厚后进行二次表面压光，以闭合混凝土收水裂缝。

（4）养护：混凝土浇筑12~24h以后进行养护，养护时间不少于7d。养护方法采用淋水、覆盖锯末、草帘、塑料薄膜密封遮盖、涂刷养护液等。养护初期屋面不允许上人。

**二、监理要点**

（一）细石混凝土保护层监理要点

（1）细石混凝土层保护层的基本要求如下：

1）细石混凝土保护层应设分隔缝，分隔缝应设在屋面板的支承端、屋面转折处、防水层与突出屋面结构的交接处，其纵横间距不宜大于6m。分隔缝内应嵌填密封材料。

2）细石混凝土保护层厚度不应小于40mm，并应配制双向钢筋网片。钢筋网片在分隔缝处应断开，其保护层厚度不应小于10mm。

3）细石混凝土保护层与立墙及突出屋面结构等交接处，均应做柔性密封处理；细石混凝土防水层与基层间宜设置隔离层。

（2）施工前监理检查要点

细石混凝土保护层施工前，监理员应检查其基层是否干燥，设计无特殊要求时，基层的含水率一般应小于8%。同时防水层严禁在雨天、雪天和五级风及其以上时施工。施工环境气温不低于5℃。

（3）施工中监理检查要点

1）在结构层与细石混凝土保护层之间必须加设隔离层，以减少结构变形、温差变形对防水层的影响。隔离层施工应注意以下几点：

①隔离层施工应待水泥砂浆找平层养护1~2d后，表面有一定强度，能上人操作时进行。

②石灰黏土砂浆、石灰砂浆为低强度材料，待砂浆基本干燥、手压无痕后，即可进行下道工序。

③隔离层还可采取干铺油毡的做法。施工时，将油毡直接铺放在找平层上，但卷材间接缝要用沥青粘结，表面尚应涂刷二道石灰水和一道掺加10%水泥的石灰浆。如不刷浆，卷材在夏季高温时易发软，使沥青浸入防水层底面而粘牢，失去隔离效果。

④也可采用塑料布作为隔离层材料。

2）保护层钢筋绑扎。保护层中要配制双向 $\phi4mm$ 的低碳冷拔钢丝网片，钢丝间距100~200mm。钢筋要调直，不得有弯曲现象，也不应有锈蚀和油污。绑扎钢筋的搭接长度应大于30倍钢筋直径，且不小于250mm。同一截面内，接头不得超过钢筋面积的1/4。分隔缝处的钢筋要断开，使防水层在该处能自由伸缩。

3）支设分隔缝模板。细石混凝土保护层的分隔缝，应设在屋面板的支承端、屋面转折处、防水层与突出屋面结构的交接处，其纵横间距不宜大于6m。花篮梁应在梁两侧板端均留分隔缝。

4）混凝土浇筑。屋面细石混凝土浇筑应从高处向低处进行，在一个分隔缝中的混凝土必须一次浇筑完毕，严禁留设施工缝。细石混凝土防水层应尽可能采用平板振动器振捣，振捣至表面泛浆为度。振捣时，应用2m靠尺随时检查，并将表面刮平，以便于抹压。

5）混凝土表面抹光。混凝土振捣泛浆及表面刮平后，应立即用铁抹子抹平压实，使表面平整，符合屋面排水要求。混凝土初凝后，应用铁抹子进行二次压光。必要时，在终凝前还应进行第三次压光。压光时应依次进行，不留抹痕。

6）混凝土养护。细石混凝土浇筑后，常温下应在10~12h后即可浇水养护，养护时间不得少于14d。在养护初期，应禁止上人踩踏，避免防水层受到损坏。

（二）接缝密封材料嵌填监理要点

细石混凝土保护层以及天沟、檐沟、泛水、变形缝等细部构造均应进行密封材料的嵌填处理。

接缝密封的施工方法有热灌法、冷嵌法两种。热灌法适用于平面接缝的密封处理。冷嵌法适用于平面或立面的接缝处理。

1. 施工前作业面监理检查要点

（1）密封防水施工前应先进行接缝尺寸的检查，符合要求后，方可进行密封处理。一般而言，接缝宽度控制为 10～40mm，深度为宽度的 0.5～0.7 倍。如尺寸不符合设计要求，应进行整修或采用聚合物砂浆处理。

（2）密封防水部位的基层应牢固，表面应平整、密实，不得有蜂窝、麻面、起皮和起砂现象。否则应用聚合物砂浆进行修补。

嵌填密封材料的基层应干净、干燥。基层上沾污的灰尘、砂粒、油污等均应清扫干净。

（3）密封材料严禁在雨天、雪天和五级风及其以上时施工。改性沥青密封材料和溶剂型合成高分子密封材料，施工时的环境温度宜为 5～35℃。

如果检查符合要求，即可进行密封材料嵌填施工。

2. 嵌填密封施工监理要点

（1）粘结性能试验

密封防水处理连接部位的基层，应涂刷与密封材料相配套的基层处理剂。因此在施工前，必须进行简单的粘结试验，以检查密封材料及基层处理剂是否满足需求。

试验时，以实际的粘结体或饰面饰件作粘结体，先在其表面贴塑料膜条，再涂以基层处理剂，然后在已涂基层处理剂的塑料膜条上，粘贴条状密封材料，置于现场固化。待固化后，用手将密封材料条揭起，当密封条拉伸直到破坏时，粘结面上仍留有破坏的密封材料时，则可以认为密封材料与基层处理剂粘结性能合格。

（2）嵌填背衬材料

背衬材料是填在密封材料底部的，其主要作用有两点：一是控制嵌填密封材料的深度，以节约用材；二是使密封材料与底部基层脱开，从而密封材料有较大的自由伸缩度，提高变形能力。背衬材料一般采用聚乙烯泡沫塑料带、沥青麻丝等。

在填塞时，圆形的背衬材料其直径应大于接缝宽度 1～2mm 左右。方形背衬材料，应与接缝宽度相同或略小于接缝宽度 1～2mm。如果接缝较浅，可用扁平的隔离垫层隔离。

（3）铺设遮挡胶条

遮挡胶条的作用有两个：一个是在施工中防止密封材料污染被粘结体两侧的表面，以保持被粘结体表面美观和密封材料整齐；二是当密封材料施工完成表面干燥后，被粘结体表面做装饰喷涂时，遮挡胶条还可作为密封材料的防护条，防止密封材料受到损坏或污染。

1）遮挡胶条应选用粘结性适中的材料。不能因为粘结性太强而在施工完后撕不下，也不能因为粘结性太差而与被粘结面粘结不牢。

2）遮挡胶条应有一定的强度，能经受撕拉而不至中途拉断。

3）遮挡胶条的粘结剂不应扩散到被粘结面上，使之受到污染，影响美观。

4）粘贴遮挡胶条时，与接缝边缘的距离应适中，既不应贴到缝中去，也不要离接缝距离过大。

5）遮挡胶条在密封材料刮平后，要立即揭去。尤其在气温高时，如停留时间过长，遮挡胶条胶粘剂易渗透到被粘结面上，使遮挡胶条不易揭去，并产生污染。

（4）涂刷基层处理剂

使用基层处理剂的目的是提高密封材料和粘结体之间的粘结性，对表面疏松、强度低的粘结体，基层处理剂渗透进去，还可提高面层强度，并可防止水泥砂浆中的碱性成分的析出。

1）涂刷基层处理剂前，必须对接缝作全面的严格检查，待全部符合要求后，再涂刷基层处理剂。

2）基层处理剂有单组分和双组分两种。双组分的配合比应按产品说明书中的规定严格执行，并要考虑有效时间内的使用量，不得多配，以免浪费。单组分处理剂要摇匀后使用。基层处理剂干燥后应立即嵌填密封材料，干燥时间一般为 20～60min。

3）涂刷基层处理剂，如发现有露白或涂刷后间隔时间超过 24h，则应重新涂刷一次。

4）贮存基层处理剂的容器应密封，用后应立即加盖封严，防止溶剂挥发。

5）不得使用已过期、凝聚的基层处理剂。

（5）密封材料配料与搅拌

当采用双组分密封材料时，甲、乙组分必须按规定配合比准确计量，并根据有效时间确定使用量。密封材料应充分搅拌均匀后才能使用。以色泽均匀一致为准。

（6）抹平压光与养护

为了保证密封材料的嵌填质量，应在嵌填完的密封材料未干前，用刮刀压平与修整。

1）压平应朝与嵌填时枪嘴移动相反的方向进行，不要来回揉压。压平一结束，应立即用刮刀朝压平的反方向缓慢刮压一遍，使密封材料表面平滑。

2）压平整修完毕后，应立即揭除遮挡胶条。如在接缝周围沾有密封材料或者留有遮挡胶条胶粘剂的痕迹，应选用相应的溶剂擦净。并应注意防止溶剂损坏接缝中的密封材料。

3）嵌填完毕后的密封材料应养护 2～3d，在养护期内，不得碰损及污染密封材料，密封材料固化前不得踩踏。

（7）保护层

外露的密封材料上应设置保护层，以避免密封材料直接暴露于大气中或人为的穿刺破坏，而影响密封材料的使用寿命。

保护层的宽度不应小于 200mm。保护层应按设计要求施工，设计无要求时，可使用密封材料稀释剂作涂料，衬加一层胎体增强材料，做成 200～300mm 的一布二涂的涂膜保护层。

### 三、嵌填密封材料质量控制要求

（一）密封材料的质量要求

密封材料是指填充于建筑物的沉降缝、裂缝、管道接头或与其他结构的连接处，能阻止介质透过渗漏通道，起到水密、气密性作用的材料。

密封材料主要分为改性石油沥青密封材料和合成高分子密封材料。目前，常用的密封材料有建筑石油沥青、聚氨酯建筑密封膏、聚硫建筑密封膏、丙烯酸建筑密封膏、建筑防水沥青嵌缝油膏、聚氯乙烯建筑防水接缝材料、建筑用硅酮结构密封胶等。

（二）密封材料的见证取样试验

（1）密封材料抽样检验具体按以下规定执行：

1）改性石油沥青密封材料：每2t一批，不足2t按一批抽样。抽样按《色漆、清漆和色漆与清漆用原材料 取样》GB 3186—2006进行。抽样时，取3个试样（每个试样1kg），其中2个试样备用。

2）合成高分子密封材料：每1t一批，不足1t按一批抽样。抽样按《色漆、清漆和色漆与清漆用原材料 取样》GB 3186—2006进行。抽样时，取3个试样，其中2个试样备用。

（2）密封材料的物理性能应检验下列项目

1）聚物改性沥青密封材料：耐热度、低温柔性、拉伸粘结性、施工度。

2）合成高分子密封材料：拉伸模量、断裂伸长率、定伸粘结性。

（3）对于密封材料，现场检验主要应检查以下内容：

1）改性石油沥青密封材料：黑色均匀膏状、无结块和未浸透的填料。

2）合成高分子密封材料：均匀膏状物，无结皮、凝胶或不易分散的固体团状。

## 四、监理验收

（一）细石混凝土保护层监理验收

1. 主控项目

（1）细石混凝土的原材料及配合比必须符合设计要求。通过检查出厂合格证、质量检验报告、计量措施和现场抽样复验报告验收。

（2）细石混凝土保护层不得有表面积水现象。检验方法有雨后或淋水检验。

（3）细石混凝土保护层在天沟、檐沟、檐口、水落口、泛水、变形缝和伸出屋面管道的防水构造（具体要求详见细部构造），必须符合设计要求。监理人员主要是观察检查和检查隐蔽工程验收记录。

2. 一般项目

（1）细石混凝土保护层表面应平整、压实抹光，不得有裂纹、起壳、起砂等缺陷。通过观察检查。

（2）细石混凝土保护层的厚度和钢筋位置应符合设计要求。通过观察和尺量检查。

（3）细石混凝土分隔缝的位置和间距应符合设计要求。通过观察和尺量检查。

（4）细石混凝土保护层表面平整度的允许偏差为5mm，缝格平直度为3mm。保护层厚度允许偏差为设计厚度的10%，且不得大于5mm。

（二）密封材料嵌填监理验收

1. 主控项目

（1）密封材料的质量必须符合设计要求。通过检查产品出厂合格证、配合比和现场抽样复验报告验收。

（2）密封材料嵌填必须密实、连续、饱满，粘结牢固，无气泡、开裂、脱落等缺陷。通过观察检查。

2. 一般项目

（1）嵌填密封材料的基层应牢固、干净、干燥，表面应平整、密实。通过观察检查。

（2）密封防水接缝宽度的允许偏差为±10%，接缝深度为宽度的0.5～0.7倍。通过尺量检查。

（3）嵌填的密封材料表面应平滑，缝边应顺直，无凹凸不平现象。通过观察检查。

## 第六节　瓦面与板面质量监理

根据《屋面工程质量验收规范》GB 50207—2012 的规定，瓦面与板面子分部分为烧结瓦和混凝土瓦铺装、沥青瓦铺装、金属板铺装及玻璃采光顶铺装四个分项工程。瓦屋面及金属板屋面防水等级及防水做法见表11-4、表11-5。

瓦屋面防水等级和防水做法　表11-4

| 序　号 | 防水等级 | 防水做法 |
|---|---|---|
| 1 | Ⅰ级 | 瓦＋防水层 |
| 2 | Ⅱ级 | 瓦＋防水垫层 |

金属板屋面防水等级和防水做法　　表11-5

| 序　号 | 防水等级 | 防水做法 |
|---|---|---|
| 1 | Ⅰ级 | 压型金属板＋防水垫层 |
| 2 | Ⅱ级 | 压型金属板、金属面绝热夹芯极 |

### 一、施工工艺

（一）瓦屋面施工工艺

（1）施工放线：放线不仅要弹出屋脊线及檐口线、水沟线，还要根据屋面瓦的特点和屋面的实际尺寸，通过计算，得出屋面瓦所需的实际用量，并弹出每行瓦及每列瓦的位置线，便于瓦片的铺设。

（2）为保证屋面达到三线标齐，应在屋檐第一排瓦和屋脊处最后一排瓦施工前进行预铺瓦，大面积屋面利用平瓦扣接的3cm，调整范围来调节瓦片。

（3）坡度大于50%比较陡的屋面铺设瓦片时，需用钢丝穿过瓦孔系于钢钉或加强连接筋上，钢钉或加强连接筋在浇筑屋面混凝土时预留，或用相应长度的钢钉直接固定于屋面混凝土中，对于普通屋面檐口第一排瓦，山墙处瓦片以及屋脊处的瓦片必须全部固定，其余可间隔梅花装固定，当坡度大于50%时，必须全部固定，檐口及屋脊处砂浆必须饱满。

（4）挂（铺）瓦层：钢板网1:3 水泥砂浆或C25 防水混凝土（P6）垫层，平均厚度35mm，随抹压实、找平，用双股18 号镀锌铁丝将钢板绑住，形成整网与预埋在屋顶结构板上的$\phi6$钢筋网钩（间距500mm）绷紧，并按间埋设连接砼保温层的$\phi30$透气管，还须用防水涂料将连接筋和网筋根部涂刷严密以防腐防渗。挂瓦时，先挂脊瓦两侧的第一排瓦，变坡折线两侧的第一排瓦及檐部的第一排瓦，均须用双股18 号镀锌钢丝绑扎在挂瓦条上或连接筋（水泥卧瓦做法）上。脊部用麻刀灰卧脊瓦。

（5）排水沟部位的瓦片用手提切割机裁切，应切割整齐，底部空隙用砂浆封堵密实、抹平、水沟瓦可外露，也可用带颜色砂浆找补，封实。平瓦伸入天沟、檐沟的长度不应小于50mm。排水沟应预先在地面上制作，铺入后应包住挂瓦条，并用钢钉固定，屋檐处铝板（或其他材料）应向下折叠，以防止雨水倒灌。

（二）金属板屋面施工工艺

（1）屋面钢板的安装应从山墙起安装起第一块板，事先应在屋面的底端设一条基准定位线，以确保安装位置的准确，然后依次安装。

（2）压型钢板在长度方向（纵向）的搭接一般在支撑构件上，搭接长度应不小于200mm，在短方向的搭接应不小于一个波，屋面板（包括屋脊板、泛水、包角板等）长向搭接处应设置两道密封胶，距板端约15mm，密封胶应连续不间断。

（3）屋面板在屋脊处，相对的两块板间宜留出50mm间隙，并宜将钢板端上弯75°～90°，形成挡木板，在天沟处钢板宜外挑150mm，下弯10°～15°，形成滴水线。

（4）泛水板和包角板的自身搭接长度应不小于100mm，并应有足够的宽度和翻边，连接件间距不宜大于50mm。搭接部位应设密封胶，泛水板前安装应平直，每块泛水板的长度不宜大于2m，与压型钢板的搭接宽度不应小于200mm。压型钢板挑出墙面的长度不应小于200mm，其伸入檐沟内的长度不小于150mm。天沟用镀锌薄钢板制作时，应伸入压型钢板的下面，其长度不应少于150mm当没有檐沟时，山墙应用异型镀锌钢板的包角板和固定支架封严。屋脊板及高低跨相交处的泛水板与屋面压型钢板间采用搭接连接，搭接长度不宜少于200mm，并应在搭接部位设置防水堵头。

## 二、监理要点

（一）瓦屋面监理要点

1. 施工前监理检查要点

（1）材料：平瓦及其脊瓦的质量必须符合设计要求。一般而言，凡是缺边、掉角、裂缝、砂眼、翘曲不平和缺少瓦爪的瓦不得使用。

（2）屋面基层：当屋面采用木基层时，应在基层上铺设一层卷材，其搭接宽度不宜小于100mm，并应用顺水条将卷材压钉在木基层上；顺水条的间距宜为500mm。监理人员应检查卷材铺设是否平整，有无破损，搭接宽度是否符合要求。

（3）铺盖屋面瓦片时，檐口必须搭设防护设施。顶层脚手面应在檐口下1.2～1.5m处，并满铺脚手板，外排立杆应绑设护身杆，并高出檐口1m，设三道护栏外挂安全网，第一道应高出脚手面50cm左右，以此往上再设二道。

2. 施工中监理检查要点

（1）挂瓦条

1）挂瓦条铺钉是否平整、牢固，上棱是否成一直线。

2）间距是否正确。挂瓦条间距应根据瓦的规格和屋面坡长确定。尤其应注意挂瓦条是否满足檐瓦出檐50～70mm的要求。

（2）铺瓦

1）铺设平瓦时，平瓦应均匀分散堆放在两坡屋面上，不得集中堆放。

2）铺瓦应从两坡檐口向屋脊方向同时对称铺设，严禁单坡铺设。上下两楞瓦应错开半张，使上行瓦的沟槽在下行瓦当中，瓦与瓦之间应落槽挤紧，不能空搁，瓦爪必须勾住挂瓦条。靠近屋脊处的第一排瓦应用砂浆窝牢。

3）在基层上采用泥背铺设平瓦时，前后坡应自下而上同时对称施工。泥背厚度一般为30～50mm，并应分两层铺抹，待第一层干燥后，再铺抹第二层，并随铺平瓦。

4）脊瓦搭盖间距应均匀，脊瓦在两坡面瓦上的搭盖宽度，每边不应小于40mm。脊瓦一般应用石灰砂浆与基层粘结，以防被风掀掉。脊瓦与坡面瓦之间的缝隙，应采用掺有麻刀的混合砂浆填实抹平。

5）在风大地区、地震区或屋面坡度大于30°的瓦屋面以及冷摊瓦屋面，着重检查瓦的固定措施。一般每一排要用20号镀锌铁丝穿过瓦鼻小孔与挂瓦条扎牢。

6）铺瓦过程中发现破损瓦应及时要求更换。

（3）细部构造

1）平瓦屋面与立墙及突出屋面结构等交接处，均应做泛水处理。突出屋面的墙或烟囱的侧面瓦伸入泛水宽度不小于50mm。

平瓦屋面上的泛水，一般可用水泥石灰砂浆分次抹成，其配合比宜为1:1:4，并应加1.5%的麻刀。烟囱与屋面的交接处在迎水面中部应抹出分水线，并应高出两侧各30mm。

2）天沟、檐沟的防水层，应用合成高分子防水卷材、高聚物改性沥青防水卷材、沥青防水卷材、金属板材或塑料板材等材料铺设。天沟、檐沟的防水层深入瓦内宽度不小于150mm。

3）瓦伸入天沟、檐沟的长度为50~70mm。

4）瓦头挑出封檐板的长度为50~70mm。

（二）金属板屋面监理要点

1. 施工前监理检查要点

（1）材料：金属板材及辅助材料的规格和质量必须符合设计要求。

（2）屋面基层：基层应牢固、平整。

2. 施工中监理检查要点

金属板屋面施工监理主要应注意以下几点：

（1）金属板屋面与立墙及突出屋面结构等交接处，均应作泛水处理。

（2）两板间应放置通长密封条；螺栓拧紧后，两板的搭接口处应用密封材料封严。

（3）压型板应采用带防水垫圈的镀锌螺栓（螺钉）固定，固定点应设在波峰上。所有外露的螺栓（螺钉），均应涂抹密封材料保护。

（4）压型板屋面的有关尺寸应符合下列要求：

1）压型板的横向搭接不小于一个波，纵向搭接不小于200mm；

2）压型板挑出墙面的长度不小于200mm；

3）压型板伸入檐沟内的长度不小于150mm；

4）压型板与泛水的搭接宽度不小于200mm。

### 三、瓦屋面及金属板屋面材料质量控制要求

（1）平瓦及脊瓦应边缘整齐，表面光洁，不得有分层、裂纹和露砂等缺陷。平瓦的瓦爪与瓦槽的尺寸应配合适当。

（2）平瓦运输时应轻拿轻放，不得抛扔、碰撞；进入现场后应堆垛整齐。

（3）波形瓦及其脊瓦的质量及贮运、保管应符合下列规定：

1）波形瓦及其脊瓦应边缘整齐，表面光洁，不得有起层、断裂和掉角等缺陷。

2）波形瓦应双张花弧或井字堆垛，脊瓦可侧立平垛堆放；堆放场地应平整、坚实。

（4）玻璃钢玻瓦应贮存在地面平整的室内，并需用草袋等软物垫衬；堆放时应竖放，运输时应进行包装或垫衬。

（5）压型钢板的质量及贮运、保管应符合下列规定：

1）压型钢板应边缘整齐、表面光滑，色泽均匀；外形应规则，不得有扭翘、脱膜和锈蚀等缺陷。

2）压型钢板堆放地点宜选择在安装现场附近；堆放场地应平坦、坚实，且便于排除地面水。堆放时应分层，并宜每隔 3～5m 加垫木。

（6）各种瓦的规格和技术性能应符合国家现行标准的要求。进场后应进行外观检验，并按有关规定进行抽样复验。

### 四、监理验收

（一）瓦屋面监理验收

瓦屋面作为独立的分项工程，每一检验批均应按主控项目和一般项目进行验收。

1. 主控项目

（1）瓦材及防水垫层的质量必须符合设计要求。通过观察检查和检查出厂合格证、质量检验报告和进场检验报告。

（2）瓦屋面不得有渗漏现象。通过雨后观察或淋水试验检查。

（3）瓦片必须铺置牢固。在大风及地震设防地区或屋面坡度大于100%时，瓦片应采取固定加强措施。通过观察和手扳检查。

2. 一般项目

（1）挂瓦条应分档均匀，铺钉平整、牢固；瓦面平整，行列整齐，搭接紧密，檐口平直。通过观察检查。

（2）脊瓦应搭盖正确，间距均匀，封固严密；屋脊和斜脊应顺直，无起伏现象。通过观察和手扳检查。

（3）泛水做法应符合设计要求，顺直整齐，结合严密，无渗漏。通过观察检查和雨后或淋水检验。

（二）金属板屋面监理验收

金属板屋面作为独立的分项工程，每一检验批均应按主控项目和一般项目进行验收。

1. 主控项目

（1）金属板材及辅助材料的规格和质量必须符合设计要求。主要检查出厂合格证和质量检验报告。

（2）金属板屋面不得有渗漏现象。通过观察和雨后或淋水检验。

2. 一般项目

（1）金属板铺装应平直顺滑，排水坡度应符合设计要求。通过观察和尺量检查。

（2）压型金属板采用咬口锁边连接应连续严密平整，不得扭曲和裂口。通过观察检查。

（3）压型金属板采用紧固件连接应采用带防水垫圈的自攻螺钉，固定点应设在波峰上，所有自攻螺钉外露的部位均应密封处理。通过观察检查。

（4）金属面绝热夹芯板的纵向和横向搭接，应符合设计要求。通过观察检查。

（5）金属板的屋脊、檐口、泛水，直线段应平直，曲线段应顺畅。通过观察检查。

## 第七节　细部构造质量监理

屋面的细部构造包括檐口、檐沟和天沟、女儿墙和山墙、水落口、变形缝、伸出屋面管道、屋面出人口、反梁过水孔、设施基座、屋脊、屋顶窗等部位，是屋面工程中最容易出现渗漏的薄弱环节。据调查表明，有70%的屋面渗漏都是由于节点部位的防水处理不当引起的。所以对这些部位均应进行防水增强处理，并作重点质量检查验收。

## 一、检查项目

监理人员应对节点部位施工的每道工序都进行验收，合格后方可进行下道工序的施工。细部构造的检验项目均为主控项目：

（1）檐口、檐沟和天沟的排水坡度必须符合设计要求。用水平仪（水平尺）、拉线和尺量检查。

（2）檐口、檐沟和天沟、女儿墙和山墙、水落口、变形缝、伸出屋面管道、屋面出人口、反梁过水孔、设施基座、屋脊、屋顶窗等部位的防水构造，必须符合要求，不得有渗漏和积水现象。通过雨后观察或淋水试验检查。

## 二、监理要点

（一）檐口防水监理要点

（1）卷材防水屋面檐口800mm范围内的卷材应满粘，卷材收头应采用金属压条钉压，并应用密封材料封严。

（2）涂膜防水屋面檐口的涂膜收头，应用防水涂料多遍涂刷。

（3）檐口下端应做鹰嘴和滴水槽。

（二）檐沟和天沟防水监理要点

1. 卷材或涂膜防水屋面檐沟和天沟

（1）檐沟和天沟的防水层下应增设附加层，附加层伸入屋面的宽度不应小于250mm。

（2）檐沟防水层和附加层应由沟底翻上至外侧顶部，卷材收头应用金属压条钉压，并应用密封材料封严，涂膜收头应用防水涂料多遍涂刷。

（3）檐沟外侧下端应做鹰嘴或滴水槽。

（4）檐沟外侧高于屋面结构板时，应设置溢水口。

2. 烧结瓦、混凝土瓦屋面檐沟和天沟

（1）檐沟和天沟防水层下应增设附加层，附加层伸入屋面的宽度不应小于500mm。

（2）檐沟和天沟防水层伸入瓦内的宽度不应小于150mm，并应与屋面防水层或防水垫层顺流水方向搭接。

（3）檐沟防水层和附加层应由沟底翻上至外侧顶部，卷材收头应用金属压条钉压，并应用密封材料封严；涂膜收头应用防水涂料多遍涂刷。

（4）烧结瓦、混凝土瓦伸入檐沟、天沟内的长度，宜为50~70mm。

3. 沥青瓦屋面檐沟和天沟

（1）檐沟防水层下应增设附加层，附加层伸入屋面的宽度不应小于500mm。

（2）檐沟防水层伸人瓦内的宽度不应小于150mm，并应与屋面防水层或防水垫层顺流水方向搭接。

（3）檐沟防水层和附加层应由沟底翻上至外侧顶部，卷材收头应用金属压条钉压，并应用密封材料封严；涂膜收头应用防水涂料多遍涂刷。

（4）沥青瓦伸入檐沟内的长度宜为 10～20mm。

（5）天沟采用搭接式或编织式铺设时，沥青瓦下应增设不小于1000mm 宽的附加层。

（6）天沟采用敞开式铺设时，在防水层或防水垫层上应铺设厚度不小于 0.45mm 的防锈金属板材，沥青瓦与金属板材应顺流水方向搭接，搭接缝应用沥青基胶结材料粘结，搭接宽度不应小于100mm。

（三）女儿墙和山墙防水构造监理要点

（1）女儿墙压顶可采用混凝土或金属制品。压顶向内排水坡度不应小于5%，压顶内侧下端应作滴水处理。

（2）女儿墙泛水处的防水层下应增设附加层，附加层在平面和立面的宽度均不应小于250mm。

（3）低女儿墙泛水处的防水层可直接铺贴或涂刷至压顶下，卷材收头应用金属压条钉压固定，并应用密封材料封严；涂膜收头应用防水涂料多遍涂刷。

（4）女儿墙泛水处的防水层表面，宜采用涂刷浅色涂料或浇筑细石混凝土保护。

（5）山墙压顶可采用混凝土或金属制品。压顶应向内排水，坡度不应小于5%，压顶内侧下端应作滴水处理。

（6）山墙泛水处的防水层下应增设附加层，附加层在平面和立面的宽度均不应小于250mm。

（7）烧结瓦、混凝土瓦屋面山墙泛水应采用聚合物水泥砂浆抹成，侧面瓦伸入泛水的宽度不应小于50mm。

（8）沥青瓦屋面山墙泛水应采用沥青基胶粘材料满粘一层沥青瓦片，防水层和沥青瓦收头应用金属压条钉压固定，并应用密封材料封严。

（9）金属板屋面山墙泛水应铺钉厚度不小于 0.45mm 的金属泛水板，并应顺流水方向搭接；金属泛水板与墙体的搭接高度不应小于250mm，与压型金属板的搭盖宽度宜为1～2 波，并应在波峰处采用拉铆钉连接。

（四）水落口防水监理要点

（1）水落口可采用塑料或金属制品，水落口的金属配件均应作防锈处理。

（2）水落口杯应牢固地固定在承重结构上，其埋设标高应根据附加层的厚度及排水坡度加大的尺寸确定。

（3）水落口周围直径 500mm 范围内坡度不应小于5%，防水层下应增设涂膜附加层。

（4）防水层和附加层伸入水落口杯内不应小于50mm，并应粘结牢固。

（五）变形缝防水监理要点

（1）变形缝泛水处的防水层下应增设附加层，附加层在平面和立面的宽度不应小于250mm；防水层应铺贴或涂刷至泛水墙的顶部。

（2）变形缝内应预填不燃保温材料，上部应采用防水卷材封盖，并放置衬垫材料，再在其上干铺一层卷材。

（3）等高变形缝顶部宜加扣混凝土或金属盖板。

（4）高低跨变形缝在立墙泛水处，应采用有足够变形能力的材料和构造作密封处理。

（六）伸出屋面管道防水监理要点

（1）管道周围的找平层应抹出高度不小于 30mm 的排水坡。

（2）管道泛水处的防水层下应增设附加层，附加层在平面和立面的宽度均不应小于250mm。

（3）管道泛水处的防水层泛水高度不应小于250mm。

（4）卷材收头应用金属箍紧固和密封材料封严，涂膜收头应用防水涂料多遍涂刷。

（5）烟囱泛水处的防水层或防水垫层下应增设附加层，附加层在平面和立面的宽度不应小于250mm。

（6）屋面烟囱泛水应采用聚合物水泥砂浆抹成。

（7）烟囱与屋面的交接处，应在迎水面中部抹出分水线，并应高出两侧各30mm。

（七）屋面出入口防水监理要点

（1）屋面垂直出人口泛水处应增设附加层，附加层在平面和立面的宽度均不应小于250mm；防水层收头应在混凝土压顶圈下。

（2）屋面水平出人口泛水处应增设附加层和护墙，附加层在平面上的宽度不应小于250mm；防水层收头应压在混凝土踏步下。

（八）反梁过水孔防水监理要点

（1）应根据排水坡度留设反梁过水孔，图纸应注明孔底标高。

（2）反梁过水孔宜采用预埋管道，其管径不得小于75mm。

（3）过水孔可采用防水涂料、密封材料防水。预埋管道两端周围与泪凝土接触处应留凹槽，并应用密封材料封严。

（九）设施基座防水监理要点

（1）设施基座与结构层相连时，防水层应包裹设施基座的上部，并应在地脚螺栓周围作密封处理。

（2）在防水层上放置设施时，防水层下应增设卷材附加层，必要时应在其上浇筑细石混凝土，其厚度不应小于50mm。

（十）屋脊防水监理要点

（1）烧结瓦、混凝土瓦屋面的屋脊处应增设宽度不小于250mm的卷材附加层。脊瓦下端距坡面瓦的高度不宜大于80mm，脊瓦在两坡面瓦上的搭盖宽度，每边不应小于40mm；脊瓦与坡瓦面之间的缝隙应采用聚合物水泥砂浆填实抹平。

（2）沥青瓦屋面的屋脊处应增设宽度不小于250mm的卷材附加层。脊瓦在两坡面瓦上的搭盖宽度，每边不应小于150mm。

（3）金属板屋面的屋脊盖板在两坡面金属板上的搭盖宽度每边不应小于250mm，屋面板端头应设置挡水板和堵头板。

（十一）屋顶窗防水监理要点

（1）烧结瓦、混凝土瓦与屋顶窗交接处，应采用金属排水板、窗框固定铁脚、窗口附加防水卷材、支瓦条等连接。

（2）沥青瓦屋面与屋顶窗交接处应采用金属排水板、窗框固定铁脚、窗口附加防水卷材等与结构层连接。

# 参 考 文 献

〔1〕 黄微波主编. 喷涂聚脲弹性体技术. 北京：化学工业出版社，2005.
〔2〕 沈春林主编. 防水工程手册. 北京：中国建筑工业出版社，2006.
〔3〕 中国钢结构协会编著. 建筑钢结构施工手册. 北京：中国计划出版社，2003.
〔4〕 《建筑施工手册》（第五版）编委会. 建筑施工手册，第五版. 北京：中国建筑工业出版社，2012.